"十三五"国家重点出版物出版规划项目

电力电子新技术系列图书

能源革命与绿色发展丛书

太阳能光伏并网发电及其逆变控制

第 2 版

张 兴 曹仁贤 等编著

机械工业出版社

本书是编者在长期从事太阳能光伏发电及并网逆变技术研究与产业化基础上，通过学习和研究大量国内外相关参考文献编写而成的，是对相关本科教材的深入与完善。本书以"太阳能光伏发电技术"以及"电力电子技术"理论为基础，从光伏并网发电系统与并网逆变控制角度出发，深入浅出地讨论了太阳电池技术、光伏并网系统的体系结构、光伏并网逆变器的电路拓扑、光伏并网逆变器控制策略、最大功率点跟踪技术、并网光伏发电系统的孤岛效应及反孤岛策略、阳光跟踪聚集技术、光伏并网系统的低电压穿越及相关标准等内容，为光伏并网发电技术的应用与研究提供了理论基础。

本书可为从事光伏并网发电技术以及并网逆变器技术相关研究与应用的工程技术人员提供参考，也可作为高等院校本科生、研究生的学习参考书。

图书在版编目（CIP）数据

太阳能光伏并网发电及其逆变控制/张兴等编著. —2 版. —北京：机械工业出版社，2018.1（2024.8 重印）
（电力电子新技术系列图书. 能源革命与绿色发展丛书）
"十三五"国家重点出版物出版规划项目
ISBN 978-7-111-58551-0

Ⅰ.①太… Ⅱ.①张… Ⅲ.①太阳能发电 Ⅳ.①TM615

中国版本图书馆 CIP 数据核字（2017）第 289829 号

机械工业出版社（北京市百万庄大街 22 号　邮政编码 100037）
策划编辑：罗　莉　责任编辑：罗　莉　责任校对：张　薇
封面设计：马精明　责任印制：单爱军
北京虎彩文化传播有限公司印刷
2024 年 8 月第 2 版第 8 次印刷
169mm×239mm·25.25 印张·500 千字
标准书号：ISBN 978-7-111-58551-0
定价：79.00 元

电力电子新技术系列图书
序言

1974 年美国学者 W. Newell 提出了电力电子技术学科的定义，电力电子技术是由电气工程、电子科学与技术和控制理论三个学科交叉而形成的。电力电子技术是依靠电力半导体器件实现电能的高效率利用，以及对电机运动进行控制的一门学科。电力电子技术是现代社会的支撑科学技术，几乎应用于科技、生产、生活各个领域：电气化、汽车、飞机、自来水供水系统、电子技术、无线电与电视、农业机械化、计算机、电话、空调与制冷、高速公路、航天、互联网、成像技术、家电、保健科技、石化、激光与光纤、核能利用、新材料制造等。电力电子技术在推动科学技术和经济的发展中发挥着越来越重要的作用。进入 21 世纪，电力电子技术在节能减排方面发挥着重要的作用，它在新能源和智能电网、直流输电、电动汽车、高速铁路中发挥核心的作用。电力电子技术的应用从用电，已扩展至发电、输电、配电等领域。电力电子技术诞生近半个世纪以来，也给人们的生活带来了巨大的影响。

目前，电力电子技术仍以迅猛的速度发展着，电力半导体器件性能不断提高，并出现了碳化硅、氮化镓等宽禁带电力半导体器件，新的技术和应用不断涌现，其应用范围也在不断扩展。不论在全世界还是在我国，电力电子技术都已造就了一个很大的产业群。与之相应，从事电力电子技术领域的工程技术和科研人员的数量与日俱增。因此，组织出版有关电力电子新技术及其应用的系列图书，以供广大从事电力电子技术的工程师和高等学校教师和研究生在工程实践中使用和参考，促进电力电子技术及应用知识的普及。

在 20 世纪 80 年代，电力电子学会曾和机械工业出版社合作，出版过一套"电力电子技术丛书"，那套丛书对推动电力电子技术的发展起过积极的作用。最近，电力电子学会经过认真考虑，认为有必要以"电力电子新技术系列图书"的名义出版一系列著作。为此，成立了专门的编辑委员会，负责确定书目、组稿和审稿，向机械工业出版社推荐，仍由机械工业出版社出版。

本系列图书有如下特色：

本系列图书属专题论著性质，选题新颖，力求反映电力电子技术的新成就和新经验，以适应我国经济迅速发展的需要。

理论联系实际，以应用技术为主。

本系列图书组稿和评审过程严格，作者都是在电力电子技术第一线工作的专家，且有丰富的写作经验。内容力求深入浅出，条理清晰，语言通俗，文笔流畅，便于阅读学习。

本系列图书编委会中，既有一大批国内资深的电力电子专家，也有不少已崭露头角的青年学者，其组成人员在国内具有较强的代表性。

希望广大读者对本系列图书的编辑、出版和发行给予支持和帮助，并欢迎对其中的问题和错误给予批评指正。

电力电子新技术系列图书

编辑委员会

前　言

众所周知，在追求低碳社会的今天，太阳能作为一种清洁的可再生能源，越来越受到世界各国的重视。在各国政府的大力支持下，全球的太阳能光伏产业得到了快速的发展：2009 年开始我国太阳能电池产量基本保持在全球总产量的 40% 以上，是全球最大的太阳电池生产国，2014 年全球光伏发电市场规模达到 38.7GW，2015 年已经超过 50GW。2015 年初，世界总光伏装机容量增长到了 200GW，中国、日本和美国成为了当年市场增长最快的国家，其中，中国取代欧洲成为年度安装量增长最快的地区。未来，在各国新能源政策的支持下，光伏发电市场将通过降低成本、提高转化效率等手段迅速扩张，各类光伏材料市场也将加快发展，其中亚太地区、美国和欧洲将成为增长核心区。经过分析，各项非化石能源对应的 2020 年和 2030 年发电量目标总和低于《中美气候变化联合声明》中的要求，考虑到风电和光伏的建设周期相对较短，因此用于填补发电量缺口的可能性更大。以 2020 年为例，非化石能源发电量测算缺口 659 亿 kW·h，如果全部用光伏填补缺口，相当于光伏并网从 100GW 增加到 155GW。与其他可再生能源发电相比，光伏发电更清洁，更有优势。由此可见，光伏发电的发展空间仍相当可观，未来发展十分有前景。为了达到"十三五"规划预期的 155GW 新增并网光伏装机容量目标，"十三五"期间，光伏年均新增装机容量至少达到 20GW。

我国太阳能资源非常丰富，理论储量达 17000 亿 t 标准煤。太阳能资源开发利用的潜力非常广阔。我国光伏发电产业于 20 世纪 70 年代起步，90 年代中期进入稳步发展时期。太阳电池及组件产量逐年稳步增加。在"光明工程"先导项目和"送电到乡"工程等国家项目及世界光伏发电市场的有力拉动下，尤其是《可再生能源中长期发展规划》以及"太阳能屋顶计划""金太阳工程"的出台，我国的光伏发电产业获得了迅猛发展。2007 年我国的太阳电池产量超过欧洲和日本，成为世界第一；2008 年全球太阳电池的产量约 7GW，同年我国的太阳电池产量约 2.6GW，份额超过 30%；2009 年全球太阳电池的产量约 10GW，而同年我国产量超过 4GW，份额超过 40%。2009 年我国的太阳能市场安装量为 228MW，年增长率高达 552%。2009 年全球太阳电池的产量约 10GW，我国产量超过 4GW，所占份额超过40%。根据产业信息网发布的《2016—2022年中国太阳能电池产业调研现状及投资咨询战略研究报告》显示，2009~2014年，我国太阳电池产量逐年上升，其中2010年我国太阳电池产量同比增长117.04%，为近年来最大增幅；2012年，我国太阳电池产量增幅有所下滑，仅为14.11%；2013年我国电池片生产规模进一步扩大，产能为42GW，产量达到25.1GW。与2012年相比，增长率约为20%，产量约占全球总产量的62%，位居全球首位。2014年我国太阳电池产量33.5GW，同比增33.5%。我国占据了全球近80%的份额。虽然2014年我国太阳电池的生产量约占世界产量的60%，但是光伏市场应用仍然主要集中在欧洲，其次为美国和日本等发达国家，我国的光伏市场应用份额不到30%，即光伏产业仍未改变出口为主的局面，因此仍然需要进一步扩大国内光伏应用规模。

由于全球太阳能光伏产业的发展突飞猛进，太阳电池的价格已有了较大幅度的下降，即从2008年3.85美元/W下跌至2009年的1.79美元/W，之后每年均持续下跌，至2015年太阳电池的价格已跌至为0.4~0.5美元/W。随着我国光伏并网发电总装机容量在2014年达到26.52GW，我国光伏发电市场又进入了新一轮的高速发展时期。"十二五"期间，我国太阳能发电装机规模增长168倍，超越所有可再生能源发展速度，提前半年完成"十二五"规划提出的35GW装机目标。在此基础上，根据2015年国家能源局下发的《太阳能利用"十三五"发展规划（征求意见稿）》，预计到2020年我国光伏装机容量累计将达到150GW，也就是说，未来5年，我国年新增光伏装机容量平均为20GW，年均复合增长率超过25%。根据测算，到2020年我国可在发电侧实现平价上网。

在全球蓬勃发展的太阳能产业中，光伏逆变器市场也不意外，根据全球太阳能市场IMS Research 2015年的全球光逆变器市场研究报告，2014年是光伏逆变器市场创造纪录的一年，全球光伏逆变器出货量达到38.7GW，销售收入达到61.2亿美元。2008年我国光伏逆变器出货量仅为25MW，而2014年我国光伏逆变器出货量则达到了13.3GW，市场销售额为45.4亿元，发展速度惊人。随着我国政策的推动，预计我国到2020年光伏逆变器总需求量至少为18.6GW，市场规模超过500亿元，而2015年我国光伏逆变器市场规模约为57.58亿元，市场发展空间巨大。

太阳能光伏发电有离网型和并网型两种工作方式。过去，由于太阳电池的生产成本居高不下，光伏发电多数被用于偏远的无电地区，而且以户用及村庄用的中小系统居多，都属于离网型用户。但是近年来，光伏发电产业及其市场发生了巨大的变化，开始有边远农村地区逐步向城市并网发电、光伏建筑集成以及大型荒漠光伏并网发电的方向快速迈进，太阳能已经全球性地由"补充能源"向下一代"替代能源"过渡。统计资料表明，近几年世界光伏并网发电市场发展迅速，光伏并网发电在光伏行业中的市场比例也从1996年的10%上升到2015年的90%以上。在2015年初国家能源局下发了《2015年全国光伏发电年度计划新增并网规模表（讨论稿）》，2015年度全国光伏年度计划新增并网规模15GW。2015年新增并网量同比增幅将达到 50%。据不完全统计，截至 2015 年年底，我国建成并网的装机容量超过 100MW 光伏并网电站项目将近 60 个；而未来几年内，我国还有数十项 100MW 以上特大型光伏电站建设计划项目。随着光伏并网发电系统技术的不断完善和经济性的提高，其市场占有率将始终保持在 80% 以上。根据国家发展和改革委员会能源研究所等机构联合发布的《中国可再生能源发展路线图 2050》的预测，到 2020 年、2030 年和 2050 年，我国光伏发电装机容量将分别达到 100GW、400GW 和 1000GW，届时太阳能将从目前的补充能源过渡为替代能源，并逐步成为我国能源体系的主力能源之一。

在技术方面，与光伏离网发电系统技术相比，光伏并网发电系统技术相对复杂，其涉及以电力电子技术为核心的并网逆变技术和相关的系统控制与优化等多项技术。光伏并网发电系统产业已经是世界范围内一个蓬勃发展的高新技术产业，并且和光伏组件同时并列为光伏发电产业的两大支柱。随着我国光伏产业和应用的快速发展，我国光伏并网发电的关键技术及设备与世界先进水平相比差距不断缩小，诸多产品技术已处于世界领先水平。特别是以阳光电源、华为为代表的大型光伏逆变器厂商近年来发展迅速，并使我国在集中型和组串型光伏逆变器技术领域走在了世界前列。这些骨干逆变器企业借助主导产品性价比、质量、品牌的优势，进一步拓展国内外市场，使得公司经营规模和经济效益得以快速增加。其中阳光电源逆变器发货量已经在中国市场超过三成市场份额，在国际市场的地位也越来越高，2015 年合肥阳光电源股份有限公司凭借 8.2GW 的出货量，力压德国 SMA 公司成为全球光伏逆变器行业出货量排名第一的中国企业，这预示中国光伏逆变器产业在技术方面上了一个新台阶。

面对如此巨大的国内外需求，国内诸多高等院校、研究院所以及相关企业已投入了大量的资金和人员积极开展相关研究和产业化工作。在大兴太阳能光伏发电技术的形势下，国内一些学者、专家及时地编写了有关太阳能光伏发电技术的论著，这些论著在推动太阳能光伏发电技术的研究和产业技术进步方面起到了积极的作用。然而，这些论著大多从系统层面论述了太阳能光伏发电相关技术，而对并网型太阳能光伏发电以及相关的并网逆变器只做了粗略的介绍。作者自 1998 年开展光伏并网发电逆变器技术的研究，并依托合肥工业大学电力电子与电气传动国家重点学科以及教育部光伏系统工程研究中心，与阳关电源股份有限公司开展了长期的科研合作，并进行了产品技术研究与示范系统的建设，在此基础上，总结和编写一本较为系统论述并网型太阳能光伏发电及逆变控制技术的论著已显得十分必要迫切。然而，能编好一本适用于从事并网型太阳能光伏发电及逆变控制技术的论著对笔者而言，一直认为是一件非常困难的事：首先，太阳能光伏发电技术发展日新月异，新内容、新思想、新概念等层出不穷，要系统论述则笔者水平远不能及；其次，论著的主要内容应能体现并网型太阳能发电技术的特点，并涉及电力电子技术，既要有一定的深度又要有一定的广度，这对于不同的读者需求不能不说是一件难以两全的事。好在已有多部介绍太阳能光伏发电的论著相继出版，满足了不同的读者需求，本论著的撰写也只是起到抛砖引玉的作用，并希望能在得到同行批评指正的同时，共同推进我国并网型太阳能光伏发电及逆变器技术的发展。

本书以"太阳能光伏发电技术"以及"电力电子技术"理论为基础，从光伏并网发电系统与并网逆变器控制角度出发，深入浅出地讨论了太阳电池技术、光伏并网系统的体系结构、光伏并网逆变器的电路拓扑、光伏并网逆变器控制策略、最大功率点跟踪技术、光伏并网发电系统的孤岛效应及反孤岛策略、阳光跟踪聚集技术、低电压穿越等内容，为并网型太阳能光伏发电及逆变技术的应用与研究提供了理论基础。

本书由合肥工业大学张兴教授与阳光电源股份有限公司总经理、合肥工业大学兼职博导曹仁贤研究员担任主要编写任务，合肥工业大学张崇巍教授、国家发展和改革委员会能源研究所王斯成研究员等参与编写。具体编写分工如下：其中，张兴教授编写了全书大纲、前言以及第 4 章、第 5 章、第 6 章（除 6.7.3 节外），曹仁贤研究员编写了第 3 章、第 6 章的 6.7.3 节，并和姚丹工程师合作编写了第 7 章和附录（光伏并网发电标准简介），张崇巍教授编写了第 2 章、第 8 章，王斯成研究员编写了第 1 章，刘淳博士和清华大学耿华副教授合作编写了第 9 章，全书由张兴教授、曹仁贤研究员统稿。

在本书的编写过程中，得到了阳光电源股份有限公司赵为博士、屠运武博士、顾亦磊博士、陶磊经理，合肥工业大学丁明教授、苏建徽教授，安徽大学李令冬教授的关心与指导，同时也得到了合肥工业大学李维华副教授、杨淑英副教授、谢震副教授、王付胜副教授、刘芳博士、李飞博士以及阳光电源股份有限公司张友权高级工程师和倪华、余勇、陈威、孙龙林、张显立等工程师们的大力协助，他们以读者的视角提出了很多宝贵的意见和建议，并提供了大量有价值的参考文献和相关资料。另外，研究生查乐、郝木凯、谭理华、丁杰、陈欢、王莹、江涛、李善寿、顾军、谢东等参与了相关章节的文献整理、文档修订与绘图等工作，在此一并向他们表示衷心的感谢。另外，在本书的编写过程中，我们参阅了大量的论著与文献，主要部分已列入了参考文献中，在此也对参考文献的作者表示衷心的感谢。

本书的出版是机械工业出版社多方联系与努力的结果，也得到了清华大学赵争鸣教授、华中科技大学段善旭教授、新疆新能源研究所前所长吕绍勤研究员的支持，在此一并表示诚挚的感谢。

由于作者水平有限，疏漏甚至谬误在所难免，敬请读者不吝指教。

作　者

目　　录

第1章

绪　　论

1.1　太阳能及其光伏产业

太阳能是太阳内部连续不断的核聚变反应过程产生的能量。地球轨道上的平均太阳辐射强度为 $1367kW/m^2$。地球赤道的周长为 40000km，从而可计算出，地球获得的能量可达 173000TW。太阳能在海平面上的标准峰值强度为 $1kW/m^2$，地球表面某一点 24h 的年平均辐射强度为 $0.20kW/m^2$，相当于有 102000TW 的能量，人类依赖这些能量维持生存。太阳是一个巨大、久远、无尽的能源。尽管太阳辐射到地球大气层的能量仅为其总辐射能量（约为 $3.75\times10^{26}W$）的 22 亿分之一，但已高达 173000TW，也就是说太阳每秒钟照射到地球上的能量就相当于 500 万 t 煤燃烧释放的能量。地球上的风能、水能、海洋温差能、波浪能和生物质能以及部分潮汐能都是来源于太阳；即使是地球上的化石燃料（如煤、石油、天然气等）从根本上说也是远古以来储存下来的太阳能，所以广义的太阳能所包括的范围非常大，狭义的太阳能则限于太阳辐射能的光热、光电和光化学的直接转换。

太阳能光伏发电是太阳能利用的一种重要形式，是采用太阳电池将光能转换为电能的发电方式，而且随着技术不断进步，光伏发电有可能是最具发展前景的发电技术之一。太阳电池的基本原理为半导体的光伏效应，即在太阳光照射下产生光电压现象。1954 年美国贝尔实验室首次发明了以 pn 结为基本结构的具有实用价值的晶体硅太阳电池，从此太阳电池首先在太空技术中得到广泛应用，现在开始逐步在地面得到推广应用。

与化石能源、核能、风能和生物质能发电技术相比，光伏发电具有一系列特有的优势，主要可归纳如下：

1）发电原理具有先进性：即直接从光子到电子转换，没有中间过程（如热能-机械能、机械能-电磁能转换等）和机械运动，发电形式极为简洁。因此，从理论上分析，可得到极高的发电效率，最高可达 80% 以上。由于材料与工艺的限制，实验室研究的单个 pn 结单晶硅电池效率最高已经接近 25%；而多个 pn 结的化合物半导体电池效率已经超过40%。从原理分析计算与技术发展潜力来看，通过10~20年的努力，太阳电池转换效率达到30%~50%是可以实现的。

2）太阳能资源的无限和分布特性：太阳能辐射取之不尽，用之不竭，可再生并且洁净环保；阳光普照大地，无处不在，无需运输，最重要的是绝无任何国家实施垄断和控制的可能。

3）没有资源短缺和耗尽问题：所用的硅材料储量丰富，为地壳上除氧之外的排列第二的元素，达到26%。

4）光伏发电与自然的关系：没有燃烧过程，不排放温室气体和其他废气，不排放废水，环境友好，真正的绿色发电。

5）没有机械旋转部件：不存在机械磨损，无噪声。

6）建造和拆卸特性：采用模块化结构，易于建造安装、拆卸迁移，规模大小可变，而且易于随时扩大发电容量。

7）使用性能和寿命问题：经数十年应用实践证明：光伏发电性能稳定、可靠，使用寿命长（30年以上）。

8）维护管理问题：可实现无人值守，维护成本低。

由于太阳能光伏发电目前的成本较高，近期在国内大规模推广应用还存在一定困难，但是，从长期来看，随着技术的进步，以及其他能源利用形式的逐渐饱和，到2050年前后，太阳能将成为主流能源利用形式，有着不可估量的发展潜能。

太阳光伏发电由于不受能源资源、原材料和应用环境的限制，具有最广阔的发展前景，是各国最着力发展的可再生能源技术之一。欧洲联合研究中心（JRC）于2004年对光伏发电的未来发展作出如下预测：2020年世界太阳能发电的发电量占世界总能源需求的1%，2050年占到20%，2100年则将超过50%（图1-1）。

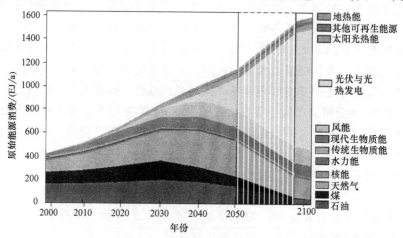

图1-1　世界能源发展预测

注：取自 EU JRC PV Roadmap 2004。

实际上，到2015年，全球光伏发电量已超过世界电力生产总量的1%，由此可以得出结论：光伏发电是未来世界能源和电力的主要来源，具有良好的发展前景。

近几年全球光伏装机容量在不断增加，2011~2015年全球和中国累计光伏装机容量如图1-2所示。2011年，全球光伏装机容量仅为70.49GW，但是2012年全球光伏装机容量就增长到了100.50GW。2013年，全球累计光伏装机容量达到138.86GW。2015年，全球新增光伏装机容量50.91GW，光伏装机总容量达到了229.3GW。对比国内，2011年，全国逆变器装机容量仅为3.3GW，2012年缓慢增长至6.8GW，2013年全国光伏装机容量增长近两倍，达到了19.72GW，2014年突破了25GW，达到了28.2GW，2015年全国光伏装机容量更是达到了43.53GW。

从全球光伏逆变器市场看，2011~2017年全球和中国逆变器市场总额如图1-3所示。光伏逆变器市场在2001~2012年增长速度最快；2013年受光伏行业低估影响，市场容量同比微降；进入2014年，随着竞争格局逐渐稳定，逆变器价格平缓下降，全球逆变器市场容量将会稳步上升。2015年，全球光伏逆变器市场总额达到了71.8亿美元，较2014年的61.2亿美元同比增长了17.3%，预测2016年全球市场总额将会达到78.2亿美元，而在2017年将会下降至71.4亿美元。中国逆变器市场总额在过去5年内迅速增长，从2011年的19.83亿元人民币增长到了2015年的57.58亿元人民币，平均年增长率为35.3%。根据预测：2016年中国逆变器市场总额为73.18亿元，2017年更是有可能突破90亿元大关，达到93.38亿元。

2011~2015年全球光伏逆变器出货量也保持增长态势，光伏逆变器市场集中化越来越严重，2015全球光伏逆变器出货量占比如图1-4所示。2015年全球逆变器出货量约为52GW，其中我国阳光电源股份有限公司出货量为8.2GW，超过德国SMA排名全球第一。排名前六的逆变器厂商总出货量为25GW，占到了全球总出货量的48%；而排名前十的逆变器厂商总出货量更是占到了全球总出货量的75%，创造历史新高。

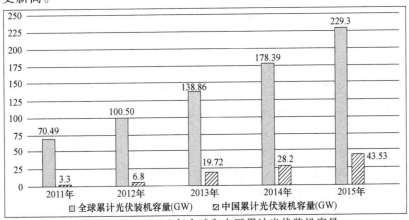

图1-2　2011~2015年全球和中国累计光伏装机容量

注：数据来自公开资料。

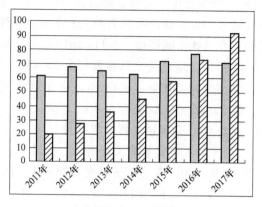

图 1-3　2011~2017 年全球和中国逆变器市场总额

注：数据来自公开资料。

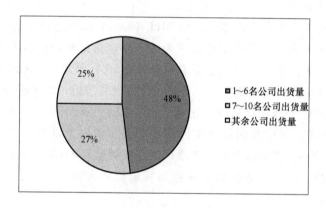

图 1-4　2015 年全球逆变器出货量占比

注：数据来自公开资料。

随着逆变器出货量不断增加，逆变器价格也在不断下降。这其中。国内光伏逆变器价格、成本都远低于欧美企业，具有一定的成本优势，2012 年 SMA 所销售逆变器产品的平均价格和平均成本分别为 0.19 欧元/W、0.15 欧元/W，阳光电源则分别为 0.69 元/W、0.46 元/W。截至 2015 年底国内组串式光伏逆变器价格降到了0.35 元/W，而集中式光伏逆变器价格则更是降低到 0.19 元/W。随着竞争格局稳定，光伏逆变器产品价格将进入平缓的下降期。预测 2015~2018 年这 3 年间，全球光伏逆变器的价格将会每年下降 9 个百分点。

逆变器产品结构方面，低功率三相逆变器的大量应用，使得相当数量的小规模逆变器供应商已经退出市场。随着组串式光伏逆变器大举进军分布式及部分地面电站市场，光伏逆变器产品结构已开始产生变化，组串式光伏逆变器同集中式光伏逆变器之间的单位峰瓦价格差距正不断缩小。并且由于组串式光伏逆变器越来越多地被使用于我国大型荒漠、商业、公共事业级光伏系统，因此其功率等级也有100kW发展趋势。从销售额角度看，虽然集中式光伏逆变器市场份额受到组串式光伏逆变器的挑战，但是集中式光伏逆变器仍将是 2015～2019 年期间中国太阳能光伏市场的主流产品。

而在太阳电池生产方面，经过多年的发展，全球太阳电池产量逐年上升，由图 1-5 所示的 2009～2014 年全球太阳电池产量可以看出：虽然全球太阳电池产量从 2009 年的 9.86GW 增长到 2014 年的 55.9GW，但其增长率却逐年下降，至 2012 年产能过剩，2013 年后才逐渐回升。但从 2009 年起，我国太阳电池产量便基本保持在全球总产量的 50% 以上，由图 1-6 所示的 2009～2015 年我国太阳电池产量可以看出：2009 年我国太阳电池产量达到 4.92GW，是当时全球最大的太阳电池生产国。2010 年我国太阳电池产量达到了 10.67GW，与此前 4 年的产量总和相当，同比增长 116.9%，为近年来最大增幅，产量约占全球总产量的 52.0%。2012 年，我国太阳电池产量增幅有所下滑，仅为 14.1%，但产量仍占全球的一半以上。2013 年我国太阳电池生产规模进一步扩大，产量达到 25.1GW，与 2012 年相比，增长率约为 22.4%，产量约占全球总产量的 62%。此后我国太阳电池产量持续上升。而至 2015 年，我国太阳电池全年产量已达到 58.63GW，同比增长 75%，形成了高速增长态势。

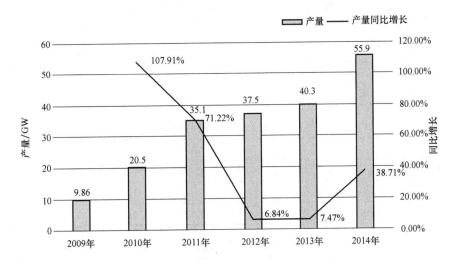

图 1-5　2009～2014 年全球太阳电池产量

注：数据来自公开资料。

而从硅片、电池片产能状况到多晶硅、光伏电池组件产量状况可以看出，其总

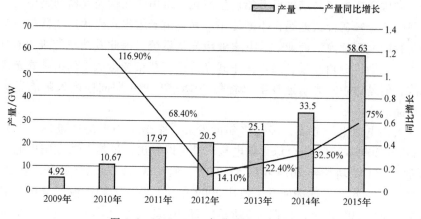

图 1-6 2009~2015 年我国太阳电池产量

注：数据来自公开资料。

量不断上升但增长趋势却逐渐放缓，具体年度数据见表 1-1~表 1-4。

表 1-1 2011~2015 年硅片产能情况表

年份	2011	2012	2013	2014	2015
全球/万 t	36	36	39	50	61.5
中国/万 t	20	26	29.5	38	48
中国产能增长率(%)	81.80	30.00	13.50	28.80	26.30

表 1-2 2011~2015 年电池片产能情况表

年份	2011	2012	2013	2014	2015
全球/GW	35	37.4	40.3	50.3	60
中国/GW	21	23	25.1	33	41
中国产能增长率(%)	94.40	9.50	9.10	31.50	24.20

表 1-3 2011~2016 年多晶硅产量

年份	2011	2012	2013	2014	2015	2016
全球/万 t	24	23.5	24.6	30.2	34	36
中国/万 t	8.4	7.1	8.46	13.6	16.5	18
增长率(%)	87	-15	19	61	21	9

表 1-4 2011~2016 年我国光伏电池组件产量、增长率及全球光伏电池组件产量

年份	2011	2012	2013	2014	2015	2016
全球/GW	35	37	42	52	60	65
中国/GW	21	23	27.4	35.6	43	50
增长率(%)	94.40	9.50	19.10	29.90	20.80	16.30

1.2 光伏并网发电技术的发展

光伏发电可以分为光伏离网发电系统，光伏并网发电系统与风光互补发电系统，如图 1-7 所示。

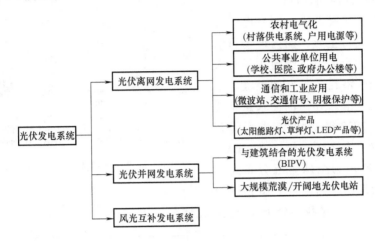

图 1-7 光伏发电应用分类

其中，通信和工业应用主要有：微波中继站；光缆通信系统；无线寻呼台站、卫星通信和卫星电视接收系统、农村程控电话系统、部队通信系统、铁路和公路信号系统、灯塔和航标灯电源、气象和地震台站、水文观测系统、水闸阴极保护及石油管道阴极保护等。

在农村和边远地区主要应用于：独立光伏电站（村庄供电系统）、小型风光互补发电系统、太阳能户用系统、太阳能照明灯、太阳能水泵、农村社团（学校、医院、饭馆、旅社、商店等）。

光伏发电也应用于一些太阳能商品及其他场合，包括：太阳能路灯、太阳能钟、太阳能庭院、太阳能草坪灯、太阳能喷泉、太阳能城市景观、太阳能信号标识、太阳能广告灯箱、太阳帽、太阳能充电器、太阳能手表、太阳能计算器、太阳能汽车换气扇、太阳能电动汽车、太阳能游艇、太阳能玩具等。

对于光伏并网发电系统来说，主要用于城市与建筑结合的光伏并网发电系统（BIPV）和大型荒漠光伏电站。这类应用已经成为光伏发电市场的主流，目前占到世界光伏发电市场的 80% 以上。图 1-8 所示为世界并网和离网光伏市场分布。可见至 2010 年之前，光伏并网发电市场都占到 90% 以上，到 2030 年也将占到 70% 以上。

1.2.1 国内外光伏并网发电技术的发展

光伏并网发电系统可以分为分布式发电系统和集中式大型并网光伏电站。分布式发电是指将相对小型的发电系统分散布置在负荷现场或邻近地点实现发电供能的方式；而集中式大型并网光伏电站一般都是国家级大型电站，主要特点是将所发电能直接输送到电网，由电网统一调配向用户供电。

全球主流国家光伏并网发电市场以分布式发电占主导，国内市场目前仍以集中式大型电站占绝对主导，未来分布式光伏潜在成长空间巨大。中国能源局在"十三五"的征求意见稿里提出，到 2020 年末光伏装机总量要达到 150GW，分布式光伏达到 70GW。

图 1-9 所示为全球主流分布式和集中式光伏发电比例，图 1-10 所示为 2009～2013 年上半年我国分布式光伏占比情况。

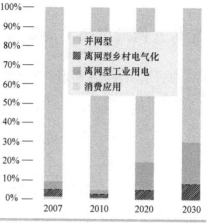

目前乃至2010年之前，光伏并网发电市场占到90%以上，到2030年也将占到70%以上。EPIA & GreenPeace

图 1-8　世界并网和离网光伏发电市场分布

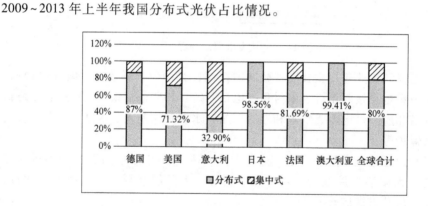

图 1-9　全球主流国家分布式和集中式光伏发电比例

分布式发电具有以下特点：

1）并网点在配电侧；

2）电流是双向的，可以从配电网取电，也可以向配电网送电；

3）大部分光伏电量直接被负载消耗，自发自用；

4）分"上网电价"并网方式（双价制）和"净电量"方式（平价制）；

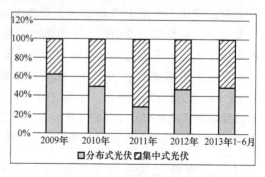

图 1-10　2009～2013 年上半年我国分布式光伏占比情况（%）

5）大部分安装在建筑物上，安装功率受建筑物面积和并网点容量的限制，从 1kW 到数百 kW 不等。

而在输电侧并网的集中式大型并网系统大都安装在不能用做农田的开阔地或荒漠，有时也安装在大型建筑物上，其特点如下：

1）在发电侧并网，属于像风电场一样的发电站，电流是单方向的；

2）并入高压电网（10kV、35kV、110kV）；

3）不能自发自用和"净电量"计量，只能给出"上网电价"；

4）少量自用电从电网取（小于 1%）；

5）一般功率很大，规模从 1MW 到几百 MW，甚至更大；

6）维护简单，一般都是无人值守；

7）一般占用荒地；

8）自动跟踪或聚光电池一般都是用在此类电站；

9）带有气象和运行数据自动监测系统和远程数据传输系统。

国际上目前最多的光伏并网发电系统是在配电侧并网的系统，包括一家一户（residential）的光伏并网系统和安装在商业、办公和公共建筑（non-residential）上的光伏并网系统；具体就德国而言，居民屋顶分布式光伏电站占总装机量的 12%，商业屋顶分布式光伏电站占 53%，工业屋顶分布式光伏电站占 10%，大型地面集中式电站只占 25%。而 2012 年美国不同类型光伏并网发电市场的分布见表 1-5。2012 年欧洲各国新增装机容量中各类光伏电站占比情况（%）如图 1-11 所示，其中居民和商业电站占比相对较多。

表 1-5 2012 年美国不同类型光伏并网发电市场的分布

总计	家庭	商业建筑	政府部门建筑
33 亿 kW	5 亿 kW	10 亿 kW	18 亿 kW

注：来自中国光伏协会。

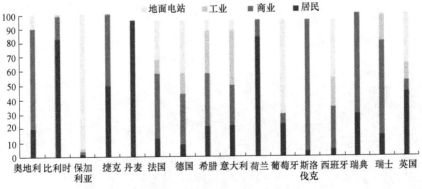

图 1-11 2012 年欧洲各国新增装机容量情况（%）

在配电侧并网的分布式光伏发电系统的安装方式一般是同建筑相结合，不单独占地。与建筑结合的光伏并网发电系统还可以分为建筑集成光伏（Building Integrated PV，BIPV）系统和建筑附加光伏（Building Attached PV，BAPV）系统。

　　对于 BIPV 系统，采用特殊制作的太阳电池组件，如光伏瓦、光伏幕墙等建筑材料，或光伏遮阳板、光伏雨棚、光伏栏板等建筑构件等，直接替代建筑材料或建筑构件，与建筑物完美结合。对于 BAPV 系统，则是采用普通太阳电池组件，简单安装在建筑物屋顶或墙体上。图 1-12、图 1-13 为典型的 BIPV 系统和 BAPV 系统的实例。

图 1-12　典型的 BIPV 系统

图 1-13　典型的 BAPV 系统

无论是 BIPV 系统还是 BAPV 系统，光伏与建筑结合有如图 1-14 所示的几种形式。

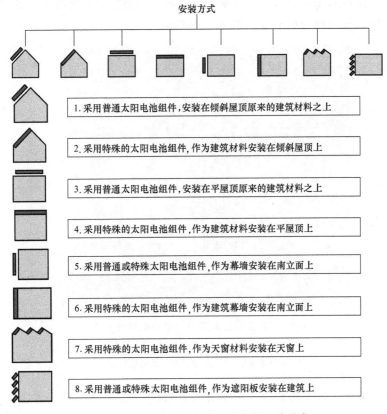

图 1-14　光伏系统与建筑结合的几种形式

这种方式也有一些功率很大的系统，如德国慕尼黑展览中心屋顶 2MWp[⊖]的 BIPV 系统和柏林火车站 200kWp 的系统。对于小系统，一般只用一台并网逆变器，对于大系统，一般采用多台逆变器。柏林火车站 200kWp 的 BIPV 系统分为 12 个太阳电池方阵，每个方阵由 60 块 300W 的太阳电池组件构成，每个方阵连接一台 15kVA 的逆变器，分别并网发电。慕尼黑 2MWp 的 BIPV 项目则不同，2MWp 由 2 个 1MWp 的系统分一期、二期建成。每个 1MWp 的系统采用公共直流母线，3 台 300kVA 的逆变器按照主从方式工作，当辐照度较小时只有一台逆变器工作，辐照度较大时 3 台逆变器都工作，这样就使逆变器工作在高负载状态，具有更高的转换效率。

⊖ 此处的 MWp 是太阳电池输出功率单位，是标准太阳光照条件下，即欧洲委员会的 101 标准，在辐射强度为 1000W/m²，大气质量为 AM1.5，电池温度为 25℃条件下，太阳电池的输出功率，后同。——编者注

从配电侧并网的光伏系统的电气连接方式看，德国和荷兰的光伏屋顶计划大多数是安装在居民建筑上的分散系统，功率一般为 1~50kWp 不等。由于光伏发电补偿电价不同于用户的用电电价，所以采用双表制，一块表记录太阳电池馈入电网的电量，另一块记录用户的用电量，如图 1-15 所示。

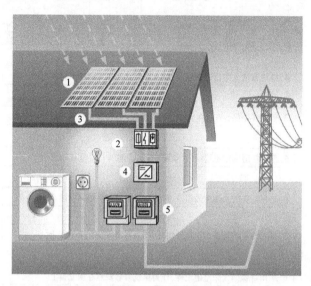

图 1-15　光伏并网发电图示（双价制接线方式）
1—太阳电池组件　2—保护装置　3—线缆
4—并网逆变器　5—用电、发电计量电能表

光伏并网发电可以采用发电、用电分开计价的"双价制"接线方式，也可以采用"净电量"计价的接线方式。德国和欧洲大部分国家都采用"双价制"，电力公司收购太阳能发电的电量（如 0.107~0.127 欧元/kW·h），用户用电则仅支付常规的电价（如 0.25 欧元/kW·h），这种政策称之为"上网电价"政策。"双价制"情况下，光伏发电系统应当在用户电表之前并入电网。与德国和欧洲大部分国家采用的"双价制"不同，美国和日本采用初投资补贴，即运行时对光伏发电不再支付高电价，但是允许用光伏发电的电量抵消用户从电网获取的用电量，电力公司按照用户电表的净值收费，称之为"净电量"计量制度。采用"净电量"制时，光伏发电系统应当在用户电表之后接入电网。

对于单相和三相接线方式的"净电量"计量线路示意图如图 1-16、图 1-17所示。

对于在输电侧并网的大型光伏电站，其系统主要配置如图 1-18 所示。

大型光伏并网电站一般安装在日照资源非常好的我国西部荒漠地带，直射分量很强，适合于安装聚光光伏系统和向日跟踪系统。

根据美国凤凰城气象站提供的 1961~1990 年的实测太阳辐射数据，得出各种

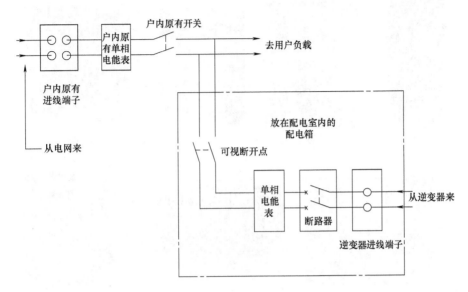

图 1-16　净电表计量单相线路连接图

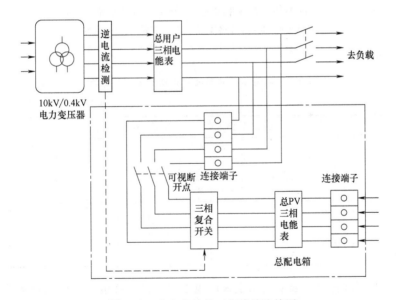

图 1-17　净电表计量三相线路连接图

平板收集器不同运行方式下所收集到的太阳辐射量的对比。当地条件和实测辐射数据见表 1-6～表 1~8。

气象台站：美国亚利桑那州凤凰城 WBAN No.23183；纬度：33.43°N；经度：112.02°W；海拔：339m；气压：97.4kPa。

图 1-18　大型并网荒漠光伏电站系统配置

a）太阳电池　b）方阵接线箱　c）直流配电　d）逆变器
e）交流配电　f）箱式变压器　g）数据显示和通信

表 1-6　固定倾角太阳能收集器的平均日输出

单位：kW·h/(m²·天)

倾角	向南不同倾角平板收集器各月平均日辐射量												全年平均
	1月	2月	3月	4月	5月	6月	7月	8月	9月	10月	11月	12月	
0°	3.2	4.3	5.5	7.1	8.0	8.4	7.6	7.1	6.1	4.9	3.6	3.0	5.7
纬度-15°	4.4	5.4	6.4	7.5	8.0	8.1	7.5	7.3	6.8	6.0	4.9	4.2	6.4
纬度	5.1	6.0	6.7	7.4	7.5	7.3	6.9	7.1	7.0	6.5	5.6	4.9	6.5
纬度+15°	5.5	6.2	6.6	6.9	6.9	6.3	6.0	6.4	6.0	6.7	5.9	5.3	6.3
90°	4.9	5.0	4.5	3.7	2.7	2.3	2.4	3.1	4.2	5.1	5.1	4.8	4.0

　　从表 1-6 可以看出，如果是固定太阳电池方阵倾斜纬度角，可以得到全年最大辐射量，大约比水平面辐射量高出 14%。

　　同水平固定安装相比，水平轴东西向跟踪的辐射量增益非常可观，其值高达 40.4%，增加纬度角倾斜可以增加到 51%，但是由于增加纬度角倾斜，需要增加倾角支架的投资，而且需要增加各个组件间的间距，增加了占地和支架的投入，有些得不偿失。当然对于高纬度来说，情况也许会有不同，有可能必须增加纬度角倾斜，否则可能会造成冬季辐射量严重减少。水平轴东西向跟踪应当适合于纬度在

35°以下的地区。

表 1-7　单轴跟踪太阳能收集器的平均日输出

单位：kW·h/(m²·天)

主轴倾角	单轴跟踪不同倾角平板收集器各月平均日辐射量												全年平均
	1月	2月	3月	4月	5月	6月	7月	8月	9月	10月	11月	12月	
0°	4.7	6.2	7.8	9.9	11.0	11.4	10.0	9.6	8.6	7.1	6.3	4.4	8.0
纬度−15°	5.6	7.1	8.5	10.3	11.1	11.3	10.0	9.8	9.2	8.0	6.3	5.3	8.5
纬度	6.2	7.5	8.7	10.3	10.7	10.8	9.6	9.6	9.3	8.4	6.8	5.8	8.6
纬度+15°	6.5	7.7	8.6	9.9	10.1	10.1	9.0	9.2	9.1	8.5	7.1	6.2	8.5

表 1-8　双轴跟踪太阳能收集器的平均日输出

单位：kW·h/(m²·天)

跟踪方式	双轴跟踪平板收集器各月平均日辐射量												全年平均
	1月	2月	3月	4月	5月	6月	7月	8月	9月	10月	11月	12月	
双轴全跟踪	6.6	7.7	8.7	10.4	11.2	11.6	10.1	9.8	9.3	8.5	7.1	6.3	8.9

从表 1-8 可以看出，双轴全跟踪系统与水平固定安装相比，辐射量增益达到 56%，但是其跟踪装置却比水平轴东西向跟踪装置复杂得多。要根据实际情况决定是否采用双轴跟踪系统。

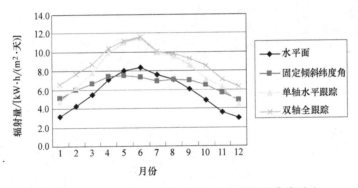

图 1-19　不同安装和运行方式下，全年辐射量曲线对比

从以上 30 年（1961~1990 年）的实际测试数据可以知道，美国亚利桑那州的天气晴朗，直射分量大，向日跟踪系统的增益高：固定倾角太阳能收集器可比水平安装的太阳能收集器多增加 14% 的辐射量输出；单轴水平跟踪可增加 40.4%，单轴经纬度角收集器可增加 51% 的增益；而双轴准确向日跟踪系统增加 56%。图 1-20 所示为不同向日跟踪系统的图例。

大型荒漠电站一般建设在空旷的荒野，有些还安装在荒漠地带，因此大型荒漠电站除了常规的电气设计、自动向日跟踪系统设计、电网接入系统设计外，抗风沙和防雷接地也是设计的重点。

大型荒漠光伏电站（LS-PV）或超大型荒漠光伏电站（VLS-PV）是国际能源机构光伏发电系统委员会（IEA-PVPS）的第 8 项任务（Task8），主要研究、追踪超大规模光伏发电的技术和信息，并开展国际间的交流和合作。VLS-PV 是指 10MWp 以上的光伏发电系统，一般指荒漠光伏电站。IEA-PVPS 任务 8 已经编辑出版了 3 本关于大型和超大型荒漠光伏电站的书，系统论述了大型荒漠光伏电站的原理、特点和未来发展趋势，如图 1-21 所示。

图 1-20　固定倾角安装、斜单轴跟踪、水平轴跟踪和双轴跟踪系统

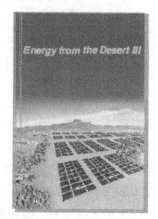

图 1-21　大型荒漠光伏电站的可行性研究报告

1.2.2 国内外光伏并网发电的激励政策

鉴于目前光伏发电的成本还较高，为了刺激光伏发电市场，世界各发达国家都制定了激励政策，有的采用补贴方式，有的采用"上网电价"方式，还有的采用税收优惠政策。以下就国内外光伏发电的激励政策介绍如下：

1. 欧洲补贴政策

欧洲各国一般强制要求电网企业在一定期限内按照一定电价收购电网覆盖范围内可再生能源发电量，该政策是应用最为广泛、最常见、最为成功的电价模式。为了鼓励光伏发电参与市场竞争，一些实行电力市场机制的国家将光伏发电上网电价与市场电价挂钩，光伏发电最终上网电价为"市场结清电价+政府补贴"。与市场挂钩的定价方式是欧洲光伏发电上网电价政策的发展趋势。

德国确定每年新增光伏装机目标是 2.5~3.5GW，如果上年度新增规模超过这一目标值，则要上调递减率，超过规划容量越多，递减率上调幅度越大，反之下调递减率。西班牙规定，当光伏装机容量达到规划容量 85% 后，将下调之后并网项目的上网电价。而葡萄牙在可再生能源装机容量达到一定量后将下调上网电价。英国可再生能源义务法到期，现行的可再生能源义务法案将在 2016 年 3 月 31 日终止，未来无论屋顶型或地面型太阳能都不再适用，上网电价补贴不断削减，2020年有望实现无补贴。瑞士上网电价补贴也不断削减，对于超过 1MW 的安装项目，补贴将削减 12%，对于规模在 30kW~1MW 的系统，削减 18%，对于 30kW 以下的系统，削减 23%。

光伏上网定价政策的良好效果建立在定价机制与市场状况的配套之上，只有与市场状况相协调，才能保证合理的利润，使光伏产业健康发展。

2. 美国联邦光伏产业政策

联邦财政激励计划与全球超过 75 个国家和地区实行的太阳能补贴政策不同，美国的光伏发电驱动力主要是获得税收减免的补助，以降低光伏系统投资成本。税收优惠与减免是联邦政府促进可再生能源发展最主要的财政激励措施。贷款担保项目主要有能效抵押贷款担保、能源部贷款担保、农业部美国农村能源贷款担保。

美国各州除适用联邦政府制定的光伏相关财政激励计划外，也制订了一系列财政激励计划。在各州财政激励计划中，最主要的是税收优惠。财政激励计划类型主要集中在税收优惠，其中以财产税优惠居多，其次是资金返还和贷款优惠。美国政府向安装太阳能电的住宅或商用建筑提供 30% 的补贴，反补贴和反倾销关税整体税率由 31% 降至 17.5%。

奥巴马政府将提供超过 1.2 亿美元来推动全国 24 个州的清洁能源的发展，能源部还提供 2000 万美元 Photovoltaics Research and Development 基金资助，预计将支持多达 35 个项目，以推动新的光伏电池和组件性能。SunShot 计划还通过 Recognizing Communities 基金为 Solar Powering America 划拨 1300 万美元，以便为地方政府确定一个国家承认技术援助计划，以消除市场障碍，并促进消费者及企业使用太阳能的进程。美国农业部还提供 9 项拨款，接近 800 万美元，帮助为偏远地区的公民降低能源成本。

3. 日本的激励政策

日本光伏装机的高速增长始于 2012 年。福岛核电站事故后，日本的去核化呼声日益强烈，能源结构调整的需求使得日本政府决心大力发展可再生能源，以减少对核能的依赖。2012 年，日本通过了《可再生能源特别措施法案》，可再生能源 FIT（固定价格收购）政策于 2012 年 7 月 1 日正式开始实施。政策的刺激带动了日本可再生能源特别是光伏的高速增长，使日本一跃成为全球第三大光伏应用市场。

核电的重启使得日本政府推动可再生能源发展动力减弱，在最新的 2030 能源构成草案中，日本产业经济省将光伏发电设定为 7%，而将发电成本较低的核电比例定为 20%~22%；光伏在可再生能源中比例过高，日本可再生能源装机容量中，光伏占比超过 90%。为了平衡各类可再生能源的发展，日本政府需要抑制光伏的快速膨胀。

自 2012 年日本开始实施可再生能源 FIT 政策以来，日本产业经济省（METI）每年都会对光伏的 FIT 价格进行下调。日本产业经济省将在 2016 年继续下调光伏 FIT 收购价格，预计 10kW 以上 FIT 收购价格可能降到 26 日元以下。表 1-9 给出了日本从 2012 年 7 月~2015 年 6 月以来的光伏电价变化情况。

表 1-9　日本光伏电价　　　　　　（单位：日元/kW·h）

系统规模	≥10kW	<10kW
收购年限	20 年	10 年
2012 年 07 月~2013 年 03 月	40(不含税)	42(含税)
2013 年 04 月~2014 年 03 月	36(不含税)	38(含税)
2014 年 04 月~2015 年 03 月	32(不含税)	37(含税)
2015 年 04 月~2015 年 06 月	29(不含税)	无需安装输出控制设备的地区 33(含税) 需要安装输出控制设备的地区 35(含税)

4. 我国对于光伏发电的激励政策

（1）我国的可再生能源法

我国的可再生能源法已经于 2005 年 2 月 28 日由人大常委会批准通过，于 2006 年 1 月 1 日生效，并于 2010 年 4 月 1 日又施行了修订后的版本。我国的可再生能源法基本上与德国的"上网电价"政策类似，意味着发电系统的初投资由项目开发商自己承担，开发商通过申报取得行政许可后建设光伏并网发电项目，其成本和利润通过出售光伏系统发出的电来回收，电网公司应当按照合理的上网电价（成本加合理利润）全额收购光伏电量。超出常规上网电价的部分，电力公司并不贴钱，而是通过向电力用户征收电价附加的方式在全国电网分摊。

（2）光伏发电补贴政策

2011 年国家发展改革委员会出台关于完善太阳能光伏发电上网电价政策的通知，制定全国统一的太阳能光伏发电标杆上网电价，2011 年 7 月 1 日以前核准建设、2011 年 12 月 31 日建成投产、发改委尚未核定价格的太阳能光伏发电项目，上网电价统一核定为 1.15 元/kW·h（含税）。2011 年 7 月 1 日及以后核准的太阳能光伏发电项目，以及 2011 年 7 月 1 日之前核准但截至 2011 年 12 月 31 日仍未建成投产的太阳能光伏发电项目，除西藏仍执行 1.15 元/kW·h 的上网电价外，其余省（区、市）上网电价均按 1 元/kW·h 执行。

2013 年国家发展改革委员会出台关于发挥价格杠杆作用促进光伏产业健康发展的通知，根据各地太阳能资源条件和建设成本，将全国分为三类太阳能资源区，相应制定光伏电站标杆上网电价，见表 1-10 所示。光伏电站标杆上网电价高出当地燃煤机组标杆上网电价（含脱硫等环保电价）的部分，通过可再生能源发展基金予以补贴。对分布式光伏发电实行按照全电量补贴的政策，电价补贴标准为 0.42 元/kW·h。对分布式光伏发电系统自用电量免收随电价征收的各类基金和附加，以及系统备用容量费和其他相关并网服务费。

表 1-10 全国光伏电站标杆上网电价表 （单位：元/kW·h）

资源区	光伏电站标杆上网电价（含税）	各资源区所包括的地区
Ⅰ类资源区	0.90	宁夏，青海海西，甘肃嘉峪关、武威、张掖、酒泉、敦煌、金昌，新疆哈密、塔城、阿勒泰、克拉玛依，内蒙古除赤峰、通辽、兴安盟、呼伦贝尔以外地区
Ⅱ类资源区	0.95	北京，天津，黑龙江，吉林，辽宁，四川，云南，内蒙古赤峰、通辽、兴安盟、呼伦贝尔，河北承德、张家口、唐山、秦皇岛，山西大同、朔州、忻州，陕西榆林、延安，青海、甘肃、新疆除Ⅰ类外其他地区
Ⅲ类资源区	1.0	除Ⅰ类、Ⅱ类资源区以外的其他地区

注：西藏自治区光伏电站标杆电价另行制定。

2014 年 9 月 4 日，国家能源局正式下发《关于进一步落实分布式光伏发电有关政策的通知》，表明了国家对光伏发电的一贯支持态度。明确政府对分布式光伏的长期支持态度，并推出"全额上网"电站享受标杆电价、增加发电配额、允许直接售电给用户、提供优惠贷款、按月发放补贴等一系列新政。

1.2.3 我国光伏发电中长期发展规划

"十二五"是我国光伏产业快速发展的 5 年，国务院出台了《关于促进光伏产业健康发展的若干意见》，制定了首个光伏产业"十二五"发展规划。"十二五"以来，我国光伏发电市场呈现多元化发展格局。西部地区光伏电站形成较大规模，青海、甘肃、新疆光伏电站装机达到 300 万 kW 以上。中东部地区重点发展屋顶分布式光伏系统，同时利用荒山、滩地以及结合农业大棚、渔业养殖等建设分布式光伏电站，城乡居民建设户用分布式光伏发电系统迅速增多。截至2015年底，我国太阳能光伏发电累计并网容量达到4158万kW，同比增长67.3%，约占全球的1/5，超过德国成为世界光伏第一大国。

2015年12月中旬，国家能源局新能源司向各省（自治区、直辖市）发改委（能源局）、国家电网、南方电网及多家国有电力企业、国家可再生能源中心、中国光伏产业协会等机构征求了太阳能利用"十三五"发展规划的意见，并于2015年12月30日完成意见征集工作。太阳能利用"十三五"发展规划（征求意见稿）是在"十二五"太阳能产业发展基础上形成的"十三五"期间太阳能发展的指导思想、原则、目标和主要任务。"十三五"全国太阳能利用规模布局见表1-11所示。

表1-11 "十三五"全国太阳能利用规模布局 　（单位：万kW）

区域	光伏发电			热发电	发电合计
	2020年底累计并网规模			2020年底累计并网规模	2020年底累计并网规模
	电站	分布式	小计		
华北	1890	1710	3600	60	3745
西北	4850	395	5245	740	5985
东北	350	355	705	20	725
华东	675	2440	3115	0	3115
华中	635	1110	1745	10	1775
南方	470	1145	1615	15	1630
其他(西藏自治区)	150	30	180	80	260
西部	5000	425	5425	820	6245
中东部	4020	6760	10780	190	10970
合计	9020	7185	16205	1010	17215

1.2.4　光伏发电成本变化趋势及预测

光伏发电成本一般是指单位发电量（1kW·h）的成本价格，即度电成本。度电成本是每千瓦·时的成本，这一成本指标计算了光伏发电的真实成本，并且涵盖光伏发电系统全部寿命周期内的所有投资和运行成本，包括消耗的燃料和设备更替的成本。采用度电成本能够使光伏发电系统与任何一种电站相比较。度电成本计算包括：电站的寿命周期、投资成本、运行和维护成本、贴现率、电站位置。

近几年光伏行业发展迅速，其中，光伏行业要真正取得稳固的市场，降低发电成本必不可少。以下就国内外光伏发电成本变化趋势及预测介绍如下：

1. 国外（以成熟的欧洲市场为例）**光伏发电成本变化趋势及预测**

随着光伏技术的更新，在过去的 5 年里光伏发电成本持续下降，现在欧洲大部分国家的屋顶太阳能发电价格已经低于零售电价，甚至包括一些光照强度较弱的国家，比如英国和瑞典等国。此外，现在南欧各国的大规模太阳能发电的价格已经低于市场批发电价。

未来 15 年里，太阳能光伏发电的成本将比现在要低一半（过去 5 年内只下降了 80%），而且是在没有任何技术突破的前提下。到 2030 年，太阳能光伏发电的成本将低于欧洲大部分地区的市场批发电价。而在南欧各国价格会更低，预计到 2030 年太阳能光伏发电价格会降到 20~25 欧/MW·h。在伦敦，预计 2030 年大规模太阳能发电的价格将在 50 欧/MW·h 左右，相当于现在市场批发电价，但是低于核电发电价格。这意味着在未来的时间里太阳能光伏发电将是欧洲各国最实惠的一种发电方式。

2. 我国光伏发电成本变化趋势及预测

国网能源研究院近日发布的《2015 中国新能源发电分析报告》显示，2010 年以来，光伏发电的组件价格、初始投资成本、度电成本均处于下行通道，且降幅较大。其中，我国领先企业组件生产成本降至 2.8 元/W，光伏发电系统投资成本降至 8 元/W 以下，度电成本降至 0.6~0.9 元/kW·h。我国光伏发电实际成本从 2010~2015 年下降超过 50%，光伏初始投资显著下降，即从 1 万元/kW·h 降到 8000 元/kW·h 以内。光伏融资成本下降，即 6 次降息，影响 0.05~0.07 元/kW·h。中国大型光伏电站平均度电成本从 2010 年的 1.47 元/kW·h，下降到了 2014 年的 0.68 元/kW·h。

在中国的西部，光伏电力已在工业、商业用电的用户侧成为平价电力。未来，光伏发电成本还将进一步降低，预计到 2020 年还将使成本下降约 50%。到 2025 年，单晶硅光伏组件的零售价格将下降到 2.46~2.76 元/W。大型光伏电站的初始投资成本将下降到 6757~7371 元/kW。而屋顶光伏投资成本有望下降到 9828~12286 元/kW。到 2025 年，光伏发电平均度电成本将下降到 0.37~0.92 元/kW·h。

3. 国内外光伏发电成本综合比较

发电成本因各地区日照时数、人力成本、补贴以及组件税后价格而有所差别。随着光伏应用的进一步扩大，至 2020 年全球主要光伏发电应用市场国家的发电成本将进一步降低，具体发电成本的预测比较见表 1-12 所示。

表 1-12　全球各主要光伏市场发电成本预测比较

国家和地区	光伏目标	可再生资源目标	发电成本 美元/kW·h	
			最低	最高
中国大陆	2020 年前达 150GW	2030 年前达 20%（非石化燃料）	0.08	0.14
日本	2030 年前达 64GW	2030 年前达 22%~24%	0.1	0.14

（续）

国家和地区	光伏目标	可再生资源目标	发电成本美元/kW·h	
			最低	最高
美国		2030 年前达 20%	0.07	0.12
德国	2030 年前达 66GW	2030 年前达 50%	0.11	0.17
英国	2020 年前达 22GW	2020 年前达 15%	0.12	0.2
印度	2022 年前达 100GW	2030 年前达 40%（非石化燃料）	0.08	0.11
中国台湾（现行）	2030 年前达 8.7GW	2030 年前达 13.3%	0.09	0.14
中国台湾（DPP）	2025 年前达 13GW	2025 年前达 20%		

注：发电成本之平均价格范围：使用标准结晶硅光伏电池组件，且超过 10MW 的公共事业等级系统。

1.3　国内外大型光伏发电系统简介

1.3.1　Springerville Generating Station（SGS）大型荒漠光伏电站

建设单位：美国亚利桑那州 Tucson 电力公司；接待人员：Tom Hanson；电站总投资：2300 万美元（包括埋地高压电缆在内的电站全部设备投资，不包括征地和输电线路）；当地纬度：34.13°N；当地经度：109.3°W；当地海拔：2132.4m。

（1）电站主要技术参数

总占地：44acre（相当于 17.8hm 或 267 亩）；太阳电池方阵数：34 个；太阳电池方阵倾角：34°；太阳电池方阵朝向：正南；太阳电池组件总数量：34980 块；直流总功率：4590kW；交流总功率：3812kW；2005 年全年总交流发电量：7532.42MW·h；2006 年全年总交流发电量：7650MW·h；每 kW 太阳电池的全年交流输出：1730kW·h；电站无故障率：2003 年 99.78%；2004 年 99.72%；2005 年 99.81%。该电站的太阳电池方阵技术特性见表 1-13。

表 1-13　太阳电池方阵技术特性

生产厂家	德国 RWE(ASE)	美国 First Solar	BP Solarex
方阵数量	26	4	4
组件型号	300DG/50	FS-45 & FS-50	MST-43
每个方阵组件数	450	2688~3024	3000
每组的组件串联数	9	6	5
每个方阵的组数	50	448~504	600
标准条件下每组功率	2700Wp	300Wp	215Wp
每组开路电压	595V	580V	545V
每组直流工作电压	380~430V	300~360V	300~310V

（续）

生产厂家	德国 RWE（ASE）	美国 First Solar	BP Solarex
标准条件下的方阵功率	135000Wp	134400Wp	129000Wp
各类太阳电池总功率	3510kWp	564kWp	516kWp
2004 年组件失效率	0.009%	非商业化组件	0.092%
标准条件下电站总功率	4.59MWp		

（2）逆变器技术参数

逆变器生产厂商和型号：Xantrex PV-150；逆变器总数量：34 台；逆变器额定功率：157kVA；逆变变压器：DC 208V～AC480V 三相；逆变器功率因数：0.99；总谐波畸变率：小于 3.0%；平均日周期逆变器效率：96%；逆变器故障率：2003年为 99.92%；2004 年为 99.87%；2005 年为 99.92%。

变压器技术参数：变压器数量：11 台；变压器功率：500kVA；变换电压：480V/34.5kV；变压器类型：油浸（可自降解的生物油，而非矿物油）；变压器效率：99.2%。

（3）电网接入系统

11 台变压器并联通过埋地电缆链式接入地面电杆上的高压电缆，埋地电缆和高压输电线路之间装有手动断路器，断路器只有在检修设备时才断开，断开之前先将光伏电站的逆变器关机；检修完毕时，先闭合断路器，再开通逆变器。高压输电线路对于此类分布式发电系统的最大送出能力为 36MW。

（4）互联网实时监测系统

电站配备有完整的数据采集系统，通过互联网进行传输，电站无人值守，每一组太阳电池发生问题都可以随时发现，及时进行维护。几乎所有的运行功能，包括逆变器的重新设置，都可以实现远程控制，所采集的数据和告警信号取自 34 台并网逆变器，数据采集周期为 10s，每分钟取平均值存档。所有运行参数的存储格式为 Excel 表格，日照、发电功率、环境温度等变化图每日一张。实时监测的数据可以在 www.GreenWatts.com/pages/solaroutput.asp 网站取得。

（5）其他

1）电站建成后第一年运行中曾经发生过很多问题，如遭受雷击，电网电压波动大而造成逆变器停机等。遭雷击后，电站沿网围栏铺设铜排地网，又进行了多点深接地；为了避免逆变器由于电网电压波动而停机，将逆变器的输出电压的适应范围调宽。

2）由于电站所在地的海拔较高，输出交流实测功率在 2004 年 12 月 6 日短时间内（1min）曾经达到 5113kW，2004 年实测 15min 持续最大平均交流功率达到4644kW（设计平均交流输出功率仅为 3812kW）。这在设计时应当考虑到。

3）电站建有 1.5m 高的网围栏，以防止牲畜进入电站。但是发现没有牲畜光

图 1-22 SGS 大型荒漠光伏电站照片

a）美国 ASE（德国 RWE）带硅太阳电池 b）美国 BP Solarex 的双结非晶硅太阳电池

c）美国 First Solar 的试验 CdTe 太阳电池 d）Xantrex 150kVA 并网逆变器

e）34.5kV 并网接入点 f）并网点的手动断路器

顾的场地杂草却长了起来。现在每年10月底要进行除草，希望经过几年的除草，杂草的品种就会只剩下那些不会高于8in（大约20cm）的品种。太阳电池方阵的底边距离地面的高度为8in。

4）太阳电池方阵支架很简单，而且没有采用水泥基础，只是用20cm长的钢钉钉在地上。当地的黏土层在10cm之下，如果黏土层较深，则钢钉的长度必须加长，直到钉入黏土层。

5）电站附近有水泵负荷中心，34.5kV高压输电线路就是为水泵站供电的，水泵站的平均连续负荷为10MW。Speringerville光伏电站的电量一般情况下都是直接被水泵站消耗掉，如果有剩余电量，将通过附近具有2台40万kW燃煤机组火力发电站的调度中心馈入电网。

6）该电站还有一个2kW的CIS（铜铟硒薄膜）太阳电池的试验系统，据Tom先生讲，试验的结果并不理想，CIS电池的衰降很严重，每年超过5%。

7）SGS光伏电站完全由Tucson电力公司投资建设，计划最终太阳电池功率达到10MW，交流发电功率达到8MW。电力公司每年投资500万美元用于光伏电站的建设，光伏发电的比例最终将占到火力发电的1.1%。

图1-22所示为SGS大型荒漠光伏电站现场照片。

1.3.2 APS Star Center 调峰电站

建设单位：美国亚利桑那州APS（Arizona Public Service）电力公司

接待人员：Herb Hayden（被APS副总裁Peter誉为"太阳人"）

电站总投资：2300万美元（包括埋地高压电缆在内的电站全部设备投资，不包括征地和输电线路）。

当地纬度：33.43°N；当地经度：111.9°W；当地海拔：363.9m。

该调峰电站就建立在APS的燃气调峰发电场周围，现在已经成为这座调峰电站的一部分。总功率目前为560kW。

1）200 kW平板电池水平单轴东西向跟踪系统；

2）300 kW高倍聚光（250倍）电池双轴跟踪系统；

3）60 kW平板电池倾纬度角单轴跟踪系统；

4）针对民居和商业建筑的屋顶光伏示范系统（BIPV）；

5）单晶硅、多晶硅、各种薄膜太阳电池以及各种跟踪和聚光系统的对比测试系统；

6）波音Spectrolab公司采用多结砷化镓（GaAs）太阳电池效率高达40.7%的500倍聚光电池系统（当前世界最高效率）；

7）25kW碟式太阳能发电系统（暂时未工作）。

图1-23所示为APS Star Center调峰电站现场照片。

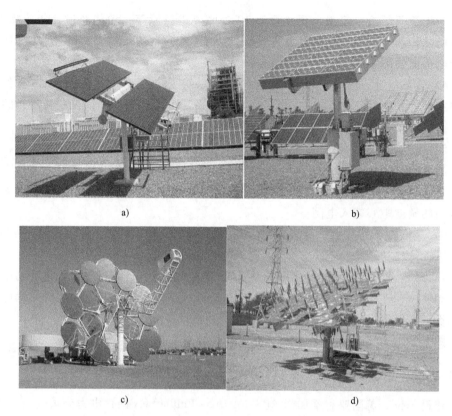

图 1-23 APS Star Center 调峰电站现场照片

a）工质蒸发型被动式自动跟踪系统　b）早期 36 倍聚光太阳电池方阵

c）25kW 碟式太阳能热发电系统　d）效率高达 40.7% 的 500 倍聚光发电系统

1.3.3 Prescott 的荒漠电站

当地纬度：34.55°N；当地经度：111.9°W；当地海拔：1645.6m。

这座电站的最大特点是采用了自动跟踪系统，平板电池采用赤道坐标单轴跟踪，聚光电池采用地平坐标双轴跟踪系统。

该电站自 2002 年开始建设，计划最终建成占地 55acre（大约 22.3hm）5MWp 的电站，目前只建好了大约 3.4MWp，其中包括平板太阳电池倾纬度角的单轴跟踪系统、平板太阳电池水平轴东西向跟踪系统，以及高倍聚光电池（250 倍）双轴跟踪系统。电站最终将建成 1.5MWp 的高倍聚光电池系统和 3.5MW$_P$ 的平板电池跟踪系统。

电站性能如下：

电站功率：直流侧太阳电池功率：DC 3.487MW，交流功率：AC 2.88MW；太阳电池：BP Solar，Sharp Electronics，Amonix；逆变器：Xantrex 和 AES。电站年发

电量：AC 6335340kWh。图 1-24 所示为 Prescott 荒漠电站的现场照片。

根据 APS 介绍，聚光太阳电池具有很好的发展前景，比如：一个足球场大小面积的太阳电池，如果是 17% 效率的平板太阳电池，则功率为 500kWp；但如果是 35% 效率，聚光 500 倍的聚光太阳电池，同样大小的太阳电池面积，其发电功率将高达 500MWp，是平板电池的 1000 倍！

图 1-24 Prescott 荒漠电站现场照片

a）水平轴—东西向跟踪 b）带向南倾角的东西向跟踪系统
c）倾纬度角—单轴跟踪 d）250 倍聚光电池系统

1.3.4 国内外百兆瓦以上大型光伏电站

1. 印度 600MW 古吉特拉邦太阳能公园

位于印度古吉特拉邦，总投资额约 23 亿美元，由印度政府和全球 21 家企业共同出资建设，于 2012 年并网发电，如图 1-25 所示。

2. 美国 550MW 托帕石太阳能发电站

位于美国加州圣路易斯奥比斯波，由美国第一太阳能公司 First Solar 斥资 20

图 1-25 印度古吉特拉邦太阳能公园

多亿美元建设，2011年底，被股神巴菲特控股的中美能源公司收购，2014年1月全部建成投产，如图1-26所示。

3. 中国200MW格尔木太阳能公园

位于中国青海省格尔木，由中国电力投资集团开发，英利太阳能负责承建，耗资约3.26亿人民币，于2010年10月底建成发电，如图1-27所示。

图1-26 美国托帕石太阳能发电站　　　　图1-27 中国格尔木太阳能公园

4. 德国166MW梅隆太阳能公园

德国最大的太阳能发电站，位于德国梅隆，总投资额约1.4亿欧元，于2012年全部建成投产，曾被评为年度最佳太阳能发电站，如图1-28所示。

5. 2GW全球最大单体光伏电站

2015年4月18日中民投宁夏（盐池）国家新能源综合示范区开工奠基仪式18日在宁夏盐池举行。该项目占地约6万亩，总投资约150亿元人民币，待2000MW规模光伏发电项目建成后，将成为全球最大的单体光伏电站项目，如图1-29所示。

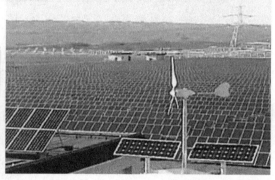

图1-28 德国梅隆太阳能公园　　　　图1-29 2GW全球最大单体光伏电站

6. 巴基斯坦旁遮普省900MW光伏地面电站

巴基斯坦旁遮普省900MW光伏地面电站是目前全球范围内规模最大的单体太阳能发电项目之一，由中国企业中兴能源有限公司投资建设。项目被列入中巴经济走廊优先实施项目，是"一带一路"重点开局工程之一。项目总投资93.13亿元人民币，分三期建设实施，计划2017年全部实施并网发电，如图1-30所示。

图 1-30　建设中的巴基斯坦旁遮普省 900MW 光伏地面电站

1.3.5　特色光伏电站

1. 淮南采煤塌陷区 20MW 渔光互补光伏电站

位于淮南采煤塌陷区，该项目由信义光能控股有限公司投资建设，利用采煤塌陷区的闲置水面建设，总投资约 2 亿元，预计年均发电量为 2300 万 kW·h，装机总量 20MW。于 2016 年 3 月顺利并网发电，是目前全球最大的水上漂浮式渔光互补光伏电站。

图 1-31　淮南采煤塌陷区 20MW 渔光互补光伏电站

2. 全球最大农光互补双轴跟踪光伏电站

位于景德镇乐平市鸬鹚乡和高家镇，由中国电建集团所属江西院设计的中电投资，占地 2490 亩，规划建设容量为 70MW。项目采用农（林）光互补的设计理念，在钢支架架高的太阳电池组件下种植喜阴经济农作物，将太阳能发电与农业种植进行了有机结合。2016 年 3 月 21 日并网一次成功。该项目是目前全球单体最大农光互补双轴跟踪系统光伏电站项目。项

图 1-32　全球最大农光互补双轴跟踪光伏电站

目建设有利于提高土地利用率,开创了高效农业设施和光伏产业结合集约用地的新模式,如图1-32所示。

3. 全球总装机容量最大的光伏建筑一体化电站

该光伏车棚位于南京,总装机容量达到了10.213MW,通过南京市供电公司并网验收后,于2013年12月建成投运。据测算,该光伏车棚年均发电量为1120万kW·h,如图1-33所示。

4. 日本千叶县的水上漂浮光伏电站

日本水上太阳能光伏电站预计将于2018年在日本千叶县的Yamakura水库建成。该项目设计发电功率13.7MW·h,建成后它将是世界上同类型发电站中发电功率最大的水上漂浮光伏发电站之一。这一电站的建成预计将极大缓解日本东电公司在东京地区的供电紧缺问题,如图1-34所示。

图1-33 南京10MW光伏车棚　　　　图1-34 日本水上漂浮光伏电站

1.3.6 我国大型光伏电站（100MW及以上容量）

目前我国已并网发电的100MW及以上容量的大型光伏电站粗略统计见表1-14所示。

表1-14 我国已并网发电的100MW及以上容量的大型光伏电站

序号	项目名称	装机容量/MW
1	阳原东润新能源开发有限公司张家口市阳原县阳原大黑沟一期	100MW
2	保定国家高新技术产业开发区中国电谷光伏屋顶用户侧并网发电项目	100MW
3	山路集团内蒙古乾华农业发展有限公司呼和浩特市托克托县光伏农业发电项目	100MW
4	正利新能源发电有限公司杭锦旗独贵塔拉光伏发电项目	100MW
5	三峡正蓝旗清洁能源有限公司光伏发电项目	100MWp
6	卓资中电新能源平顶山光伏与设施农业结合发电项目	100.5MWp
7	乌兰察布东生光伏能源电力有限公司化德县德包图光伏电站与设施农业结合项目	100.5MWp
8	内蒙古元化农业发展有限公司察右中旗光伏并网发电项目	100MWp
9	内蒙古四子王旗江岸苏木光伏发电项目	100MWp

（续）

序号	项目名称	装机容量/MW
10	中电投中旗光伏发电有限公司察右中旗光伏发电项目	200MWp
11	锋威光电有限公司阿左旗巴彦浩特光伏并网发电项目	100MWp
12	响水恒能太阳能发电有限公司盐城市响水县鱼塘水面光伏电站项目	100MW
13	泗洪天岗湖光伏发电有限公司泗洪县鱼塘水面光伏电站项目	100MW
14	江苏旭强新能源科技有限公司响水县地面光伏电站项目	100MW
15	高邮振兴新能源科技有限公司高邮市鱼塘水面光伏电站项目	100MW
16	信义芜湖三山光伏电站项目	100MW
17	内黄县生态农业大棚棚顶光伏并网电站	100MW
18	博爱县亨昱电力有限公司地面光伏电站	100MW
19	汤阴县生态农业大棚棚顶光伏并网电站项目	100MW
20	郑州森源新能源科技有限公司兰考县光伏电站	200MWp
21	永州华威福田太阳能光伏发电站项目	100MW
22	榆林市榆神工业区东投能源有限公司榆神光伏电站项目	100MW
23	陕西榆神协合生态光伏发电项目	200MWp
24	榆林市榆神工业区锦阳光伏电力有限公司榆神光伏电站项目	100MW
25	陕西黄河能源公司榆神光伏发电项目	200MW
26	榆林协合公司榆阳光伏发电项目	200MW
27	金川区东大滩并网光伏发电项目	200MW
28	中利腾晖（嘉峪关）光伏发电有限公司嘉峪关并网光伏发电项目	100MW
29	瓜州并网光伏发电项目	100MW
30	永昌县河清滩二期并网光伏发电项目	100MW
31	金昌中新能电力有限公司金川区西坡并网光伏发电项目	100MW
32	金昌清能电力有限公司金川区西坡并网光伏发电项目	100MW
33	金昌迪生太阳能发电有限公司金川区并网光伏发电项目	100MW
34	海润光伏科技股份有限公司凉州区二期并网光伏发电项目	100MW
35	温州竟日机电有限公司金塔县红柳洼并网光伏发电项目	100MW
36	江苏振发武威市古浪县古浪绿舟二期光伏电站发电项目发电	100MW
37	永昌县河清滩并网光伏发电项目	100MW
38	金昌恒基伟业电力发展有限公司金川区西坡并网光伏发电项目	100MW
39	高台县正泰光伏发电有限公司高台县高崖子滩并网光伏发电项目	100MW
40	金昌振新光伏发电有限公司金川区并网光伏发电项目	100MW
41	甘肃德祐能源科技有限公司靖远县并网光伏发电项目	100MW
42	中节能甘肃武威太阳能发电有限公司凉州区并网光伏发电项目	100MW

（续）

序号	项目名称	装机容量/MW
43	青海黄河上游水电开发有限责任公司格尔木二期并网光伏电站	100MW
44	黄河上游水电有限责任公司格尔木并网光伏发电项目	200MW
45	利腾晖共和新能源有限公司共和二期并网光伏发电项目	100MW
46	宁夏庆阳光伏电站项目	100MWp
47	宁夏振阳光伏电站项目	100MWp
48	特变电工十三师柳树泉农场并网光伏发电项目	100MW

第2章

光伏电池与光伏阵列

电池泛指可将除机械能以外的能量直接转换为电能的设备或器件，其特色之一是其中没有运动部件，因此具有低噪声的优点。光伏电池是利用光生伏特效应（Photovoltaic Effect，简称光伏效应）把光能转变为电能的器件，与其他类型的电池不同，光伏电池本身不能像干电池、蓄电池和燃料电池那样，事先将待转换的能量储存起来，它只能把接收到的光能（太阳能）立即转换为电能。

通过光伏电池将太阳辐射能转换为电能的发电系统称为光伏发电系统。目前光伏发电工程上广泛实用的光电转换器件主要是硅光伏电池，包括单晶硅、多晶硅和非晶硅电池，其中单晶硅光伏电池的生产工艺技术成熟，已进入大规模产业化生产。

本章将主要阐述硅光伏电池的工作原理、特性、工艺和应用设计，同时对光伏电池的生产和应用现状以及光伏电池技术的发展前景等内容进行综述性介绍。

2.1 光伏电池的物理基础[1]

2.1.1 光伏效应的量子物理基础

当光线照射到某种物质上时可能被反射、传输或吸收，其中吸收的含义是入射光中光子的能量转换为另一种形式的能量，譬如热能。但是某些物质具有的特性使得其可以将光子携带的能量转换为电能。

光子被吸收的结果之一是将其携带的能量转移到吸收物质中原子的电子上，这种转换遵循动量守恒定律和能量守恒定律。由于光子携带的能量不同，原子中的电子可从低能态提升为高能态，甚至可能摆脱原子而成为自由电子，从而可能在某种外部条件（如温度、扩散和电场）的作用下形成电子的移动。

按照量子理论，孤立原子中的电子运行于若干个具有不同能级的轨道（或称壳）上，在不同轨道上的电子具有不同的能量。处于低能级轨道上的电子由于某种机制（例如光照）获取能量后可跃迁到高能级轨道上，而处于高能级轨道的电子返回低能级轨道上的同时会释放出能量。

而在众多原子组成的晶体中，由于多个原子的高能级电子轨道产生交叉，电子可为多个原子共有并在原子中迁移，从而使本来处于同一能量状态的电子产生微小的能量差异，与此相对应的能级扩展为能带。能够被电子占据的能带之间的范围是不允许电子占据的，此范围称为禁带。电子通常占满能量较低的能带使之成为满带，然后再占据能量更高的外面一层的能带。无任何电子占据的能带称为空带。

处于原子中最外层能带的电子称为价电子，例如一价金属有一个价电子，因此与价电子能级相对应的能带称为价带（Valence Band）。价带以上的未被电子填满的能带或者空带称为导带（Conduction Band）。导带的底的能级表示为 E_c，价带的顶的能级表示为 E_v，E_c 与 E_v 之间的能量间隔 E_g 称为禁带宽度（Forbidden Band），或简称为带隙（Bandgap）。

满带中的电子不能参与宏观导电过程，而价带中的电子则能穿越禁带跃升到导带参与导电过程。导体或半导体的导电作用是通过带电粒子的运动（形成电流）来实现的，这种电流的载体称为载流子。导体中的载流子是自由电子，半导体中的载流子则是带负电的电子和带正电的空穴。

不同材料的带隙不同，导带中电子的数目也不同，从而有不同的导电性。例如，绝缘材料二氧化硅（SiO_2）的 E_g 约为 5.2eV，导带中电子极少，所以导电性不好，电阻率大于 $10^{12}\Omega \cdot cm$。半导体硅（Si）的 E_g 约为 1.1eV，导带中有一定数目的电子，从而有一定的导电性，电阻率为 $10^{-3} \sim 10^{12}\Omega \cdot cm$。金属的导带与价带有一定程度的重合，$E_g = 0$，价电子可以在金属中自由运动，所以导电性好，电阻率为 $10^{-6} \sim 10^{-3}\Omega \cdot cm$。

半导体材料的特点是当其处于绝对零度时是完美的绝缘体，但是当温度提升时会产生载流子。如图 2-1 所示，在绝对零度时所有的价电子均位于价带中，在导带中没有电子，在这种状态下不可能产生导电过程。当温度升高时，价带中的部分电子会得到足够的能量移动到导带，在半导体中这些电子实际上是离开了半导体材料的共价键，这样在价带就产生了所谓的"空穴"。注意导带的电子与价带的空穴是成对发生的，因此称为电子空穴对

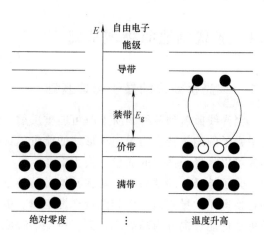

图 2-1　能带结构示意图

（Electron-Hole-Pair，EHP）。电子和空穴这两种载流子在某种作用下产生的定向流

动便构成了半导体材料中的导电过程。

光伏电池的原理是基于半导体的一般称为光伏效应（Photovoltaic Effect）的能量转换，将太阳辐射能直接转换为电能。简言之光伏效应就是当物体受到光照时，物体内的电荷分布状态发生变化而产生电动势和电流的一种效应。

现代物理学赋予光具有波动和粒子双重特性，一个光子所携带的能量可用式（2-1）表达：

$$E = \frac{1.24}{\lambda} \qquad (2\text{-}1)$$

式中　λ——光子的波长（μm）；

　　　E——能量（eV）。

依据式（2-1）可知波长较短的光子（偏紫外部分）具有较高的能量，而波长较长的光子（偏红外部分）能量较低。

材料价带中的电子受光子的激发跃迁到导带，在价带中产生一个空穴，同时光子本身湮灭的过程称为光的吸收。材料中吸收光子的过程具有以下特点：

1) 光子被吸收的前提是其能量必须超过材料的带隙能量 E_g。能量达到和超过带隙 E_g 的光子才有可能被吸收并产生电子空穴对；

2) 能量超过带隙的光子只能产生一个电子空穴对，其多余的能量将损失在材料中并转化为热。换句话说，无论光子携带多高的能量，电子空穴对的产生只取用其中等于带隙的一部分能量，其余的能量只能转换为热；

3) 取决于材料诸如厚度等特性，能量低于带隙的光一部分在材料中转换为热，另一部分则穿材料而过，即材料对这部分光线是"透明"的。

太阳光具有连续的从紫外线经可见光到红外线的宽带光谱，其功率谱描述了阳光中所有不同波长上光子能量与光子数量的乘积。太阳光谱的高功率部分主要分布在可见光和近红外部分，其峰值位于 0.5μm 左右的绿光区域，据式（2-1）其光子能量为 2.5eV。在太阳能发电系统中，总希望光伏电池能从太阳光谱中得到最大的吸收，从而得到最佳的转换效率，其中半导体材料的带隙是影响转换效率的关键之一。

若选择带隙较低，如 1.0eV 的材料，则从 1.24μm 的近红外线到紫外线的光子都能激发电子空穴对，从而实现广谱吸收。看起来低带隙材料有利于产生大量的电子空穴对，有利于产生大的光伏电流，但是如前所述，一个光子最多只能激发一个电子空穴对，那么低带隙使得高能量光子只有少部分能量得到吸收。以波长 0.5μm，光子能量为 2.5eV 的绿光为例，其光子在使用 1.0eV 激发一个电子空穴对以后，还有 1.5eV 的能量将转化为热，光伏转换效率只有 40%。而对于更高能量的光子则更是如此。因此低带隙并不有利于得到高的光伏能量转换效率。

反过来若采用如 2.5eV 高带隙材料，这固然有利于提高高能量光子的转换效率，但是波长大于 0.5μm 绿光的稍低能量光子将不能被吸收，不是在材料中转化为热就是穿材料而过,同样不利于提高光伏转换效率。

因此,材料的带隙在很大程度上影响具有广谱特性的太阳能的转换效率,往往光伏电池的材料一旦选定,其最大可能的转换效率便基本确定,例如单晶硅电池的理论最大转换效率为24%。在电池的开发和设计中的种种改进都是为了逼近最大转换效率。据有关理论研究,针对太阳光谱的最佳带隙为1.4eV。砷化镓晶体的带隙为接近这一数据的1.43eV,用它来制作光伏电池有望达到较高的转换效率。各种不同材料制作的光伏电池的理想转换效率见表2-1。

表2-1 部分光伏材料在25℃时的理论最大转换效率

光伏材料	带隙 E_g/eV	最大转换效率 η_{max}(%)	光伏材料	带隙 E_g/eV	最大转换效率 η_{max}(%)
锗(Ge)	0.6	13	碲化镉(CdTe)	1.48	27.5
硒铟铜(CIS)	1.0	24	锑化铝(AlSb)	1.55	28
硅(Si)	1.1	27	非晶硅(a-Si:H)	1.65	27
磷化铟(InP)	1.2	24.5	硫化镉(CdS)	2.42	18
砷化镓(GaAs)	1.4	26.5			

粒子运行在不同能带上需要具有不同的能量和动量,故电子在价带和导带之间的转移除了需要遵循能量守恒定律之外,同时还必须遵循动量守恒定律。因此带隙特性的完整描述除了能量外还应该包括动量。半导体材料可分为直接带隙和间接带隙两种,图2-2即为同时考虑能量和动量的两种材料的带隙结构,其中纵轴表示能量,横轴表示动量。可以看到硅材料导带的底与价带的顶之间存在一定偏离,而砷化镓的导带底与价带顶则是对齐的。前者属于间接带隙材料,而后者则为直接带隙材料。

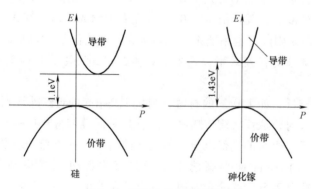

图2-2 间接带隙和直接带隙

硅的带隙是1.1eV,但是一个1.1eV的光子(对应波长为1.13μm)难以将一个价带电子激发到导带上去,因为光子的动量极小,不足以提供足够的动量实现电子在动量轴上的位移。因此,价带电子若要迁移到导带上,必须在从入射光子获取能量的同时还要从其他来源获取动量，但是这种并发事件的几率毕竟极小。由此从图 2-2 硅的带隙结构可以看到导带底部对应的价带位置应该具有比价带顶位置更高的动能，在这个位置上需要能量高于带隙的光子激发。砷化镓（GaAs）一类的直接带隙材料吸收具有其带隙能量的光子比单晶硅这样的间接带隙材料要容易得多。

材料对光的吸收过程与其他物理过程类似，辐照度随材料深度的变化可用如下公式描述：

$$\frac{\mathrm{d}I}{\mathrm{d}x} = -\alpha I \tag{2-2}$$

式中 I——材料某一深度 x 处的辐照度；

α——吸收系数。

式（2-2）的解为

$$I = I_0 \mathrm{e}^{-\alpha x} \tag{2-3}$$

式中 I_0——材料表面的辐照度。

对式（2-3）进一步分析，可知为了达到一定水平的吸收，所需的材料厚度 x 是与吸收系数 α 成反比的。吸收系数 α 是一个与光子波长有关的值，图 2-3 给出硅与砷化镓两种材料在不同波长下的吸收系数，由图可以得到如下结论：

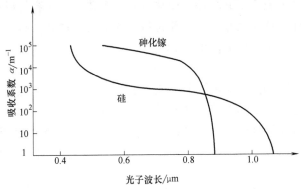

图 2-3 不同材料吸收系数与波长的关系

1）光子能量低于带隙的光子不被吸收；

2）在阳光功率比较集中的范围内，直接带隙材料砷化镓的吸收系数大于间接带隙材料硅 10 倍左右，这意味着相对于同一水平的光能吸收，直接带隙材料的电池可以做得很薄。

2.1.2 pn 结的形成

在纯净材料，如本征半导体中，无时无刻不在因物质的热运动产生新的电子空穴对，同时也产生电子和空穴的复合。在热平衡的条件下，材料中电子空穴对的数量保持恒定。当材料吸收光能时就会产生新的电子空穴对，从而打破热平衡状态。

这些新的电子空穴对将维持一段时间，称为盈余载流子生命周期（Excess Carrier Lifetime）。盈余载流子的存在体现为材料的光导性，光敏电阻就利用了这一特性。但是应该注意到的是：光的吸收无论产生多少电子和空穴，这些载流子的主要运动形式仍然是随机的热运动，并不能产生定向移动而产生电流和电压。为了实现光能转化为电能，必须找到能使电子和空穴定向移动的机制，而这一机制就是半导体的pn结。

下面以单晶硅光伏电池为例对光伏电池把光能转换成电能的原理作一简述。

在纯净的本征硅晶体中，四价的硅原子彼此之间通过4个共价键连接而形成晶体结构，因激发而产生的自由电子和空穴的数目是相等的。如果在硅晶体中掺入杂质元素，那么它们就成为杂质半导体，从而具有新的特性。

如果掺入磷、砷或者锑等五价元素，这些元素原子的5个价电子中的4个与周围硅原子形成共价键，第5个电子很容易脱离原子核而形成自由电子，同时使原子本身成为不能移动的正离子。这样在杂质半导体中产生大量与杂质成分成比例的自由电子，导致材料中自由电子数量大大超过空穴而成为主要的载流子（又称多子），形成n型半导体。

如果掺入硼、铝、镓或者铟等三价杂质元素，这些元素的原子的3个价电子与周围的硅原子只能形成3个共价键，而缺少的一个共价键很容易捕捉电子而形成负离子，结果在晶体中产生大量空穴，使材料中的空穴数量大大超过自由电子从而成为主要载流子（多子），形成p型半导体。

需要注意如下几点：

1）杂质半导体与本征半导体不同之处在于其载流子有多数载流子（主载流子）和少数载流子之分，两种杂质半导体的区别在于主载流子的不同；

2）杂质元素在提供电子或空穴后产生的离子由于共价键的束缚是不能移动的；

3）无论n型半导体还是p型半导体，它们内部的电荷是平衡的，即正负电荷数量相等。

把这两种杂质半导体相接，就会产生对半导体技术和应用最重要的机制之一——pn结。该机制的形成可简述如下：

1）两种半导体中电子和空穴浓度的差别将导致如下过程：n型半导体中的电子向p型半导体扩散并与其空穴复合；而p型半导体中的空穴则向n型半导体扩散并与其电子复合；

2）由于上述扩散导致在界面两边主载流子浓度下降，形成由不能移动的带电离子组成的空间电荷区（Space Charge Layer），即如图2-4所示在n区一侧出现正离子区，而在p区一侧出现负离子区。空间电荷区形成一个由n区指向p区的内电场；

3）扩散的继续进行将导致空间电荷区的加宽和内电场的增强。注意内电场的方向具有阻碍主载流子通过pn结扩散的作用，因此最终主载流子通过pn结的扩散和电场的阻碍达到平衡，空间电荷区的宽度和内电场的强度最终达到稳定。

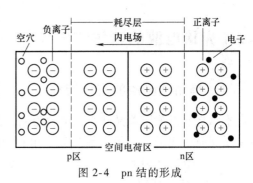

图 2-4　pn 结的形成

在无外部因素影响的稳定状态下，空间电荷区载流子数量极少，因此又被称为耗尽层。稳定状态下空间电荷区的宽度和电位差均达到恒定值，而这些恒定值的大小主要由材料特性（如掺杂浓度）所确定。

2.1.3　光生伏特效应

在 pn 结及其附近的光子吸收同样遵循式（2-3）。光子的吸收产生一个电子空穴对（EHP）。下面参考图 2-5 来分析这些 EHP 产生后的效果。

首先考虑图中 B、C，这两个电子空穴对都是在 pn 结中产生的，两个载流子受到内电场的作用，导致电子迅速进入 n 区，而空穴则迅速进入 p 区，这使得相应区域的主载流子（n 区的电子，p 区的空穴）的浓度在靠近 pn 结部分增加，而这种局部的浓度增加必然使得主载流子朝着外部接触面的方向扩散，结果在外

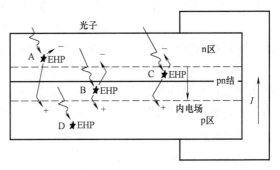

图 2-5　光生伏特效应原理

部上下接触面之间产生电压。如果用导线将上下接触面连接即可在外部回路中产生电流，产生的短路电流与 pn 结区域内产生的电子空穴对数量成正比。

然后考虑在 pn 结区域外但与 pn 结接近的区域中产生的电子空穴对。图 2-5 中的 A 产生的空穴在 n 区中为少数载流子，如果在其生命周期结束之前没有遭遇复合的话，则可能由于热运动的缘故而进入 pn 结区域，其结果是它将在内电场的作用下迅速越过 pn 结区域进入 p 区成为主载流子。注意到 A 中的电子已经在 N 区内成为主载流子，因此这种在 pn 结区域外但与 pn 结接近的区域中产生的电子空穴对的效果与 B、C 相同。在 p 区靠近 pn 结处产生的电子空穴对情况也与此类似。

至于远离 pn 结的区域中产生的电子空穴对如 D 在到达 pn 结之前就可能因复合而消失。

综上所述，由于光的照射在半导体材料中产生电子空穴对，这些电子空穴对在 pn 结的电场作用下产生分离运动，其中电子移向 n 区，而空穴则移向 p 区，导致在外部端子上呈现电压并可通过外部电路产生电流，这就是光生伏特效应。利用半导体的光生伏特效应就可以制作光伏电池。

2.2 光伏电池的制作[1-3]

2.2.1 单晶硅电池的制作流程

本章之所以采用单晶硅光伏电池为例，其原因一是光伏效应的基本原理阐述较容易做到简单明了，二是单晶硅光伏电池目前仍然是占据统治地位的光伏电池产品。在前一节的基础上，本节主要介绍单晶硅光伏电池的制作和工艺。

1. 高纯硅的获取

硅（Si）资源极为丰富，在地壳中的储量仅次于氧，但是大多以石英一类的二氧化硅（SiO_2）矿物形式存在。能制作电子器件的电子级高纯硅要求其纯度达到99.9999%，而高纯硅的制取需要如下复杂且高耗能的过程：

1）首先需要将二氧化硅与焦炭一起在电弧炉中进行还原：

$$SiO_2 + C = Si + CO_2 \tag{2-4}$$

上述过程得到纯度为99%的金属硅，得到1kg金属硅需要耗电50kW·h。

2）纯度为99%的金属硅距电子级高纯硅差距甚远，因此还要继续提纯。通常在硫化床上让金属硅与氯化氢（HCl）进行反应得到三氯硅烷（$SiHCl_3$），但是在上述工艺过程中同时得到多种其他的硅氯氢化合物杂质。因为在硫化床上得到的这些液体具有不同的沸点，因此可以通过分馏工艺将三氯硅烷提取出来。

3）下一步将三氯硅烷与氢在高温下进行反应，

$$SiHCl_3 + H_2 = Si + 3HCl \tag{2-5}$$

得到多晶硅（Polycrystalline Silicon）和氯化氢，到了这一步才得到电子级高纯硅。而从金属硅到获得电子级的多晶硅，还需要耗电200kW·h。

上面获取高纯硅的3个步骤均是高耗能过程，同时提炼金属硅的过程还产生温室气体二氧化碳。幸运的是硅光伏电池只要应用于光伏发电系统，在其生命周期中产生的洁净电能将大大抵消产生等量电能的化石燃料的副作用。

从多晶硅得到单晶硅一般采用著名的拉单晶工艺，即在高真空的单晶炉中，利用晶种从熔融的多晶硅提拉出单晶硅棒，硅棒的直径代表了单晶硅拉制工艺的水平。在制作单晶硅棒的同时也可通过在熔融硅中加入硼或砷来制作p型或n型单晶硅棒。

2. 晶圆的加工

制作电池的晶圆（Wafer）由专用的锯子对硅单晶棒切割而成，厚度约为0.20~0.40mm。因为圆形的单体电池在组合成模块时会在彼此之间留下太多空间，因此常常把晶圆修剪为接近方形。

切好的晶片表面脏且不平，因此在制造电池之前要先进行表面化学处理，一般分为3步进行：热浓硫酸作初步化学清洗——在酸性或碱性腐蚀液中腐蚀，每面大

约蚀去 $30\sim50\mu m$——用王水或其他清洗液再进行化学清洗。在化学清洗和腐蚀后，要用高纯的去离子水冲洗硅片。

3. pn 结的形成

小型电子器件中的 pn 结可采用扩散、外延生长和离子注入等方法制作，而对于面积达 $100cm^2$ 的光伏电池来说，只能使用扩散法。

通常使用的热扩散法又有涂布源扩散、液态源扩散和固态源扩散等。以液态源扩散为例，多数厂家都选用 p 型硅片来制作光伏电池，一般用 $POCl_3$ 液态源作为扩散源进行磷扩散形成 n 型层。扩散设备可用横向石英管或链式扩散炉，扩散的最高温度可达到 $850\sim900℃$。这种方法制出的结均匀性好，方块电阻的不均匀性小于 10%，少子寿命可大于 10ms。

4. 去除背面和侧周边的扩散层

扩散的目的是在晶片的正面形成扩散层和 pn 结，但是扩散过程中在晶片的外表面（包括背面和侧周边）均可能形成扩散层，形成从外到内的 pn 结。因此在这种情况下必须将背面和侧面的扩散层除去，常用的方法有化学腐蚀法、磨片法和蒸铝/丝网印刷铝浆烧结法等。

腐蚀法是在用覆盖材料掩蔽正面后，使用腐蚀液除去背面和侧面的扩散层，该方法的特点是背面光滑，适合于制作真空蒸镀的电极。

磨片法使用金刚砂磨去背结，该方法的特点是背面粗糙，适合化学镀镍背电极的制作，缺点是还必须使用腐蚀法或挤压法去除侧面的扩散层。

5. 电极的制作

为了将光伏效应产生的电压和电流引出，必须在电池上制作电极。所谓电极就是与电池的半导体材料结形成紧密欧姆接触的导电材料。对光伏电池电极的要求有电极材料稳定、易加工、可焊性好、与硅的结合紧密且接触电阻小等。此外在电极设计中还要求上电极的遮蔽面积小，故上电极材料要求电阻率低。

电极的制作普遍使用丝网印刷法，即通过印刷机和模板将银浆和铝浆印制在光伏电池的正、背面，再经烘烤和烧结形成电极。电池的背面电极的制作较为简单，可在整个背面形成一个金属层。而电池的正面电极设计应该尽可能减少对受光面的遮蔽，因此正面电极一般为梳状、网状。

6. 制备减反射膜

光在硅表面的反射损失率约为 1/3。为减少硅表面对光的反射，还要用真空镀膜法或气相生成法或其他化学方法，在已制好的电池表面蒸镀一层二氧化硅或二氧化钛或五氧化二钽减反射膜。其中二氧化硅膜工艺成熟，制作简便，为目前生产上所常用。它可提高光伏电池的光能利用率，增加电池的电能输出。镀上一层减反射膜可将入射光的反射率减少到 10% 左右，而镀上两层减反射膜则可将反射率减少到 4% 以下。减少入射光反射率的另一个办法，是采用绒面技术。电池表面经绒面处理后，增加了入射光投射到电池表面的机会，第一次没有被吸收的光经折射后投射到电池表面的另一晶面上时，仍可能被吸收。

至此基本完成了光伏电池的制作。通过上述流程读者可大致了解其结构。图 2-6 是具有绒面减反射表面的单晶硅光伏电池结构及单片电池的外形。

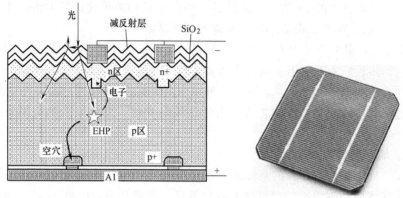

图 2-6　硅电池的典型结构和外形

2.2.2　光伏电池组件及其封装

单体的单晶硅光伏电池的输出电压在标准照度（$1000W/m^2$）下只有 0.5V 左右，常见的单体电池的输出功率一般在 1W 左右。单体电池除了容量小以外，其机械强度也较差。因此在实际应用中一般将若干单体电池串、并联连接并严密封装成组件（Photovoltaic Module）。并且可以以组件为最小单位，进一步将若干个光伏电池组件串、并联连接而组成光伏电池阵列（Photovoltaic Array），如图 2-7 所示。

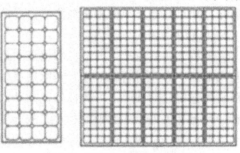

图 2-7　光伏电池组件和阵列

对光伏电池组件要求：

（1）有一定的标称工作电流输出功率。

（2）工作寿命长，要求组件能正常工作 20 ~ 30 年，因此要求组件所使用的材料、零部件及结构，在使用寿命上互相一致，避免因一处损坏而使整个组件失效。

（3）有足够的机械强度，能经受在运输、安装和使用过程中发生的冲突、振动及其他应力。

（4）组合引起的电性能损失小。

（5）组合成本低。

目前国内外的光伏电池组件所采用的封装技术主要有 EVA 胶膜封装、真空玻璃封装和紫外（UV）固化封装。

1) EVA 胶膜封装：胶膜配方由 EVA 树脂、交联剂、防老化剂和硅烷偶联剂组成，经过层压封装，EVA 树脂部分交联，形成具有一定透光率、粘结强度和热稳定性的胶膜。目前大部分公司出售的 EVA 太阳胶膜产品及封装工艺均基于此项技术。

为达到隔离大气的目的，目前普遍采用两片 EVA 胶膜将光伏电池包封，并和上层玻璃、底层 TPT 热压粘合为一体，构成光伏电池板。此方法简单易行，非常适合工业化生产。

太阳光中能量较高、破坏性较强的紫外光是造成光伏电池组件封装材料 EVA 胶膜老化、龟裂、变色的原因；另外 EVA 胶膜配方自身的降解、氧化和残余的交联剂与防老化剂之间的反应也会导致 EVA 胶膜变黄、透光率下降，影响光伏电池效率性能。目前光伏电池加工行业急需解决此技术瓶颈，或采用新的替代品。

2) 真空玻璃封装：真空玻璃封装是将光伏电池封装在抽成真空的特制玻璃夹层中。透明平板玻璃作为基板材料，在太阳能转换装置中起到重要作用。

作为太阳能转换装置组件的太阳能玻璃，必须具备以下特性：①对太阳光的透过率要高，吸收率和反射率要低；②抗风压、积雪、冰雹、热应力、投掷石子等外力，有较高的机械强度；③对雨水和环境中的有害气体有一定的耐腐蚀性能；④长期暴露在大气和阳光下，性能不严重退化；⑤膨胀系数必须与其他结构材料相匹配。

目前，能够满足上述条件的只有低铁超白浮法玻璃和低铁超白压延玻璃。由于低铁超白浮法玻璃原片反射率较高，表面必须经过一定处理才能达到作为太阳能玻璃的要求，而低铁超白压延玻璃经钢化处理就可作为太阳能玻璃，所以，低铁超白压延玻璃是太阳能装置首选的盖板材料。因此，低铁压延法是太阳能玻璃较为理想的工艺。

真空玻璃封装的光伏电池在长时间使用过程中，玻璃与金属的结合处不可避免地会出现漏气，玻璃夹层中的真空度很难保持，致使光伏电池的转换效率降低。

3) 紫外（UV）固化封装：UV 固化封装是将 UV 固化胶注入到装有光伏电池的两玻璃盖片中，并放入紫外固化设备中固化。UV 胶在接受紫外线辐射的过程中，经过吸收 UV 固化设备中的高强度紫外光，产生化学反应，胶中的光引发剂被引发，从而产生游离子基或离子，这些游离子基或离子会和预聚体或不饱和单位中双键发生交联反应，形成单体基团，从而引发聚合、交联和接枝反应，使 UV 胶在数秒内由液体转化为固体，这一过程就是通常所说的 UV 固化过程。

UV 固化较前两种封装方法具有很多独特的优势，主要表现在以下两方面：

① 速率快。液体材料最快可在 0.05~0.1s 内固化，而传统的热固化工艺最快也需几秒，甚至多达数小时或者几天才能固化。新工艺无疑大大提高了生产率，节省了半成品堆放的空间，更满足了大规模自动化生产的要求；同时，UV 固化产品的质量也较易得到保证；此外，由于是低温固化，因此 UV 固化可避免因热固化时的高温对硅光伏电池片的性能造成损失。

② 费用低。UV 固化仅需用于光敏剂的辐射能，不像传统的热固化那样需要加热基质、材料和周围空间，也无需用蒸发除去稀释用的水和有机溶剂，从而节省了能源并减少了材料消耗量；此外，UV 固化设备投资相对较低，可节省一大笔固化设备投资，也减少了厂房占地。

EVA 封装技术的胶膜易变黄，出现对于大型光伏组件黏结强度不够高的问题；真空玻璃封装的漏气问题也是一个顽疾，所以作为新的替代品——紫外固化封装技术的开发有很大前景。

2.2.3　光伏电池组件的出厂检测

经过上述工序制得的光伏电池模块，在作为成品入库前，均需经测试以检验其质量是否合格。在生产中主要测试的是电池的伏-安特性曲线，从它可以得知电池的短路电流、开路电压、最大输出功率以及串联电阻等参数。

光伏电池（组件）产品的标定测量必须在标准条件（STC）下进行，测量标准被欧洲委员会定义为 101 号标准，其测试标准是：

1）照度：$1000W/m^2$；

2）温度：为（25±1）℃；

3）光谱特性：AM1.5 标准光谱。

在标定过程中得到如下参数：

1）开路电压 U_{oc}；

2）短路电流 I_{sc}；

3）最佳工作电压（最大功率点电压）U_m；

4）最佳工作电流（最大功率点电流）I_m；

5）最大输出功率 P_m；

6）光电转换效率；

7）填充因数 FF；

8）伏安特性曲线；

9）短路电流温度系数；

10）开路电压温度系数；

11）内部串联电阻 R_a。

光伏阵列生产厂家一般只为用户提供有限的产品参数，一般为上述参数中的前 5 项。

2.3　光伏阵列的建模与工程计算方法

2.3.1　光伏电池的数学模型[1-3]

光伏电池实际上就是一个大面积平面二极管，其工作可以图 2-8 的单二极管等效电路来描述。图中R_L是光伏电池的外接负载,负载电压(亦即光伏电池的输出电压)为U_L,负载电流(亦即光伏电池的输出电流)为I_L。

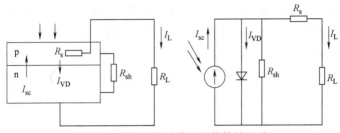

图2-8 光伏电池的单二极管等效电路

图中,I_{sc}代表光子在光伏电池中激发的电流,这个量取决于辐照度、电池的面积和本体的温度T。显然,I_{sc}与入射光的辐照度成正比,而温度升高时,I_{sc}会略有上升,一般来说,$1cm^2$硅光伏电池在标准测试条件下的I_{sc}值约为$16 \sim 30mA$,温度每升高$1℃$,I_{sc}值上升$78\mu A$。

I_{VD}(二极管电流)为通过pn结的总扩散电流,其方向与I_{sc}相反,其表达式为

$$I_{VD} = I_{D0}\left(e^{\frac{qE}{AKT}} - 1\right) \tag{2-6}$$

式中 q——电子的电荷,$1.6 \times 10^{-19}C$;

K——玻尔兹曼常数,$1.38 \times 10^{-23}J/K$;

A——常数因子(正偏电压大时A值为1,正偏电压小时为2)。

由式(2-6)可知其大小与光伏电池的电动势E和温度T等有关。

I_{D0}为光伏电池在无光照时的饱和电流:

$$I_{D0} = AqN_C N_V\left[\frac{1}{N_A}\left(\frac{D_n}{\tau_n}\right)^{1/2} + \frac{1}{N_D}\left(\frac{D_p}{\tau_p}\right)^{1/2}\right]e^{-\frac{E_g}{kT}} \tag{2-7}$$

式中 A——pn结面积;

N_C、N_V——导带和价带的有效态密度;

N_A、N_D——受主杂质和施主杂质的浓度;

D_n、D_p——电子和空穴的扩散系数;

τ_n、τ_p——电子和空穴的少子寿命;

E_g——半导体材料的带隙。

根据图2-8,可得到负载电流I_L为

$$I_L = I_{sc} - I_{D0}\left(e^{\frac{q(U_L + I_L R_s)}{AKT}} - 1\right) - \frac{U_L + I_L R_s}{R_{sh}} \tag{2-8}$$

式中 R_s——串联电阻,它主要是由电池的体电阻、表面电阻、电极导体电阻、电极与硅表面间接触电阻所组成;

R_{sh}——旁漏电阻,它是由硅片的边缘不清洁或体内的缺陷引起的。

正常光照条件下，光伏电池的输出功率特性曲线是以最大功率点为极值的单峰值曲线，图 2-8 和式（2-8）给出的单二极管模型可以比较精确地描述其工作特性。

一般光伏电池，串联电阻 R_s 很小，并联电阻 R_{sh} 很大。由于 R_s 和 R_{sh} 是分别串联和并联在电路中的，所以在进行理想电路计算时可以忽略不计，因此可得到代表理想光伏电池的特性：

$$I_L = I_{sc} - I_{D0}(e^{\frac{qU_L}{AKT}} - 1) \tag{2-9}$$

由式（2-9）可得

$$U_L = \frac{AKT}{q}\ln\left(\frac{I_{sc} - I_L}{I_{D0}} + 1\right) \tag{2-10}$$

式（2-9）和式（2-10）虽然忽略了 R_s 和 R_{sh} 的影响并与真实的光伏电池产生小的偏差，但是它在本质上仍然可以表达辐照度和温度的作用。

由式（2-9）可知，在外电路短路的短路试验即 $R_L = 0$ 时，输出电流 I_L 等于 I_{sc}。

在开路试验，即 $R_L \to \infty$ 时，可测得电池两端电压为开路电压 U_{oc}。由式（2-10）可计算出光伏电池的开路电压为

$$U_{oc} = \frac{AKT}{q}\ln\left(\frac{I_{sc}}{I_{D0}} + 1\right) \approx \frac{AKT}{q}\ln\left(\frac{I_{sc}}{I_{D0}}\right) \tag{2-11}$$

U_{oc} 与辐照度有关，而与光伏电池的面积大小无关。当入射辐照度变化时，光伏电池的开路电压与入射光谱辐射照度的对数成正比。当温度升高时，光伏电池的开路电压值将下降，一般温度每上升 1℃，U_{oc} 值约下降 2~3mV。在 1000W/m² 的照度下，硅光伏电池的开路电压为 450~600mV，最高可达 690mV。

I_L-U_L 的关系代表了光伏电池的外特性亦即输出特性，这是光伏发电系统设计的重要基础。照度和温度是确定光伏电池输出特性的两个重要参数。

固定温度并改变照度，或者固定照度并改变温度，在通过短路实验获得的 I_{sc} 的基础上，可得到光伏电池的输出随负载变化的两个重要的输出特性曲线族。

图 2-9 为保持光伏电池温度不变，光伏阵列的输出随辐照度和负载变化的 I_L-U_L 和 P-U_L 曲线族。由该曲线族可以看到开路电压 U_{oc} 随辐照度的变化不明显，而

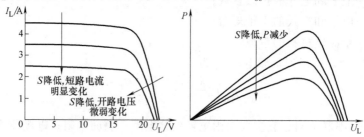

图 2-9　光伏电池在不同日照强度下的输出特性曲线族

短路电流 I_{sc} 则随辐照度有明显的变化。$P-U_L$ 曲线中的最大功率点功率 P_m 随辐照度的变化也有明显的变化。

图 2-10 为保持照度不变，光伏阵列的输出随电池温度和负载变化的 I_L-U_L 和 $P-U_L$ 曲线族。由该曲线族可以看到开路电压 U_{oc} 线性地随温度变化，短路电流 I_{sc} 随温度有微弱的变化。最大功率点功率 P_m 随温度的变化也有很大的变化。注意其中所指的温度应为光伏阵列本体的温度而非环境温度。光伏电池的温度与环境温度

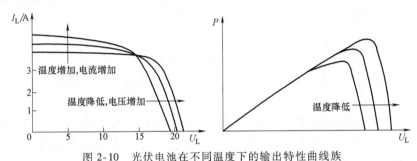

图 2-10 光伏电池在不同温度下的输出特性曲线族

的关系为

$$T = T_{air} + kS \qquad (2\text{-}12)$$

式中 T——光伏电池的温度（℃）；

　　T_{air}——环境温度（℃）；

　　S——照度（W/m^2）；

　　k——系数，可在实验室测定（℃·m^2）。

从特性曲线上可以看出光伏电池随辐照度和温度变化的趋势，且可以看出光伏电池既非恒流源，也非恒压源，而是一个非线性直流电源。光伏阵列提供的功率取决于阳光所提供的能量，因此不可能为负载提供无限大的功率。当光伏电池（组件）的电压上升时，例如通过增加负载的电阻值或电池（组件）的电压从 0（短路条件下）开始增加时，电池（组件）的输出功率亦从 0 开始增加；当电压达到一定值时，功率可达到最大，这时当阻值继续增加时，功率将跃过最大点，并逐渐减少至 0，即电压达到开路电压 U_{oc}。电池（组件）输出功率达到最大的点，称为最大功率点；该点所对应的电压，称为最大功率点电压 U_m，该点所对应的电流，称为最大功率点电流 I_m，该点的功率，则称为最大功率 P_m。

评价光伏电池性能的一个重要参数叫填充因子（Fill Factor，FF）：

$$FF = \frac{U_m I_m}{U_{oc} I_{sc}} \qquad (2\text{-}13)$$

式（2-13）中的分子即是 P_m，填充因子在一定程度上反映了光伏电池的转换效率。光伏电池可能获得的最大转化效率为

$$\eta_m = \frac{P_m}{P_{in}} \qquad (2\text{-}14)$$

2.3.2　光伏电池输出特性的工程计算方法

光伏模块生产厂家只为用户提供标准测试条件下的短路电流 I_{sc}、开路电压 U_{oc}、最大功率点输出功率 P_m、最大功率点处的电压 U_m 和最大功率点处的电流 I_m 5 个有限的产品参数。在光伏应用中往往需要了解光伏电池在各种工况下的特性，也就是要得到如图 2-9 和图 2-10 那样的输出特性曲线族。在前面的介绍中指出光伏电池的输出特性可以用式（2-8）~ 式（2-10）来表达，但是对这些公式的进一步推敲就会发现：

1）这些公式属于超越方程，其求解非常困难；

2）在计算中不可避免地要涉及 I_{sc}。I_{sc} 究竟多少是输出特性计算中不可回避的参数。

尽管 I_{sc} 与照度和温度存在定性的关系，但考虑复杂因素的数学建模将导致其表达式极其复杂且可能根本无法实际应用。因此，在针对特定的照度或温度计算电池输出特性时，每次都只能通过短路试验来获取 I_{sc} 值。这对于了解电池的全工况特性来说是一件很繁琐的事情。因此人们对光伏电池输出特性的工程计算方法进行了研究。工程计算方法要解决的问题就是：

1）根据有限的出厂参数在工程精度下复现光伏阵列在任意日照和温度条件下的输出特性；

2）输出特性的计算公式应为显式。

工程计算方法的思想是在保证工程精度的前提下，对以式（2-8）或式（2-9）表达的光伏电池输出特性进行适当的简化和变换。第一步先利用厂家参数得到标准测试条件下的 I_L-U_L 特性曲线，然后再扩展到一般工况下的 I_L-U_L 特性曲线。

1. 标准测试条件下输出特性的工程计算方法

工程计算方法能够利用的原始数据是生产厂家提供的 I_{sc}、U_{oc}、I_m 和 U_m。在描述一般输出特性的式（2-8）和式（2-9）中，上述参数的符号写作斜体，因为这些参数都是随照度和温度变化的变量。这里将标准测试条件下的上述参数写作正体，因为它们对具体型号的模块来说是常量。

首先探讨标准工况下的输出特性工程计算方法。

为在下面的推导中对照查阅方便，此处再次列出式（2-9）~ 式（2-11）：

$$I_L = I_{sc} - I_{D0}\left(e^{\frac{qU_L}{AKT}} - 1\right)$$

$$U_L = \frac{AKT}{q}\ln\left(\frac{I_{sc} - I_L}{I_{D0}} + 1\right)$$

$$U_{oc} = \frac{AKT}{q}\ln\left(\frac{I_{sc}}{I_{D0}} + 1\right) \approx \frac{AKT}{q}\ln\left(\frac{I_{sc}}{I_{D0}}\right)$$

工程算法设计的目标是将式（2-9）转换为式（2-15）的显式形式：

$$I_L = I_{sc} \left[1 - C_1 \left(e^{\frac{U_L}{C_2 U_{oc}}} - 1 \right) \right] \qquad (2-15)$$

式（2-15）并没有改变式（2-9）的基本函数特性，并且已经将标准工况下的 I_{sc} 和 U_{oc} 用了进去，那么下面的关键是两个待定系数 C_1、C_2 的求解。

在最大功率点时，由式（2-9）可得

$$I_m = I_{sc} \left[1 - C_1 \left(e^{\frac{U_m}{C_2 U_{oc}}} - 1 \right) \right] \qquad (2-16)$$

存在 $e^{\frac{U_m}{C_2 U_{oc}}} \gg 1$，这是本方法的一个关键，则可有

$$I_m \approx I_{sc} \left(1 - C_1 e^{\frac{U_m}{C_2 U_{oc}}} \right) \qquad (2-17)$$

由此可得包含 C_2 的 C_1 表达式：

$$C_1 = \left(1 - \frac{I_m}{I_{sc}} \right) e^{\frac{-U_m}{C_2 U_{oc}}} \qquad (2-18)$$

在开路状态下，模块输出电流为 0，输出电压为 U_{oc}，将式（2-18）代入式（2-15）可得

$$0 = I_{sc} \left\{ 1 - \left[\left(1 - \frac{I_m}{I_{sc}} \right) e^{\frac{-U_m}{C_2 U_{oc}}} \right] \left(e^{\frac{U_{oc}}{C_2 U_{oc}}} - 1 \right) \right\} = I_{sc} \left\{ 1 - \left[\left(1 - \frac{I_m}{I_{sc}} \right) e^{\frac{-U_m}{C_2 U_{oc}}} \right] \left(e^{\frac{1}{C_2}} - 1 \right) \right\}$$

由于 $e^{\frac{1}{C_2}} \gg 1$，则可解出

$$C_2 = \left(\frac{U_m}{U_{oc}} - 1 \right) \left[\ln \left(1 - \frac{I_m}{I_{sc}} \right) \right]^{-1} \qquad (2-19)$$

将解出的 C_2 再带入式（2-18），就可得到完全由厂家参数表达的 C_1。

在确定 C_1 和 C_2 之后，就可以从 $U_L = 0$ 开始，到 $U_L = U_{oc}$ 结束，依据式（2-15）计算一条标准测试条件下的 I-U 曲线。

2. 一般工况下输出特性的工程计算方法

式（2-15）描述标准照度 $S_{ref} = 1000 \text{W/m}^2$，标准温度 $T_{ref} = 25 ℃$ 下的特性曲线，当辐照度和参考温度发生变化而不等于参考辐照度和温度时就不再适用了，需要加以修改来描述新的特性曲线。可采用的方法是根据标准日照 S_{ref} 强度和标准温度 T_{ref} 下的 I_{sc}、U_{oc}、I_m、U_m 推算出一般工况（辐照度 S 和温度 T）下的 I_{sc}、U_{oc}、I_m、U_m，然后就仍然可以利用式（2-15）进行非标准工况下的输出特性工程计算。

首先计算出一般工况与标准工况的温度差 ΔT 和相对辐照度差 ΔS：

$$\Delta T = T - T_{ref} \qquad (2-20)$$

$$\Delta S = \frac{S}{S_{ref}} - 1 \qquad (2-21)$$

然后按下列公式分别计算一般工况（辐照度 S 和温度 T）下的 I'_{sc}、U'_{oc}、I'_m、U'_m。

$$I'_{sc} = I_{sc} \frac{S}{S_{ref}} (1 + \alpha \Delta T) \qquad (2-22)$$

$$U'_{oc} = U_{oc}(1-\gamma\Delta T)\ln(1+\beta\Delta S) \qquad (2-23)$$

$$I'_m = I_m\frac{S}{S_{ref}}(1+\alpha\Delta T) \qquad (2-24)$$

$$U'_m = U_m(1+\gamma\Delta T)\ln(1+\beta\Delta S) \qquad (2-25)$$

推算过程中假定输出特性曲线基本形状不变,系数 α、β、γ 的典型值为 $\alpha = 0.0025/℃$,$\beta = 0.5$,$\gamma = 0.00288/℃$。

将所求得的新工况下的 I'_{sc}、U'_{oc}、I'_m、U'_m 取代标准工况下的 I_{sc}、U_{oc}、I_m、U_m,便可利用式(2-16)和式(2-17)求得新工况下的 C'_1 和 C'_2,且可进一步利用式(2-13)求得新工况下的输出特性,解决了任意辐照度和温度下的输出特性计算问题。

2.4 光伏电池的应用设计

光伏电池是全球增长最快的高技术产业之一,其生产量已由 1971 年始按每年 10% 的速度增加至今。光伏电池的应用范围非常广泛,大致可以分为以下几个方面:

1)能源系统:光伏独立发电系统和并网发电系统,如微波中继站电源、太阳能水泵电源、卫星地面接收站电源、森林防火系统电源等、边远地区的村村通工程等。这些电源的功率一般从几百瓦到几千瓦。

2)消费品电源:如太阳能庭院灯、太阳能路灯、铁路公路及河流中的信号装置、家用电器电源以及太阳能教学用品等。

3)汽车、航空航天器动力。

4)建筑上的应用,如在玻璃基体上制造光伏电池作为高层建筑的墙、染色窗、太阳能空调器等。

2.4.1 光伏阵列使用前的测试[5]

光伏电池组件投入使用前需先进行各项性能测试,具体方法主要参考 GB/T 9535—1998《地面用晶体硅光伏组件设计鉴定与定型》、G/T 14008—1992《海上用太阳电池组件总规范》。

1. 光伏电池组件的电性能测试

光伏电池组件一般应在规定光源的光谱(AM1.5)、标准辐照度(1000W/m²)以及一定的电池温度(25℃)条件下,在专用的测试仪上对光伏电池的开路电压、短路电流、伏安特性曲线、填充因数和最大输出功率等进行测量,但是在上述条件不具备的情况下可采用如下方法进行测试。

没有专用的测试仪器时,可使用万用表对光伏电池组件进行粗测,即在户外较好的阳光下,用电压档直接接正负极测其开路电压,用电流档测其短路电流。

如果有条件，可先选用一个合格的组件或单体光伏电池作为参考的标样；依据已知的短路电流与太阳辐照度的对应关系，根据所测得的短路电流，推算当时的太阳辐照度；再用一个可变电阻或合适的电阻串接在组件上，使电压接近工作电压，此时的电流即可反映组件的性能，此时电压和电流的乘积接近该组件的功率。这个方法在多变的户外阳光条件下是很有用的。

除上述测量项目外，还有耐高压的电绝缘性能。测量电气绝缘性的简易方法：用 500V 或 1000V 的绝缘电阻表来测量。绝缘电阻表的一端接电极上，另一端接在组件的金属框架上，绝缘电阻表显示的电阻值应不小于 50MΩ 而接近无穷大。

2. 光伏电池组件的环境试验

在地面使用的光伏电池组件长期暴露在阳光下，直接经受当地自然环境的影响。这种影响因素有环境、气象和机械的。气象因素有光照、气温、雨、雪、霜、冰和风等。环境因素有空气中的水汽、腐蚀性气体，沙尘、鸟粪等。机械因素有组件在使用、安装、运输和存放过程中，可能受到的摩擦、振动和冲击等各种机械力的作用以及冰雹的打击。

对组件的环境考核和寿命试验使用两种方法。一是实地试验法；二是环境模拟试验法。

实地试验法即把组件长期暴露在自然环境中，定期观察和测量电性能参数，检查元件、材料的老化和电性能的衰降情况。这种方法试验费用少、易实行、电性能测试仪器比较简单，但试验周期太长，近期内不能得出或不能明显地显示试验结果。所得到的试验结果仅能反映某一地区环境条件下的结果，不能代表其他环境条件下的运行情况。

环境模拟试验法是用人工方法创造自然环境中的各种典型条件，对组件进行试验和性能检查。为了缩短试验周期和加速得到试验结果，可将试验条件按实际条件加倍，即把实际条件乘上一个"加速因子"。环境模拟试验法试验环境因素全面，试验周期短。

大部分光伏电池要在户外长期使用，对其耐候性能的要求很高，国家标准规定，光伏电池组件要进行室外暴露试验，热斑耐久试验，紫外试验，热循环试验，湿-冷试验，湿-热试验，引线端强度试验，扭曲试验，机械载荷试验和冰雹试验等。

2.4.2　光伏系统的一般设计方法[2,4]

光伏阵列可分为平板式和聚光式两大类。平板式阵列，只需把一定数量的光伏电池组件按照电性能的要求串、并联起来即可，不需加装汇聚阳光的装置，结构简单，多用于固定安装的场合。聚光式阵列，加有汇聚阳光的收集器，通常采用平面反射镜、抛物面反射镜或菲涅尔透镜等装置来聚光，以提高入射光谱辐照度。聚光式阵列，可比相同功率输出的平板式阵列少用一些单体光伏电池，使成本下降；但通常需要装设向日跟踪装置，但也因有了转动部件，从而降低了可靠性。

　　光伏阵列的设计，一般来说，就是按照用户的要求和负载的用电量及技术条件计算光伏电池组件的串、并联数。串联数由光伏阵列的工作电压决定，应考虑蓄电池的浮充电压、线路损耗以及温度变化对光伏电池的影响等因素。在光伏电池组件串联数确定之后，即可按照气象台提供的太阳年辐射总量或年日照时数的 10 年平均值计算确定光伏电池组件的并联数。光伏阵列的输出功率与组件的串、并联数量有关，组件的串联是为了获得所需要的电压，组件的并联是为了获得所需要的电流。下面简单介绍光伏阵列设计与计算的一般方法。

1. 基本公式

　　光伏电池组件设计的基本思想就是满足年平均日负载的用电需求。计算光伏电池组件的基本方法是用负载平均每天所需要的能量（安时数）除以一块光伏电池组件在一天中可以产生的能量（安时数），这样就可以算出系统需要并联的光伏电池组件数，使用这些光伏电池组件串联就可以产生系统负载所需要的电压。基本计算公式如下：

$$并联的组件数量 = \frac{日平均负载（A \cdot h）}{组件日输出（A \cdot h）} \tag{2-26}$$

$$串联的组件数量 = \frac{系统电压（V）}{组件电压（V）} \tag{2-27}$$

2. 光伏组件和阵列设计的修正

　　光伏电池组件的输出，会受到一些外在因素的影响而降低，根据上述基本公式计算出的光伏电池组件，在实际情况下通常不能满足光伏系统的用电需求，为了得到更加正确的结果，有必要对上述基本公式进行修正。

　　1）将光伏电池组件输出降低 10%：在实际情况工作下，光伏电池组件的输出会受到外在环境的影响而降低。泥土、灰尘的覆盖和组件性能的慢慢衰变都会降低光伏电池组件的输出。通常的做法就是在计算的时候减少光伏电池组件的输出 10% 来解决上述的不可预知和不可量化的因素。可以看成是光伏系统设计时需要考虑的工程上的安全系数。又因为光伏供电系统的运行还依赖于天气状况，所以有必要对这些因素进行评估和技术估计，因此设计上留有一定的余量将使得系统可以年复一年地长期正常使用。

　　2）将负载增加 10% 以应付蓄电池的库仑效率：在蓄电池的充放电过程中，铅酸蓄电池会电解水，产生气体逸出，这也就是说光伏电池组件产生的电流中将有一部分不能转化储存起来而是耗散掉。所以可以认为必须有一小部分电流用来补偿损失，我们用蓄电池的库仑效率来评估这种电流损失。不同的蓄电池其库仑效率不同，通常可以认为有 5%~10% 的损失，所以保守设计中有必要将光伏电池组件的功率增加 10%，以抵消蓄电池的耗散损失。

3. 完整的光伏电池组件设计计算

　　考虑到上述因素，必须修正简单的光伏电池组件设计公式，将每天的负载除以蓄电池的库仑效率，这样就增加了每天的负载，实际上给出了光伏电池组件需要负担的真正负载；将衰减因子乘以光伏电池组件的日输出，这样就考虑了环境因素和组件自身衰减造成的光伏电池组件日输出的减少，给出了一个在实际情况下光伏电池组件输出的保守估计值。综合考虑以上因素，可以得到下面的计算公式：

$$并联的组件数量 = \frac{日平均负载(A \cdot h)}{库仑效率 \times [组件日输出(A \cdot h) \times 衰减因子]} \tag{2-28}$$

$$串联的组件数量 = \frac{系统电压(V)}{组件电压(V)} \tag{2-29}$$

2.5 光伏电池新技术与新品种[1]

太阳能电池按其发展阶段可分为三代。目前正从第一代基于硅片技术的太阳电池向基于半导体薄膜技术的第二代半导体太阳能电池过渡。第一代太阳电池主要是基于硅晶材料和砷化镓材料，特点是转换效率高，寿命长和稳定性好，但成本较高。目前生产的大部分商用电池仍是第一代的单晶硅和多晶硅太阳电池。第二代太阳电池主要基于薄膜技术，即很薄的光电材料铺在非硅材料的衬底上，大大减小了半导体材料的消耗，降低了太阳电池的成本。薄膜太阳电池主要有多晶硅，非晶硅，碲化镉和铜铟硒等薄膜太阳电池。但是提高转换效率是需要解决的主要问题。第三代太阳电池尚处于研发阶段，目标是提高光电转换效率，降低生产成本，多按照"多层膜—叠层半导体材料—量子阱材料—量子点材料"的路线发展。

到目前为止，本章以单晶硅半导体为例简要阐述了光伏电池的基本原理。单晶硅电池采用硅单晶材料，其光伏效应利用的是普通的 pn 结。

为了将光伏电池应用于不同的环境（如空间），则需要光伏电池具有不同的性能指标和技术特性，形成不同的新产品和系列。同时对现有的产品也需要在性能上（如转换效率）更新换代。因此光伏电池技术仍然是一个快速发展的高技术领域。除了单晶硅光伏电池外，还有很多光伏电池品种，新的品种也在不断诞生。就电池材料而言，除了硅材料之外，还有其他多种半导体乃至有机材料可用于光伏电池的制作。即使是采用硅材料，也有单晶硅、多晶硅和非晶硅电池之分。在电池结构上还可以采用包括新型的 pn 结结构在内的各种特殊设计，对光伏电池的性能产生特殊的效果。

本节所称的新技术与新品种是相对单晶硅电池而言的，这些新技术已经得到应用，基于这些新技术形成的产品也已进入市场。下面对部分内容作一简介。

2.5.1 新型 pn 结结构

1. 多层 pn 结与隧道结

光子能量与带隙越相近则其能量被吸收的效率越高，那么一种吸收阳光中更多光子的方法就是将具有不同带隙的多个 pn 结叠加起来。在电池的上表面放置带隙相对较大的材料，高能的光子在这层 pn 结上被吸收的效率较高。而下面逐层叠放的带隙较小乃至更小的 pn 结将更有效地吸收低能量光子。

图 2-11 是一个三层 pn 结，如上所述每层材料的带隙有所不同。但是这种结构会碰到一个问题，即尽管第一层 pn 结中的 p 区到 n 区是正向偏置的，而两个 pn 结之间的 p 区到 n 区却是反向偏置的，结果将产生不必要的电压降。幸运的是隧道结技术可以消除这一作用。隧道结利用了海森堡的不确定性原理和量子力学的隧道效应，使得粒子通过隧道穿越隧道结的势垒而能量没有任何损失。

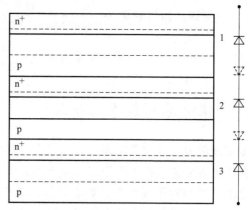

图 2-11　三层 pn 结结构

理论上讲多层 pn 结的叠层电池可以获得很高的转换效率。需要注意的是这些 pn 结因为是串联的，所以在其应用环境的光谱特性中各 pn 结必须设计产生相同的电流。为大气层以外（AM0）应用设计的叠层电池转移到海平面（AM1.5）应用可能就不合适。

2. 异质结

人们发现光子在接近电池表面被吸收时，由于电子空穴对所产生的位置距 pn 结超过一个扩散长度，这些电子空穴对的大多数因复合而损失了。这种现象可以采用所谓异质结（Heterojunctions）来加以克服。异质结是由晶格紧密匹配的两种材料组成的复合结，材料靠近电池表面部分的带隙大于接近 pn 结部分的带隙，高带隙表面部分对于低能量光子来说是透明的，于是这些光子可穿透到达带隙较低的 pn 结区域并在那里产生电子空穴对，这些电子空穴在复合之前可以被收集。采用异质结的有氧化铟锡-硅光伏电池、硫化亚铜-硫化镉光伏电池等。如果两种异质材料的晶格结构相似，界面处的晶格匹配较好，则称为异质面光伏电池。如砷化铝镓-砷化镓异质面光伏电池等。

3. 肖特基结

用金属和半导体接触组成一个"肖特基势垒"的光伏电池，也叫做 MS 光伏电池。其原理是基于金属-半导体接触时在一定条件下可产生整流接触的肖特基效应。目前已发展成为金属-氧化物-半导体光伏电池，即 MOS 光伏电池；金属-绝缘体-半导体光伏电池，即 MIS 光伏电池。如铂-硅肖特基光伏电池、铝-硅肖特基光伏电池等。

2.5.2　多晶硅电池和非晶硅电池[1]

单晶硅光伏电池是硅电池中转换效率最高的，也是性能最稳定的一种，但是其生产加工过程能耗很高，单晶硅棒的切片和剪裁也还需要耗能并且材料损耗也很大。因此人们对其他类型硅电池的开发给予关注。目前多晶硅电池和非晶硅电池已投入工业化生产并大量进入市场。

1. 多晶硅电池

多晶硅不像单晶硅具有整体一致的晶体结构，大量微细硅晶体在材料内无序排列。多晶硅电池的转换效率不如单晶硅电池，但是其生产过程消耗能源较少。

多晶硅材料的制作无需单晶硅拉制过程，采用的方法有坩埚生长（Crucible Growth）法和 EFG（Edge-defined Film-fed Growth）法等。

坩埚生长法是将熔融硅浇注入坩埚并控制其冷却速率而得到多晶硅棒，其截面可以是方形。方形硅棒虽然还需要经过锯割来得到电池晶片，但避免了将圆形晶片剪裁成方形的工序，从而降低了光伏电池生产过程中的能耗和材料浪费。这种方法制作的多晶硅电池的转换效率可达到 15%。

EFG 法是从熔融硅中直接拉出一根断面为正八边形的多晶硅管，其壁厚为 330μm 并可长达 6m。然后可用激光将八边形管子切割成单体电池晶片。据报道这种方法制作的多晶硅电池的转换效率已达到 14%。

多晶硅电池仍然保持了晶体的基本特性，因此还是带隙为 1.1eV 的间接带隙材料，晶片制作的后续工艺与单晶硅电池相同。为了保证足够的光吸收，晶片同样需要较大的厚度。

2. 非晶硅电池

非晶硅没有具体的晶体结构，其硅原子的方向随机排列且彼此间距不一，导致材料中许多共价键是不完整的（悬挂键）。这种不完整的共价键在带隙中产生大量的缺陷态。非晶态特性导致材料中电子空穴的活动性很差，同时缺陷态会捕获载流子。因此人们在开始并不看好这种材料。直到 1975 年获得了 a-si：H 材料，人们发现悬挂键可以被氢抑制从而大大减少带隙中的缺陷态，结果用 n 型和 p 型非晶硅同样可以形成 pn 结，如果在 p 和 n 型材料中插入一个本征半导体层，可形成一个有效的电子空穴对发生区。

非晶硅具有 1.7eV 的直接带隙，其吸收系数比晶体硅大一个数量级。非晶硅电池的厚度可仅为晶体硅电池的 1%，这样就可以节约大量的纯硅材料。

早期的非晶硅电池在光照下有性能退化现象，通过设计和制作技术的发展，采用了诸如多 pn 结等技术，使得非晶硅电池的性能已得到稳定。非晶硅的理论最大转换效率是 27%，商品化产品的转换效率为 10%左右。

因为可采用沉积技术制作，而且材料厚度可做得很薄，非晶硅电池可制作于不锈钢和聚合物底材上形成柔性可卷的产品。

对间接带隙材料单晶硅来说，没有一定的厚度就不能保证高的转换效率，而非晶硅薄膜电池的优点是可以节约大量昂贵的纯硅材料，因此在制作薄膜电池上来说，非晶硅具有它的优势。

2.5.3 非硅材料光伏电池[1]

1. 砷化镓和Ⅲ-Ⅴ族化合物光伏电池

砷化镓（GaAs）由于具有 1.43eV 的带隙和相对较高的吸收常数而成为一种很有吸引力的光伏材料。这种电池的制作一般采用薄膜生长工艺，其过程为：先在锗基板上生成一层 n 型砷化镓薄膜，再在其上生成一层 p 型薄膜，从而形成 pn 结和收集区，然后再生成一层带隙为 1.8eV 的 p 型砷化铝镓（GaAlAs），这种结构减少了少数载流子的表面复合，将带隙低于 1.8eV 的光子输送到 pn 结以提高吸收率。

以砷化镓为代表的Ⅲ-Ⅴ族化合物电池性能优异但也价格昂贵，因此一般应用于外层空间和高聚光电池等特殊应用，同时这也意味着这种电池具有很好的抗强辐射和大温差能力。

砷化镓电池的转换效率一般超过 20%，而采用叠层技术的砷化镓电池的转换效率已超过 40%。同为Ⅲ-Ⅴ族化合物的磷化铟（InP）电池的转换效率为 16.7%。一种机械叠层的砷化镓/锑化镓（GaAs/GaSb）电池在 100 倍太阳光照的聚光条件下的转换效率达到 35.6%。

2. 碲化镉和Ⅲ-Ⅵ族化合物光伏电池

碲化镉（CdTe）具有直接带隙和高的吸收常数，其最大转换效率接近 25%，可制作出厚度只有数微米的电池。其基本结构有两种：①玻璃-SnO_2-CdS-CdTe-背电极；②玻璃-SnO_2-CdS-CdTe-ZnTe-背电极。

碲化镉电池还有一些提高性能的方法在进行研究，因此这种电池的商品化生产尚未形成。另外，人们对镉这种有毒材料在应用和回收中的泄漏还持有疑虑。但是，这种电池生产过程的耗能和成本均较低，有人预测碲化镉光伏电池的制造成本今后有可能比非晶硅电池还要低。

3. 硒铟铜（$CuInSe_2$）电池

硒铟铜是一种引起人们广泛注意的新型光伏材料，已被简称为 CIS。这种材料具有 1.0eV 的直接带隙和很高的吸收常数，适合于制作薄膜光伏电池。其理论最大转换效率为 24%，其小面积样品的效率已超过 15%，预计将来产品的转换效率可达 20%。

这种电池更吸引人的特点是较低的制作成本，估计为单晶硅电池的 1/2 ~ 1/3。由于使用的原料无毒，其制造、应用和回收均不涉及环保问题。此外，这种电池性能还具有良好的户外长期稳定性。

2.5.4 有机光伏电池[6,7]

与本章前面介绍的各种电池具有本质差别的新型电池为有机光伏电池

（Organic PV cells）。顾名思义，就是由有机材料构成核心部分的太阳能电池。在有机材料中光子的吸收并不立即产生电子和空穴，而是产生一个激子（Exciton）。激子实际上是一个被约束的电子空穴对，为了将其中的电荷释放出来就必须克服这种约束。为此人们研究了多种机制，形成了有赖于这些机制的不同类型有机光伏电池。

1. "肖特基型"的有机电池

第一个有机光伏电池属于通常被称为"肖特基型"的有机电池，它采用的有机材料为镁酞菁（MgPc）染料，将染料层夹在两个功函不同的电极之间得到了200mV的开路电压。这种电池中，光子的吸收在有机半导体膜内产生一对电子和空穴，其中电子被低功函的电极提取，而空穴则被来自高功函电极的电子填充，由此形成光电流。有机半导体膜与两个不同功函的电极接触时所形成的肖特基势垒就是光致电荷定向传递的基础。在这种电池内，光激发形成的激子只有在肖特基结的扩散层内依靠电场作用才能得到分离。其他位置上的激子由于迁移距离有限（通常小于10nm），大多数在分离成电子和空穴之前就复合了。这种电池的转换效率较低，通常不大于1%。

2. 双层膜有机电池

另外一类有机电池采用了双层膜结构，双层膜的本质是用两种有机半导体材料来模仿无机异质结。在异质结有机电池中通常将p型材料称为给体（Donor），把n型材料称为受体（Acceptor）。如果光从给体材料一侧入射，激子中的电子就顺着价带能量降低的方向，从给体的导带转移至受体的导带；而空穴则顺着导带能量升高的方向从受体的价带转移至给体区的价带。当电子和空穴从激子中分离开以后就成为自由电子和空穴分别扩散至电极，从而产生光电流。异质结明显地提高了激子分离的效率，最早的一种异质结电池采用称为PV的有机染料四羧基苝的一种衍生物和铜酞菁（CuPc）组成双层膜。光电转化效率达到1%左右。1992年，人们发现激发态的电子能极快地从有机半导体分子注入到C_{60}分子中，而反向的过程却要慢得多。也就是说激子在有机半导体材料与C_{60}的界面上可以以很高的速率实现电荷分离，因此C_{60}是一种良好的电子受体材料。在此发现的基础上，采用一种典型的P型有机半导体材料PPV和C_{60}制作了双层膜异质结太阳能电池。目前异质结有机电池的转换效率可达到6%。

双层膜电池中虽然两层膜的界面有较大的面积，但激子仍只能在界面区域分离，离界面较远处产生的激子在向电极运动的过程中大量损失。因此人们在双层膜异质结电池的基础上又提出了一个称为整体异质结（Bulk Heterojunction）的概念，就是将给体材料和受体材料混合起来制成一个我中有你，你中有我的混合薄膜，在任何位置产生的激子都可以通过很短的路径到达给体与受体的界面（即结面），同时，在界面上形成的正负载流子亦可通过较短的途径到达电极。相对于双层膜电池，此种结构的效率提高相当明显。

3. 染料敏化电池

另一种新型的光伏电池也可以归入有机光伏电池之列,那就是染料敏化太阳电池(Dye-sensitized Solar Cell),由瑞士洛桑高等工业学院 M·Gratzel 教授小组于1991年推出。这种电池的突破主要是模仿了光合作用原理。其基板可以是玻璃,也可以是柔性透明的聚合物箔。基板上有一层通常是二氧化硅的透明导电氧化物,再在其上生长一层约 $10\mu m$ 纳米多孔二氧化钛(TiO_2)粒子形成的厚的薄膜,然后涂上一层三联吡啶钌衍生物染料附着于 TiO_2 的粒子上。上层的电极除了玻璃或聚合物以及 TCO 还添加铂作为电解质反应的催化物。二层电极间则注入电解质。这种电池的工作原理是染料分子吸收太阳光能跃迁到激发态,激发态不稳定,电子快速注入到紧邻的 TiO_2 导带,染料中失去的电子则很快从电解质中得到补偿,进入 TiO_2 导带中的电子最终进入导电膜,然后通过外回路产生光电流。1998年 Cratzel 等又成功制作了全固态染料纳米晶太阳能电池,克服了因液态电解质而存在的一系列问题。2003年他们又通过掺杂进而改善了其性能。目前,染料敏化电池的最高转换效率约在 10% 左右。

染料敏化太阳电池的制造过程简单,甚至可以在普通实验室制作。它的主要优势是原材料丰富、成本低、工艺技术相对简单,在大面积工业化生产中具有较大的优势,同时所有原材料和生产工艺都是无毒、无污染的,部分材料可以得到充分的回收,对保护人类环境具有重要的意义。

钙钛矿型太阳电池(Perovskite Solar Cells),是利用钙钛矿型的有机金属卤化物半导体作为吸光材料的太阳电池,即是将染料敏化太阳电池中的染料作了相应的替换。目前在高效钙钛矿型太阳电池中,最常见的钙钛矿材料是碘化铅甲胺。钙钛矿太阳电池是一种新型薄膜光伏技术,2009年首次被报道,在 2013年被 Science评为十大科技进展之一。钙钛矿太阳电池仅仅花了6年时间其光电效率便达到了22.1%,与商业化多年的硅基电池、多晶硅电池、CIGS、CdTe 等化合物薄膜电池相当。但是,钙钛矿电池普遍存在稳定性问题,很多电池在测试的过程中就发生了衰变,钙钛矿太阳电池也普遍存在迟滞现象,这些问题减缓了钙钛矿太阳电池走向商业化的进程。

2.6 第三代光伏电池技术[1]

第三代光伏电池尚处于研发阶段,目标是提高光电转换效率,降低生产成本,多按照"多层膜—叠层半导体材料—量子阱材料—量子点材料"的路线发展。包括热太阳电池、中间带太阳电池、叠层太阳电池、热载流子太阳电池、多载流子太阳电池和多能带太阳电池等。

1. 热太阳电池(Thermophotovoltic Cells)

到目前为止,讨论的都是可见光和近红外光的光电转换,其原因是太阳光谱的峰值位于可见光范围。但是热源和热光源都能在远红外范围内产生辐射，在某些场合，通过将这种辐射转换为电能。该光子的温度远低于可见光的温度，因此其辐射的平均光子能量远小于阳光。这些光子中能量较高的被电池吸收转化成电能，而其中能量较小的又被反射回来，容易被吸热装置吸收，用以保持吸热装置的温度。这种方法的最大特点是电池不能吸收的那部分能量可以反复利用。为此需要采用带隙很小的半导体，例如锗。此外还生产了磷锑砷铟（InAsSbP）这种带隙为 0.45～0.48eV 的材料，磷锑砷铟可以制作 n 型半导体也可制作 p 型半导体，pn 结可以在砷化铟基板上生长。

2. 中间带太阳电池（Intermediate Band Solar Cells）

到目前为止的讨论中，一个被吸收的光子产生一个电子空穴对。如果某种材料在导带和价带之间存在一个中间带并且将其插入两种一般半导体之间，那么这种材料就有可能吸收两个能量较低的光子并产生具有这两个光子组合能量的一个电子空穴对。第一个光子将一个电子提升到中间带并在价带产生一个空穴，而第二个光子则将电子由中间带提升到导带。其中关键是要找到这么一种中间带材料可以将电子维持在中间带上并等待具有适当能量的光子撞击到材料上。为了支持这种电子输送过程，这种材料的电子能态需要一半为空，一半为电子占据。Ⅲ-Ⅴ化合物有可能满足这种技术的实现，并可使电池的理论转换效率达到 63.2%。

3. 叠层太阳电池（Supertandem Solar Cells）

如果电池采用很多层的叠层结构，将带隙最大的材料放在最上层，而往下各层的带隙逐层递减，则可达到的理论转换效率为 86.8%。已制作出一个面积为 $1cm^2$ 的 4 层电池，其效率为 35.4%，而其理论最大效率为 41.6%。

4. 热载流子太阳电池（Hot Carrier Solar Cells）

热载流子电池采用避免光生载流子的非弹性碰撞的方式来减小能量的损失，达到提高效率的目的，其极限效率约为 86.8%。光子的多余能量赋予载流子较高的热能。这些"热载流子"在被激发后约几个皮秒的时间内，首先通过载流子之间的碰撞达到一定的热平衡。这些载流子自己的碰撞并不造成能量损失，只是导致能量在载流子之间重新分配。随后，经过几纳秒的时间，载流子才与晶格发生碰撞，把能量传给晶格。而光照几微秒以后，如果电子和空穴不能被有效分离到正负极，它们就会重新复合。

热载流子电池要更快地在电子和空穴冷却前把它们收集到电池的正负极，因此吸收层必须很薄，约为几十纳米。采用超晶格结构作为吸收层可以延缓载流子冷却，增加吸收层的厚度，提高对光的吸收。

5. 光学上转换和下转换（Optical Up- and Down-Conversion）

改变材料带隙的一个替代方法是改变入射光谱的能量分布。某些材料体现了能够将具有不同能量的两个光子予以吸收并将其合成能量用一个光子发射出去。另外某些材料则可以将吸收的一个高能光子的能量以两个低能量的光子发射出去。这些现象类似于无线通信电路中的频带上转换和下转换。

这种方法在光学中的体现就是光谱的形状发生了改变，可以将入射光的光谱压缩到相对较为狭窄的范围内并增加其强度，从而提高电池的转换效率。这种方法的一个优点是不必将光学上下转换器与光伏电池做在一起，只需要将其放置在光源与电池之间即可。

6. 杂质光伏电池

当光子能量大于禁带宽度时，太阳光能直接被半导体吸收，当光子的能量小于禁带宽度时，通过载流子在半导体允带和禁带中的杂质能级之间的受激跃迁也能发生光的吸收。杂质能级太阳电池实际上是多量子阱太阳电池的应用，吸收太阳光激发量子阱中的电子和空穴，由于热激发或再次吸收光子能量，而向量子阱外流出，成为输出电流。量子阱结构的应用会使电池的光吸收向低能端拓宽，提高光转换效率。

7. 多载流子太阳电池

提高太阳能电池转换效率即是尽可能多地将光子的能量用于激发出电子—空穴对，而避免其转换成热能。如果一个高能量光子激发出一对电子—空穴对并使它们成为具有多余能量的"热载流子"，而这个热载流子具有的能量仍高于一对电子—空穴对所需的能量，那么这个热载流子就完全有可能把多余的能量用来产生第二对电子—空穴对，如果光子的能量比禁带宽度的3倍还大，就有可能产生第三对电子—空穴对。这些电子空穴对将增大太阳电池的输出电流，从而提高光子的利用率。

总之：第三代太阳电池综合了第一、二代太阳电池的优点，克服了第一代太阳电池成本较高，第二代薄膜太阳电池转换效率低的不足，并且具有原材料丰富，无毒，性能稳定，对环境无危害等优点，在未来的光伏市场中会有很好的发展前景。

2.7　光伏电池研究的最新成果

1）澳大利亚新南威尔士大学（UNSW）光伏中心 $1m^2$ 铜锌锡硫硒（CZTS）薄膜太阳电池效率达27.6%，研究结果已获得国家可再生能源实验室（NREL）认证。这是 CZTS 电池效率首次超过20%，这是实现从实验室研究迈向商业产品的里程碑。团队指出，CZTS 电池材料来源丰富，不含有任何有毒的镉和硒。这样，CZTS 半导体生产成本低，并且可以使用那些已经市售技术来制造。

2）Alta Devices 宣布其砷化镓太阳能光伏刷新世界纪录，该公司生产31.6%双结电池，此项最新技术获得美国能源部国家可再生能源实验室（NREL）认证。2013年 Alta 单结太阳电池效率纪录达30.8%，此后不久，该纪录被 NREL 赶超，然而 Alta 重新再次刷新世界纪录。Alta Devices 表示取得这样的效率纪录主要是通过修改其单结砷化镓设计，包括磷化铟镓层（InGaPh），可更有效利用高效率光子。Alta 现在保持单结双结砷化镓薄膜太阳电池技术世界纪录。但是还面临将此实验室研究技术创新投入到批量生产的挑战，生产成本是另外一个问题。GaAs 电池在全球光伏市场占据比例很小。该公司在无人机应用中推广 GaAs 电池的薄度和轻量型，声称 GaAs 组件电池片表面积更小而产生的电量却更多。Alta Devices 还为可穿戴技术和物联网应用生产光伏电池。

3）2016 年 4 月 26 日，天合光能光伏科学与技术国家重点实验室宣布，经第三方权威机构 JET 独立测试，以 23.5% 的光电转换效率创造了 $156 \times 156 mm^2$ 大面积 N 型单晶硅 IBC（全背电极接触晶硅光伏电池）的世界纪录。这一数值突破天合光能在 2014 年 5 月创造的 22.94% 的同项世界纪录。天合光能光伏科学与技术国家重点实验室研制的这一破纪录的 N 型单晶硅大面积 IBC，采用了先进的背面电极交叉结构设计及可量产低成本工艺。

IBC 是将正负两极金属接触均移到电池片背面的技术，使面朝太阳的电池片正面呈全黑色，完全看不到多数光伏电池正面呈现的金属线。这不仅为使用者带来更多有效发电面积，也有利于提升发电效率，外观上也更加美观。效率达 23.5% 的新世界纪录 IBC，完全采用了传统的丝网印刷工艺。这是继天合光能与澳大利亚国立大学合作研制的 $2 \times 2 cm^2$ 小面积实验室 IBC 的光电转换效率达到 24.4% 仅仅两年之后的又一个里程碑，$156 \times 156 mm^2$ N 型单晶硅 IBC 在面积上与当前工业化生产的普通光伏电池相一致。光电转换效率达到 23.5%，这是 $156 \times 156 mm^2$ 大面积单晶硅 IBC 电池迄今为止的最高效率。IBC 电池是至今为止最高效的晶硅电池。

4）香港理工大学 2016 年 4 月 12 日举行新闻发布会说，该校最近成功研发出目前全球最高能量转换效率的钙钛矿/单晶硅叠层太阳电池，其能量转换效率高达 25.5%。香港理工大学电子及资讯工程学系徐星全教授领导的科研团队最近以多项创新技术，成功创下钙钛矿/单晶硅叠层太阳电池能量转换效率的最高纪录。此项科研成果，估计生产太阳能成本，可由目前的硅基太阳电池 3.9 港元/W 降至 2.73 港元/W。钙钛矿太阳电池 2009 年面世时能量转换率仅 3.8%，由于钙钛矿材料拥有优越的光伏效能，钙钛矿太阳能电池已成为热门的研究专题，并被视为发展高效能太阳电池最具潜力的新兴材料。

太阳光谱由不同的能量波段组成，结合多种光伏材料来制造太阳电池，可增加电池吸收的能量。徐星全科研团队利用此特性，配合 3 个创新方法，进一步提升电池效能：一是利用化学反应，以氧低温钝化程序，减少钙钛矿材料缺陷造成的影响；二是提升电极在长波段的透明度，使更多光能量进入钙钛矿电池底下的硅电池中；三是制作仿生花瓣陷光薄膜，"吸附"在太阳电池表面，使电池捕获更多光线。徐星全指出，钙钛矿/单晶硅叠层太阳电池可广泛应用于包括高楼大厦外墙、乡村屋顶、城市遮荫廊桥等建筑整合太阳能领域，其科研团队今后将继续致力提升钙钛矿/硅叠层太阳能电池的能量转换效率，进一步发展大面积的钙钛矿/硅叠层电池，并重点解决材料稳定性问题，以推动这项科研成果尽快推向市场应用。

5）瑞典林雪平大学和中国科学院科学家合作研究表明，太阳光伏电池不使用昂贵且不稳定的富勒烯，聚合物太阳能光伏电池可能会更便宜，更可靠。中科院一个化学家小组将 PBDB-T 聚合物和 ITIC 小分子进行结合，刷新无富勒烯聚合物太阳能光伏电池新纪录。新型太阳电池效率超过所有无富勒烯的太阳电池。通过技术结合，太阳能转换效率达到 11%，效率值超过绝大多数含富勒烯的太阳电池，超过所有不含富勒烯的电池。

林雪平大学物理学、化学和生物学系的物理学家 Gao 先生通过研究已经展示不使用富勒烯也可以取得高效率，这种太阳电池对热量高度稳定。因为太阳电池在持续太阳能辐射下运行，因此良好的热稳定性非常重要。将高效率和良好的热稳定性进行结合表明聚太阳电池又向商业化更贴近了一步。

6）斯图加特科学家将由铜铟镓硒（CIGS）制成的薄膜太阳电池效率提升至 22%。此项 CIGS 新技术倍受太阳行业青睐，将有希望替代传统硅太阳电池，占据更大市场份额。这种新型电池表面积为 $0.5cm^2$，符合测试电池专业标准，利用实验室喷涂机制成。并且未来几年可能效率会达到 25%。研究人员通过采取各种方法对生产过程进行优化才得以刷新此纪录。德国弗劳恩霍夫太阳能系统研究所 ISE 对此项新纪录进行认证。ZSW 现在只比当前世界纪录落后 0.3 个百分点。CIGS 技术在近年来取得长足进步，在能效竞争方面超越其市场主要竞争对手多晶硅电池。在组件能效方面，硅光伏电池仍然领先。市售组件效率为 17%，铜铟镓硒组件效率为 14%。

CIGS 小型工厂的生产成本大约为 40 美分/W，产能扩大成本会随之削减。假定年产出为 0.5~1GW，CIGS 光伏厂组件效率可达 18% 甚至更高，成本可低至 25 美分/W。这就表示 CIGS 光伏制造比硅光伏生产所需前期投入更少。薄膜光伏组件拥有很多优势，在低光照条件下，产能高，更耐荫。其次薄膜光伏组件流线型外观屋顶安装更具美观性。

7）kerfless 晶圆光伏电池技术继续大步前进，比利时研究机构 IMEC 与 Crystal Solar 之间进行合作，使用 gas-to-wafer kerfless 生产工艺，n 型 PERT 电池效率达到 22.5%。在韩华 Q Cells 公司宣布将从 1366 Technologies 公司购买 700MW kerfless 晶圆数天之后，欧美合作取得了另外一项重要里程碑。IMEC 研究人员能将其 PERT 技术应用到由加州科技公司 Crystal Solar 开发的 n 型晶片。

位于硅谷的 Crystal Solar 的 Direct Gas to Wafer 技术可生产 6in 大小、160~180μm 厚的单晶硅片，在结晶过程中会有一个 p-n 结形成。Crystal Solar 的外延晶圆生产工艺通过气体生成单晶硅晶片。该公司声称，这是一种高生产量工艺，会降低成本。

IMEC 和 Crystal Solar 宣布的结果表明，$156×156mm^2$ PERT 光伏电池使用 Direct WaferTM 工艺晶片制造，效率达到 22.5%。这两家企业声称这是迄今为止单结光伏电池取得的最高效率。IMEC 报告其 PERT 电池组将 nPERT 电池技术应用到 Crystal

Solar kerfless 晶片。该电池 V_{oc} 达到 700mV，表明晶圆和 p-n 结晶质高。

专家认为，将先进的电池工艺与 Crystal Solar 创新型晶圆制造技术进行结合，为制造高效太阳电池铺平了道路，使用这些 kerfless 晶圆可能将为整个太阳电池制造价值链带来颠覆。未来通过使用 kerfelss 晶元 IMEC PERT 技术效率可超过 23%。外延晶圆增长以及内置结技术将为电池制造技术带来一个新的范例，从而大幅降低资本支出和每瓦总成本。

2015 年 10 月份，韩华 Q Cells 使用 1366 Technology kerfless 晶元，PERC 电池效率达到 19.1%。

8）2016 年 3 月，华中科技大学陈炜教授其团队已开始钙钛矿太阳电池的中试研发，并获得风险投资意向，将加快推动具有实用价值的新型光伏器件的诞生。陈炜教授及其合作者通过测试数万条 IV 曲线，在比较了几种最常见的钙钛矿太阳电池结构以后，发现 P-i-N 反式平面结构电池更容易消除迟滞效应。同时，通过实施界面工程，以稳定、高导电、能带调控的重掺杂型无机界面材料在电极附近分别抽取电子和空穴，并在大面积范围内控制消除界面缺陷，最终获得了大面积的高效率钙钛矿太阳电池。钙钛矿电池的光电转换已经成功获得日本 AIST 的认证，这使得钙钛矿太阳电池的性能指标首次能够与其他类型太阳电池在同一个标准下进行比较。

9）弗劳恩霍夫 ISE 在 2014 年创造新的太阳电池效率记录之后，宣布使用聚光光伏（CPV）技术的太阳电池组件效率再次刷新世界纪录。据位于弗莱堡的研究院透露，此款新型迷你 CPV 组件包括四节太阳电池，效率刷新了世界纪录达 43.3%。此项新技术创造了聚光光伏技术新的里程碑，展现出其工业应用的潜力。聚光光伏技术经常使用多结太阳电池。CPV 技术广泛应用于太阳辐射大的地区。

2014 年，弗劳恩霍夫及其合作伙伴法国 Soitec 公司及其法国研究机构 CEA-Leti，创造了光电转化效率高达 46% 的太阳电池，是光电转化效率的最高纪录。

10）由科学家 Jeremy Munday 带领的美国马里兰大学电气与计算机工程系的研究团队研发出了一种新型纳米级太阳电池，其性能表现超出传统太阳能面板，能源转换水平较当前的光伏（Photovoltaics）太阳电池技术提升 40%。采用纳米线材料制成的太阳电池能够达到 42% 的能源转换率，相较而言普通的光伏材料转换率极限为 33%，相关报告已经发布于《自然》杂志上。

参 考 文 献

[1]　OFweek 太阳能光伏网讯 http：//solar. ofweek. com/2016-04/ART-260018-8140-29091736. html.

[2]　OFweek 太阳能光伏网讯 http：//solar. ofweek. com/2016-04/ART-260018-8140-29091702. html.

[3]　OFweek 太阳能光伏网讯 http：//solar. ofweek. com/2016-04/ART-260018-8140-29091182. html.

[4] OFweek 太阳能光伏网讯 http：//solar.ofweek.com/2016-04/ART-260018-8140-29085861.html.

[5] OFweek 太阳能光伏网讯 http：//solar.ofweek.com/2016-04/ART-260018-8140-29089787.html.

[6] OFweek 太阳能光伏网讯 http：//solar.ofweek.com/2016-04/ART-260018-8140-29082478.html.

[7] OFweek 太阳能光伏网讯 http：//solar.ofweek.com/2016-04/ART-260018-8140-29087208.html.

[8] OFweek 太阳能光伏网讯 http：//solar.ofweek.com/2016-03/ART-260018-8140-29078235.html.

[9] OFweek 太阳能光伏网讯 http：//solar.ofweek.com/2016-02/ART-260018-8140-29068917.html.

[10] http：//digi.163.com/15/0915/14/B3IFAP0M00162OUT.html.

第3章

光伏并网系统的体系结构

　　光伏系统按与电力系统的关系，一般可分为离网光伏系统和光伏并网系统。离网光伏系统不与电力系统的电网相连，作为一种移动式电源，主要用于给边远无电地区供电。光伏并网系统与电力系统的电网连接，作为电力系统中的一部分，可为电力系统提供有功和无功电能。现在，世界光伏发电系统的主流应用方式是光伏并网发电方式，即光伏系统通过并网逆变器与当地电网连接，通过电网将光伏系统所发的电能进行再分配，如供当地负载或进行电力调峰等。光伏并网系统通常由三部分构成：光伏阵列、逆变器和电网，如图3-1所示。

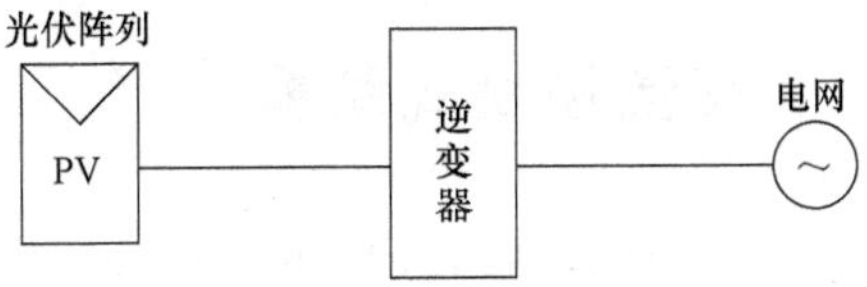

图3-1　光伏系统结构图

　　其中，光伏阵列主要由光伏组件组成，其应用可以分为单个组件、组件串联及组件并联等。众所周知，光伏系统追求最大的发电功率输出，系统结构对发电功率有着直接的影响：一方面，光伏阵列的分布方式会对发电功率产生重要影响；而另一方面，逆变器的结构也将随功率等级的不同而发生变化。因此，根据光伏阵列的不同分布以及功率等级，可以把光伏并网系统体系结构分为6种：集中式、交流模块式、串型、多支路、主从和直流模块式。下面分别对这6种结构进行介绍[1-3]。

3.1　集中式结构[4]

　　所谓集中式结构，如图3-2所示，就是将所有的光伏组件通过串并联构成光伏阵列，并产生一个足够高的直流电压，然后通过一个并网逆变器集中将直流转换为交流并把能量输入电网。集中式结构是20世纪80年代中期光伏并网发电系统中最常用的结构形式，一般用于10kW以上较大功率的光伏并网系统，其主要优点是：系统只采用一台并网逆变器，因而结构简单且逆变器效率较高。但从20世纪90年代开始，随着一大批光伏并网系统的实施与投运（例如德国的一千个屋顶计划等），也发现了集中式结构存在以下缺点：

1）阻塞和旁路二极管使系统损耗增加；

2）抗热斑和抗阴影能力差，系统功率失配现象严重；

3）光伏阵列的特性曲线出现复杂多波峰，单一的集中式结构难以实现良好的最大功率点跟踪（MPPT）；

4）这种结构需要相对较高电压的直流母线将并网逆变器与光伏阵列相连接，不仅降低了安全性，同时也增加了系统成本；

5）系统扩展和冗余能力差。

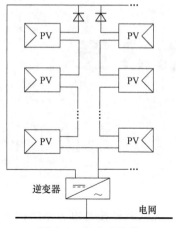

图 3-2　集中式结构

虽然存在以上不足，但随着光伏并网电站的功率越来越大，集中式结构由于其输出功率可达到兆瓦级，单位发电成本低，适合用于光伏电站等功率等级较大的场合，因此这种结构仍然具有一定的运用价值。

3.2　交流模块式结构[4,7,8]

交流模块式结构（Module Integrated Converter，MIC），最早由 Kleinkauf 教授于 20 世纪 80 年代提出，交流模块式结构是指把并网逆变器和光伏组件集成在一起作为一个光伏发电系统模块，如图 3-3 所示。交流模块式结构与集中式结构相比，具有以下优点：

1）无阻塞和旁路二极管，光伏组件损耗低；

2）无热斑和阴影问题；

3）每个模块独立 MPPT 设计，最大程度地提高了系统发电效率；

4）每个模块独立运行，系统扩展和冗余能力强；

5）给系统的扩充提供了很大的灵活性和即插即用性；

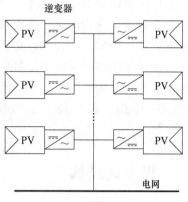

图 3-3　交流模块式结构

6）交流模块式结构没有直流母线高压，增加了整个系统工作的安全性。

交流模块式结构的主要缺点是：由于采用小容量逆变器设计，因而逆变效率相对较低。

随着日本、德国、美国、意大利等国家光伏屋顶计划、建筑一体化计划的推进，交流模块式结构得到大量的应用。交流光伏模块的功率等级较低，一般在50~400W。在同等功率水平条件下，交流模块式结构的价格远高于其他结构类型。另外一个困难是某些国家要求逆变器必须与电网隔离，这将进一步增加成本。交流模块式结构下一步的发展主要集中于降低价格。图3-4给出了高频、低频和无变压器结构的交流模块式结构的电路拓扑。

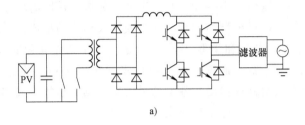

a)

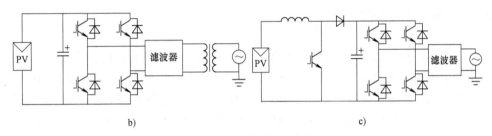

b)　　　　　　　　　　　　　　　　　　　c)

图 3-4　交流模块式结构电路拓扑

a）高频拓扑　b）低频拓扑　c）无变压器拓扑

3.3　串型结构[1,5]

串型结构是指光伏组件通过串联构成光伏阵列给光伏并网发电系统提供能量的系统结构，如图3-5所示。该结构于20世纪90年代中期在市场中出现，它综合了集中式和交流模块式两种结构的优点，一般串联光伏阵列输出电压在150~450V，甚至更高，功率等级可以达到几个千瓦左右。

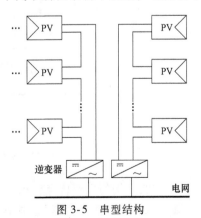

与集中型结构相比，串型结构具有以下优点：

1）串型结构中由于阵列中省去了阻塞二极管，阵列损耗下降；

2）抗热斑和抗阴影能力增加，多串MPPT设计，运行效率高；

3）系统扩展和冗余能力增强。

图 3-5　串型结构

串型结构存在的主要不足在于：系统仍有热斑和阴影问题，另外，逆变器数量增多，扩展成本增加且逆变效率相对有所降低，但逆变效率仍高于交流模块式结构的逆变效率。

在串型结构中，光伏组件串联构成的光伏阵列与并网逆变器直接相连，和集中式结构相比不需要直流母线。由于受光伏组件绝缘电压和功率器件工作电压的限制，一个串型结构的最大输出功率一般为几个千瓦。如果用户所需功率较大，可将多个串型结构并联工作，可见串型结构具有交流模块式结构的集成化模块特征。串型结构仍然存在串联功率失配和串联多波峰问题。由于每个串联阵列配备一个MPPT 控制电路，该结构只能保证每个光伏组件串的输出达到当前总的最大功率点，而不能确保每个光伏组件都输出在各自的最大功率点，与集中式结构相比，光伏组件的利用率大大提高，但仍低于交流模块式结构。

3.4 多支路结构[2,6]

多支路结构是由多个 DC/DC 变换器、一个 DC/AC 逆变器构成，其综合了串型结构和集中式结构的优点，具体实现形式主要有两种：并联型多支路结构和串联型多支路结构，如图 3-6 所示。20 世纪 90 年代后期多支路结构被大量采用，该结构提高了光伏并网发电系统的功率，降低了系统单位功率的成本，提高了系统的灵活性，已成为光伏并网系统结构的主要发展趋势。

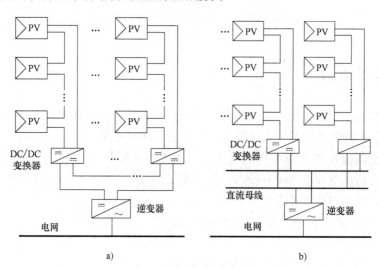

图 3-6 多支路结构

a）串联多支路结构 b）并联多支路结构

多支路结构的主要优点包括：

1）每个 DC/DC 变换器及连接的光伏阵列拥有独立的 MPPT 电路，类似于串型结构,所有的光伏阵列可独立工作在最大功率点,最大限度地发挥了光伏组件的效能。

2)集中的并网逆变器设计使逆变效率提高、系统成本降低、可靠性增强。

3)多支路系统中某个 DC/DC 变换器出现故障,系统仍然能够维持工作;并能够通过增加与逆变器连接的 DC/DC 变换器的数目实现系统功率的扩展,具有良好的可扩充性。

4)多支路系统能很好地协调各个支路,逆变器的额定功率不再像单支路并网逆变器被限定在较小的定额,逆变器额定功率不再受限。

5)适合具有不同型号、大小、方位、受光面等特点的支路的并联,适合于光伏建筑一体化形式的分布式能源系统应用。

实际应用中,并联多支路结构较为常用。图 3-7 为一种基于半桥逆变器的并联多支路结构的电路拓扑。

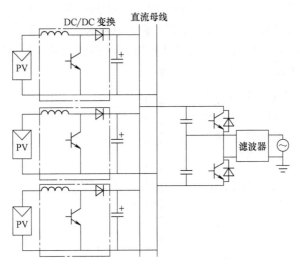

图 3-7   基于半桥逆变器的并联多支路结构的电路拓扑

3.5   主从结构[1,2]

主从结构是一种新型的光伏并网发电系统体系结构,如图 3-8 所示,也是光伏并网系统结构发展的趋势。它通过控制组协同开关,来动态地决定在不同的外部环境下光伏并网系统的结构,以期达到最佳的光伏能量利用效率。

当外部光照强度较低时,控制组协

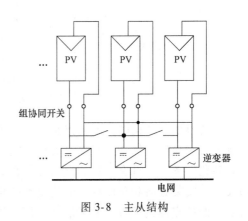

图 3-8   主从结构

同开关使所有的光伏组件或光伏串只和一个并网逆变器相连，构成为集中式结构，从而克服了逆变器轻载低效的不足。随着光照强度的不断增大，组协同开关将动态调整光伏组件的串结构，使不同规模的光伏串和相应等级的逆变器相连，从而达到最佳的逆变效率以提高光伏能量利用率，此时，系统结构变成了多个串型结构同时并网输出。由于这样的串型结构其功率等级是经由组协同开关动态调整的，并且每个串都具有独立的 MPPT 电路，因此可以得到更高效率的功率输出。

3.6　直流模块式结构[9]

将并联多支路结构思想与交流模块式结构思想相结合，有学者提出了直流模块式结构[9]。直流模块式结构由光伏直流建筑模块和集中逆变模块构成，如图 3-9 所示。光伏直流建筑模块是将光伏组件、高增益 DC/DC 变换器和表面建筑材料通过合理的设计集成为一体，构成具有光伏发电功能的、独立的、即插即用的表面建筑元件。集中逆变模块的主要功能是将大量并联在公共直流母线上的光伏直流建筑模块发出的直流电能逆变为交流电能且实现并网功能，同时控制直流母线电压恒定，保证各个光伏直流建筑模块正常并联运行。

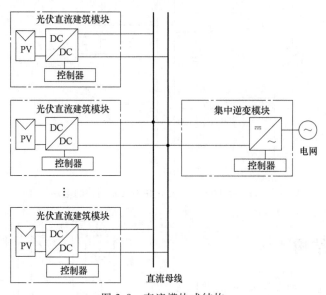

图 3-9　直流模块式结构

直流模块式结构的主要特点是每一个光伏直流建筑模块具有独立的 MPPT 电路能保证每个光伏组件均运行在最大功率点，最大限度地发挥了光伏组件的效能，且能量转化效率高；具有很高的抗局部阴影和组件电气参数失配能力，适合在具有不同大小、安装方向和角度特点的建筑物中应用；采用模块化设计，系统构造灵活，给系统的扩充提供了很大的灵活性和即插即用性；易于标准化，适合批量化生产，降低系统成本等。

3.7 小结

从 20 世纪 80 年代中期开始最早使用的集中式结构，至今已经发展出串型、多支路、交流模块式，主从和直流模块式等多种结构。各种结构的使用方式不同，发展趋势也各异。在大功率等级方面，集中式结构仍然占主导地位，主从结构以及多支路结构也将会被采用。在小功率方面，随着家庭用户的增加以及建筑一体化技术的发展，交流模块式和直流模块式结构将得到很好的发展，串型以及多支路结构也会应用到其中。

参 考 文 献

［1］ Calais M，Myrzik J，Spooner T，et al. Inverters for single-phase grid connected photovoltaic systems-An overview ［C］. IEEE PESC Conference Proceedings，2002：1995-2000.

［2］ Myrzik J M，Calais M. String and module integrated inverters for single-phase grid connected photovoltaic systems-a review ［C］. Power Tech Conference Proceedings，2003.

［3］ Soeren Baekhoej Kjaer，John K Pedersen，Frede Blaabjerg. A review of single-phase grid-connected inverters for photovoltaic modules ［J］. IEEE Transactions on Industry Applications，2005，41（5）：1292-1306.

［4］ Kleinkauf W，Sachau J，Hempel H. Developments in inverters for photovoltaic systems ［C］. 11th E. C. Photovoltaic Solar Energy Conference，Montreux，Switzerland，1992.

［5］ J Myrzik，M Calais. String and module integrated inverters for singlephase grid connected photovoltaic systems-a review ［C］. 2003 IEEE Bologna Power Tech Conference Proceedings，2003，2：23-26.

［6］ Mike Meinhardt，Gunther Cramer. Multi-String-Converter with Reduced Specific Costs and Enhanced Functionality ［J］. Solar Energy，2000，69（1-6）.

［7］ Kleinkauf W. Photovoltaic Power Conditioning ［C］. 10th EPVSEC，Lisbon，Portugal，1991.

［8］ H Oldenkamp，I J de Jong. AC modules：past，present and future ［J］. Workshop Installing the solar solution，Hatfield，UK，1998：22-23.

［9］ 刘邦银，梁超辉，段善旭. 直流模块式建筑集成光伏系统的拓扑研究 ［J］. 中国电机工程学报，2008（7）.

第4章

光伏并网逆变器的电路拓扑

4.1 光伏并网逆变器的分类

光伏并网逆变器是将太阳电池所输出的直流电转换成符合电网要求的交流电再输入电网的设备，是并网型光伏系统能量转换与控制的核心。光伏并网逆变器其性能不仅是影响和决定整个光伏并网系统是否能够稳定、安全、可靠、高效地运行，同时也是影响整个系统使用寿命的主要因素。因此掌握光伏并网逆变器技术对应用和推广光伏并网系统有着至关重要的作用。本章将对光伏并网逆变器进行分类讨论。根据有无隔离变压器，光伏并网变器可分为隔离型和非隔离型等，具体详细分类关系如图 4-1 所示。以下主要按此分类方法，讨论不同结构的基本性能。

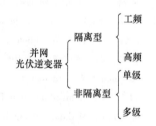

图 4-1 光伏并网逆变器分类

4.1.1 隔离型光伏并网逆变器结构[1,2,18]

在隔离型光伏并网逆变器中，又可以根据隔离变压器的工作频率，将其分为工频隔离型和高频隔离型两类。

1. 工频隔离型光伏并网逆变器结构

工频隔离型是光伏并网逆变器最常用的结构，也是目前市场上使用最多的光伏逆变器类型，其结构如图 4-2 所示。光伏阵列发出的直流电能通过逆变器转化为50Hz 的交流电能，再经过工频变压器输入电网，该工频变压器同时完成电压匹配以及隔离功能。由于工频隔离型光伏并网逆变器结构采用了工频变压器使输入与输出隔离，主电路和控制电路相对简单，而

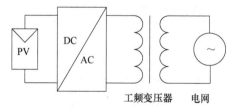

图 4-2 工频隔离型光伏并网逆变器结构

且光伏阵列直流输入电压的匹配范围较大。由于变压器的隔离：一方面，可以有效地降低人接触到光伏侧的正极或者负极时，电网电流通过桥臂形成回路对人构成伤害的可能性，提高了系统安全性；另一方面，也保证了系统不会向电网注入直流分量，有效地防止了配电变压器的饱和。

然而，工频变压器具有体积大、质量重的缺点，它约占逆变器的总重量的50%左右，使得逆变器外形尺寸难以减小；另外，工频变压器的存在还增加了系统损耗、成本，并增加了运输、安装的难度。

工频隔离型光伏并网逆变器是最早发展和应用的一种光伏并网逆变器主电路形式，随着逆变技术的发展，在保留隔离型光伏并网逆变器优点的基础上，为减小逆变器的体积和质量，高频隔离型光伏并网逆变器结构便应运而生。

2. 高频隔离型光伏并网逆变器结构

高频隔离型光伏并网逆变器与工频隔离型光伏并网逆变器的不同在于使用了高频变压器，从而具有较小的体积和质量，克服了工频隔离型光伏并网逆变器的主要缺点。值得一提的是，随着器件和控制技术的改进，高频隔离型光伏并网逆变器的效率也可以做得很高。

按电路拓扑结构来分类，高频隔离型光伏并网逆变器主要有两种类型：DC/DC变换型和周波变换型，如图4-3所示。其具体结构和工作原理将在4.2.2节详细叙述。

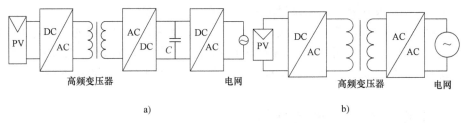

a)   b)

图 4-3 高频隔离型光伏并网逆变器结构

a）DC/DC 变换型 b）周波变换型

4.1.2 非隔离型并网逆变器结构[2]

在隔离型并网系统中，变压器将电能转化成磁能，再将磁能转化成电能，显然这一过程将导致能量损耗。一般数千瓦的小容量变压器导致的能量损失可达5%，甚至更高。因此提高光伏并网系统效率的有效手段便是采用无变压器的非隔离型光伏并网逆变器结构。而在非隔离型系统中，由于省去了笨重的工频变压器或复杂的高频变压器，系统结构变简单、质量变轻、成本降低并具有相对较高的效率。

非隔离型并网逆变器按拓扑结构可以分为单级和多级两类，如图4-4所示。

1. 单级非隔离型光伏并网逆变器

在图4-4a所示的单级非隔离型光伏并网逆变器系统中，光伏阵列通过逆变器

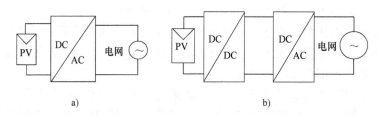

图 4-4　非隔离型光伏并网逆变器结构

a）单级非隔离型光伏并网逆变器　b）多级非隔离型光伏并网逆变器结构

直接耦合并网，因而逆变器工作在工频模式。另外，为了使直流侧电压达到能够直接并网逆变的电压等级，一般要求光伏阵列具有较高的输出电压，这便使得光伏组件乃至整个系统必须具有较高的绝缘等级，否则将容易出现漏电现象。

2. 多级非隔离型光伏并网逆变器结构

在图 4-4b 所示的多级非隔离型光伏并网逆变器系统中，功率变换部分一般由DC/DC 和 DC/AC 多级变换器级联组成。由于在该类拓扑中一般需采用高频变换技术，因此也称为高频非隔离型光伏并网逆变器。

需要注意的是：由于在非隔离型的光伏并网系统中，光伏阵列与公共电网是不隔离的，这将导致光伏组件与电网电压直接连接。而大面积的太阳电池组不可避免地与地之间存在较大的分布电容，因此，会产生太阳电池对地的共模漏电流。而且由于无工频隔离变压器，该系统容易向电网注入直流分量。

实际上，对于非隔离并网系统，只要采取适当措施，同样可保证主电路和控制电路运行的安全性；另外由于非隔离光伏并网逆变器具有体积小、质量轻、效率高、成本较低等优点，这使得该结构将成为今后主要的光伏并网逆变器结构。

4.2　隔离型光伏并网逆变器

在光伏并网系统中，逆变器的主要作用是将光伏阵列发出的直流电转换成与电网同频率的交流电并将电能馈入电网。通常可使用一个变压器将电网与光伏阵列隔离，光伏并网系统中将具有隔离变压器的并网逆变器称为隔离型光伏并网逆变器，按照变压器种类可以将隔离型光伏并网逆变器分为工频隔离型光伏并网逆变器和高频隔离型光伏并网逆变器两类。

4.2.1　工频隔离型光伏并网逆变器[3]

在工频隔离型光伏并网逆变系统中，光伏阵列输出的直流电由逆变器逆变为交流电，经过变压器升压和隔离后并入电网。使用工频变压器进行电压变换和电气隔离，具有以下优点：结构简单、可靠性高、抗冲击性能好、安全性能良好、无直流电流问题。这类结构直流侧 MPPT 电路电压上、下限比值范围一般在 3 倍以内。

但由于系统采用的是工频变压器，所以存在体积大、质量重、噪声高、效率低等缺点。

图4-5显示了效率较高的兆瓦级光伏并网系统中，隔离工频变压器对系统效率的影响。

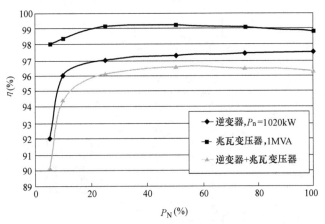

图 4-5　隔离工频变压器对系统效率的影响

常规拓扑形式：

工频隔离型光伏并网逆变器常规的拓扑形式有单相结构、三相结构以及三相多重结构等。

1. 工频隔离系统——单相结构

单相结构的工频隔离型光伏并网逆变器如图4-6所示，一般可采用全桥和半桥结构。这类单相结构常用于几个千瓦以下功率等级的光伏并网系统，其中直流工作电压一般小于600V，工作效率也小于96%。

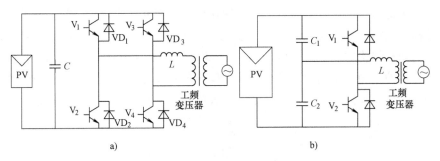

图 4-6　工频隔离系统——单相结构

a）全桥式　b）半桥式

2. 工频隔离系统——三相结构

三相结构的工频隔离型光伏并网逆变器如图4-7所示，一般可采用两电平或者三电平三相半桥结构。这类三相结构常用于数十甚至数百千瓦以上功率等级的光伏

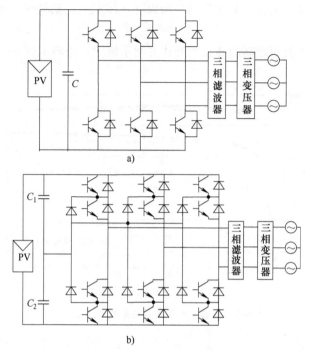

图 4-7 工频隔离系统——三相结构

a）三相全桥式 b）三相三电平桥式

并网系统。其中：两电平三相半桥结构的直流工作电压一般在 450~820V，工作效率可达 97%；而三电平半桥结构的直流工作电压一般在 600~1000V，工作效率可达 98%，另外，三电平半桥结构可以取得更好的波形品质。

3. 工频隔离系统——三相多重结构

三相多重结构的工频隔离型光伏并网逆变器如图 4-8 所示，一般大都采用三相全桥结构。这类三相多重结构常用于数百千瓦以上功率等级的光伏并网系统。其中：三相全桥结构的直流工作电压一般在 450~820V，工作效率可达 97%。值得一提的是，这种三相多重结构可以根据太阳辐照度的变化，进行光伏阵列与逆变器连接组合的切换来提高逆变器运行效率，如太阳辐照度较小时将所有阵列连入一台逆

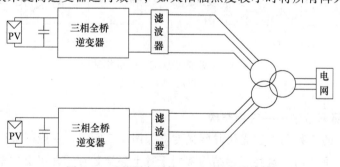

图 4-8 工频隔离系统——三相多重结构

变器，而当太阳辐照度足够大时，才将两台逆变器投入运行。另外，这种三相多重结构当两台逆变器同时工作时还可以利用变压器二次侧绕组 d 或 y 连接消除低次谐波电流；或采用移相多重化技术提高等效开关频率，降低每台逆变器的开关损耗。

4.2.2　高频隔离型光伏并网逆变器[3,4]

与工频变压器（LFT）相比，高频变压器（HFT）具有体积小、质量轻等优点，因此高频隔离型光伏并网逆变器也有着较广泛的应用。高频隔离型逆变器主要采用了高频链逆变技术。

高频链逆变技术的新概念是由 Espelage 和 B. K. Bose 于 1977 年提出的。高频链逆变技术用高频变压器替代了低频逆变技术中的工频变压器来实现输入与输出的电气隔离，减小了变压器的体积和质量，并显著提高了逆变器的特性。

在光伏发电系统中，已经研究出多种基于高频链技术的高频光伏并网逆变器。一般而言，可按电路拓扑结构分类的方法来研究高频链并网逆变器，主要包括 DC/DC 变换型（DC/HFAC/DC/LFAC）和周波变换型（DC/HFAC/LFAC）两大类，以下分类讨论。

4.2.2.1　DC/DC 变换型高频链光伏并网逆变器[1,4,5]

1. 电路组成与工作模式

DC/DC 变换型高频链光伏并网逆变器具有电气隔离、质量轻、体积小等优点，单机容量一般在几个千瓦以内，系统效率大约在 93% 以上，其结构如图 4-9 所示。在这种 DC/DC 变换型高频链光伏并网逆变器中，光伏阵列输出的电能经过 DC/HFAC/DC/LFAC 变换并入电网，其中 DC/AC/HFT/AC/DC 环节构成了 DC/DC 变换器。另外，在 DC/DC 变换型高频光伏并网逆变器电路结构中，其输入、输出侧分别设计了两个 DC/AC 环节：在输入侧使用的 DC/AC 将光伏阵列输出的直流电能变换成高频交流电能，以便利用高频变压器进行变压和隔离，再经高频整流得到所需电压等级的直流；而在输出侧使用的 DC/AC 则将中间级直流电逆变为低频正弦交流电压，并与电网连接。

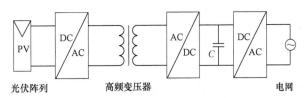

光伏阵列　　　　　高频变压器　　　　　电网

图 4-9　DC/DC 变换型高频链光伏并网逆变器电路结构示意图

DC/DC 变换型高频链光伏并网逆变器主要有两种工作模式：第一种工作模式如图 4-10 所示，光伏阵列输出的直流电能经过前级高频逆变器变换成等占空比（50%）的高频方波电压，经高频变压器隔离后，由整流电路整流成直流电，然后再经过后级 PWM 逆变器以及 *LC* 滤波器滤波后将电能馈入工频电网；第二种工作模式如图 4-11 所示，光伏阵列输出的直流电能经过前级高频逆变器逆变成高频正弦脉宽脉位调制（Sinusoidal Pulse Width Position Modulation，SPWPM）波，经高频隔离变压器后，再进行整流滤波成半正弦波形（馒头波），最后经过后级的工频逆变器逆变将电能馈入工频电网。

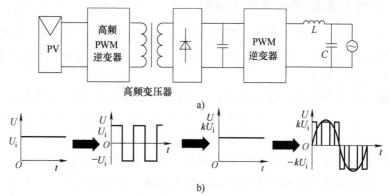

图 4-10 DC/DC 变换型高频链光伏并网逆变器工作模式 1

a）电路组成 b）波形变换模式

k—变压器的电压比

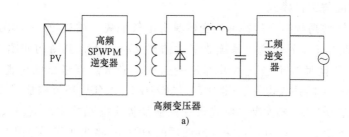

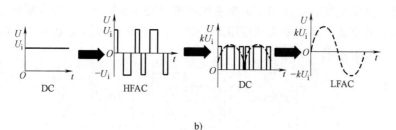

图 4-11 DC/DC 变换型高频链光伏并网逆变器工作模式 2

a）电路组成 b）波形变换模式

k—变压器的电压比

2. 关于 SPWPM 调制

所谓的 SPWPM 就是指不仅对脉冲的宽度进行调制而使其按照正弦规律变化，而且对脉冲的位置（Position，简称脉位）也进行调制，使调制后的波形不含有直流和低频成分。图4-12为SPWM波和SPWPM波的波形对比图，从图中可以看出：只要将单极性SPWM波进行脉位调制，使得相邻脉冲极性互为反向即可得到SPWPM波波形。这样SPWPM波中含有单极性SPWM波的所有信息，并且是双极三电平波形。但是与SPWM低频基波不同，SPWPM波中基波频率较高且等于开关频率。由于SPWPM波中不含低频正弦波成分，因此便可以利用高频变压器进行能量的传输。SPWPM电压脉冲通过高频变压器后，再将其解调为单极性SPWM波，即可获得所需要的工频正弦波电压波形。

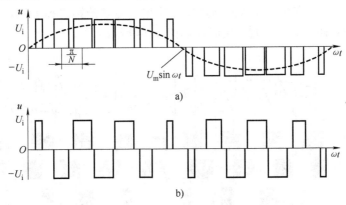

图4-12 SPWM波与SPWPM波的波形图

a) SPWM波 b) SPWPM波

3. 全桥式DC/DC变换型高频链光伏并网逆变器

在具体的电路结构上，DC/DC变换型高频链光伏并网逆变器其前级的高频逆变器部分可采用推挽式、半桥式以及全桥式等变换电路的形式，而后级的逆变器部分可采用半桥式和全桥式等变换电路的形式。一般而言：推挽式电路适用于低压输入变换场合；半桥和全桥电路适用于高压输入场合。实际应用中可根据最终输出的电压等级以及功率大小来确定合适的电路拓扑形式。下面以全桥式拓扑为例来展开具体论述。

全桥式DC/DC变换型高频链光伏并网逆变器其电路拓扑结构如图4-13所示。

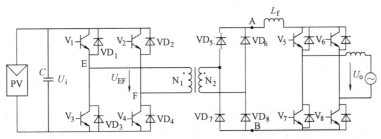

图4-13 全桥式DC/DC变换型高频链光伏并网逆变器拓扑

图 4-13 中，全桥式 DC/DC 变换型高频链光伏并网逆变器由一个高频电压型全桥逆变器、一个高频变压器、一个不可控桥式二极管全波整流器、一个直流滤波电感和一个极性反转逆变桥组成。其中：高频电压型全桥逆变器采用 SPWPM 调制方式，将光伏阵列发出的直流电压逆变成双极性三电平 SPWPM 高频脉冲信号。高频变压器将该信号升压后传输给后级不可控桥式二极管全波整流电路；SPWPM 脉冲信号在此整流，经直流滤波电感滤波后，变换成半正弦波形（馒头波）；最后由极性反转逆变桥将半正弦波反转为工频的正弦全波，并将电能馈入工频电网。可见全桥式 DC/DC 变换型高频链光伏并网逆变器采用了前述的第二种工作模式，其高频侧采用 SPWPM 调制方式，其开关时序如图 4-14 所示。

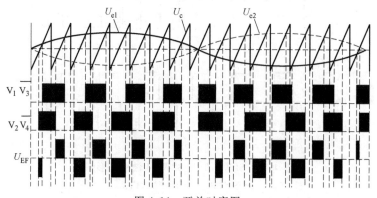

图 4-14　开关时序图

该电路具有高频电气隔离，技术成熟，且变压器可以使前级逆变输出电压升高，减小系统电流，方便功率器件的选择；其前后级控制相互独立，控制简单；后级电路电压应力低，且可以实现零电压开通零电流关断（ZVZCS），前级电路也可实现零电压开通（ZVS）。

4.2.2.2　周波变换型高频链光伏并网逆变器[1,4,6-8]

1. 电路组成与工作模式

DC/DC 变换型高频链光伏并网逆变电路结构中使用了三级功率变换（DC/HFAC/DC/LFAC）拓扑，由于变换环节较多，因而增加了功率损耗。为了提高高频光伏并网逆变电路的效率，希望可以直接利用高频变压器同时完成变压、隔离、SPWM 逆变的任务，因此，有学者提出了基于周波变换的高频链逆变技术，周波变换型高频链光伏并网逆变器的拓扑结构如图 4-15 所示。可见，这类光伏并网逆变器的拓扑结构由高频逆变器、高频变压器和周波变换器三部分组成，构成了 DC/HFAC/LFAC 两级电路拓扑结构。功率变换环节只有两级，提高了系统的效率。由于没有中间整流环节，甚至还可以实现功率的双向传输。由于少用了一级功率逆变器，从而达到简化结构、减小体积和质量、提高效率的目的，这为实现并网逆变器的高频、高效、高功率密度创造了条件。

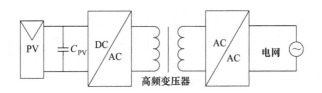

图 4-15　周波变换型高频链光伏并网逆变器结构图

与 DC/DC 变换型高频链光伏并网逆变器类似，周波变换型高频链光伏并网逆变器也主要有两种工作模式：第一种工作模式如图 4-16 所示，光伏阵列输出的直流电能首先经过高频 PWM 逆变器逆变成等占空比（50%）的高频方波电压，经高频隔离变压器后，由周波变换器控制直接输出工频交流电；第二种工作模式如图 4-17 所示，光伏阵列输出的直流电能首先经过高频 SPWPM 逆变器变换成高频 SP-WPM 波，经高频隔离变压器后，由周波变换器控制直接输出工频交流电。

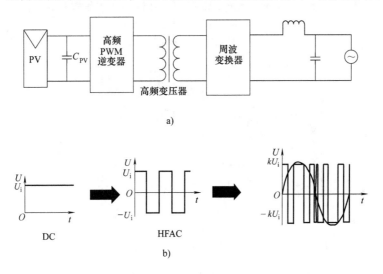

a)

b)

图 4-16　周波变换型高频链光伏并网逆变器工作模式 1

a）电路组成　b）波形变换模式

2. 全桥式周波变换型高频链光伏并网逆变器

在具体的电路结构上，周波变换型高频链光伏并网逆变器其高频逆变器部分可采用推挽式、半桥式以及全桥式等变换电路的形式，周波变换器部分可采用全桥式和全波式等变换电路的形式。一般而言：推挽式电路适用于低压输入变换场合；半桥和全桥电路适用于高压输入场合；全波式电路功率开关电压应力高，功率开关数少，变压器绕组利用率低，适用于低压输出变换场合；全桥式电路功率开关电压应力低，功率开关数多，变压器绕组的利用率高，适用于高压输出场合。全桥式周波变换型高频链光伏并网逆变器其拓扑结构如图 4-18 所示，具体讨论如下。

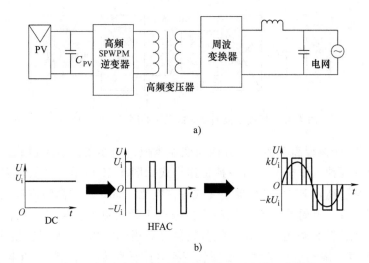

a)

b)

图 4-17 周波变换型高频链光伏并网逆变器工作模式 2

a）电路组成 b）波形变换模式

k—变压器的电压比

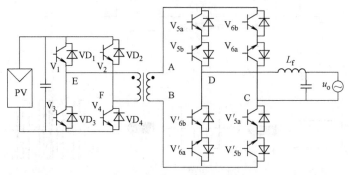

图 4-18 全桥式周波变换型高频链光伏并网逆变器拓扑结构

由于采用传统的 PWM 技术时，周波变换器功率器件换流将关断漏感中连续的电流而造成不可避免的电压过冲。因而该类型高频隔离光伏并网逆变器常采用第二种工作模式。它可以在不增加电路拓扑复杂程度的前提下，较好地解决了电压过冲现象和周波变换器的软换流技术问题。该工作模式就是利用一个高频开关逆变器，把输入的直流电压逆变为 SPWPM 波，通过高频隔离变压器后，传送到变压器二次侧，然后利用同步工作的周波变换器把 SPWPM 波变换成 SPWM 波。由于电能变换没有经过整流环节，并且采用双向开关，因此该电路拓扑可以实现功率双向流动，这对配备储能环节的系统是有必要的。

全桥式周波变换型高频链光伏并网逆变器的具体控制实现方案如图 4-19 所示，输出电压 U_o 经采样电路得到反馈电压 u_{of}，u_{of} 与正弦基准电压 u_r 经过误差放大器 1 比较放大后得到电感电流给定值 i_r；电感电流反馈 i_{Lf} 与电感电流给定值 i_r 经过误差放大器 2 比较放大后得到误差放大信号 u_{e1}，u_{e1} 与载波 u_C 比较后得到信号 K_1，K_1

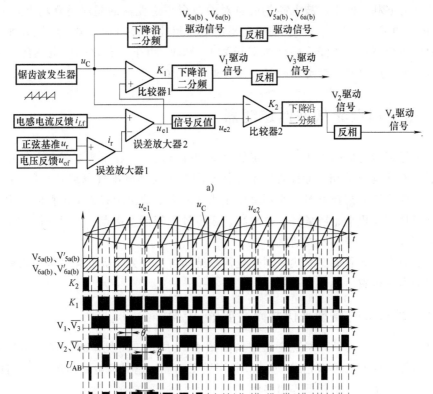

图 4-19　全桥式周波变换型高频链光伏并网逆变器工作原理

a) 控制原理框图　b) 调制时序图

再经过下降沿二分频，得到输入高频逆变器功率开关 V_1 的控制信号，然后反相互补得到功率开关 V_3 的控制信号；u_{e1} 的反值信号 u_{e2} 与载波 u_C 比较后得到信号 K_2、K_2 再经过下降沿二分频后，得到功率开关 V_2 的控制信号，V_2 的控制信号经反相互补得到功率开关 V_4 的控制信号；将载波下降沿二分频后得到输出周波变换器功率开关 $V_{5a(b)}$、$V_{6a(b)}$ 的控制信号，将其反相互补得到功率开关 $V'_{5a(b)}$、$V'_{6a(b)}$ 的控制信号。值得注意：为防止逆变桥出现桥臂直通情况，功率开关 V_1 和 V_3、V_2 和 V_4 的控制信号之间应有死区时间（图中未画出）；为防止输出电感电流 i_{Lf} 出现断续而在周波变换器功率开关管两端引起尖峰电压，功率开关 $V_{5a(b)}$、$V_{6a(b)}$ 和 $V'_{5a(b)}$、$V'_{6a(b)}$ 的控制信号之间要有重叠交错导通时间（图中未画出）。

　　经过分析可以发现：输出周波变换器的功率开关可在变压器二次侧电压为零期间重叠导通进行换流，这样既保证了输出滤波电感电流的连续，又使得周波变换器无环流危险，同时还可以实现零电压开通和关断（ZVS）；此外通过移相控制，该电路拓扑能够利用输出滤波电感的能量对前级全桥逆变器的超前桥臂功率开关 V_1 和 V_3 的结电容进行抽流，实现前级全桥逆变器超前桥臂功率开关零电压开通和关断。而前级全桥逆变器滞后桥臂功率开关 V_2 和 V_4 由于没有足够的电感能量为其结电容抽流，所以滞后桥臂功率开关是全电压开通。

4.3　非隔离型光伏并网逆变器

为了尽可能地提高光伏并网系统的效率和降低成本，在不需要强制电气隔离的条件下（有些国家的相关标准规定了光伏并网系统需强制电气隔离），可以采用不隔离的无变压器型拓扑方案。非隔离型光伏并网逆变器由于省去了笨重的工频变压器，所以具有体积小、质量轻、效率高、成本较低等诸多优点，因而这使得非隔离型并网结构具有很好的发展前景。

一般而言，非隔离型光伏并网逆变器按结构可以分为单级型和多级型两种。下面以此分类进行叙述。

4.3.1　单级非隔离型光伏并网逆变器[1,2,14]

单级非隔离型光伏并网逆变器结构如图 4-20 所示，可见单级光伏并网逆变器只用一级能量变换就可以完成 DC/AC 并网逆变功能，它具有电路简单、元器件少、可靠性高、效率高、功耗低等诸多优点。

图 4-20　单级非隔离型并网系统结构

实际上，当光伏阵列的输出电压满足并网逆变要求且不需要隔离时，可以将工频隔离型光伏并网逆变器各种拓扑中的隔离变压器省略，从而演变出单级非隔离型光伏并网逆变器的各种拓扑，如：全桥式、半桥式、三电平式等。

虽然，单级非隔离型光伏并网逆变器省去了工频变压器，但常规结构的单级非隔离型光伏并网逆变器其网侧均有滤波电感，而该滤波电感均流过工频电流，因此也有一定的体积和质量；另外，常规结构的单级非隔离型光伏并网逆变器要求光伏组件具有足够的电压以确保并网发电。因此可以考虑一些新思路以克服常规单级非隔离型光伏并网逆变器的不足，以下介绍两种新颖的单级非隔离型光伏并网逆变器。

4.3.1.1　基于 Buck-Boost 电路的单级非隔离型光伏并网逆变器

为了克服常规结构的单级非隔离型光伏并网逆变器的不足，进一步减小光伏并网逆变器的质量、体积，参考文献［14］提出了一种基于 Buck-Boost 电路的单级非隔离型光伏并网逆变器，其拓扑结构如图 4-21 所示。

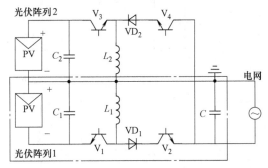

图 4-21　基于 Buck-Boost 电路的单级非隔离型光伏并网逆变器主电路拓扑

这种基于 Buck-Boost 电路的单级非隔离型光伏并网逆变器拓扑由两组光伏阵列和 Buck-Boost 型斩波器组成，由于采用 Buck-Boost 型斩波器，因此无需变压器便能适配较宽的光伏阵列电压以满足并网发电要求。两个 Buck-Boost 型斩波器工作在固定开关频率的电流不连续状态（Discontinuous Current Mode，DCM）下，并且在工频电网的正负半周中控制两组光伏阵列交替工作。由于中间储能电感的存在，这种非隔离型光伏并网逆变器的输出交流端无需接入流过工频电流的电感，因此逆变器的体积、质量大为减小。另外，与具有直流电压适配能力的多级非隔离型光伏并网逆变器相比，这种逆变系统所用开关器件的数目相对较少。

以下具体分析其逆变器每个阶段的换流过程，如图 4-22 所示，其中粗线描绘表明有电流流过。

第一阶段：V_1 开通，其他功率管断开，光伏阵列的能量流向 L_1，电容 C 与工频电网并联，具体换流如图 4-22a 所示。

第二阶段：V_2 开通，其他功率管关断，储存在 C 或 L_1 中的能量释放到工频电网，具体换流如图 4-22b 所示。

第三、四阶段和前两阶段工作情况类似，但极性相反。

通常这种基于 Buck-Boost 电路的单级非隔离型光伏并网逆变器的输出功率小于 1kW，主要用于户用光伏并网系统。在这个非隔离系统中，理论上不存在大地漏电流，系统的主电路也比较简单，但由于每组 PV 只能在工频电网的半周内工作，因而效率相对较低。

4.3.1.2　基于 Z 源网络的单级非隔离型光伏并网逆变器

常规的电压源单级非隔离型并网逆变器拓扑存在以下问题：

1）只能应用在直流电压高于电网电压幅值的场合，因此要想实现并网，需满

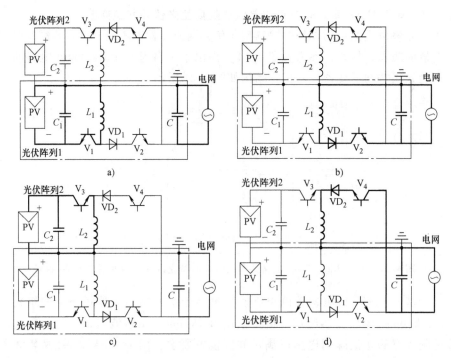

图 4-22 基于 Buck-Boost 电路的单级非隔离型光伏并网逆变器换流过程

a) 第一阶段　b) 第二阶段　c) 第三阶段　d) 第四阶段

足光伏输入电压要高于电网电压的条件。

2）同一桥壁的两个管子导通需加入死区时间，以防止直通而导致的直流侧电容短路。

3）直流侧的支撑电容值要设计得足够大来抑制直流电压纹波。

针对上述常规拓扑的不足，参考文献 [29] 提出了一种基于 Z 源网络的单级非隔离型光伏并网逆变器，相比于传统结构的光伏并网逆变器，它可以通过独特的直通状态来达到直流侧升压的目的，从而实现逆变器任意电压输出的要求。这种新型的 Z 源光伏并网逆变器具有：

1）理论上任意大小的光伏阵列输入电压均可通过 Z 源逆变器接入电网。

2）无须死区，因此并网电流具有更好的波形品质。

图 4-23 为基于 Z 源网络的单级非隔离型光伏并网逆变器的一般拓扑，该拓扑由光伏阵列、二极管 VD、Z 源对称网络（$L_1 = L_2$，$C_1 = C_2$）、全桥逆变器（$S_1 \sim S_4$）以及输出滤波环节五部分组成。

在传统的电压型逆变器中，同一桥臂上下开关管同时导通（直通状态）是被禁止的，因为在这种情况下，输入端直流电容会因瞬间的直通而导致电流突增从而损坏开关器件。但 Z 源网络的引入使直通状态在逆变器中成为可能，整个 Z 源逆变器也正是通过这个直通状态为逆变器提供了独特的升压特性。

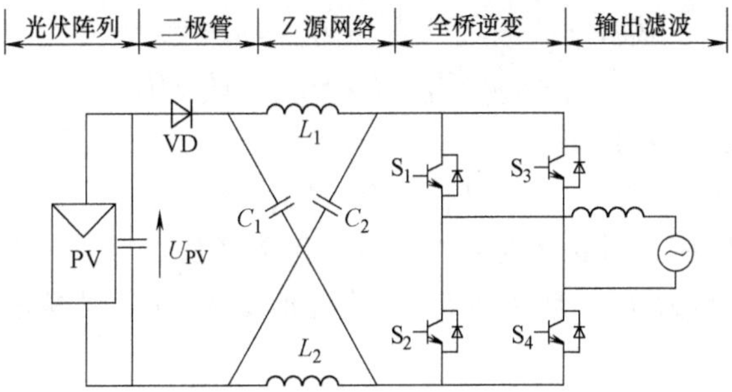

光伏阵列 | 二极管 | Z 源网络 | 全桥逆变 | 输出滤波

图 4-23 基于 Z 源网络的单级非隔离型光伏并网逆变器拓扑

下面具体介绍 Z 源逆变器的工作原理。图 4-24 给出了 Z 源逆变器从直流侧看过去的等效电路拓扑，其中逆变桥及后续输出电路可近似等效为一受控电流源 i_{in}。

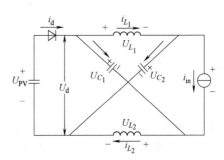

图 4-24 Z 源逆变器等效电路

由于 Z 源逆变器具有直通状态，因此根据一个开关周期 T_s 中 Z 源逆变器是否工作在直通开关状态可将图 4-24 所示的电路分两种情况来讨论，如图 4-25 所示。同时为了分析的简便，假设 Z 源网络为对称网络，即

$$L_1 = L_2, \quad C_1 = C_2 \tag{4-1}$$

稳态时，由电路的对称性，有

$$U_{L_1} = U_{L_2} = U_L, \quad U_{C_1} = U_{C_2} = U_C \tag{4-2}$$

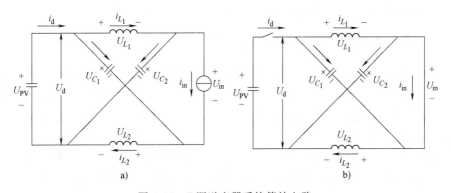

图 4-25 Z 源逆变器系统等效电路

a) 非直通状态系统等效电路 b) 直通状态系统等效电路

1）当系统工作在非直通状态时，输入二极管 VD 正向导通。若一个开关周期 T_s 中非直通状态运行时间为 T_1，此时 Z 源逆变器等效电路如图 4-25a 所示，由图可得

$$U_{PV} = U_d = U_{C_1} + U_{L_2} = U_{L_1} + U_{C_2} = U_L + U_C \qquad (4\text{-}3)$$

$$U_{in} = U_{C_1} - U_{L_1} = U_{C_2} - U_{L_2} = U_C - U_L \qquad (4\text{-}4)$$

联立式（4-3）、式（4-4）得

$$U_{in} = 2U_C - U_{PV} \qquad (4\text{-}5)$$

2）当系统工作在直通状态时，二极管 VD 承受反压截止。若一个开关周期 T_s 中直通状态运行时间为 T_0，且 $T_0 = T_s - T_1$，此时 Z 源逆变器等效电路如图4-25b所示，由图有

$$U_{C_1} = U_{C_2} = U_C = U_{L_1} = U_{L_2} = U_L \qquad (4\text{-}6)$$

稳态时，Z 源电感 L_1（L_2）在开关周期 T_s 内应满足伏秒特性（一个开关周期的平均储能为零），即

$$(U_{PV} - U_C)T_1 + U_C T_0 = 0 \qquad (4\text{-}7)$$

化简式（4-7），得 Z 源电容电压

$$U_C = \frac{T_1}{T_1 - T_0} U_{PV} = \frac{1 - d_0}{1 - 2d_0} U_{PV} \qquad (4\text{-}8)$$

式中　d_0——直通占空比，$d_0 = T_0/T_s$。

在非直通状态下，逆变桥母线电压 U_{in} 可写成

$$U_{in} = 2U_C - U_{PV} = \frac{1}{1 - 2d_0} U_{PV} = B U_{PV} \qquad (4\text{-}9)$$

式中　B——升压因子，$B = 1/(1 - 2d_0)$。

通过上述方程的推导，可以得到一个重要的结论：电压型 Z 源逆变器可以实现逆变器输出电压或高于、或低于直流输入电压，且不需要额外的中间级变换电路，是一种主动形态的 Buck-Boost 型变换电路，具有较大的输入电压范围；而对于传统的电压型逆变器，逆变器输出电压总是低于直流输入电压。

4.3.2　多级非隔离型光伏并网逆变器[1,9-12]

在传统拓扑的非隔离式光伏并网系统中，光伏电池组件输出电压必须在任何时刻都大于电网电压峰值，所以需要光伏电池板串联，来提高光伏系统输入电压等级。但是多个光伏电池板串联常常可能由于部分电池板被云层等外部因素遮蔽，导致光伏电池组件输出能量严重损失，光伏电池组件输出电压跌落，无法保证输出电压在任何时刻都大于电网电压峰值，使整个光伏并网系统不能正常工作。而且只通过一级能量变换常常难以很好地同时实现最大功率跟踪和并网逆变两个功能，虽然上述基于 Buck-Boost 电路的单级非隔离型光伏并网逆变器能克服这一不足，但其需要两组光伏阵列连接并交替工作，对此可以采用多级变换的非隔离型光伏并网逆变器来解决这一问题。

通常多级非隔离型光伏并网逆变器的拓扑有两部分构成，即前级的 DC/DC 变换器以及后级的 DC/AC 变换器，如图 4-26 所示。

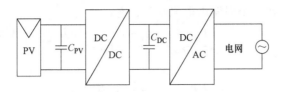

图 4-26　多级非隔离型并网逆变器结构图

　　多级非隔离型光伏并网逆变器的设计关键在于 DC/DC 变换器的电路拓扑选择，从 DC/DC 变换器的效率角度来看，Buck 和 Boost 变换器效率是最高的。由于 Buck 变换器是降压变换器，无法升压，若要并网发电，则必须使得光伏阵列的电压要求匹配在较高等级，这将给光伏系统带来很多问题，因此 Buck 变换器很少用于光伏并网发电系统。Boost 变换器为升压变换器，从而可以使光伏阵列工作在一个宽泛的电压范围内，因而直流侧电池组件的电压配置更加灵活；由于通过适当的控制策略可以使 Boost 变换器的输入端电压波动很小，因而提高了最大功率点跟踪的精度；同时 Boost 电路结构上与网侧逆变器下桥臂的功率管共地，驱动相对简单。可见，Boost 变换器在多级非隔离型光伏并网逆变器拓扑设计中是较为理想的选择。

4.3.2.1　基本 Boost 多级非隔离型光伏并网逆变器

　　基本 Boost 多级非隔离型光伏并网逆变器的主电路拓扑图如图 4-27 所示，该电路为双级功率变换电路。前级采用 Boost 变换器完成直流侧光伏阵列输出电压的升压功能以及系统的最大功率点跟踪（MPPT），后级 DC/AC 部分一般采用经典的全桥逆变电路完成系统的并网逆变功能。

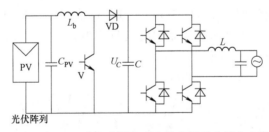

图 4-27　基本 Boost 多级非隔离型光伏并网逆变器主电路拓扑

以下分为两级来分析其工作原理和控制过程。

1. 前级 Boost 变换器的工作过程

图 4-27 中前级 Boost 变换器的工作过程如下：

令开关 V 的开关周期为 T_s，占空比为 D。

当 $0 < t < DT_s$ 时，V 开通，电流回路为 $C_{PV} \rightarrow L_b \rightarrow V$，此时，$C_{PV}$ 经 V 向电感 L_b 充电，即：$u_V = 0$，$U_L = U_{PV}$；

当 $DT_s < t < T_s$ 时，V 关断，电流回路为 $C_{PV} \rightarrow L_b \rightarrow D \rightarrow C \rightarrow C_{PV}$，此时，$C_{PV}$ 和 L_b 一起向 C 充电，即：$u_V = U_C$，$U_L = U_{PV} - U_C$。

考虑到电感 L_b 在一个周期内电流平衡，有

$$\frac{U_{PV}}{L}t_{on}+\frac{U_{PV}-U_C}{L}t_{off}=0 \tag{4-10}$$

$$\frac{U_{PV}}{L}DT_s+\frac{U_{PV}-U_C}{L}(1-D)T_s=0 \tag{4-11}$$

化简后可得 Boost 变换器输入输出电压关系为

$$U_{PV}=(1-D)U_C \tag{4-12}$$

由于 $D<1$，则式（4-12）表明：前级斩波变换器的输出电压 U_C 大于其光伏阵列的输入电压 U_{PV}，从而实现了升压变换功能。

2. 后级全桥电路的 PWM 调制

光伏阵列输出的直流电在前级 Boost 变换器升压后，即可得到满足并网逆变电路直流侧输入电压要求的电压等级。图 4-27 中后级 DC/AC 部分采用了全桥电路拓扑，其中交流侧电感用以滤除高频谐波电流，保证并网电流品质。关于并网逆变的控制将在第 5 章详细讨论，以下主要分析其 PWM 调制过程。

对于图 4-27 所示的单相桥式并网逆变电路，通常采用载波反相的单极性倍频调制方式，以降低开关损耗。

图 4-28 所示为载波反相的单极性倍频调制方式波形图。所谓载波反相调制方式，就是指采用两个相位相反而幅值相等的载波与同一调制波相比较的 PWM 调制方式。通过两桥臂支路的载波反相单极性倍频调制，使各桥臂支路输出电压具有瞬时相移的二电平 SPWM 波，而单相桥式电路的输出电压为两桥臂支路输出电压的差。显然，两个具有瞬时相移的二电平 SPWM 波相减，就可得到一个三电平 SPWM 波。而该三电平 SPWM 波的脉冲数比同载波频率的双极性调制 SPWM 波和单极调制 SPWM 波的脉冲数增加一倍。

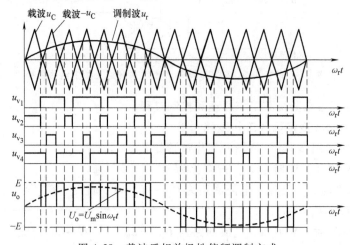

图 4-28　载波反相单极性倍频调制方式

同样，也可以采用调制波反相的单极性倍频调制方式以取得同样的倍频效果。

总之，单极性倍频调制方式可以在开关频率不变的条件下，使输出 SPWM 波的脉动频率是常规单极性调制方式的两倍。这样，单极性倍频调制方式可在开关损耗不变的条件下，使电路输出的等效开关频率增加一倍。显然与双极性调制相比，单极性倍频调制方式具有较小的谐波分量。因此，对单相桥式电压型逆变电路而言，单极性倍频调制方式性能优于常规的单、双极性调制。

4.3.2.2　双模式 Boost 多级非隔离型光伏并网逆变器

在图 4-27 所示的基本 Boost 多级非隔离型光伏并网逆变器中，前级 Boost 变换器与后级全桥变换器均工作于高频状态，因而开关损耗相对较大。为此，有学者提出了一种新颖的双模式（dual-mode）Boost 多级非隔离型光伏并网逆变器，这种光伏并网逆变器具有体积小、寿命长、损耗低、效率高等优点，其主电路如图 4-29a 所示。与图 4-27 所示的基本 Boost 多级非隔离型光伏并网逆变器不同的是：双模式 Boost 多级非隔离型光伏并网逆变器电路增加了旁路二极管 VD_b，该电路工作波形如图 4-29b 所示。

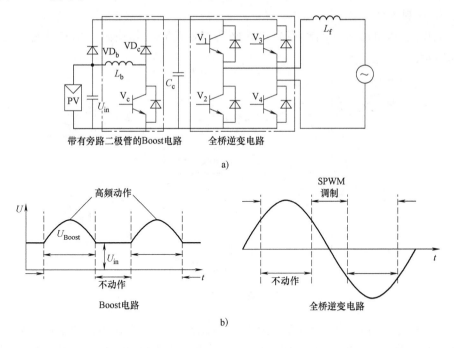

图 4-29　双模式 Boost 多级非隔离型光伏并网逆变器主电路及工作波形

a）主电路　b）工作波形

1. 工作原理

当输入电压 U_{in} 小于给定正弦输出电压 U_{out} 的绝对值时，Boost 电路的开关 V_c 高频运行，前级工作在 Boost 电路模式下，在中间直流电容上产生准正弦变化的电压波形。同时，全桥电路以工频调制方式工作，使输出电压与电网极性同步。例如，当输出为正半波时，仅 V_1 和 V_4 开通。当输出为负半波时，仅 V_2 和 V_3 开通。此工作方式称为 PWM 升压模式。

当输入电压 U_{in} 大于等于给定正弦输出电压 U_{out} 的绝对值时，开关 V_c 关断。全桥电路在 SPWM 调制方式下工作。此时，输入电流不经过 Boost 电感 L_b 和二极管 VD_c，而是以连续的方式从旁路二极管通过。此工作方式称为全桥逆变模式。

综上分析，无论这种双模式 Boost 多级非隔离型光伏并网逆变器电路工作在何种模式，同一时刻只有一级电路工作在高频模式下，与传统的基本 Boost 多级非隔离型光伏并网逆变器相比，降低了总的开关次数。此外，当系统工作在全桥逆变模式下，输入电流以连续的方式通过旁路二极管 VD_b，而不是从电感 L_b 和二极管 VD_c 通过，减小了系统损耗。另外由于这种双模式 Boost 多级非隔离型光伏并网逆变器电路独特的工作模式，无需使中间直流环节保持恒定的电压，因而电路中间环节中常用的大电解电容可以用一个小容量的薄膜电容代替，从而有效地减小了系统体积、质量和损耗，增加了系统的寿命、效率和可靠性。

2. 控制过程

双模式 Boost 多级非隔离型光伏并网逆变器两种工作模式下的控制框图如图 4-30 所示。

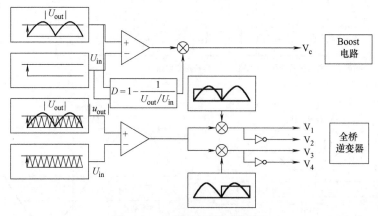

图 4-30　双模式控制电路框图

当 $U_{in} < |U_{out}|$ 时，Boost 电路进行升压，通过改变占空比 D，产生准正弦脉冲调制波形；当 $U_{in} > |U_{out}|$ 时，全桥电路通过高频三角载波和给定正弦波比较获得触发信号，产生正弦输出信号。

前级 Boost 电路开关 V_c 和全桥逆变器开关 $V_1 \sim V_4$ 脉冲时序如图 4-31 所示。

4.3.2.3　双重 Boost 光伏并网逆变器

随着系统功率等级的越来越大，为了减少谐波含量和加快动态响应，逆变器功率处理能力和开关频率之间的矛盾越来越严重。在多级非隔离型光伏并网逆变器中，是否可以考虑将多重化、多电平以及工频调制技术相结合以解决这一矛盾，下面介绍一种基于双重 Boost 变换器的电流型光伏并网逆变器。

基于双重 Boost 变换器的电流型光伏并网逆变器其主电路拓扑如图 4-32 所示，其主要的设计思路就是在输入级采用电流多重化设计，为利用这一电流多重化设计而在输出级选用了电流源逆变器拓扑结构，并采用工频调制将输入级的电流多重化转化成为逆变器输出的多电平电流波形，有效地减小了网侧滤波器体积和系统损耗，具体分析如下：

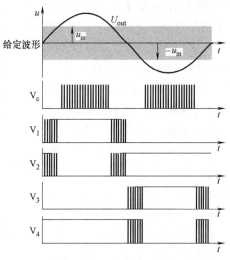

图 4-31 开关时序图

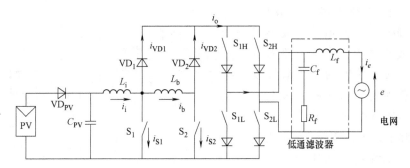

图 4-32 双重 Boost 电流型并网逆变器主电路拓扑

1）多重化设计：该拓扑中由 S_1、VD_1、L_i 和 S_2、VD_2 和 L_b 组成两组并联的 Boost 变换器，电路采用载波移相 PWM 多重化调制技术，通过以两个反相的三角波作为载波进行 PWM 调制，得到 S_1 和 S_2 的驱动信号，从而为得到需要的输出电流波形提供驱动信号。由于后级采用了电流源逆变器，为使该电流源逆变器工作于工频调制模式，其电流源逆变器的输入电流必须为馒头波，其电流指令与载波移相 PWM 调制过程和输出波形如图 4-33 所示。其中双重 Boost 电路的具体工作过程是：若控制电感 L_b 上电流 i_b 等于 $0.5i_i$，则当 S_1、S_2 都断开时，输入电流 i_i 分别以电流 i_{VD1} 和 i_{VD2} 流出，两者之和为 i_o，且 i_{VD1} 和 i_{VD2} 都等于 $0.5i_i$，i_o 即为后级电流源逆变器的输入电流；当 S_1 导通、S_2 断开时，$i_{VD1}=0$，$i_{VD2}=i_b=0.5i_i$，流过 S_1 电流也为 $0.5i_i$，此时电感 L_i 作为储能元件储存光伏阵列发出的能量；当 S_1 断开、S_2 导通时，L_i、VD_1 组成的 Boost 变换器，将 L_i 储存能量传向后级的电流源逆变器，其中 $i_{VD1}=0.5i_i$、$i_{VD2}=0$，另一部分电能则通过 L_b 储能；当 S_1、S_2 都导通时，L_i 和 L_b 都作为储能元件接受来自光伏阵列光伏电能，此时 $i_{VD1}=0$、$i_{VD2}=0$。

2）多电平电流和工频调制：由于前级双重 Boost 变换器的半正弦波调制，使双重 Boost 变换器的输出电流波形为各组叠加的半正弦调制的多电平波形，这一电流的多电平波形，主要含有与工频对应的半正弦信息，因此其后级的电网逆变器的开关管可以采用工频调制，从而有效地降低了电流源逆变器的开关损耗；另外，通过电流源逆变器的工频调制，其逆变器的输出电流波形为各组叠加的正弦调制的多电平波形，有效地降低了电流谐波，减小了网侧滤波器体积，改善了并网电流品质。各开关管的驱动信号以及各组叠加的正弦调制的多电平电流波形如图 4-33 所示。

实际上，上述双重 Boost 变换器的电流型光伏并网逆变器结构

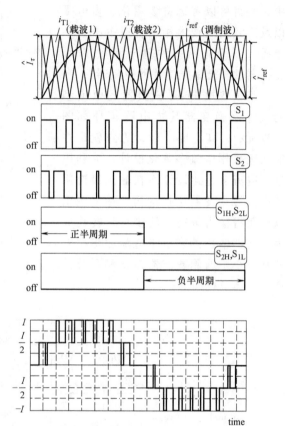

图 4-33　正弦 PWM 驱动信号的调制过程和输出波形

可以推广到多重 Boost 变换器的电流型光伏并网逆变器结构，并且由于主电流在多个 Boost 变换器中的分配使得该逆变器拓扑在大功率场合（MW 级）中的应用成为可能。总之，这种逆变器拓扑的优点是功率器件的电流由于多重、多电平的电流调制和平衡分配，降低了功率器件电流的上升率，减小了系统的 EMI 干扰和滤波器的体积及损耗，同时输出逆变器的工频调制也降低了开关损耗，因而这些优点将有利于光伏并网系统的设计。这种多重 Boost 变换器的电流型光伏并网逆变器结构主要问题是：系统在较高的电压等级运行时，电路的工作效率有所下降，这主要是由于拓扑中采用了大功率电感所导致的，因此应当尽量选用低损耗的电感。

4.3.3　非隔离型光伏并网逆变器问题研究

随着光伏并网高效能技术的发展，无变压器的非隔离型并网逆变器越来越受到人们的关注，也是未来并网逆变器的发展方向，但是也存在相应的难点问题：其一，由于逆变器输出不采用工频变压器进行隔离及升压，逆变器易向电网中注入直流分量，会对电网设备产生不良影响，如引发变压器或互感器饱和、变电所接地网

腐蚀等问题;其二,由于并网逆变器中没有工频及高频变压器,同时由于光伏电池对地存在寄生电容,使得系统在一定条件下能够产生较大的共模泄漏电流,增加了系统的传导损耗,降低了电磁兼容性,同时也会向电网中注入谐波并会产生安全问题。

本节就上述隔离型光伏并网逆变器存在的两个问题分别加以研究。

4.3.3.1 非隔离型光伏并网逆变器输出直流分量的抑制

理论上,并网逆变器只向电网注入交流电流,然而在实际应用中,由于检测和控制等的偏移往往使并网电流中含有直流分量。在非隔离的光伏并网系统中,逆变器输出的直流电流分量直接注入电网,并对电网设备产生不良影响,如引发变压器或互感器饱和、变电所接地网腐蚀等问题。因此,必须重视并网逆变器的直流分量问题,并应严格控制并网电流中的直流分量。

1. 直流分量的产生原因[19,20]

直流分量产生的最根本原因是逆变器输出的高频 SPWM 波中含有一定的直流分量。逆变器输出脉宽调制波中含有直流分量的原因可以归结为以下几点:

(1)给定正弦信号波中含有直流分量

这种情况多发生在模拟控制的逆变器中,正弦波给定信号由模拟器件产生,因为所用元器件特性的差异,给定正弦波信号本身就含有很小的直流分量。采用闭环波形反馈控制,输出电流波形和给定波形基本一致,从而导致输出交流电流中也含有一定程度的直流分量。

(2)控制系统反馈通道的零点漂移引起的直流分量

控制系统反馈通道主要包括检测元件和 A/D 转换器,这两者的零点漂移统一归结为反馈通道的零点漂移,并且是造成输出电流直流分量的主要因素。

1)检测元件的零点漂移:逆变器引入输出反馈控制,不可避免要采用各种检测元件,最常用的是电压、电流霍尔传感器。这些霍尔元件一般都存在零点漂移,由于检测元件的零点漂移,使得输出电流中含有直流分量。虽然零点漂移量的绝对值非常小,但由于反馈系数一般来说也很小,因此该直流分量不可忽视,这是造成输出电流中包含直流分量的重要因素之一。

2)A/D 转换器的零点漂移:在全数字控制的逆变器中,霍尔元件检测到的输出电流还需经过 A/D 转换器把模拟量转化为数字量,并由处理器按一定的控制规律进行运算。同检测元件一样,A/D 转换器也存在零点漂移,同样会造成输出交流电流中含有直流分量。

(3)脉冲分配及死区形成电路引起的直流分量

控制系统产生的 SPWM 信号需经过脉冲分配及死区形成电路分相、设置死区,再经驱动电路隔离、放大后驱动开关管。其中元器件参数的分散性会引起死区时间不等,即各管每次导通时间中的损失不一致,从而逆变器输出中包含直流分量。

(4)开关管特性不一致

即使控制电路产生的脉宽调制波完全对称，由于主电路中功率开关管特性的差异，如导通时饱和压降不同以及关断时存储时间的不一致等，这些均会造成输出 SPWM 波正负的不对称，从而导致输出电流中含有直流分量。

以上几种因素中，前两种因素的可能性和实际影响最大，因为在控制系统中的反馈通道及调制信号发生等环节易形成直流分量，且被逆变桥放大。而在后两种因素中，电路处理的是 SPWM 开关信号，只要设计合理并匹配恰当，影响一般较小。

2. 直流分量的抑制方法

（1）软件直流分量抑制[20]

在数字化控制 PWM 逆变器中，由于数字电路的输出脉宽一般也是通过调制波与三角波的数字比较而得到的，因此，可以通过检测算出一个工频周期内 PWM 输出电压（包括正负脉冲）的积分，若该积分为零，则认为控制器发出的调制波脉宽是对称的，否则输出电流中就会产生直流分量，对此可以采用软件补偿的办法来消除相应的直流分量。

以单相全桥逆变器为例，若采用调制波反相的单极性倍频调制方式，则单相全桥逆变器的两桥臂分别由调制波信号 u_c、$-u_c$ 和载波信号的比较来进行控制。

若令全桥的输出电压为 u_{ab}、两桥臂对直流负母线的电压为 u_{a0}、u_{b0}，则全桥的 PWM 输出电压在一个工频周期 T 的积分为

$$\int_0^T u_{ab} \mathrm{d}t = \int_0^T (u_{a0} - u_{b0}) \mathrm{d}t = 0 \tag{4-13}$$

假设 SPWM 为理想调制方式，则

$$\int_0^T K[u_c - (-u_c)]\mathrm{d}t = 2K\int_0^T u_c = 0 \tag{4-14}$$

式中　K——理想调制的增益（等于直流母线电压）。

由式（4-14）可看出，实际上只要保证在一个工频周期内 u_c 对时间的积分等于零，就可以使逆变器输出的 PWM 波形直流分量为零。实际应用时，由于数字控制器是每隔一定的时间采样一次，因此，只要把一个工频周期的调制波 u_c 在每个工频周期累加，并保证它等于零，就保证了控制系统中无直流分量。如果累加之和不为零，就把该累加值作为下一个工频周期调制量 u_c 的补偿值，从而可以确保每一个工频周期 PWM 波形的直流分量为零。

（2）硬件直流分量的抑制[20-22]

当驱动电路不对称以及功率开关管饱和压降不相等等硬件因素引起直流分量时，可以通过适时检测并网电流的直流分量，并通过一系列的数字算法，以补偿逆变桥的输出脉宽，从而抵消并网电流中的直流分量。

并网电流中除有直流分量外，还含有 50Hz 的交流分量，用电流传感器检测并网电流时，若通过如图 4-34 所示的直流分量检测电路即可抽出其中的直流分量。

分析图 4-34 直流分量检测电路，其传递函数为

$$G(s) = \frac{R_3/R_1}{1+sR_3C_1} \frac{1}{1+sR_4C_2}$$

(4-15)

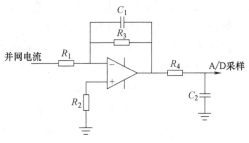

图 4-34 直流分量检测电路

从式（4-15）可看出：图 4-34 所示的直流分量检测电路实际上是两个低通滤波器的串联，从而利于直流成分传输。一方面，通过设定适当的 R_3/R_1，可让直流成分有一定的放大；另一方面，若将滤波时间常数 $\tau_1 = R_3C_1$ 和 $\tau_2 = R_4C_2$ 设定在 0.2s 以上，则可基本上滤除 50Hz 的交流分量。这样，输入 A/D 采样通道的电压信号便可认为是直流分量的检测值。由于并网电流中的直流分量的检测值可正可负，需要用一双极性 A/D 转换器对它进行采样，该采样值就是并网电流中直流分量的数字表示形式。

检测到直流分量后，可以通过闭环调节使得直流分量为零。由于 PWM 逆变器采用全数字化控制，因此采用数字 PI 调节最简单，其控制结构如图 4-35 所示。图中 i_e 为直流分量检测量，将 i_e 和 0 比较后经 PI 调节后得到抑制直流分量所需要的修正脉宽量 i_Δ，i_Δ 与 i_k 相叠加以驱动逆变桥的功率开关管，从而消除并网电流中的直流分量。

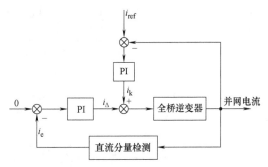

图 4-35 硬件直流分量的抑制示意图

这一方案能有效地解决一般全桥逆变器中死区、电路参数不对称以及波形校正等引起的脉冲宽度不对称，从而抑制了并网电流中直流分量。

显然，上述硬件直流分量的抑制效果主要取决于直流分量检测与 A/D 采样的精度。

（3）基于虚拟电容控制的直流分量抑制方法[23]

上述直流分量抑制方法是通过对输出直流分量的采样并经 A/D 转换成数字信号，再送入微处理器进行闭环控制处理的，从而达到消除输出直流分量的作用。利用数字控制的方法，电路简单，便于控制，但是由于直流分量相对交流输出而言，幅值要小得多，很难保证精确采样，因此会大大影响直流分量的消除效果。

实际上，可以利用电容所具有的隔直特性，将电容串联在逆变输出的主电路中，使直流分量完全降落在电容上，这样就可以从根本上消除并网电流中的直流分量。然而，为了减小基波电压在隔直电容器上的损失，应使其基波交流阻抗非常小，因此隔直电容的电容量必须选得非常大，这样不仅大大增加了成本、体积和重量,而且也降低了功率传输效率,影响了逆变器的动态特性。因此这种方法仅适用于高频逆变器以及某些中频电源系统,在工频正弦波并网逆变器中很难应用。

针对上述不足,参考文献〔23〕提出了基于虚拟电容概念的直流抑制方法:即采用控制方法代替输出串联电容,这不仅使并网逆变器实现零直流注入,而且又可实现隔直电容的零损耗。以单相并网逆变器为例,对应输出串联隔直电容的原理电路如图4-36所示。先考察图4-37给出的并网逆变器电流环结构的系统线性模型,如果改变电容电压反馈节点的位置便可得到等效的并网逆变器电流环结构的系统线性模型,如图4-38所示。因此,图4-36中的隔直电容 C 可由图4-38所示的控制策略所替代,这就是基于虚拟电容控制的直流抑制方案的基本思路。

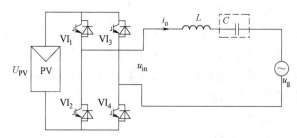

图 4-36 并网逆变器系统

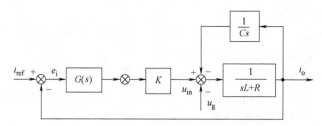

图 4-37 并网逆变器电流环系统线性模型

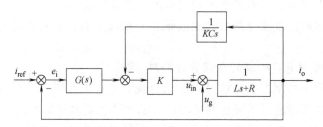

图 4-38 并网逆变器电流环系统等效的线性模型

由图4-37或图4-38可得系统传递函数如下所示:

$$i_o(s) = \frac{KG(s)}{Ls+R+KG(s)+\dfrac{1}{Cs}}i_{ref}(s) - \frac{1}{Ls+R+KG(s)+\dfrac{1}{Cs}}U_g(s) \qquad (4\text{-}16)$$

其中，$G(s)$ 是电流调节器传递函数，对于单相逆变器，为实现对正弦波电流的无静差控制，电流调节器 $G(s)$ 可采用比例谐振调节器，其传递函数为

$$G(s) = K_p + \frac{K_i s}{s^2 + \omega^2} \qquad (4\text{-}17)$$

另外，为分析上述基于虚拟电容控制的直流抑制方案的特性，根据式（4-16）第一项做出系统的闭环博德图，如图 4-39 所示。为了便于比较，同时给出了不加隔直电容 C 时的系统闭环博德图。从图 4-39 系统闭环博德图分析看出：在零频率处，基于虚拟电容控制的系统闭环幅频特性为 0，这意味着直流输入信号经过闭环系统后衰减为 0，从而实现了零稳态直流电流的注入。

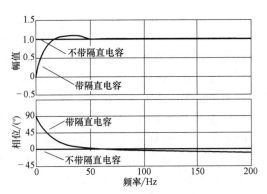

图 4-39　系统闭环博德图

4.3.3.2　非隔离型光伏并网逆变器中共模电流的抑制

1. 共模电流产生原理[24,25]

在非隔离的光伏并网发电系统中，电网和光伏阵列之间存在直接的电气连接。由于太阳能电池和接地外壳之间存在对地的寄生电容，而这一寄生电容会与逆变器输出滤波元件以及电网阻抗组成共模谐振电路，如图 4-40 所示。当并网逆变器的功率开关动作时会引起寄生电容上电压的变化，而寄生电容上变化的共模电压能够激励这个谐振电路从而产生共模电流。共模电流的出现，增加了系统的传导损耗，降低了电磁兼容性并产生安全问题。

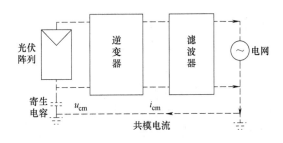

图 4-40　非隔离型光伏并网系统中的寄生电容和共模电流

寄生电容的大小和直流源及环境因素有关。在光伏系统中，一般光伏组件对地的寄生电容变化范围为 nF~mF。

根据 $i_{cm} = 2\pi f C_p u_{cm}$ 这一寄生电容上共模电压 u_{cm} 和共模电流 i_{cm} 之间存在的关系，光伏阵列对地的寄生电容值可用下式来估计

$$C_p = \frac{1}{2\pi f} \frac{i_{cm}}{u_{cm}} \tag{4-18}$$

假设电网内部电感 L 远小于滤波电感 L_f，滤波器的截止频率远小于谐振电路的谐振频率，共模谐振电路的谐振频率可近似为

$$f_r = \frac{1}{2\pi\sqrt{L_f C_p}} \tag{4-19}$$

显然，在共模谐振电路的谐振频率处会出现较大幅值的漏电流。

下面针对具体拓扑来分析光伏并网逆变器的共模问题，为方便分析，以下分全桥拓扑和半桥拓扑两类来讨论。

（1）全桥逆变器的共模分析

图 4-41 所示的是全桥逆变器及其共模电压的分析电路。以电网电流正半周期为例进行分析，图中：u_{a0}、u_{b0} 表示全桥逆变器交流输出 a、b 点对直流负母线 0 点的电压，u_L 表示电感上的压降，u_g 表示电网电压，u_{cm} 表示寄生电容上的共模电压，i_{cm} 表示共模谐振回路中的共模电流。

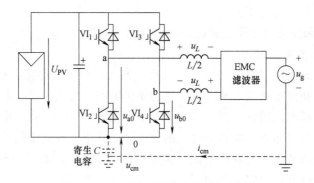

图 4-41 全桥逆变器及其共模电压分析

根据基尔霍夫电压定律，可列出共模回路的电压方程：

$$-u_{a0} + u_L + u_g + u_{cm} = 0 \tag{4-20}$$

$$-u_{b0} - u_L + u_{cm} = 0 \tag{4-21}$$

由式（4-20）、式（4-21）相加可得共模电压 u_{cm} 为

$$u_{cm} = 0.5(u_{a0} + u_{b0} - u_g) = 0.5(u_{a0} + u_{b0}) - 0.5 u_g \tag{4-22}$$

而流过寄生电容上的共模电流 i_{cm} 为

$$i_{cm} = C \frac{du_{cm}}{dt} \tag{4-23}$$

可见，共模电流与共模电压的变化率成正比。由于 u_g 工频电网电压，则由 u_g 在寄生电容上产生的共模电流一般可忽略，而 u_{a0}、u_{b0} 为 PWM 高频脉冲电压，共模电流主要由此激励产生。因此，工程上并网逆变器的共模电压可近似表示为

$$u_{cm} \approx 0.5(u_{a0} + u_{b0}) \tag{4-24}$$

为了抑制共模电流，应尽量降低 u_{cm} 的频率，而开关频率的降低则带来系统性能的下降。但若能使 u_{cm} 为一定值，则能够基本消除共模电流，即功率器件所采用的 PWM 开关序列应使得 a、b 点对 0 点的电压之和满足：

$$u_{a0} + u_{b0} = 定值 \tag{4-25}$$

对于单相全桥拓扑，通常可以采用两种 PWM 调制策略来形成 PWM 开关序列，即单极性调制和双极性调制。不同的调制策略对共模电流的抑制效果相差很大，以下分别进行讨论。

1）单极性调制：对于图 4-41 所示的单相全桥拓扑，若采用单极性调制，在电网电流正半周期，VI_4 一直导通，而 VI_1、VI_2 则采用互补通断的 PWM 调制；而在电网电流负半周期，VI_3 一直导通，而 VI_1、VI_2 则采用互补通断的 PWM 调制。考虑到电流正、负半周期开关调制的类似性，以下只分析电网电流正半周期开关调制时的逆变器共模电压：

当 VI_2 关断，VI_1、VI_4 导通时，共模电压为

$$u_{cm} = 0.5(u_{a0} + u_{b0}) = 0.5(U_{PV} + 0) = 0.5U_{PV} \tag{4-26}$$

当 VI_1 关断，VI_2、VI_4 导通时，共模电压为

$$u_{cm} = 0.5(u_{a0} + u_{b0}) = 0.5(0 + 0) = 0 \tag{4-27}$$

可见，采用单极性调制的全桥逆变器拓扑产生的共模电压其幅值在 0 与 $U_{PV}/2$ 之间变化，且频率为开关频率的 PWM 高频脉冲电压。此共模电压激励共模谐振回路产生共模电流，其数值可达到数安，并随着开关频率的增大而线性也增加。

2）双极性调制：对于图 4-41 所示的单相全桥拓扑，若采用双极性调制，桥臂开关对角互补通断，即要么 VI_1、VI_4 导通，要么 VI_2、VI_3 导通，以下分析双极性调制时的逆变器共模电压：

当 VI_1、VI_4 导通，而 VI_2、VI_3 关断时

$$u_{cm} = 0.5(u_{a0} + u_{b0}) = 0.5(U_{PV} + 0) = 0.5U_{PV} \tag{4-28}$$

当 VI_1、VI_4 关断，而 VI_2、VI_3 导通时

$$u_{cm} = 0.5(u_{a0} + u_{b0}) = 0.5(0 + U_{PV}) = 0.5U_{PV} \tag{4-29}$$

由式（4-28）、式（4-29）不难看出：对于单相全桥并网逆变器，若采用双极性调制，在开关过程中 $u_{cm} = 0.5U_{PV}$，由于稳态时 U_{PV} 近似不变，因而 u_{cm} 近似为定值，由此所激励的共模电流近似为零。显然，对于单相全桥并网逆变器而言，若采用双极性调制则能够有效地抑制共模电流。

和单极性调制相比，虽然双极性调制能够有效地抑制共模电流，但也存在着明显的不足：在整个电网周期中，由于双极性调制时 4 个功率开关管都以开关频率工作，而单极性调制时只有两个功率开关可以开关频率工作，因此所产生的开关损耗是单极性调制的 2 倍；另外，双极性调制时其逆变器交流侧的输出电压在 U_{PV} 和 $-U_{PV}$ 之间变化，而单极性调制时其逆变器交流侧的输出电压则在 U_{PV} 和 0 或 $-U_{PV}$ 和 0 之间变化，因此双极性调制时其逆变器输出的电流纹波幅值是单极性调制时的

2 倍。

显然，采用双极性调制以抑制并网逆变器共模的方案使逆变器输出电流谐波和开关损耗均有所增加。

（2）半桥逆变器的共模分析

图 4-42 所示的是半桥拓扑结构。从图中可以看出，半桥拓扑中寄生电容上的共模电压与开关频率无关，为半桥均压电容上的电压 u_{b0}。若电容 C_1、C_2 相等且电容量足够大，则 u_{b0} 的幅值为 $0.5U_{PV}$ 且在功率器件开关过程中基本不变。

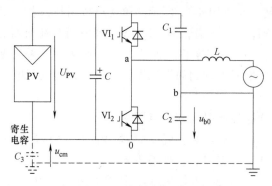

图 4-42 半桥逆变器

因此，半桥拓扑基本不产生共模电流。但对于半桥拓扑，由于电压利用率低，直流侧需要的输入电压较高，前级可能需要 Boost 变换器，从而影响了半桥拓扑的效率。因此，一般实际中不常采用。

2. 共模电流抑制的实用拓扑[2,26-28]

从半桥和全桥逆变器的共模电压分析中可看出，拓扑结构以及调制方法的不同所产生的共模电压存在差异。虽然半桥拓扑和双极性调制时的全桥拓扑没有共模电流问题，但是都存在相应的问题。因此，在考虑电路效率条件下，可以适当改进并网逆变器的拓扑结构来抑制共模电流。以下分析几种能够抑制共模电流的实用拓扑结构。

（1）带交流旁路的全桥拓扑

能够抑制共模电流的带交流旁路的全桥拓扑如图 4-43 所示。虽然采用双极性调制的全桥拓扑能够抑制共模电流，但双极性调制将导致开关应力以及电流谐波的增加。为此，若在全桥拓扑的交流侧增加一个由两个逆导型功率开关组成的双向续流支路，使得续流回路与直流侧断开，从而使该拓扑不仅抑制了共模电流而且还使交流侧的输出电压和单极性调制相同，因此提高了逆变器的效率。下面以电网电流正半周期为例，对图 4-43 所示带交流旁路的全桥拓扑的共模电压进行分析。

在电网电流正半周期，VI_5 始终导通而 VI_6 始终关断。当 VI_1、VI_4 导通时

$$u_{cm} = 0.5(u_{a0}+u_{b0}) = 0.5(U_{PV}+0) = 0.5U_{PV} \tag{4-30}$$

当 VI_1、VI_4 关断时，电流经 VI_5、VI_6 的反并联二极管续流，此时

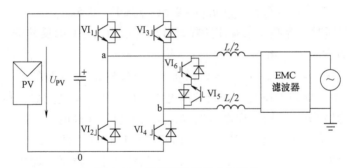

图 4-43　带交流旁路的全桥拓扑

$$u_{cm} = 0.5(u_{a0} + u_{b0}) = 0.5(0.5U_{PV} + 0.5U_{PV}) = 0.5U_{PV} \qquad (4-31)$$

显然由式（4-30）、式（4-31）不难看出，当 U_{PV} 不变时则共模电压始终保持恒定，因此共模电流得以消除。负半周期的换流过程及共模电压分析与正半周期时的结论类似，和采用双极性调制的单相全桥拓扑相比，该拓扑中桥臂中流过电流的调制开关的正向电压由 U_{PV} 降低为 $0.5U_{PV}$，从而降低了开关损耗。另一方面，由于增加了一个新的续流通路，该拓扑的交流侧输出电压和单极性调制时的输出电压相同，从而有效地降低了输出电流的纹波，减小了滤波电感的损耗。

（2）带直流旁路的全桥拓扑

图 4-43 所示拓扑是在单相全桥拓扑的交流侧增加以双向功率开关构成的续流支路，以使续流回路与直流侧断开。然而也可以在直流母线上增加功率开关使续流回路与直流侧断开，这种能够抑制共模电流的带直流旁路的全桥拓扑如图 4-44 所示。该拓扑由 6 个功率开关器件和 2 个二极管组成。其中，$VI_1 \sim VI_4$ 工作在工频调制模式，一般可忽略其开关损耗，而 VI_5、VI_6 则采用高频的 PWM 控制。

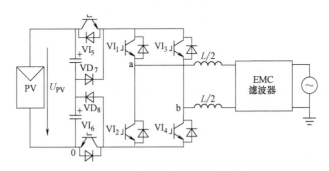

图 4-44　带直流旁路的全桥拓扑

下面以电网电流正半周期为例，对图 4-44 所示带直流旁路的全桥拓扑的共模电压进行分析。

考虑电网电流的正半周期，此时 VI_1、VI_4 保持导通，VI_5、VI_6 则采用高频的 PWM 调制。当 VI_1、VI_4、VI_5、VI_6 导通时，共模电压为

$$u_{cm} = 0.5(u_{a0} + u_{b0}) = 0.5(U_{PV} + 0) = 0.5U_{PV} \tag{4-32}$$

当 VI_5、VI_6 关断时，存在两条续流路径，分别为：VI_1、VI_3 的反并联二极管及 VI_4 和 VI_2 的反并联二极管，由此

$$u_{cm} = 0.5(u_{a0} + u_{b0}) = 0.5(0.5U_{PV} + 0.5U_{PV}) = 0.5U_{PV} \tag{4-33}$$

电网电流负半周期的换流过程及共模电压分析与正半周期类似。显然在开关过程中，若 U_{PV} 保持不变，则共模电压恒定，从而抑制了共模电流；另外由于调制开关 VI_5、VI_6 的正向电压降为 $0.5U_{PV}$，因而开关损耗得到降低，且交流侧输出电压与单极性调制的交流侧输出电压相同，因而电流纹波小，降低了输出滤波电感上的损耗。由于全桥桥臂上的开关管采用了工频调制，因而带直流旁路全桥拓扑的工作效率要比带交流旁路全桥拓扑的工作效率高。

（3）H5 拓扑

在图 4-44 所示的带直流旁路的全桥拓扑中，VI_4、VI_2 采用工频调制，即在电网电流的正负半周分别始终导通，而 VI_6 始终采用 PWM 控制。若将 VI_4、VI_2 和 VI_6 合并，即 VI_4、VI_2 在电网电流的正负半周分别以开关频率进行调制，从而省略 VI_6，即可得到图 4-45 所示的 H5 拓扑。该拓扑是由德国 SMA 公司提出且已在我国申请了技术专利。

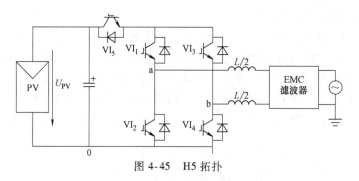

图 4-45　H5 拓扑

该拓扑中，VI_1、VI_3 在电网电流的正负半周各自导通，VI_4、VI_5 在电网正半周期以 PWM 控制，而 VI_2、VI_5 在电网负半周期以 PWM 控制。现以电网正半周期为例对其共模电压进行分析。

在电网电流正半周期，VI_1 始终导通，当正弦控制波大于三角载波时，VI_5、VI_4 导通，共模电压 u_{cm} 为

$$u_{cm} = 0.5(u_{a0} + u_{b0}) = 0.5(U_{PV} + 0) = 0.5U_{PV} \tag{4-34}$$

当正弦调制波小于三角载波时，VI_5、VI_4 关断，电流经 VI_3 的反并联二极管以及 VI_1 续流。当 VI_2、VI_4、VI_5 关断后，由于其关断阻抗很高，共模电流很小，阻断了寄生电容的放电，u_{a0}、u_{b0} 近似保持原寄生电容的充电电压 $0.5U_{PV}$，因此

$$u_{cm} = 0.5(u_{a0} + u_{b0}) = 0.5(0.5U_{PV} + 0.5U_{PV}) = 0.5U_{PV} \tag{4-35}$$

负半周期的换流过程及共模电压分析与正半周期时类似。可见，在开关过程

中，若 U_{pv} 保持不变则共模电压恒定，从而抑制了共模电流，并且交流侧输出电压也与单极性调制时的交流侧输出电压相同。

与前两种抑制共模的逆变器拓扑相比，由于减少了功率开关，并采用了独特的调制方式，这种 H5 拓扑具有相对较高的工作效率。德国 SMA 公司的 Sunny Mini Central 系列光伏并网逆变器就是采用这种拓扑结构，其最高效率达到 98.1%，欧洲效率达到 97.7%。

4.4 多支路光伏并网逆变器

随着光伏发电技术与市场的不断发展，光伏并网系统在城市中的应用也日益广泛。然而，城市的可利用空间有限，因此为在有限空间中提高光伏系统的总安装容量，一方面要提高单个电站的容量，另一方面应将光伏发电广泛地与城市的建筑相结合。然而城市建筑中的情况较为复杂，其光照、温度、光伏组件规格都会因安装地方的不同而有所差异，这样传统的集中式光伏并网结构无法满足光伏系统的高性能应用要求，为此可以采用多支路型的光伏并网逆变器结构。这种多支路型的光伏并网逆变器在各支路光伏方阵的特性不同或光照及温度条件不同时，各支路可独立进行最大功率跟踪，从而解决了各支路之间的功率失配问题。另外，多支路光伏并网逆变器安装灵活、维修方便、能够最大限度地利用太阳辐射能量、有效地克服支路间功率失配所带来的系统整体效率低下等缺点，并可最大限度减少受单一支路故障的影响，具有较好的应用前景[15]。

一般而言，根据有无隔离变压器可以将多支路光伏并网逆变器分为隔离型和非隔离型两大类，以下分别进行阐述。

4.4.1 隔离型多支路光伏并网逆变器[1]

对于隔离型多支路光伏并网逆变器而言，由于可以设置较多支路，而每个支路变换器的功率又可以相对较小，因而这种隔离型结构通常可使用高频链技术。图 4-46 为多支路高频链光伏并网逆变器电路结构，该逆变器电路结构由高频逆变器、高频变压器、整流器、直流母线、逆变器和输入、输出滤波器等构成。其中输入级的高频链结构采用基于全桥高频隔离的多支路设计，而并网逆变器则采用了集中式设计。

由于全桥高频隔离并网逆变器的前后级电路控制通过中间直流电容解耦，因而当有多个支路时，每个前级全桥电路可以单独控制，多个支路输出的电流汇集到直流母线上，然后经过一个集中的并网逆变器并网运行。

系统整体控制框图如图 4-47 所示。对于每一个光伏输入支路，系统根据检测到的光伏组件的电压、电流信息，通过输入级高频全桥的占空比控制，一方面实现各支路的最大功率点跟踪控制，另一方面则将整流后输出的直流电流并联到直流母

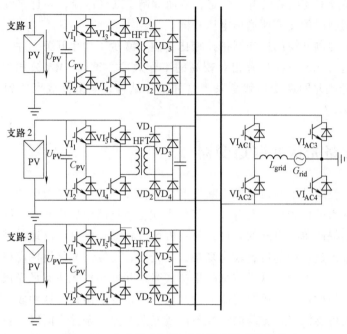

图 4-46 多支路高频链光伏并网逆变器结构

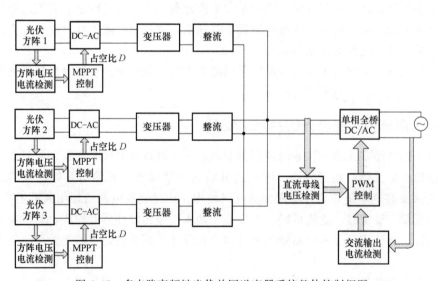

图 4-47 多支路高频链光伏并网逆变器系统整体控制框图

线上;而后级的并网逆变器则可采用直流电压外环与交流电流内环的双环控制策略,通过对直流母线期望电压的控制来实现光伏能量的平稳传输。

多支路高频链光伏并网逆变器具有以下优缺点:

优点:①电气隔离、重量轻;②对每条支路分别进行最大功率跟踪,解决了各条支路间的电流失配问题；③由于具有多个支路电路，适合多个不同倾斜面阵列接入或者某一阵列会出现遮荫的情况使用，即阵列 $1\sim n$ 可以具有不同的 MPPT 电压，互补不干扰；④非常适合于光伏建筑一体化形式的分布式能源系统应用。

缺点：①工作频率较高，系统的 EMC 比较难设计；②系统的抗冲击性能较差；③三级功率变换，系统功率器件偏多，系统的整体效率偏低，成本相对较高。

4.4.2 非隔离型多支路光伏并网逆变器[16,17]

为了更好地提高系统效率、降低损耗、减小系统体积，可以采用非隔离型拓扑结构来组成多支路光伏并网逆变器。非隔离型多支路光伏并网逆变器由多个 DC-DC 变换器和一个集中并网逆变器组成，具有 MPPT 效率高、可靠性高、良好的可扩展性、组合多样等优点。其 DC-DC 变换器常为 Boost 变换器，图 4-48 为一典型基于 Boost 变换器的多支路光伏并网逆变器主电路拓扑。

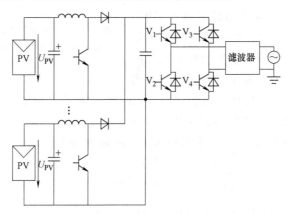

图 4-48 基于 Boost 变换器的非隔离型多支路光伏并网逆变器主电路拓扑

该系统的控制框图如图 4-49 所示。与多支路高频链光伏并网逆变器系统整体控制类似，输入级完成 MPPT 控制，而网侧逆变器则通过输出电流的控制来稳定中

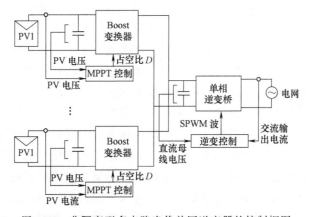

图 4-49 非隔离型多支路光伏并网逆变器的控制框图

间直流母线电压，并实现整个系统稳定并网运行。

Boost 型变换器输出电压大于输入电压，这限定了光伏阵列输出电压范围，为了提高电压范围，更好地适应复杂的环境，参考文献 [17] 提出基于双重 Buck-Boost 变换器的多支路光伏并网逆变器结构，其主电路拓扑如图 4-50 所示，其中，输入级采用 Buck-Boost 变换器可以通过调节占空比升压或降压，使系统具有较大的光伏阵列输入电压范围。

在双重 Buck-Boost 变换器中，每个开关具有相同的占空比，且采用载波移相 PWM 多重化调制技术，从而使输出等效的开关频率增加了一倍，即使输出电压和输出电流的脉动幅值减少了一半，因而使用较小的输出

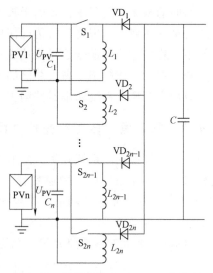

图 4-50　采用双重 Buck-Boost 电路的
多支路光伏并网逆变器主电路拓扑

电容就可以稳定电压。另外，由于双重 Buck-Boost 变换器的储能元件是电感，易于多个双重 Buck-Boost 变换器的并联。若使各双重 Buck-Boost 变换器工作在电感电流断续模式（DCM），当把多个双重 Buck-Boost 电路并联后，各双重 Buck-Boost 电路的工作特性彼此独立，不同光伏组件的最大功率点可以通过调整每个支路中交错式双 Buck-Boost 的开关管占空比进行独立调整。

4.4.3　非隔离级联型光伏并网逆变器[31-33]

随着电力电子技术的进步，多电平逆变器以其电压变化率（du/dt）小、开关损耗低以及输出波形好（谐波含量低）等诸多优点在大功率变换器领域获得了较好的应用。典型的多电平逆变器拓扑主要包括二极管钳位型和飞跨电容型。然而，随着电平数的增加，二极管钳位型逆变器不仅需要大量的钳位二极管，还需要额外的方法来保证分压电容的均压控制，而且当电平数大于 3 时其控制策略的复杂性大大增加；飞跨电容型逆变器虽然没有钳位二极管，但也需要大量的飞跨电容，同时也要对电压进行控制。为克服上述两类多电平逆变器的不足，近年来，级联型多电平逆变器得到了快速发展，级联型多电平逆变器的主要优点是在相同的电平数下级联型所需的功率开关器件数量少，且控制策略简单，特别是易于模块化扩展和冗余运行。级联型多电平逆变器的主要不足在于需要多个相互独立的直流电源，实际系统中多采用多个蓄电池或者由多二次绕组的变压器输出整流来实现。

但是在光伏并网系统中，通常采用多个光伏电池板串联来作为直流侧输入，因此可以很方便地采用一定数量电池板的串联来获得独立的直流源。另外，级联型多

电平逆变器可以独立控制各单元的功率输出，使得光伏并网系统中电池板工作在不匹配的状态下也可以进行独立的 MPPT。例如在建筑一体化系统中，不同的墙面因为受到的辐照度不一样而存在不同的最大功率点，如果采用单个集中型光伏并网逆变器，则定会造成能量的损失。这种情况若采用级联型光伏并网逆变器，则可以将不同墙面的电池板作为独立的直流单元，通过各自独立的 MPPT 控制以使系统最大限度地向电网输送电能。再者，级联型光伏并网逆变器可以在开关频率较低的情况下获得满意的输出效果，不仅降低了开关损耗，减小了滤波器体积，节约了滤波器成本，同时有效地提高了功率变换系统的效率。可见，在光伏并网系统（尤其是大功率系统）中非常适合采用基于级联多电平的光伏并网逆变器结构。

1. 级联多电平光伏并网逆变器拓扑

基于两单元级联的五电平单相光伏并网逆变器的主电路拓扑如图 4-51 所示。这是一种最基本的级联组合，实际应用中可以采用多个单元的级联，并可以进行组合以构成三相级联型多电平的光伏并网逆变器。

从图 4-51 可以看出，在级联型光伏并网逆变系统中，无需前级的 DC-DC 环节，每个光伏模块与各自的直流侧储能电容连接，经 H 桥逆变并由各自 H 桥输出电压的串联叠加，以合成支路的输出电压，通过输出电压幅值和相位的控制来控制并网电流，从而实现光伏系统的单位功率因数并网运行。

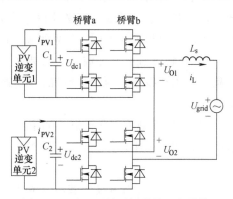

图 4-51　基于两单元级联的五电平单相光伏并网逆变器的主电路拓扑

在图 4-51 所示的光伏并网系统中，假设 PV 逆变单元 1 与 PV 逆变单元 2 具有相同功率及运行工作状态，即 $U_{dc1} = U_{dc2} = U_{dc}$。因此，PV 逆变单元 1 的输出电压 U_{O1} 波形为基于 U_{dc}、0、$-U_{dc1}$ 的三电平波形，同样 PV 逆变单元 2 的输出电压 U_{O2} 波形也为基于 U_{dc}、0、$-U_{dc1}$ 的三电平波形。由于级联逆变器的输出电压 U_O 为两个 PV 逆变单元电压之和，即 $U_O = U_{O1} + U_{O2}$，因此输出电压 U_O 波形为基于 $2U_{dc}$、U_{dc}、0、$-U_{dc1}$、$-2U_{dc}$ 的五电平波形。

2. 级联多电平光伏并网逆变器的调制

目前级联型多电平逆变器的调制方法主要有以下 3 类：

（1）阶梯波调制法和特定谐波消除脉宽调制法（SHEPWM）

这两种方法一般通过预先计算开关角度消除谐波，由于其一个周期内只进行一次开关动作，因此在级联数量较少的情况下波形品质较差。

（2）空间矢量调制法

这种方法主要用于五电平以下的三相逆变器，且不利于单元扩展。

（3）SPWM 法

SPWM 法又分为载波层叠（CD）PWM 法和载波相移（CPS）PWM 法：载波层叠法就是将三角波载波在空间上层叠，再通过调制波与载波的交点来控制功率管的开关，这种调制方法虽然较为简单，但在光伏并网系统中需要额外的控制策略来满足各单元输出功率的均衡，且难以实现各单元独自的 MPPT；载波相移（CPS）PWM 法就是通过载波相移获得与级联数相同的载波信号，再通过调制波与各载波的交点来控制相应的功率开关管，采用载波相移法能很好地解决各单元独自的 MPPT 控制问题，因此这里主要介绍载波相移法。

众所周知：开关频率越高，逆变器输出波形的谐波含量就越小。如果将图 4-50 所示的 H 桥中必须互补通断的上、下两个开关管视为一对桥臂（如图 4-51 中 PV 单元 1 的桥臂 a），那么当单个功率开关管的开关频率固定时，可以通过改变不同对桥臂开关管的导通角度来获得等效更高的开关频率。当级联单元数为 N、单个开关管的开关频率为 f 时，有两种载波移相调制方法：

1）单极性载波移相调制：如果每个 H 桥逆变单元均采用单极性调制时，须通过载波移相获得相差为 $180°/N$ 的 N 个载波信号，此时，输出电压的等效开关频率即为 $2fN$；

2）双极性载波移相调制：如果每个 H 桥逆变单元均采用双极性调制时，须通过载波移相获得相差为 $360°/N$ 的 N 个载波信号，此时，输出电压的等效开关频率为 fN。

图 4-52 为采用单极性载波移相调制时两单元级联逆变器的调制及输出电压波形，其中通过相差 90°的载波移相调制获得了等效的 4 倍开关频率调制输出。

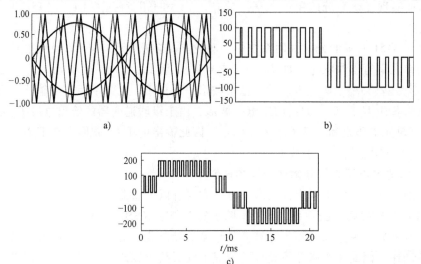

图 4-52　采用单极性载波移相调制时两单元级联逆变器的调制及输出电压波形
a）载波移相及调制波　b）H 桥逆变单元的输出电压波形　c）级联逆变器的输出电压波形

3. 级联多电平光伏并网逆变器的控制

在级联多电平光伏并网逆变器的控制系统设计时，通常每个 H 桥逆变单元采用基于 MPPT 的电压外环和电流内环的双闭环控制策略，如图 4-53 所示。控制系统主要包括：MPPT 运算单元、功率运算单元、直流电压控制环、输出电流控制环等。

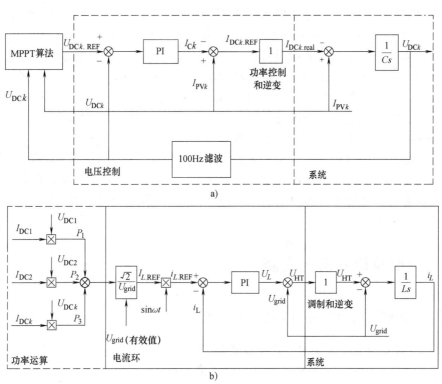

图 4-53 级联多电平光伏并网逆变器的控制系统

a) MPPT 运算与直流电压控制环结构 b) 功率运算与输出电流控制环结构

图 4-53 中，每个 H 桥逆变单元均有独立的 MPPT 运算单元，MPPT 运算一般采用扰动观测法或其他 MPPT 算法获得；MPPT 运算单元的输出即为电压外环的直流电压参考值，并以此通过电压外环的 PI 调节来控制相应单元的直流侧电压；电压外环 PI 控制器的输出即是相应单元直流滤波电容的电流参考值，利用相应 PV 模块输出电流的检测值减去电容电流参考值即为相应 H 桥单元的直流侧输入电流参考值；而直流侧输入电流参考值与直流侧电容电压参考值的乘积就是单个 H 桥逆变单元输出功率的参考值，将各 H 桥逆变单元输出功率的参考值相加并经过计算即可得出电流内环的 H 桥输出电流的控制参考值，内环电流参考值与 H 桥输出电流检测值的差值经过 PI 调节以及电网电压的前馈控制后即为输出电压的调制波信号；各调制波信号通过载波移相调制以控制各 H 桥逆变单元的输出电压。

由于级联逆变器中每个 H 桥逆变单元的输出电流都相同，因而各 H 桥逆变单元的输出电压的比值就是各单元输出功率的比值，根据上述控制运算获得的各 H 桥逆变单元输出功率的参考值，便可以得出各 H 桥逆变单元输出电压的参考值。

在单相 H 桥并网逆变系统中，当输出单位功率因数的电流时，其直流侧电容电压会出现频率为两倍电网频率的二次纹波（例如当电网为 50Hz 时，电容电压的纹波为 100Hz）。虽然增大直流侧电容可以降低纹波电压，但由于 PI 调节器的放大作用，即使较小的纹波电压也会影响输出电压波形的品质，甚至导致控制系统不稳定，因此必须在直流电压的检测通道中将二次纹波滤除。一般可以采用增加陷波器等滤波环节或者设计数字滤波器来消除二次纹波。实际上由于二次纹波的频率固定不变（例如为 100Hz），比较简单的方法就是将采样波形延迟二次纹波对应周期的一半后与原信号相加再除以 2，这样也可以有效地滤除二次纹波，这种采用波形延迟叠加以滤除二次纹波的简易方法如图 4-54 所示。

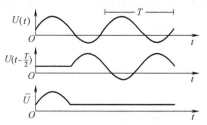

图 4-54　采用波形延迟叠加以滤除二次纹波的简易方法示意

4.5　微型光伏并网逆变器

4.5.1　微型光伏并网逆变器概述[34,35]

4.5.1.1　微型光伏并网逆变器产生的背景[36]

微型光伏并网逆变器，通常简称微型逆变器（Micro-Inverter，MI），是一种用于独立光伏组件并网发电系统（有时也称之为 AC Module）的功率变换单元。由于传统的基于光伏组件串、并联的光伏并网系统，其结构缺乏系统的扩充性，且无法实现每块组件的最大功率点运行，若任一组件损坏，将会影响整个系统的正常工作，甚至瘫痪，另外，这种较高直流电压的系统还存在安全性和绝缘问题。于是，国外的专家学者于 20 世纪 70 年代提出了基于独立光伏组件的并网发电系统。然而由于当时技术的限制，这种思想没有在实际中应用。直到 20 世纪 80 年代末，美国 ISET（International Solar Electric Technology）公司才真正对此做了深入研究，其中 Kleinkauf 教授在多篇

图 4-55　微型光伏并网逆变器系统示意

论文中研究了基于 AC Module 的光伏并网发电思想，并强调其优点，当时称其为模块集成变换器（Module Integrated Converter），如图 4-55 所示。

20 世纪 90 年代初，美国和欧洲就有几家公司开始研究此装置。第一台微型光伏并网逆变器是由德国的 ZSW 公司于 1992 年研制的，其功率只有 50W，采用的是高频开关频率（500kHz）和隔离变压器。1994 年，ZSW 公司用同样的技术研制出 100W 的微型光伏并网逆变器。然而，由于这种小功率并网逆变器成本过高，以及电磁干扰等一系列问题，导致产品无法进入市场。在 1994~1996 年期间，欧洲的另外 3 个公司也开始研制并网逆变器，它们分别是 Mastervolt（荷兰）、Alpha Real（瑞士）、OKE-Services（荷兰）。在 1997 年，美国的 AES 公司研制出第一台投放市场的微型逆变器产品。近年来国内外的微型逆变器技术都取得了很大的进展。国外著名的 Enphase 公司生产的 S280 其功率等级为 235~365W，最高效率可以达到 96.8%。国内的昱能科技、山亿新能源、上海举胜电子等生产的微型逆变器产品最高效率均达到 96%。

值得注意的是，不同的光伏组件对应的开路电压以及功率不同，故某一种型号的 MI 对应于各自独立的光伏组件，如：SHELL 公司生产的 Sunmaster-130S MI 其功率为 100W，对应模块的开路电压是 24V；ASE 公司生产的 Sunsine 300 MI 其功率为 300W，对应模块的开路电压是 36V；SOLAREX 公司生产的 MI250 MI 其功率是 240W，对应的模块开路电压是 48V。由于光伏组件的型号不同，导致 MI 的产品系列也较多，其功率范围一般在 80~250W 之间，而功率大小则决定了 MI 的尺寸大小、价格高低以及所采用的技术。开关频率范围也从 10k~500kHz 不等。

在 MI 产品领域，Enphase Energy 公司一直是这个行业的领先者。Enphase Microinverters 系统是第一个商业运行的 MI 系统，代表了目前最先进的 MI 系统技术，包括电力线通信和基于网页的监控与分析功能，Enphase Microinverters 系统主要由图 4-56 所示的 3 部分组成。

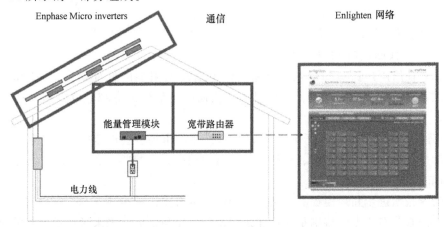

图 4-56　Enphase Microinverters 系统 3 个组成部分

上述的 Enphase Microinverters 系统中：

微网并网逆变器（见图 4-57）将直流转成交流，它从常规的一个大功率集中逆变器，变为一个紧凑的直接连接到电力系统中的每个太阳能模块的逆变单元。与传统的逆变器比较，它是一个将功率转换过程分配给每个模块，并使得整个太阳能光伏并网发电系统成为系统效率更高、更可靠、更智能、更安全的系统。

图 4-57　Enphase Microinverters 实物图

Enphase EMU（见图 4-58）是一个通信网关，它收集每一个用户的太阳电池组件的性能信息，并将这些信息传输到 Enlighten 网站，用户可以通过 Enlighten 网站查看和管理他们各自太阳能发电系统的性能。

Enlighten 网站（见图 4-59）提供了很多关于太阳能系统和独立太阳能模块性能的信息。图形化的太阳能阵列提供了每个模块的基本信息。更多信息如电流和寿命性能等

图 4-58　Enphase EMU 实物图

指标，展现给用户真实的信息，让他们知道安装太阳能的好处。另外，Enlighten 还提供了移动设备接入支持，这使得用户任何时间任何地点都能够查看实时性能信息。

随着全球光伏市场的打开，未来的 MI 产品的市场也会迅速扩大，随着市场的激烈竞争，价格低、性能优、容易安装、监控精确、人机界面好的 MI 产品才是未来 MI 市场的主流。

随着技术进步和规模提高，微逆变器的成本有望进一步降低，效率也将进一步提高。随着分布式光伏特别是光伏建筑技术的应用与发展，未来微型逆变器的应用应该有着较好的发展前景。

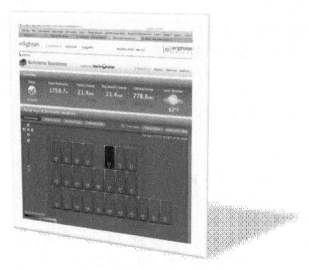

图 4-59 Enphase Enlighten 网站实物图

4.5.1.2 微型光伏并网逆变器优缺点概述[37,38]

1. 微型逆变器主要优点

1) 对实际环境的适应性强，由于每一个光伏组件独立工作，对光伏板组件一致性要求降低，当实际应用中出现诸如阴影遮挡、云雾变化、污垢积累、组件温度不一致、组件安装倾斜角度不一致、组件安装方位不一致、组件细小裂缝和组件效率衰减不均等内外部不理想条件时，问题组件不会影响其他组件的工作，从而不会明显降低系统整体发电效率。

2) 没有热斑问题。

3) 采用模块化技术，容易扩容，即插即用式安装，快捷、简易、安全。另外，MI 使光伏系统摆脱了危险的高压直流电路，具有组件切断能力，尤其是有利于防火。另外安装时组件不必完全一致，安装时间和成本将降低 15%～25%，还可随时对系统做灵活变更和扩容。

4) 体积较小，且单个 MI 的价格较便宜，所以一般的工业单位和家庭都可有自己的光伏发电基地。

5) 使用标准的 MI 安装材料，可大大减少安装材料和系统设计的成本。

6) 传导损耗降低，传输线价格也减少。

7) 不同于传统集中式逆变器，每一个光伏组件有独立的 MPPT，不存在光伏组件之间的不匹配损耗，可以实现发电量最大化。

8) 无须串联二极管和旁路二极管。

9) 系统布局紧凑，浪涌电压小。

10) 避免了单点故障，传统集中式逆变器是光伏系统的故障高发单元，而使用微逆变器不但消除了这一薄弱环节，而且其分布式架构可以保证不会因单点故障而导致整个系统的失灵。

2. 微型逆变器的主要缺点

1）系统应用可靠性和寿命还不能与太阳电池模块相比。一旦损坏，更换比较麻烦。

2）与集中式逆变器相比，效率相对较低。但随着电力电子功率器件、磁性器件技术的发展，微型逆变器的效率将进一步提高，例如 Enphase 公司生产的 S280 其效率已达到 96.8%，这样的效率已经接近普通逆变器的效率。

3）相对成本比较高。

4）集中控制困难。

4.5.1.3　微型光伏并网逆变器关键性技术[39]

微型逆变器不同于传统集中式光伏逆变器，其主要区别在于：

（1）微型逆变器输入电压低、输出电压高

单块光伏组件的输出电压范围一般为 20～50V，而电网的电压峰值约为 311V（AC 220V）或 156V（AC 110V）。因此，微逆变器的输出峰值电压远高于输入电压，这要求微型逆变器需要采用具备升降压变换功能的逆变器拓扑；而集中式逆变器一般为降压型变换器，其通常采用桥式拓扑结构，逆变器输出交流侧电压峰值低于输入直流侧电压。

（2）功率小

单块光伏组件的功率一般在 100～300W，微型逆变器直接与单块光伏组件相匹配，其功率等级即为 100～300W，而传统集中式逆变器功率通过多个光伏组件串并联组合产生足够高的功率，其功率等级一般在 1kW 以上。

由于上述微型逆变器自身的这些特点，使微型逆变器的研发存在以下关键性技术。

（1）微型逆变器拓扑

微型逆变器的特殊应用需求决定了其不能采用传统的降压型逆变器拓扑结构，如全桥、半桥等拓扑，而应该选择能够同时实现升、降压变换功能的变换器拓扑。除能够实现升、降压变换功能外，还应该实现电气隔离。另一方面，高效率、小体积的要求决定了其不能采用工频变压器实现电气隔离，需要采用高频变压器。

可选的拓扑方案包括：高频链逆变器、升压变换器与传统逆变器相组合的两级式变换、基于隔离式升降压变换器的 Flyback 逆变器等几种，其中 Flyback 变换器拓扑结构简洁，控制简单、可靠性高，是一种较好的拓扑方案，目前 Enphase 等公司开发的微逆变器产品均是基于 Flyback 变换器，这在下一小节中将详细讨论。

（2）高效率变换技术

为了减小微型逆变器的体积，要求提高逆变器的开关频率。而开关频率的提高必然导致开关损耗升高、变换效率下降，因此小体积与高效率两者之间存在一定的矛盾。因此，高频软开关技术是解决两者矛盾的有效方法，因为软开关技术可以在不增加开关损耗的前提下提高开关频率。显然，研发简单而有效的软开关技术并将软开关技术与具体的微型逆变器拓扑相结合是微逆变器开发需要解决的关键问题之一。

（3）并网电流控制技术

传统的集中式并网逆变器中，一般采用电流闭环控制技术来确保进网电流与电网电压的同频同相，从而实现高质量的并网电流控制，如采用 PI 控制、重复控制、预测电流控制、滞环控制、单周期控制、比例谐振控制等控制方法，上述方法都需要采用电流霍尔等元件采样进网电流，进而实现并网电流的控制。

由于微型逆变器的小功率特色，为了降低单位发电功率的成本，且考虑到体积要求，开发新型的高可靠性、低成本小功率并网电流检测与控制技术是微型逆变器研发需要解决的另一个关键性问题。

（4）高效率、低成本最大功率点跟踪（MPPT）技术

光伏发电系统的效率为电池板的光电转换效率、MPPT 效率和逆变器效率三部分乘积，高效率 MPPT 技术对光伏发电系统的效率提高和成本降低有十分重要的意义。常见的 MPPT 算法包括开路电压法、短路电流法、爬山法、扰动观察法、增量电导法以及基于模糊和神经网络理论的智能跟踪算法等，上述 MPPT 方法中一般需要同时检测光伏输出侧电压和电流，进而计算出并网功率。

微型逆变器的光伏侧输入电压低，因此光伏侧的电流较大。如果采用电阻检测输入侧电流，对微逆变器的整机效率影响较大，而采用霍尔元件采样光伏侧电流则会增加系统成本及逆变器体积。因此针对微型逆变器的特殊要求，需要开发新型的无需电流检测的高效率 MPPT 技术。

（5）孤岛检测技术

孤岛检测是光伏并网发电系统必备的功能，是人员和设备安全的重要保证。针对微型逆变器的特殊应用需求，开发简单、有效、零检测盲区、不影响进网电流质量的孤岛检测技术是微逆变器开发需要解决的一个重要课题。

（6）无电解电容变换技术

光伏组件的寿命一般为 20~25 年，要求微型逆变器的寿命必须接近光伏组件。然而电解电容是功率变换器寿命的瓶颈，要使微逆变器达到光伏组件的寿命，必须减少或避免电解电容的使用。因此研究和开发无电解电容功率变换技术是微型逆变器开发需要解决的另一个课题。

（7）信息通信技术

当多个微型逆变器组成分布式发电系统时，系统需要实时收集每个微型逆变器的信息，以实现有效的监测与管理，因此需要研究低成本、高效、高可靠性的信息通信技术。

4.5.2 微型逆变器的基本拓扑结构

4.5.2.1 微型逆变器拓扑结构概述

微型逆变器（MI）已经进入商业化应用阶段，但是相比于组串式和集中式逆

变器仍然是一个较新的应用领域。而电力电子技术是微型逆变器的核心，对提高微型逆变器的性能，推动微型逆变器的持续快速发展具有很重要的作用。MI 要求先将输入的低直流电压升压后再转化为交流电并入电网，故其拓扑结构要求由 DC/DC 变换电路和 DC/AC 变换电路组合而成。而每一类变换器的主电路拓扑结构又存在多种形式，比如 DC/DC 变换电路，它可以分为 BUCK、BOOST、BUCK-BOOST、CUK、SEPIC、ZETE 变换电路以及正激、反激、推挽、半桥、全桥变换电路，而 DC/AC 逆变电路可以分为推挽

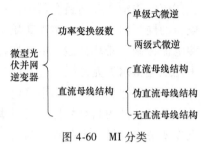

图 4-60　MI 分类

逆变、半桥逆变和全桥逆变电路，因而 MI 拓扑结构类型十分繁多。

目前微型光伏并网逆变器常见的分类方式如图 4-60 所示。

4.5.2.2　按功率变换级数分类的微型逆变器拓扑

如果按逆变器的功率变换级数分类可以将微型逆变器分为单级式微型逆变器和两级式微型逆变器。

（1）单级式微型逆变器

单级式 MI 的典型拓扑结构如图 4-61 所示，该结构采用 DC/DC 变换器和工频变换器串联的 MI 结构。由于工频变换器不存在高频调制，因此通常将这种 DC/DC 变换器和工频变换器的串联结构归为单级变换器结构。目前针对单级式微型逆变器的研究多集中在反激式电路结构上，该类型逆变器所用器件少、成本低、可靠性高，适合应用于小功率场合。

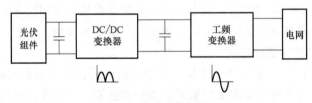

图 4-61　单级式结构的 MI

以 Enphase 等公司产品为代表的单级式微逆原理结构如图 4-62 所示，该电路采用反激变换器在实现 MPPT 控制的同时，使高频变压器二次侧输出双正弦半波的直流电，再经过晶闸管工频变换器逆变后实行并网。

（2）两级式微型逆变器

两级式 MI 的典型拓扑结构如图 4-63 所示，该结构采用 DC/DC 变换器和 DC/AC 逆变器串联结构，其 DC/DC 变换器和 DC/AC 逆变器均采用高频 PWM 调制，因此是典型的两级变换器结构。其中前级 DC/DC 变换器在实现对光伏组件最大功率点跟踪控制的同时，实现光伏组件输出电压的升压功能，以满足后级 DC/AC 逆变器的并网逆变控制要求。而后级 DC/AC 逆变器在完成并网控制的同时，实现直

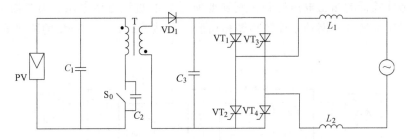

图 4-62 采用准谐振反激变换器的单级式 MI 电路

流稳压控制。两级式 MI 应对功率平衡问题具有先天优势，可以实现输入功率与输出功率解耦，然而相对于单级式 MI 而言，其损耗相应增加。

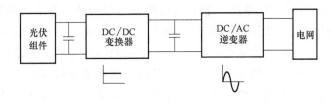

图 4-63 两级式结构的 MI

图 4-64 所示为典型的两级式微型逆变器电路拓扑，该电路采用推挽式电压型高频链拓扑结构：前级采用推挽升压电路，适用于低压大电流的场合，正好满足微型光伏发电系统的要求；后级采用单相全桥逆变电路，采用 SPWM 控制，再通过滤波电感得到 220V、50Hz 交流输出接入电网。

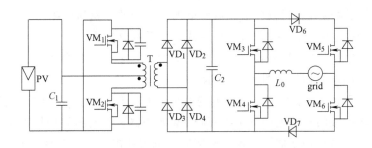

图 4-64 采用推挽式电压型高频链结构的两级式 MI 电路

4.5.2.3 按直流母线结构分类的微型逆变器拓扑

如果按逆变器的直流母线结构分类可以将微型逆变器分为含直流母线结构、含伪直流母线结构和不含直流母线结构的微型逆变器。

（1）含直流母线结构的微型逆变器

含直流母线结构的 MI 一般拓扑结构如图 4-65 所示，主电路可以分为 DC/DC 和 DC/AC 两级。第一级 DC/DC 电路主要有两个功能：一是实现 MPPT 算法；二是把光伏组件较低的输出电压升到并网逆变所需要的直流母线电压。第二级 DC/AC 电路主要用来实现并网功率控制和锁相功能。显然，这是一种典型的两级式 MI 拓扑结构。

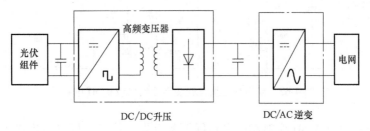

图 4-65 含直流母线结构的 MI 一般拓扑结构

根据输入级的 DC/DC 电路一般采用隔离式电路拓扑，为了实现较高的增益，可以用反激、推挽、半桥和全桥等常见拓扑。由于在相同的输入电压条件下，全桥逆变器的输出电压是半桥式的两倍，也就是在相同输出功率的条件下，全桥逆变器的输出电流仅为半桥的一半，因此若考虑较高功率应用场合，一般需采用全桥逆变器。利用变压器可以容易实现较高的电压增益，但是这些拓扑的共同特点是变压器匝数比过大，较大的一次电流导致漏感损耗较大，隔离电路的效率往往并不高。

含直流母线结构的 MI 中间存在直流环节，从而实现了 DC/DC 变换和 DC/AC 逆变器之间的解耦，前后级可以独立控制，控制相对较灵活，可靠性高，从而得到了广泛的应用，但是这种结构还存在一些缺点：

1）DC/DC 和 DC/AC 两级功率变换降低了系统的可靠性和效率；

2）需要更大的直流滤波环节，从而增加了系统的体积和损耗；

3）DC/AC 电路工作在高频 PWM 模式，开关损耗较大。

含直流母线结构的 MI 主要有反激式、推挽式、半桥式和全桥式几种典型的拓扑结构，相应的电路拓扑如图 4-66 所示。

图 4-66a 是由反激变换器和全桥逆变器组成的反激式含直流母线的微型逆变器结构。其中输出级的全桥逆变器采用高频 PWM 控制，并且桥路中增加了两个辅助二极管，一方面防止逆变器初始连接电网时的电流冲击，另一方面防止电网电流向直流侧回馈，以下系统的辅助二极管也可起同样的作用。

反激式含直流母线的微型逆变器其电路结构简单，但由于反激式变换器的功率受到限制，且变压器铁心磁状态工作在最大的直流成分下，需要铁心开较大的气隙，并使铁心体积较大，因此这种拓扑并不常用。

图 4-66b 是由推挽变换器和全桥逆变器组成的推挽式含直流母线的微型逆变器结构。其输入级采用推挽升压电路，适用于低压大电流的场合，正好满足交流模块（AC Module）光伏系统的要求；而后级的单相全桥逆变器采用高频 PWM 控制，并

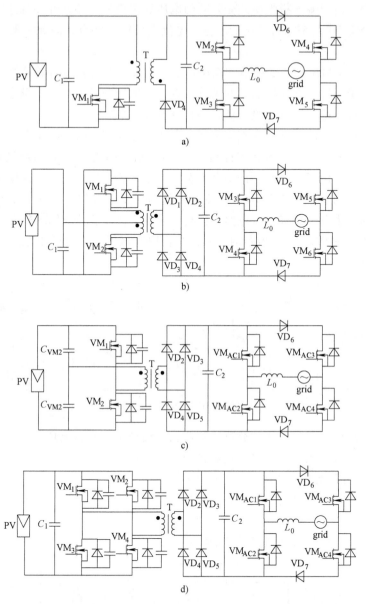

图 4-66 几种含直流母线的 MI 典型电路拓扑

a) 反激式 b) 推挽式 c) 半桥式 d) 全桥式

通过滤波电感接入 220V、50Hz 工频电网。推挽式含直流母线的微型逆变器结构十分适合应用于独立光伏组件的并网发电，也是最常用和最有效的拓扑。此电路的最大缺点是变压器绕组利用率低，功率开关管耐压应力为输入电压的两倍，同时会出现偏磁现象，且推挽式变换器的效率还有待进一步改善。

图 4-66c 结构是由半桥式变换器和全桥逆变器组成的半桥式含直流母线的微型

逆变器结构。由于输入级半桥式变换器的电压利用率低，功率开关管的电流应力较大，不适合于 MI 系统输入电压低、输入电流大的应用特点，因此一般不采用此拓扑结构。

图 4-66d 是由全桥式变换器和全桥逆变器组成的全桥式含直流母线的微型逆变器结构。由于全桥式变换器功率开关管较多，一般用于较大功率的场合，显然，这种拓扑结构也不适用于输入电压低、小功率的 MI 场合。

针对前面介绍的推挽式含直流母线的微型逆变器的 DC/DC 变换器效率低，且可能出现磁偏等问题，参考文献提出了一种改进的 MI 拓扑，其系统结构如图4-67所示。该拓扑采用了一种新型的 ZVCS 串联谐振推挽 DC/DC 变换器和全桥并网逆变器串联的结构。串联谐振 DC/DC 变换器是利用变压器的漏感和主电路中电容以及开关管的寄生电容形成谐振电路，使得变换器开关工作在 ZVCS 软开关状态，从而有效地提高了 DC/DC 变换器的效率，并利用变压器二次侧的串联谐振电容有效抑制了偏磁。

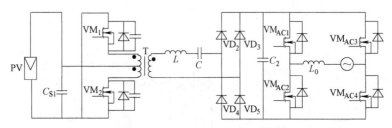

图 4-67　含直流母线的 ZVCS 串联谐振推挽式 MI 拓扑

以上所述的含直流母线的微型逆变器拓扑结构均含有直流环节，因此，前级直流升压变换器和后级逆变器可实现解耦控制。

（2）含伪直流母线结构的微型逆变器

含伪直流母线结构的 MI 一般拓扑结构如图 4-68 所示，该拓扑实际上就是上述的单级式微型逆变器结构。该拓扑类型控制简单，仅对前级控制即可，后级电路工作在工频状态，能有效降低开关管的损耗。

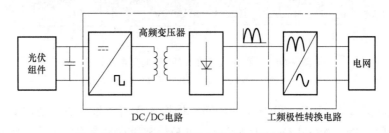

图 4-68　含伪直流母线结构的 MI 一般拓扑结构

含伪直流母线结构的 MI 拓扑常采用一种交错反激式 MI 拓扑，该拓扑由两路并联的交错反激电路和工频变换电路组成，如图 4-69 所示。采用两路交错并联的反激变换器，相当于开关频率倍增，能够减小输出电流的脉动，减小滤波元件的尺寸，减小输出电流的 THD。美国 Microchip 公司在 2010 年发布的一款微逆产品方案就采样该拓扑形式，在国内外市场上具有竞争力的公司如 APS（浙江昱能）和 Enphase，其产品也是基于类似的拓扑结构。

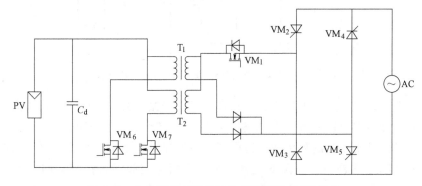

图 4-69   含伪直流母线结构的交错反激式 MI 拓扑

虽然交错并联反激变换器改善了反激变换器的性能，但是变换器工作在硬开关状态，效率较低。为此参考文献 [40] 提出了一种基于 *LLC* 谐振的微型逆变器方案，该方案采用 *LLC* 谐振变换器作为微型逆变器的 DC/DC 级，将光伏电池输出的直流电流转换为正弦半波直流电，通过后级的工频变换器电路变换成为与电网电压同频同相的交流电，如图 4-70 所示。*LLC* 谐振变换器可使功率器件在全负载范围实现软开关，从而提高系统的效率。同时谐振元件 L_r 和 L_m 可以用变压器的漏感和励磁电感替代，从而提高了功率密度。对于 *LLC* 变换器而言，由于需要控制变压器二次侧输出正弦半波直流电，如果采用变频控制，则频率范围变化太宽，从而不利于磁性元件设计。因此，可以考虑定频与变频相结合的混合控制。

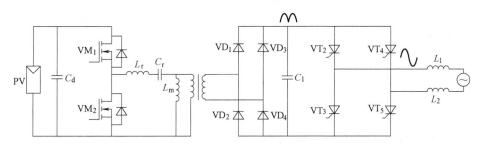

图 4-70   基于 *LLC* 变换器的含伪直流母线结构的 MI 拓扑

（3）不含直流母线结构的微型逆变器

不含直流母线结构的 MI 一般拓扑结构如图 4-71 所示。该拓扑前级采用全桥逆变、推挽等电路形式，将光伏组件的直流输入电压转换为高频交流电压，经过变压器升压后，通过变压器二次侧的交-交变换器，将高频交流电直接变换成工频交流电实现并网控制。显然，这类 MI 实际上就是一种周波变换型高频链光伏并网逆变器。该类拓扑最大的优点在于没有直流母线，不需要耐高压、大容量的功率解耦电容，因此能够增加微型逆变器的寿命，减小微型逆变器的体积。

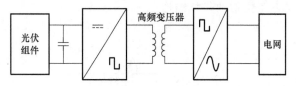

图 4-71　不含直流母线结构的 MI 一般拓扑结构

　　针对上述设想，有学者提出了一种基于串联谐振电路的微型逆变器结构，如图 4-72 所示。变压器一次侧开关具有零电压开通的特性，因此该电路理论上具有较高的效率。但是变频控制频率变化范围宽，滤波器设计困难。当然，也可以在该拓扑结构的基础上考虑 LLC 谐振变换器，采用定频与变频混合控制策略，满足变换器功能的前提下减小开关频率的范围。该变换器为高频开关逆变器，把输入的直流电压逆变为 SPWPM（正弦脉宽脉位调制）波，通过高频隔离变压器后，利用同步工作的交-交变换器把 SPWPM 波变换成 SPWM 波。由于电能变换没有经过整流环节，并且交-交变换器采用双向开关，因此该电路拓扑原理上可以实现功率双向流动。

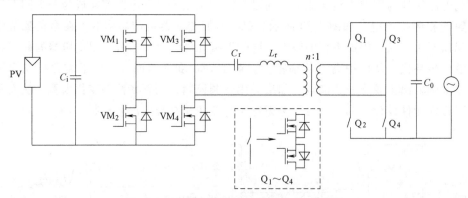

图 4-72　无直流母线的串联谐振式 MI 拓扑

　　采用无直流母线结构的 MI，由于后级变换器使用双向开关元件，导致器件数目增多，控制相对较复杂，目前用于商业产品开发的实例比较少。但是该拓扑能够获得很高的功率密度和使用寿命，因此是未来 MI 拓扑研究的一个探索方向。

　　另外，为了消除电解电容，有学者提出在逆变器输入端增加一个功率解耦电路，将功率脉动转移到解耦电路，但效率非常低，只有 70%。为此，美国 SolarBridge 公司应用 Illinois 大学香槟分校 Krein 教授提出了三端口微型逆变器方案[41]，其电路拓扑如图 4-73 所示。该方案将脉动功率转移至变压器附加的第三方纹波绕组，并且其 100W 样机仅需不到 10μF 薄膜电容，但大量开关尤其是双向开关的引入，使得电路及其控制过于复杂，工程应用还需进一步改进。

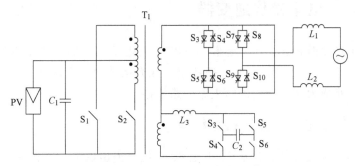

图 4-73　具有解耦电路的无直流母线三端口 MI 拓扑

（4）三类直流母线 MI 拓扑对比

表 4-1 对三类直流母线 MI 拓扑结构进行了对比。对于额定功率为 200W 左右的模块化光伏系统并网应用场合，微型逆变器的拓扑选择不仅要考虑效率的提高，还要兼顾电路的可靠性以及成本等因素。在众多的拓扑中，采用伪直流母线结构的反激式逆变电路具有结构简单、元件数量少等优点，得到了业界 MI 产品的广泛应用。

表 4-1　三类直流母线 MI 拓扑结构对比

		直流母线	伪直流母线	无直流母线	
控制方法	DC/DC	固定占空比	SPWM	周波高频链控制	
	DC/AC	SPWM	工频方波		
解耦电容	位置	直流母线	电池端	电池端	交流侧
	大小	中等	大	大	小
控制复杂度		简单（前后端独立控制）	中等（MPPT，电流波形控制在前级）	中等	复杂（功率解耦控制）
成本		中	低	高	高
效率		中	高	低	低
优点		两级独立控制	DC/AC 损耗低	功率密度高	
缺点		DC/AC 损耗高	DC/DC 控制较复杂	双向开关,矩阵控制	

总之，从太阳能光伏发电系统角度来看，电池板的阴影问题依然具有一定的挑战性。阴影的变化、太阳电池板上的污垢和面板老化，都会对各个面板的电压构成影响，从而引起串联面板的输出电压发生变化。而光伏微型逆变器作为解决这一问题的有效方案，不仅能够实现组件级的最大功率点跟踪控制，而且能实现组件级的故障保护，同时可以简化线路设计。国内外专家一致认为，随着分布式光伏发电技术的推广应用，尤其是与建筑相结合的光伏发电系统的应用，微型逆变器在未来光伏并网系统中将具有广阔的应用前景。

4.6 NPC 三电平光伏逆变器

与两电平逆变器相比,中点钳位（NPC）三电平逆变器能获得更低的输出谐波和更高的效率。因此 NPC 三电平拓扑结构在光伏并网逆变器设计中显示出诸多优越性,并逐步成为光伏逆变器的主流电路拓扑。

4.6.1 NPC 三电平逆变器拓扑结构

NPC 三电平逆变器拓扑自从 20 世纪 80 年代初提出以来,得到了很大的发展,并在拓扑结构上出现了多个分支,主要包括：I 型 NPC 三电平拓扑、有源 NPC（ANPC）三电平拓扑和 T 型 NPC 三电平拓扑,其各单相拓扑结构如图 4-74 所示。当然,三电平逆变器除了 NPC 拓扑结构外,还包括飞跨电容式拓扑结构和级联式拓扑结构,这些结构在光伏并网逆变器设计中的应用较为少见,这里不予介绍。以下简要介绍 I 型 NPC 三电平拓扑、有源 NPC（ANPC）三电平拓扑和 T 型 NPC 三电平拓扑的基本工作原理。

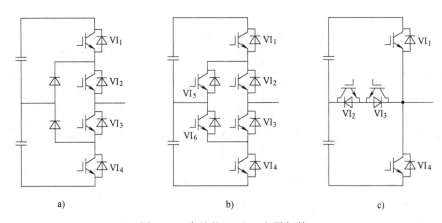

图 4-74 常见的 NPC 三电平拓扑

a) I 型 NPC 三电平拓扑 b) ANPC 三电平拓扑 c) T 型 NPC 三电平拓扑

1. I 型 NPC 三电平拓扑

I 型 NPC 三电平拓扑的基本工作原理为：当处于正半周期时,在有源供电状态下,VI_1、VI_2 同时导通,在续流状态下 VI_2、VI_3 同时导通；当处于负半周期时,在有源供电状态下,VI_3、VI_4 同时导通,在续流状态下 VI_2、VI_3 同时导通。I 型 NPC 三电平拓扑的开关管 VI_2 和 VI_3 不承担开关损耗,而开关管 VI_1 和 VI_4 承担了几乎所有的开关损耗。因此,在开关频率较高时,即使通态损耗的差异不大,VI_2、VI_3 与 VI_1、VI_4 的总功率损耗也会出现明显的不平衡。I 型 NPC 三电平拓扑的损耗分布不平衡,开关管的发热不均衡,使得散热系统优化设计比较困难,影响了系统的稳定性和可靠性。

2. ANPC 三电平拓扑

为了解决 I 型 NPC 三电平拓扑功率损耗分布不均的问题, 参考文献 [42] 提出一种 ANPC 三电平拓扑, 如图 4-74 所示。与 I 型 NPC 三电平拓扑相比, ANPC 三电平拓扑增加了两个可控开关管, 获得了更多的零续流状态, 有效提高了系统的控制自由度, 使得开关管的功率损耗更加均匀。以正半周期为例分析 ANPC 三电平拓扑的基本工作原理: 此时存在两种正向续流状态, 从续流状态 1 向有源状态换流时, VI_1、VI_6 导通, VI_5 关断, VI_1 承担开通损耗; 从有源状态向续流状态 2 换流时, VI_3 导通, VI_2 关断, VI_2 承担关断损耗, 在续流状态 2 下, 电流通过 VI_3、VI_6 续流; 从续流状态 2 向有源状态换流时, VI_2 导通、VI_3 关断, VI_2 承担开通损耗; 最后, 从有源状态向续流状态 1 换流, VI_5 导通, VI_1、VI_6 关断, VI_1 承担关断损耗, 在续流状态 1 下, 电流通过 VI_2、VI_5 续流。由上述一个开关周期的换流过程可以看出, 内管和外管各自承担了一半的开关损耗。不过 ANPC 三电平拓扑比 I 型 NPC 三电平拓扑多出 2 个全控开关管, 增加了系统的体积和成本; 另外 ANPC 三电平拓扑的开关状态比较多, 控制较为复杂。

3. T 型 NPC 三电平拓扑

T 型 NPC 三电平拓扑是一种改进型的 NPC 结构, 使用两个串联的背靠背 IGBT 来实现双向开关, 从而将输出钳位至直流侧中性点, 其基本工作原理为: 当处于正半周期时, 在有源状态下开关管 VI_1 导通, 在续流状态下开关管 VI_2 和 VI_3 同时导通; 当处于负半周期时, 在有源状态下开关管 VI_4 导通, 在续流状态下开关管 VI_2 和 VI_3 同时导通。T 型 NPC 三电平拓扑的优势在于[43-45]:

1) 仅采用 4 个 IGBT 和 4 个二极管, 不仅少于 ANPC 三电平拓扑 (采用了 6 个 IGBT 和 6 个二极管), 而且少于 I 型 NPC 三电平拓扑 (采用了 4 个 IGBT 和 6 个二极管)。

2) 续流状态的通态损耗由开关管 VI_2 和 VI_3 承担, 而同时开关损耗全部由开关管 VI_1 和 VI_4 承担, 上下桥臂的功率损耗相对均衡。

3) 开关状态与 I 型 NPC 三电平拓扑类似, 适用于 I 型 NPC 三电平拓扑的调制策略, 均可应用到 T 型 NPC 三电平拓扑中。

4) 图 4-75 所示为三种 NPC 三电平拓扑结构在相同工况下的效率对比, 可以看出, T 型 NPC 三电平拓扑具有最高的效率。

综上所述, 可以看出, T 型 NPC 三电平拓扑的能量转换效率最高, 硬

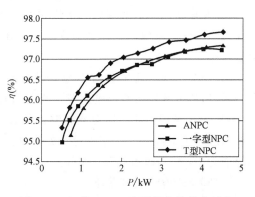

图 4-75　三种 NPC 三电平拓扑的效率对比

件成本最低，而且功率损耗比较均匀，调制策略简单易行；不过 T 型 NPC 三电平拓扑的耐压等级只有 I 型 NPC 和 ANPC 三电平拓扑的一半，不适合电压等级高的并网场合。由于光伏并网逆变器系统一般属于低压系统，因此 T 型 NPC 三电平拓扑在中小功率等级的光伏逆变器中已成为主要的拓扑结构。

4.6.2　NPC 三电平逆变器 PWM 调制策略

PWM 调制策略是三电平光伏并网逆变器的关键技术之一，通过改变三电平逆变器的开关占空比，以取得所期望的输出电压或电流。调制策略会影响光伏并网系统中三电平逆变器的直流电压利用率、直流侧中点电位和能量转化效率。另外，当三电平逆变器并联时其调制策略会影响三电平逆变器之间的零序环流。常见的三电平 PWM 调制策略包括同相载波正弦脉宽调制（PDSPWM）、反相载波正弦脉宽调制（PODSPWM）、空间矢量调制（SVPWM）、断续调制（DPWM）和无小矢量参与的空间矢量调制（LMZVM）等。简要介绍如下。

4.6.2.1　基于载波调制的 PWM 调制策略

对于三电平逆变器而言，基于载波调制的 PWM 调制策略，是指调制波与一组上下层叠的载波比较得到开关脉冲信号的调制策略。采用两个幅值和频率相同的三角载波信号，上下层叠并对称分布在调制波信号的正、负半周期。当采用正弦波信号作为三电平调制波信号进行调制时，其调制策略也被称为三电平正弦脉宽调制，即三电平 SPWM。

常见的三电平 SPWM 技术包括同向载波 PDSPWM 和反向载波 PODSPWM 两种调制策略。

1. PDSPWM 调制策略

PDSPWM 调制策略的原理如图 4-76a 所示，其中三角载波上下层叠，两者具有相同的相位，调制波为正弦波，用调制波与上、下载波比较，在正半周，当调制波大于上载波时，输出正脉冲；在负半周，当调制波小于负载波时，输出负脉冲，其他状态输出零电平。PDSPWM 的特点如下：

1）相电压由基波和载波上下边频谐波组成，不含有直流分量；谐波主要集中在开关频率处，幅值较大，另外还存在以开关频率整数倍为中心的其他边带谐波，幅值较小。

2）由于上下层叠的载波信号相位相同，输出电流载波频率处的谐波相互抵消，所以 PDSPWM 对输出电流波形改善的效果较好。

3）由于采用正弦波作为调制波，最大直流电压利用率为 1；一个开关周期内的输出脉宽为七段式，三相桥臂开关管总共开关 6 次，如图 4-76b 所示；共模电压的幅值为 $U_{dc}/3$，如图 4-76c 所示。

2. PODSPWM 调制策略

PODSPWM 调制策略的原理如图 4-77a 所示，其中三角载波上下层叠，两者相

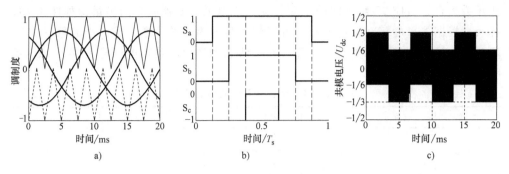

图 4-76　PDSPWM 的原理和输出特性

a）PDSWM 的原理图　b）PDSPWM 的输出脉冲序列　c）PDSPWM 的共模电压

位相反，调制波为正弦波，用调制波与上、下载波比较，在正半周，当调制波大于上载波时，输出正脉冲；在负半周，当调制波小于负载波时，输出负脉冲，其他状态输出零电平。PODSPWM 调制策略的特点如下：

1）相电压由基波和载波上下边频谐波组成，不含有直流分量。

2）在输出相电压和线电压中，不含有开关频率处的谐波，但存在以开关频率整数倍为中心的边带谐波，幅值较大。

3）由于采用正弦波作为调制波，最大直流电压利用率为 1；一个开关周期中 PODSPWM 输出脉冲序列如图 4-77b 所示，可见，一个开关周期内的输出脉宽为七段式，三相桥臂开关管总共开关 6 次；PODSPWM 共模电压的幅值为 $U_{dc}/6$，其共模电压波形如图 4-77c 所示。

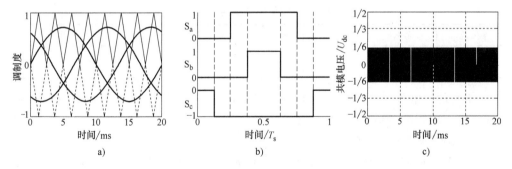

图 4-77　PODSPWM 的原理和输出特性

a）PODSPWM 的原理图　b）PODSPWM 的输出脉冲序列　c）PODSPWM 的共模电压

4.6.2.2　基于空间矢量调制的 PWM 调制策略

对于三电平逆变器而言，基于空间矢量调制的 PWM 调制策略，就是对三电平空间矢量进行选取并控制各矢量的作用时间，合成参考电压矢量，来实现各种控制目标，比如交流输出电流、抑制共模电压和中点平衡控制。三电平逆变器的开关函数 S_{kj} 存在三个状态（-1、0、1），因此三电平逆变器就可以得到 $3^3 = 27$

种开关组合，对应27组不同的空间矢量，三电平逆变器的空间矢量图如图4-78a所示。根据矢量的相对幅值大小，可以将矢量分为4类：零矢量、小矢量、中矢量、大矢量。各矢量的类型、名称、开关状态和产生的共模电压见表4-2~表4-5所示。

表 4-2 大矢量及其共模电压

矢量	名称	状态	共模	名称	状态	共模
大矢量	V_{L1}	1-1-1	$-U_{dc}/6$	V_{L2}	11-1	$U_{dc}/6$
	V_{L3}	-11-1	$-U_{dc}/6$	V_{L4}	-111	$U_{dc}/6$
	V_{L5}	-11-11	$-U_{dc}/6$	V_{L6}	1-11	$U_{dc}/6$

表 4-3 中矢量及其共模电压

矢量	名称	状态	共模	名称	状态	共模
中矢量	V_{M1}	10-1	0	V_{M2}	01-1	0
	V_{M3}	-110	0	V_{M4}	-101	0
	V_{M5}	0-11	0	V_{M6}	1-10	0

表 4-4 小矢量及其共模电压

矢量	名称	状态	共模	名称	状态	共模
小矢量	V_{S1}	100	$U_{dc}/6$	V_{S2}	0-1-1	$-U_{dc}/3$
	V_{S3}	00-1	$-U_{dc}/6$	V_{S4}	110	$U_{dc}/3$
	V_{S5}	010	$U_{dc}/6$	V_{S6}	-10-1	$-U_{dc}/3$
	V_{S7}	-100	$-U_{dc}/6$	V_{S8}	011	$U_{dc}/3$
	V_{S9}	001	$U_{dc}/6$	V_{S10}	-1-10	$-U_{dc}/3$
	V_{S11}	0-10	$-U_{dc}/6$	V_{S12}	101	$U_{dc}/3$

表 4-5 零矢量及其共模电压

矢量	名称	状态	共模	名称	状态	共模
大矢量	V_Z	000	0	V_{Z1}	111	$U_{dc}/2$
	V_{Z2}	-1-1-1	$-U_{dc}/2$			

常见的三电平基于空间矢量调制的PWM调制策略包括SVPWM、DPWM和LMZVM，下面将分别做简单的介绍。

1. SVPWM 调制策略

SVPWM调制策略的空间矢量图如图4-78a所示，图中各矢量的名称和长度与表4-2~表4-5相对应。SVPWM的矢量合成原则是：判断参考电压矢量V_{ref}所在的扇区，利用构成该扇区的、距离V_{ref}最近的3个矢量来合成V_{ref}，其中小矢量是冗余的，一对冗余小矢量的作用时间相等。例如，当参考电压矢量V_{ref}位于图4-78a中的阴影扇区时，距离V_{ref}最近的3个矢量是大矢量V_{L1}、中矢量V_{M1}和小矢量V_{S1}（V_{S2}），其中V_{S1}和V_{S2}互为冗余，那么V_{ref}的合成原则可以描述为

$$\frac{d_S}{2}V_{S1}+d_LV_{L1}+d_MV_{M1}+\frac{d_S}{2}V_{S2}=V_{ref} \tag{4-36}$$

式中　d_L——大矢量的占空比;

　　　d_M——中矢量的占空比;

　　　d_S——小矢量的占空比。

对应的输出脉冲序列为 [0-1-1] - [1-1-1] - [10-1] - [100] - [10-1] - [1-1-1] - [0-1-1],如图 4-78b 所示,可以看出输出脉冲为七段式序列,一个开关周期内开关管动作 6 次。

图 4-78c 所示是 SVPWM 基于载波调制的实现方法,参考文献 [46] 给出了详细的分析过程,这里不再详述,SVPWM 的直流电压利用率为 1.15,等效的调制波是断续的。

图 4-78d 所示为 SVPWM 的共模电压,共模电压的幅值为 $V_{dc}/3$,因为 SVPWM 在合成参考电压矢量时,采用了小矢量 V_{S2}、V_{S4}、V_{S6}、V_{S8}、V_{S10} 和 V_{S12},从表 4-4 可以看出,上述小矢量产生的共模电压幅值均为 $V_{dc}/3$。

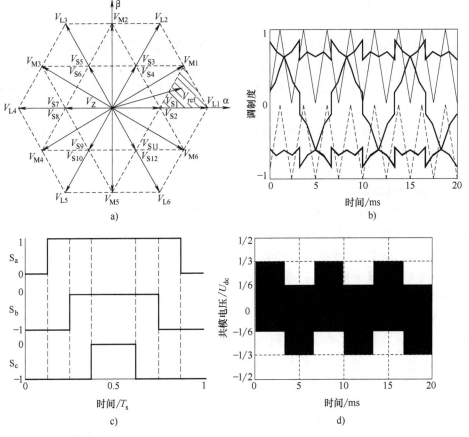

图 4-78　SVPWM 的原理和输出特性

a) SVPWM 的空间矢量图　b) SVPWM 基于载波调制的实现方法

c) SVPWM 的输出脉冲序列　d) SVPWM 的共模电压

2. DPWM 调制策略

DPWM 调制策略是一种降低逆变器开关损耗的调制算法，其空间矢量图如图 4-79a 所示，每相桥臂均存在一定时间的钳位区间，钳位区间开关管不动作以减小开关损耗。例如当参考电压矢量位于图 4-79a 中的阴影区域时，A 相被钳位，其中 +、0、−分别代表 A 相被钳位在正、零、负电平。DPWM 具体矢量选取原则为：每个扇区内由最近的三个空间矢量合成，零矢量只选择 000；小矢量只选择共模电压小的矢量，舍弃共模电压大的矢量。例如，当参考电压矢量 V_{ref} 位于图 4-79a 中的阴影扇区时，此时满足条件的 3 个矢量是 V_{L1}、V_{M1}、V_{S1}，舍弃 V_{S2}，那么 V_{ref} 的合成原则可以描述为

$$d_L V_{L1} + d_M V_{M1} + d_S V_{S1} = V_{ref} \tag{4-37}$$

式中　d_L——大矢量的占空比；

　　　d_M——中矢量的占空比；

　　　d_S——小矢量的占空比。

对应的输出脉冲序列为［100］-［10-1］-［1-1-1］-［10-1］-［100］，如图 4-79b 所示，可以看出输出脉冲为五段式序列，一个开关周期内开关管动作 4 次。

图 4-79c 所示是 DPWM 基于载波调制的实现方法，参考文献［47］给出了详细分析过程，本文不再详述，SVPWM 的直流电压利用率为 1.15，等效的调制波断续。

图 4-79d 所示为 DPWM 的共模电压，共模电压的幅值为 $U_{dc}/6$，因为 SVPWM 在合成参考电压矢量时，采用了小矢量 V_{S1}、V_{S3}、V_{S5}、V_{S7}、V_{S9} 和 V_{S11}，从表 4-4 可以看出，上述小矢量产生的共模电压幅值均为 $U_{dc}/6$。

3. LMZVM 调制策略

LMZVM 调制策略是一种无小矢量参与合成的空间矢量调制，其矢量图如图 4-80a 所示，从图上可以看出，参与合成的矢量包括 6 个大矢量、6 个中矢量和 1 个零矢量 V_Z，一共 13 个矢量，所以 LMZVM 调制也可以被称作十三矢量调制。LMZVM 的矢量合成原则是：判断参考电压矢量 V_{ref} 所在的扇区，利用构成该扇区的、距离 V_{ref} 最近的 3 个矢量（分别是大矢量、中矢量和零矢量）来合成 V_{ref}。例如，当参考电压矢量 V_{ref} 位于图 4-80a 中的阴影扇区时，距离 V_{ref} 最近的 3 个矢量是 V_{L1}、V_{M1}、V_Z，那么 V_{ref} 的合成原则可以描述为

$$d_L V_{L1} + d_M V_{M1} + d_Z V_{Z1} = V_{ref} \tag{4-38}$$

其中，d_L 为大矢量的占空比，d_M 为中矢量的占空比，d_Z 为零矢量的占空比。

对应的输出脉冲序列为［000］→［10-1］→［1-1-1］→［10-1］→［000］，如图 4-80b 所示，可以看出输出脉冲为五段式序列，不过与 DPWM 的五段式序列不同的是，一个开关周期内 DPWM 的开关管动作 6 次。

图 4-80c 所示是 LMZVM 基于载波调制的实现方法，SVPWM 的直流电压利用率为 1.15，等效的调制波是连续的。图 4-80d 所示为 LMZVM 的共模电压，共模电

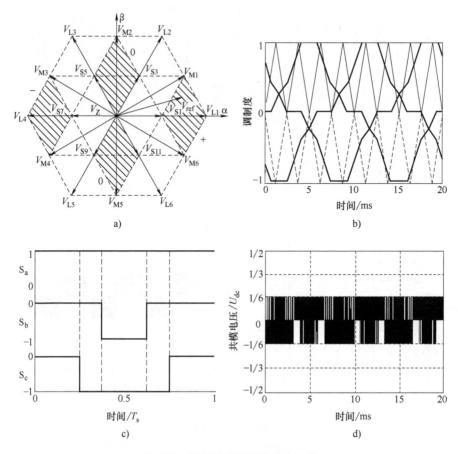

图 4-79　DPWM 的原理和输出特性

a) DPWM 的空间矢量图　b) DPWM 基于载波调制的实现方法
c) DPWM 的输出脉冲序列　d) DPWM 的共模电压

压的幅值为 $U_{dc}/6$，因为 LMZVM 在合成参考电压矢量时，没有采用小矢量，仅由大矢量产生共模电压，幅值为 $U_{dc}/6$。

4.6.2.3　调制策略的对比分析

以上介绍了 5 种最常见的三电平调制策略，分别是 PDSPWM、PODSPWM、SVPWM、DPWM 和 LMZVM。图 4-81a 和图 4-81b 分别给出了 5 种三电平调制策略中点电位和共模电压有效值。并且表 4-6 对上述 5 种调制策略的综合性能进行了对比，并对上述 5 种调制策略进行评判，符号 √ 表示满足要求，符号 × 表示不满足要求。

从表 4-6 中可以看出：

1）没有一种调制策略能满足所有指标要求。

2）LMZVM 是满足指标最多的调制，仅在开关切换次数上无明显优势。

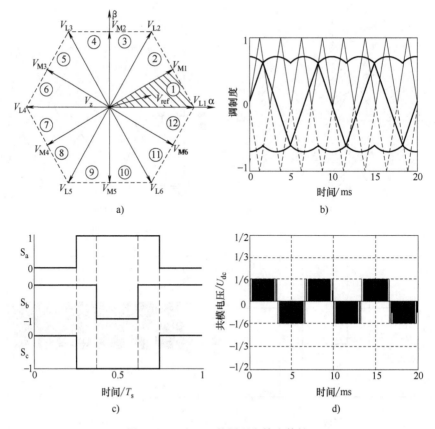

图 4-80 LMZVM 的原理和输出特性

a) LMZVM 的空间矢量图 b) LMZVM 基于载波调制的实现方法

c) LMZVM 的输出脉冲序列 d) LMZVM 的共模电压

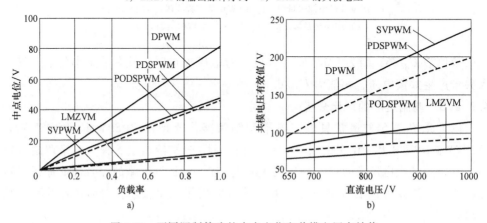

图 4-81 不同调制策略的中点电位和共模电压有效值

a) 不同调制策略的中点电位 b) 不同调整策略的共模电压有效值

3）DPWM 是开关次数切换最少的调制策略，系统效率最高；但 DPWM 的调制波不连续，多机并联时将会产生较大的低频零序环流；另外 DPWM 的共模电压有效值比较大，多机并联时将会产生较大的高频零序环流；并且 DPWM 的中点电位波动较大。

4）SVPWM 的调制波不连续，多机并联时将会产生较大的低频零序环流分量；SVPWM 共模电压的幅值和有效值都比较大，多机并联时将会产生较大的高频零序环流分量。

5）PDSPWM 和 PODSPWM 的调制波是连续的，多机并联时低频零序环流分量较小而高频零序环流分量相对较大；另外 PDSPWM 和 PODSPWM 的直流电压利用率相对较低。

表 4-6 不同调制策略的输出特性对比

调制策略	PD	POD	SVPWM	DPWM	LMZVM
等效调制波	连续($\checkmark$)	连续($\checkmark$)	断续($\times$)	断续($\times$)	连续($\checkmark$)
共模电压幅值	$U_{dc}/3$($\times$)	$U_{dc}/6$($\checkmark$)	$U_{dc}/3$($\times$)	$U_{dc}/6$($\checkmark$)	$U_{dc}/6$($\checkmark$)
共模电压有效值	大($\times$)	中($\times$)	大($\times$)	中($\times$)	小($\checkmark$)
直流电压利用率	1($\times$)	1($\times$)	1.15($\checkmark$)	1.15($\checkmark$)	1.15($\checkmark$)
中点电位波动	大($\times$)	大($\times$)	小($\checkmark$)	大($\times$)	小($\checkmark$)
开关切换次数	6($\times$)	6($\times$)	6($\times$)	4($\checkmark$)	6($\times$)

参 考 文 献

[1] Soeren Baekhoej Kjaer, John K Pedersen, Frede Blaabjerg. A Review of Single-Phase Grid-Connected Inverters for Photovoltaic Modules [J]. IEEE Transactions on Industry Applications, 2005, 41 (5).

[2] 孙龙林. 单相非隔离型光伏并网逆变器的研究 [D]. 合肥工业大学, 2009.

[3] 孙向东, 钟彦儒. 高频链逆变技术发展综述 [J]. 电源技术应用, 2002 (11).

[4] 段峻. 电压型高频链逆变电源的研究 [D]. 西安：西安交通大学, 2003.

[5] 万山明, 吴芳, 黄声华. 一种全桥单向高频链逆变器 [J]. 电力电子技术, 2005 (2).

[6] 宋海峰. 单极性移相控制双向电压源高频环节逆变器研究 [D]. 南京航空航天大学, 2006.

[7] 黄敏超, 徐德鸿. 全桥双向电流源高频链逆变器 [J]. 电力电子技术. 1999.

[8] 李磊. 两种移相控制全桥式高频环节逆变器比较研究 [J]. 中国电机工程学报, 2006.

[9] 朱朝霞, 徐德鸿. 基于 DSP 单相 SPWM 逆变电源调制方式研究及实现 [J]. 浙江理工大学学报, 2005, 22 (2).

[10] 舒杰, 傅诚, 陈德明. 高频光伏并网逆变器的主电路拓扑技术 [J]. 电力电子技术, 2008 (7).

[11] Ogura K, Nishida T, Hiraki E, et al. Time-Sharing Boost Chopper Cascaded Dual Mode Single-Phase Sinewave Inverter for Solar Photovoltaic Power Generation System [C]. 35th Annual IEEE Power Electronics Specialists Conference, 2004.

[12] Boost Current Multilevel Inverter and Its Application on Single-Phase Grid-Connected Photovoltaic

Systems [J]. IEEE Transactions on power Electronics, 2006, 21 (4): 1116-1124.

[13] Feel-Soon Kang, Cheul-U Kim, Sung-Jun Park, et al. Interface circuit for photovoltaic system based on buck-boost current-source PWM inverter [C]. IECON 02 [Industrial Electronics Society, IEEE 2002 28th Annual Conference], 2002, 4 (5-8): 3257-3261.

[14] A Transformer-Less Inverter using Buck-Boost Type Chopper Circuit for Photovoltaic Power System IEEE 1999 International Conference on Power Electronics and Drive Systems [C]. PEDS'99. Hong Kong, 1999 (7): 653-658.

[15] Mike Meinhardt, Gunther Cramer. Multi-String-Converter with Reduced Specific Costs and Enhanced Functionality [J]. Solar Energy, 2000, 69 (1-6).

[16] 陈兴峰. 多支路并网型光伏发电最大功率跟踪器的研究 [D]. 中国科学院电工研究所, 2005.

[17] 张超, 何湘宁. 一种新型的光伏最大功率点跟踪拓扑 [J]. 电源世界, 2007 (4).

[18] Myrzik J, Calais M. String and module integrated inverters for singlephase grid connected photovoltaic systems-a review [C]. 2003 IEEE Bologna Power Tech Conference Proceedings, 2003 (2): 23-26.

[19] 苗謇. 可并网正弦波 PWM 高效光伏逆变器的研究 (DC-AC) [D]. 山东大学, 2006.

[20] 涂方明, 王志飞, 孙巍. UPS 电源输出变压器的偏磁分析 [J]. 船电技术, 2004 (3).

[21] 叶智俊, 严辉强, 余运江. 一种简单的逆变器输出直流分量消除方法 [J]. 机电工程, 2007 (9): 24.

[22] 李剑, 康勇, 陈坚. DSP 控制 SPWM 全桥逆变器直流偏磁的研究 [J]. 电源技术应用, 2002 (5).

[23] 郭小强, 邬伟扬. 并网逆变器直流注入控制策略研究 [C]. 中国电工技术学会电力电子学会第十一届学术年会论文集, 中国杭州, 2008.

[24] Lin Ma, Fen Tang, Fei Zhou, et al. Leakage current analysis of a single-phase transformerless PV inverter connected to the grid. Sustainable Energy Technologies [C]. ICSET 2008. IEEE International Conference, 2008.

[25] Oscar Lopez, Remus Teodorescu, Francisco Freijedo. Eliminating ground current in a transformerless photovoltaic application [C]. Power Engineering Society General Meeting, 2007: 1-5.

[26] Schmidt H, Burger B, Chr Siedle. Gefahrdungspotenzial transformatorloser Wechselrichter-Fakten und Geruchte, 18 Symposium Photovoltaische Sonnenenergie, Staffelstein, Germany 2003. Roberto Gonzalez, Jesus Lopes, Poblo Sanchis, "High-Efficiency Transformerless Single-phase Photovoltaic Inverter [C]", EPE-PEMC 2006: 1895-1900.

[27] Roberto González, Jesús López, Pablo Sanchis, et al. Transformerless Inverter for Single-Phase Photovoltaic Systems [J]. IEEE Transactions on Power Electronics, 2007, 22 (2): 693-697.

[28] Fritz Schimpf, Lars E Norum. Grid connected Converters for Photovoltaic State of the Art, Ideas for Improvement of Transformerless Inverters [C]. NORPIE/2008, Nordic Workshop on Power and Industrial Electronics, 2008.

[29] 田新全. 基于 DSP 的 Z 源逆变器控制与设计 [D]. 合肥: 合肥工业大学, 2007.

[30] Huang Y, Peng FZ, Wang J, et al. Survey of the Power Conditioning System for PV Power Gen-

eration［C］. 37th IEEE Power Electronics Specialists Conference，2006.

［31］ 罗志惠，何礼高. 多电平逆变器载波相移 SPWM 与移相空间矢量控制策略的研究［J］. 电气传动自动化，2009，31（2）：21-25.

［32］ S Ali Khajehoddin，Alireza Bakhshai，Praveen Jain. The Application of the Cascaded Multilevel Converters in Grid Connected Photovoltaic Systems［C］. 2007 IEEE Canada Electrical Power Conference，2007.

［33］ Alonso O，Sanchis P，Gubia E，et al. Cascaded H-Bridge Multilevel Converter for Grid Connected Photovoltaic Generators with Independent Maximum Power Point Tracking of each Solar Array［C］. IEEE 34th Annual Power Electronics Specialist Conference，2003，2：731-735.

［34］ 周小义. 基于独立光伏组件并网逆变器（ac module）的研究［D］. 合肥：合肥工业大学，2007.

［35］ H Oldenkamp，I J de Jong. Ac module：past，present and future［J］. IEEE，1998：16-19.

［36］ Russell H Bonn. Developing a "next generation" PV inverter［J］. IEEE，2002：1352-1355.

［37］ L E de Graaf，T C J van der Weiden. Characteristics and performance of a PV-system consisting of 20 AC-modules［C］. IEEE First WCPEC，1994：921-924.

［38］ H Olclenkamp，S Elstgeest. Reliability and accelerated life tests of the ac module mounted OK E4 inverter［C］. IEEE 25th PVSC，1996：1339-1343.

［39］ 吴红飞. 光伏并网微逆变器核心技术小析［J］. 光伏国际，2010（11）.

［40］ 廖鸿飞. 基于 LLC 谐振的微型光伏并网逆变器研究［J］. 制造业自动化，2015-08（上）.

［41］ Philip T Krein. Cost-Effective Hundred-Year Life for Single-Phase Inverters and Rectifiers in Solar and LED Lighting Applications Based on Minimum Capacitance Requirements and a Ripple Power Port［J］. IEEE Applied Power Electronics Conference&Exposition，2009：620-625.

［42］ Li J，Huang A Q，Liang Z，et al. Analysis and design of active NPC（ANPC）inverters for fault-tolerant operation of high-power electrical drives［J］. Power Electronics，IEEE Transactions，2012，27（2）：519-533.

［43］ Fujii K，Kikuchi T，Koubayashi H，et al. 1-MW advanced T-type NPC converters for solar power generation system［C］//Power Electronics and Applications（EPE），2013 15th European Conference. IEEE，2013：1-10.

［44］ Uemura H，Krismer F，Kolar J W. Comparative evaluation of T-type topologies comprising standard and reverse-blocking IGBTs［C］//Energy Conversion Congress and Exposition（ECCE），2013 IEEE. IEEE，2013：1288-1295.

［45］ Nguyen T D，Phan D Q，Dao D N，et al. Carrier Phase-Shift PWM to Reduce Common-Mode Voltage for Three-Level T-Type NPC Inverters［J］. Journal of Power Electronics，2014，14（6）：1197-1207.

［46］ 吴洪洋，何湘宁. 多电平载波 PWM 法与 SVPWM 法之间的本质联系及其应用［J］. 中国电机工程学报，2002，22（5）：10-15.

［47］ 张兴，谢韦伟，王付胜，等. 三电平断续脉宽调制策略的研究［J］. 电力电子技术，2013，47（10）：4-6.

第5章

光伏并网逆变器控制策略

5.1　光伏并网逆变器控制策略概述[1,2]

　　光伏并网逆变器的控制策略是光伏系统并网控制的关键。由于光伏并网发电系统存在诸如单级式、多级式以及单相、三相等多种拓扑结构，因此光伏并网逆变器的控制策略应涉及多种开关变换器的控制。然而，无论何种拓扑结构的光伏并网逆变器，都不能缺少网侧的 DC-AC 变换单元，即并网逆变单元。实际上，即使对于具有两级变换的光伏并网逆变系统，其前级 DC-DC 变换器和后级 DC-AC 变换器之间一般均设置一个足够容量的直流滤波电容，该直流滤波电容在缓冲前、后级能量变化的同时，也起到了前、后级控制上的解耦作用。因此，对前、后级变换器的控制策略一般可以独立地进行研究。一般而言，在具有两级变换的光伏并网逆变器系统中，前级的 DC-DC 变换器主要实现最大功率点跟踪（MPPT）控制，而后级的 DC-AC 变换器（并网逆变器）则有两个基本控制要求：一是要保持前后级之间的直流侧电压稳定；二是要实现并网电流控制（网侧单位功率因数正弦波电流控制），甚至需根据指令进行电网的无功功率调节。可见，网侧逆变器是光伏并网发电系统的核心。为讨论方便，本章讨论的光伏并网逆变器的控制策略中不涉及有关MPPT 的控制策略，而只研究并网逆变器的变流控制策略。为了便于系统研究并网逆变器的控制策略，本章以三相并网逆变器为主进行讨论，之后介绍单相并网逆变器的控制策略。

　　图 5-1 所示为简单的单级式三相光伏并网逆变系统的拓扑结构，显然，并网逆变器实际上是电力电子技术中的有源逆变器，由于并网逆变器一般采用全控型开关器件，因此并网逆变器也可称为 PWM 并网逆变器。

　　对于并网逆变器而言，典型的并网控制策略是通过对逆变器输出电流矢量的控制实现并网及网侧有功、无功的控制。并网逆变器交流侧稳态的矢量关系如图 5-2 所示。

　　图 5-2 中，E 表示电网电压矢量，U_L 表示滤波电感 L 上电压矢量，U_i 表示逆

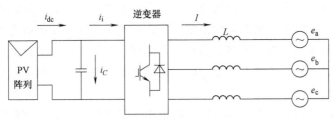

图 5-1 单级式三相光伏并网主电路图

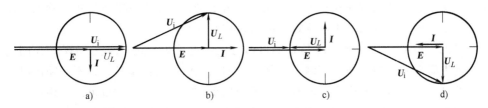

图 5-2 逆变器交流侧稳态矢量关系

a)纯电感特性运行 b)单位功率因数逆变运行 c)纯电容特性运行 d)单位功率因数整流运行

变器桥臂输出即交流侧的电压矢量，I 表示输出电流矢量，图中忽略了输出滤波电感 L 上的等效电阻 R。

由图 5-2 所示的矢量图不难分析出相应的矢量关系，即

$$U_i = U_L + E \tag{5-1}$$

考虑到稳态时 $|I|$ 不变，则 $|U_L| = \omega L|I|$ 也不变，此时并网逆变器交流侧电压矢量的端点形成一个以矢量 E 端点为圆心和以 $|U_L|$ 为半径的圆。显然，通过控制并网逆变器交流侧电压矢量的幅值和相位即可控制电感电压矢量的幅值和相位，进而就控制了输出电流矢量的幅值和相位（$U_L = j\omega LI$）。

实际上，当控制并网逆变器的输出电流并使其与电网电压同相位时，便实现了单位功率因数运行；而当控制并网逆变器的输出电流并使其超前于电网电压时，便实现了并网逆变器在并网发电的同时还可向电网提供无功补偿。可见，通过控制逆变器的输出电流矢量即可实现并网逆变器输出有功功率和无功功率的控制。

总之，并网逆变器并网控制的基本原理可概括为：首先根据并网控制给定的有功、无功功率指令以及电网电压矢量，计算出所需的输出电流矢量 I^*；再由式（5-1）并考虑到 $U_L = j\omega LI$ 即可计算出并网逆变器交流侧输出的电压矢量指令 U_i^*，即 $U_i^* = E + j\omega LI^*$；最后通过 SPWM 控制或 SVPWM 控制使并网逆变器交流侧按指令输出所需电压矢量，以此进行逆变器并网电流的控制。

上述的并网控制方法实际上是通过控制并网逆变器交流侧输出电压矢量来间接控制输出电流矢量的，因而称为间接电流控制。这种间接电流控制方法无需电流检测且控制简单，但也存在明显不足：①对系统参数变化较为敏感；②由于其基于系统的稳态模型进行控制，因而动态响应速度慢；③由于无电流反馈控制，因而并网

逆变器输出电流的波形品质难以保证，甚至在动态过程中含有一定的直流分量。

为了克服间接电流控制方案的上述不足，提出了直接电流控制方案。直接电流控制方案依据系统动态数学模型，构造了电流闭环控制系统，不仅提高了系统的动态响应速度和输出电流的波形品质，同时也降低了其对参数变化的敏感程度，提高了系统的鲁棒性。

在直接电流控制前提下，如果以电网电压矢量进行定向，通过控制并网逆变器输出电流矢量的幅值和相位（相对于电网电压矢量），即可控制并网逆变器的有功和无功功率，从而实现逆变器的并网控制。由于是相对于电网电压矢量位置的电流矢量控制，因而称其为基于电压定向的矢量控制（VOC）。

可见，VOC是在电压定向基础上，通过输出电流矢量的控制，实现对并网逆变器输出有功和无功功率的控制。实际上，如果在电压定向基础上，不对输出电流进行控制，而是对并网逆变器的有功和无功功率进行直接控制，也可以实现逆变器的并网控制。这种在电压定向基础上的并网逆变器的直接功率控制（DPC）一般称为基于电压定向的直接功率控制（V-DPC）。

上述VOC和V-DPC两种并网逆变器控制策略的控制性能均取决于电网电压矢量角度的准确获得，获得电网电压矢量角度的一般方法是：首先检测电网电压瞬时值 e_a、e_b、e_c，再由三相静止坐标系（abc）到两相静止坐标系（αβ）的坐标变换，获得其在 αβ 坐标系下的表达式 e_α、e_β，从而获得电压矢量的位置角 γ，即

$$\begin{cases} \sin\gamma = \dfrac{e_\beta}{\sqrt{e_\alpha{}^2 + e_\beta{}^2}} \\[3mm] \cos\gamma = \dfrac{e_\alpha}{\sqrt{e_\alpha{}^2 + e_\beta{}^2}} \end{cases} \tag{5-2}$$

上述电压定向方法的不足在于：由于实际的电网电压并非是理想的正弦波电压，即电网电压除基波分量外还含有丰富的谐波分量，因此使得电网电压的检测值中除基波分量外还包含谐波分量，这样就使得电压定向出现偏差，从而降低了系统有功、无功的控制性能。

解决以上不足的方法有两种：一种可行的解决方法是加入基于电网电压基波的锁相环（PLL）技术，以期实现对电网电压基波分量进行定向，但这需要对锁相环进行动态响应与稳态精度的折中设计，定向好坏取决于锁相环的设计性能；另一种简单的解决方法是，采用虚拟磁链进行定向，由于虚拟磁链实际上是电网电压的积分，而积分的低通特性对电网电压中的谐波分量有一定的抑制作用，从而有效克服了电网电压谐波对矢量定向精度的影响。

总之，根据矢量定向和控制变量的不同，并网逆变器的控制策略可以归纳成如下4类：①基于电压定向的矢量控制（VOC）；②基于电压定向的直接功率控制（V-DPC）；③基于虚拟磁链定向的矢量控制（VFOC）；④基于虚拟磁链定向的直

接功率控制（VF-DPC）。

相应的控制策略的分类关系如图5-3所示。

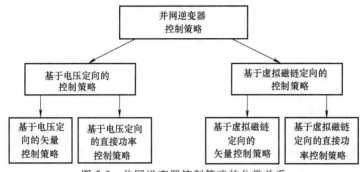

图 5-3 并网逆变器控制策略的分类关系

由于基于电压定向的矢量控制（VOC）和基于虚拟磁链定向的矢量控制（VFOC）都是基于电流闭环的控制策略，而基于电压定向的直接功率控制（V-DPC）和基于虚拟磁链定向的直接功率控制（VF-DPC）则都是基于功率闭环的控制策略，因而本章将上述四种控制策略分为基于电流闭环的矢量控制和基于功率闭环的直接功率控制两大类进行介绍。

另外，在光伏并网系统中，对逆变器并网电流的谐波有严格的限制要求，即要求并网电流的总谐波畸变率（THD）足够小（一般要求并网电流的 THD≤5%）。因此并网逆变器的输出滤波器设计就极为关键，对于小功率并网逆变器，由于开关频率较高，一般常采用 L 型或 LC 型滤波器，对于大功率并网逆变器，由于开关频率不高，为有效降低滤波器体积和损耗，则常采用 LCL 型滤波器。然而，这种采用 LCL 型滤波器设计，减小了系统阻尼，甚至会导致并网逆变器的振荡，为有效解决这一问题，改善并网逆变器的动态性能，本章还介绍了针对基于 LCL 型滤波器的并网逆变器的无源阻尼和有源阻尼两类控制策略。最后本章简单介绍了单相并网逆变器的控制策略。

5.2 基于电流闭环的矢量控制策略[3,4]

基于电流闭环的矢量控制策略按其矢量定向的不同，主要包括基于电网电压定向的矢量控制（VOC）和基于虚拟磁链定向的矢量控制（VFOC）两种控制策略。

采用基于电流闭环的矢量控制策略时，为了实现并网逆变器输出交流电流的无静差控制，根据参考坐标系选择的不同，其控制设计主要分为基于同步旋转坐标系以及基于静止坐标系的两种结构的控制设计。值得注意的是，其中的同步旋转坐标系是与选定的定向矢量同步旋转的。对于基于同步旋转坐标系的控制设计而言，主要是利用坐标变换将静止坐标系中的交流量变换成同步坐标系下的直流量，从而采用典型的 PI 调节器设计即可实现交流电流的无静差控制；而对于基于静止坐标系的控制设计而言，采用典型的 PI 调节器设计则无法实现交流电流的无静差控制，为此可采用比例谐振（PR）调节器，PR 调节器的传递函数 $G_{PR}(s)$ 由比例项和二阶无阻尼振荡项组成，即

$$G_{PR}(s) = K_p + \frac{K_i s}{s^2 + \omega_0{}^2}$$ (5-3)

式中　ω_0——基波角频率；
　　　K_p——比例增益；
　　　K_i——振荡项增益。

由式（5-3）不难看出，由于 PR 调节器在基波频率处增益无穷大，因此可实现对基波正弦电流的无静差控制，另外通过进一步研究表明，在并网逆变器控制设计中，采用 PR 调节器还可以有效抑制电网基波电压的扰动。

对于单相并网逆变器的控制而言，一般不方便进行坐标旋转变换，虽然可以增设虚拟相来实现坐标旋转变换，但增加了复杂度，因此可采用基于静止坐标系的 PR 调节器设计，以实现逆变器输出交流电流的无静差控制。

对于三相并网逆变器的控制而言，采用基于同步旋转坐标系的控制设计十分方便，并且相对 PR 调节器而言，PI 调节器的设计与整定比较容易，另外，相对静止坐标系下的控制而言，基于同步旋转坐标系的控制设计具有有功分量和无功分量控制的解耦特性。

由于基于电网电压定向的矢量控制（VOC）和基于虚拟磁链定向的矢量控制（VFOC）均是基于系统在同步坐标系下的数学模型进行控制系统设计的，其主要不同只是在于同步坐标系 d 轴方向的变量选取不同，因而下面首先介绍同步坐标系下并网逆变器的数学模型，然后，分别讨论 VOC 和 VFOC 两种控制方案。

5.2.1　同步坐标系下并网逆变器的数学模型[2]

由图 5-2 分析，在三相静止 abc 坐标系下，并网逆变器的电压方程为

$$U_{iabc} - E_{abc} = I_{abc} R + L \frac{dI_{abc}}{dt}$$ (5-4)

其中，令矢量 $X_{abc} = (x_a, x_b, x_c)^T$，$x$ 表示相应的物理量，下标表示 abc 坐标系中各相的变量，而 $X_{abc} \in (E_{abc}、U_{iabc}、I_{abc})$。

当只考虑三相平衡系统时，系统只有两个自由度，即三相系统可以简化成两相系统，因此可将三相静止 abc 坐标系下的数学模型变换成两相垂直静止 αβ 坐标系下的模型，即

$$X_{\beta\alpha} = T X_{abc}$$ (5-5)

式中　T——变换矩阵，$T = \frac{2}{3} \begin{pmatrix} 1 & -\frac{1}{2} & -\frac{1}{2} \\ 0 & \frac{\sqrt{3}}{2} & -\frac{\sqrt{3}}{2} \end{pmatrix}$；

$X_{\beta\alpha}$——矢量，$X_{\beta\alpha}=(x_{\beta},\ x_{\alpha})^{\mathrm{T}}$。

显然，相应的逆变换可表示为 $X_{\mathrm{abc}}=T^{-1}X_{\beta\alpha}$，将其代入式（5-4）并化简得

$$U_{\mathrm{i}\beta\alpha}-E_{\beta\alpha}=I_{\beta\alpha}R+L\frac{\mathrm{d}I_{\beta\alpha}}{\mathrm{d}t} \tag{5-6}$$

再将两相静止 αβ 坐标系下的数学模型变换成同步旋转 dq 坐标系下的数学模型，即

$$X_{\mathrm{qd}}=T(\theta)X_{\beta\alpha} \tag{5-7}$$

式中　$T(\theta)$——变换矩阵，$T(\theta)=\begin{pmatrix}\cos\theta & \sin\theta \\ -\sin\theta & \cos\theta\end{pmatrix}$；

$\quad\quad X_{\mathrm{qd}}$——矢量，$X_{\mathrm{qd}}=(x_{\mathrm{q}},\ x_{\mathrm{d}})^{\mathrm{T}}$。

联立式（5-7）和式（5-6）并进行相应的数学变换可得

$$U_{\mathrm{iqd}}-E_{\mathrm{qd}}=L\begin{pmatrix}0 & \omega_0 \\ -\omega_0 & 0\end{pmatrix}I_{\mathrm{qd}}+L\frac{\mathrm{d}I_{\mathrm{qd}}}{\mathrm{d}t}+I_{\mathrm{qd}}R \tag{5-8}$$

式中　ω_0——同步旋转角频率，且 $\omega_0=\mathrm{d}\theta/\mathrm{d}t$。

在零初始状态下，对式（5-8）进行拉氏变换，可得到系统在同步旋转 dq 坐标系下并网逆变器频域的数学模型为

$$\begin{cases}U_{\mathrm{q}}(s)-E_{\mathrm{q}}(s)-L\omega_0 I_{\mathrm{d}}(s)=(sL+R)I_{\mathrm{q}}(s) \\ U_{\mathrm{d}}(s)-E_{\mathrm{d}}(s)+L\omega_0 I_{\mathrm{q}}(s)=(sL+R)I_{\mathrm{d}}(s)\end{cases} \tag{5-9}$$

与式（5-9）相对应的模型结构如图 5-4 所示。

显然，从图 5-4 可以看出，在 dq 坐标系中，并网逆变器的数学模型在 d、q 轴间存在耦合。为了实现 dq 轴的解耦控制，通常可以采用较为简单的前馈解耦策略，如图 5-5 所示，即在并网逆变器输出交流电压中分别引入前馈量 $+L\omega_0 I_{\mathrm{d}}(s)$ 和 $-L\omega_0 I_{\mathrm{q}}(s)$，使其与图 5-4 模型中的耦合项 $-L\omega_0 I_{\mathrm{d}}(s)$ 和 $+L\omega_0 I_{\mathrm{q}}(s)$ 分别进行对消，从而实现了 dq 轴间的解耦，解耦后的系统模型转化为相互独立且完全对等的两部分，如图 5-5b 所示。前馈解耦实际上是一种开环解耦方案，其控制简单且不影响系统稳定性，然而这种前馈解耦的性能取决于系统参数，因而难以实现完全的解耦，实际上，前馈解耦是一种削弱耦合的补偿控制。

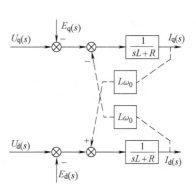

图 5-4　系统在同步坐标系下的模型

5.2.2　基于电网电压定向的矢量控制（VOC）

若同步旋转坐标系与电网电压矢量 E 同步旋转，且同步旋转坐标系的 d 轴与电网电压矢量 E 重合，则称该同步旋转坐标系为基于电网电压矢量定向的同步旋

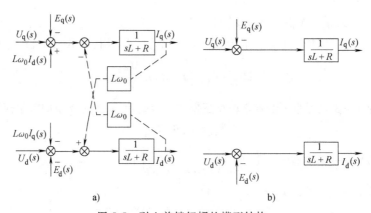

图 5-5　引入前馈解耦的模型结构

a) 前馈解耦引入的结构示意　b) 解耦后的等效模型结构

转坐标系。而基于电网电压定向的并网逆变器输出电流矢量图如图 5-6 所示。

显然，在电网电压定向的同步旋转坐标系中，有 $e_d = |\boldsymbol{E}|$，$e_q = 0$。

根据瞬时功率理论（见 5.3.1.1 节），系统的瞬时有功功率 p、无功功率 q 分别为

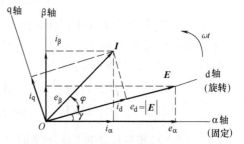

图 5-6　基于电网电压定向的矢量控制
（VOC）系统矢量图

$$\begin{cases} p = \dfrac{3}{2}(e_d i_d + e_q i_q) \\[2mm] q = \dfrac{3}{2}(e_d i_q - e_q i_d) \end{cases} \quad (5\text{-}10)$$

由于基于电网电压定向时，$e_q = 0$，则式（5-10）可简化为

$$\begin{cases} p = \dfrac{3}{2} e_d i_d \\[2mm] q = \dfrac{3}{2} e_d i_q \end{cases} \quad (5\text{-}11)$$

若不考虑电网电压的波动，即 e_d 为一定值，则由式（5-11）表示的并网逆变器的瞬时有功功率 p 和无功功率 q 仅与并网逆变器输出电流的 d、q 轴分量 i_d、i_q 成正比。这表明，如果电网电压不变，则通过 i_d、i_q 的控制就可以分别控制并网逆变器的有功、无功功率。

在图 5-1 所示的并网逆变器中，直流侧输入有功功率的瞬时值为 $p = i_{dc} u_{dc}$，若不考虑逆变器的损耗，则由式（5-11）可知：$i_{dc} u_{dc} = p = \dfrac{3}{2} e_d i_d$。可见，当电网电压不变且忽略逆变器自身的损耗时，并网逆变器的直流侧电压 u_{dc} 与并网逆变器输

出电流的 d 轴分量 i_d 成正比，而并网逆变器的有功功率 p 又与 i_d 成正比，因此并网逆变器直流侧电压 u_{dc} 的控制可通过有功功率 p 即 i_d 的控制来实现。

基于电网电压定向的并网逆变器的控制结构如图 5-7 所示。

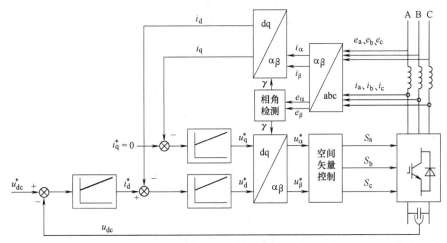

图 5-7　基于电压定向的矢量控制系统（VOC）示意图

控制系统由直流电压外环和有功、无功电流内环组成。直流电压外环的作用是为了稳定或调节直流电压，显然，引入直流电压反馈并通过一个 PI 调节器即可实现直流电压的无静差控制。由于直流电压的控制可通过 i_d 的控制来实现，因此直流电压外环 PI 调节器的输出量即为有功电流内环的电流参考值 i_d^*，从而对并网逆变器输出的有功功率进行调节。无功电流内环的电流参考值 i_q^* 则是根据需向电网输送的无功功率参考值 q^*（由 $q^* = e_d i_q^*$ 运算）而得，当令 $i_q^* = 0$ 时，并网逆变器运行于单位功率因数状态，即仅向电网输送有功功率。

电流内环是在 dq 坐标系中实现控制的，即并网逆变器输出电流的检测值 i_a、i_b、i_c 经过 abc/αβ/dq 的坐标变换转换为同步旋转 dq 坐标系下的直流量 i_d、i_q，将其与电流内环的电流参考值 i_d^*、i_q^* 进行比较，并通过相应的 PI 调节器控制分别实现对 i_d、i_q 的无静差控制。电流内环 PI 调节器的输出信号经过 dq/αβ 逆变换后，即可通过空间矢量脉宽调制（SVPWM）得到并网逆变器相应的开关驱动信号 S_a、S_b、S_c，从而实现逆变器的并网控制。

另外，图 5-8 中的坐标变换的相角信息 γ 是通过式（5-2）计算得到的，e_α、e_β 值是通过检测电网电压（e_a, e_b, e_c）并经 abc/αβ 的坐标变换运算得到的。

若采用前馈解耦控制，且采用电网电压的前馈控制以补偿电网电压变化对系统控制的影响，解耦后的 i_d 电流内环控制结构如图 5-8 所示（i_q 电流环与 i_d 电流环相同）。当开关频率足够高时，其逆变桥的放大特性可由比例增益 K_{PWM} 近似表示。

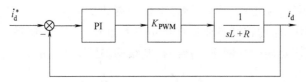

图 5-8　电流内环控制结构

前面的分析表明，并网逆变器的直流电压是通过逆变器的有功功率 p 即有功电流 i_d 进行控制的，而又由图 5-1 分析易得：$C\dfrac{\mathrm{d}u_{dc}}{\mathrm{d}t}=i_c$，$i_c=i_{dc}-i_i$。因此要构建并网逆变器的直流电压外环，关键在于求得电流内环的输出 i_d 与逆变桥直流输入电流 i_{dc} 之间的传递关系。

实际上，由 $p=i_{dc}u_{dc}=\dfrac{3}{2}e_di_d$，可得 $i_{dc}=\dfrac{3}{2}\dfrac{e_di_d}{u_{dc}}$，若令稳态时 $u_{dc}=U_{DC}$，则

$$i_{dc}=\frac{3}{2}\frac{e_di_d}{U_{DC}} \tag{5-12}$$

从而可得直流侧电压外环的控制结构，如图 5-9 所示。

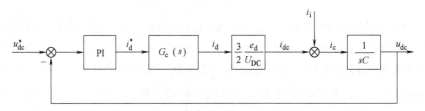

图 5-9　直流侧电压外环控制结构

图中，$G_c(s)$ 表示电流内环的闭环传递函数。

5.2.3　基于虚拟磁链定向的矢量控制 （VFOC）[4,5]

5.2.3.1　虚拟磁链的定向及 VFOC

基于虚拟磁链定向的矢量控制 （VFOC） 是在基于电网电压定向的矢量控制 （VOC） 基础上发展出来的，是对 VOC 方案的一种改进。VOC 方案的问题在于：当电网电压含有谐波等干扰时，就会直接影响电网电压基波矢量相角的检测，从而影响 VOC 方案的矢量定向的准确性及控制性能，甚至使控制系统振荡。为抑制电网电压对矢量定向及控制性能的影响，应当寻求能克服电网电压谐波影响的定向方法，即可考虑采用基于虚拟磁链定向的矢量控制 （VFOC）。

虚拟磁链定向的基本出发点是将并网逆变器的交流侧 （包括滤波环节和电网） 等效成一个虚拟的交流电动机，如图 5-10 所示。其中，R_s、L 可分别看作是该交流电动机的定子电阻和定子漏感，三相电网电压矢量 E 经过积分后所得的矢量 $\boldsymbol{\varPsi}=\int E\mathrm{d}t$ 便可认为是该虚拟交流电动机的气隙磁链 $\boldsymbol{\varPsi}$。显然，由于积分的低通滤波特

性，因此可以有效克服电网电压谐波对磁链 $\boldsymbol{\Psi}$ 的影响，从而确保了矢量定向的准确性。基于虚拟磁链定向的矢量控制（VFOC）的矢量图如图5-11所示，令磁链矢量 $\boldsymbol{\Psi}$ 与同步旋转坐标系的 d 轴重合，由于虚拟磁链矢量 $\boldsymbol{\Psi}$ 比电网电压矢量 $\boldsymbol{E}$ 滞后90°，因而当采用 VFOC 方案时，若控制并网逆变器运行于单位功率因数状态时，需满足：$e_d = 0$、$e_q = |\boldsymbol{E}|$，这样并网逆变器的输出瞬时功率即为

$$\begin{cases} p = e_q i_q \\ q = -e_q i_d \end{cases} \tag{5-13}$$

可见，通过控制与磁链矢量 $\boldsymbol{\Psi}$ 相重合的 d 轴电流分量 i_d 即可控制并网逆变器输出的无功功率，而控制与磁链矢量 $\boldsymbol{\Psi}$ 相垂直的 q 轴电流分量 i_q 即可控制并网逆变器输出的有功功率。显然，这与 VOC 方案中的 d、q 轴电流分量的有功、无功定义正好相反。

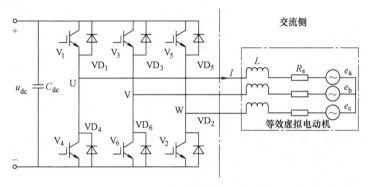

图 5-10 交流侧等效虚拟电动机

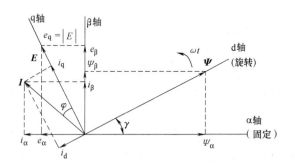

图 5-11 基于虚拟磁链定向的矢量控制（VFOC）的矢量图

基于虚拟磁链定向的矢量控制（VFOC）的结构如图 5-12 所示，由于 VFOC 方案和 VOC 方案的被控对象没有改变，仅是定向矢量和 dq 轴变量性质有所不同，因而两者的控制结构是类似的。由于采用磁链矢量 $\boldsymbol{\Psi}$ 定向，$\boldsymbol{\Psi}$ 的位置角 γ 由 $\alpha\beta$ 坐标系下电网电压 α、β 轴分量 e_α、e_β 积分所得的磁链分量 ψ_α 和 ψ_β 计算而得，即

$$\begin{cases} \sin\gamma = \dfrac{\psi_\beta}{\sqrt{{\psi_\alpha}^2 + {\psi_\beta}^2}} \\[4mm] \cos\gamma = \dfrac{\psi_\alpha}{\sqrt{{\psi_\alpha}^2 + {\psi_\beta}^2}} \end{cases} \tag{5-14}$$

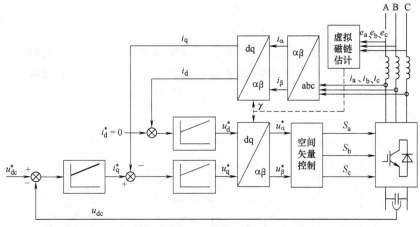

图 5-12 基于虚拟磁链定向的矢量控制（VFOC）的结构

值得注意的是，基于虚拟磁链定向的矢量控制须克服积分漂移问题，否则将同样影响矢量定向的准确度，以下具体研究这一问题。

5.2.3.2 虚拟磁链定向时积分漂移的克服[26,27]

当利用电网电压积分以进行虚拟磁链定向时，存在积分漂移问题，主要体现在以下两个方面：

1）当通过 AD 转换对电网电压进行采样时，由于采样电路中点电压的漂移，通常会导致采样结果中伴随着微小的直流分量，当这个直流分量控制在误差允许的范围内时，对系统实时控制的影响可以忽略。然而，为实现虚拟磁链的定向，则必须对电网电压进行积分，这样直流分量误差量会随着运行时间的增加而越来越大，最终严重影响系统的定向精度。

2）由于电网电压是一个正弦信号，而对正弦信号积分时，其积分结果中会出现一个和积分初值相关的直流分量，同样也会造成定向误差，即

$$\int_0^t A\sin(\omega t + \gamma_0)\,\mathrm{d}t = -\frac{A}{\omega}\cos(\omega t + \gamma_0)\Big|_0^t = -\frac{A}{\omega}\cos(\omega t + \gamma_0) + \frac{A}{\omega}\sin(\gamma_0)$$

$$\tag{5-15}$$

式中　$A\sin(\omega t+\gamma_0)$——电网电压信号，其中 A 表示其幅值，ω 表示其角频率，γ_0 表示积分开始时电网电压的初始相位角。

可见，只有当 $\gamma_0 = \pm\dfrac{\pi}{2}$ 时，积分结果中才不会出现这个直流分量。即使控制积

分时刻,而从 $\gamma_0 = \pm\dfrac{\pi}{2}$ 这两个初始相位角开始进行积分,但由于实际电网频率的微小偏移也会造成积分起始时刻的偏移,从而同样无法消除这个直流分量误差,于是也可以导致虚拟磁链的定向误差。

为了能克服上述的两个问题,通常可采用低通滤波器(LPF)的 $W_{LPF}(s) = 1/(s+\omega_c)$ 取代积分器,由于消除了积分运算,因而初始时刻引起的直流分量的积分效应被完全抑制,如图 5-13 所示。

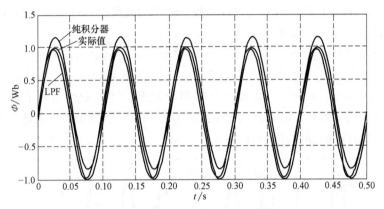

图 5-13 纯积分与低通滤波器运算的对比

假设输入为纯直流信号,经纯积分环节 $1/s$ 和 LPF 环节 $1/(s+\omega_c)$ 的输出曲线分别如图 5-14a、b 所示。可见:若采用纯积分环节,微小的直流分量都将使积分器饱和,如图 5-14a 所示;而采用 LPF 环节替换之后,可以消除饱和现象,然而直流分量仍然存在,只能将直流分量降到原有的 $1/\omega_c$。

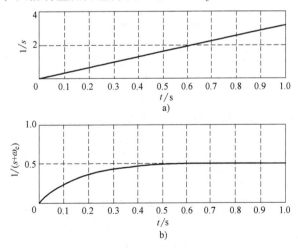

图 5-14 两种算法对直流信号的响应
a)纯积分算法 b)低通滤波器算法

为了能彻底消除直流分量引起的误差，可采用改进的虚拟磁链观测模型[26]，这不仅能解决初始相位问题，又能彻底消除直流分量带来的影响。这种改进的虚拟磁链观测模型的基本思路是将电网电压 E 经过低通滤波（LPF）之后再经过高通滤波（HPF）进行补偿，其传递函数为

$$\psi(s) = \frac{1}{s+k_1\omega_e} \frac{s}{s+k_2\omega_e} E(s) \tag{5-16}$$

其中，LPF 的截止频率为电网基波频率 ω_e 的 k_1 倍，HPF 的截止频率为电网基波频率 ω_e 的 k_2 倍。k_1 是正的常数，通常按照截止频率的最优范围可设定 k_1 为 0.2~0.3，而 k_2 通常设定为 $k_1/2$，这里取 $k_1 = 0.2$，$k_2 = 0.1$。

将一个带有 1% 直流分量、初始相位为零的正弦信号输入串联的 LPF 和 HPF，其输出结果和实际值的比较如图 5-15 所示。从图 5-15 可以看出，电网电压波形经过两个滤波器环节后的响应（如图中补偿前的波形）尽管很快消除了初值误差和直流分量的影响，但稳态时却与实际值之间存在相位和幅值偏差，为此需要对此结果予以补偿，具体的补偿算法讨论如下：

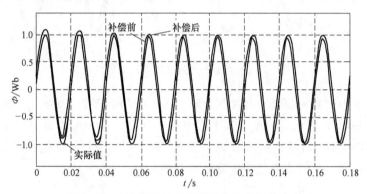

图 5-15   改进算法对含有直流分量信号的响应

当采用理想积分器运算时，虚拟磁链矢量 ψ 和电网电压矢量 E 之间的关系是

$$\psi = \frac{E}{j\omega_e} \tag{5-17}$$

而当采用式（5-16）所示的 LPF 和 HPF 运算时，有

$$\psi' = \frac{1}{j\omega_e+k_1\omega_e} \frac{j\omega_e}{j\omega_e+k_2\omega_e} E \tag{5-18}$$

比较式（5-17）和式（5-18）得

$$\psi = \psi'(1-jk_1)(1-jk_2) = (\psi'_\alpha+j\psi'_\beta)(1-jk_1)(1-jk_2) = \psi_\alpha+j\psi_\beta \tag{5-19}$$

因而

$$\begin{cases} \psi_\alpha = (1-k_1k_2)\psi'_\alpha - j(k_1+k_2)\psi'_\alpha \\ \psi_\beta = (1-k_1k_2)\psi'_\beta - j(k_1+k_2)\psi'_\beta \end{cases} \tag{5-20}$$

从而可根据式（5-20）改进的虚拟磁链获取框图如图 5-16 所示。

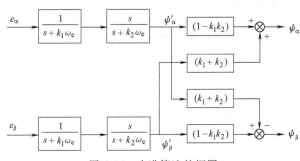

图 5-16　改进算法的框图

改进后的效果如图 5-15 中的补偿后的波形，基本消除了稳态时与实际值之间存在相位和幅值偏差。

5.3　直接功率控制（DPC）

上述 VOC 与 VFOC 两种并网逆变器的控制策略中，其并网逆变器的有功、无功功率实际上是通过 dq 坐标系中的相关电流的闭环控制来间接实现的。为了取得功率的快速控制响应，可以借鉴交流电动机驱动控制中的直接转矩控制（DTC）的基本思路，即采用直接功率控制（DPC）。与基于电流闭环的矢量定向控制不同，DPC 无需将功率变量换算成相应的电流变量来进行控制，而是将并网逆变器输出的瞬时有功功率和无功功率作为被控量进行功率的直接闭环控制。基本的控制思路是：首先对并网逆变器输出的瞬时有功、无功功率进行检测运算，再将其检测值与给定的瞬时功率的偏差送入两个相应的滞环比较器，根据滞环比较器的输出以及电网电压矢量位置的判断运算，确定驱动功率开关管的开关状态。

根据 DPC 中定向矢量的不同，DPC 又可分为基于电压定向的直接功率控制（V-DPC）以及基于虚拟磁链定向的直接功率控制（VF-DPC）。与基于矢量定向的电流控制相同，VF-DPC 方案中，矢量定向的准确性对电网谐波不敏感。

与基于矢量定向的电流控制相比，针对并网逆变器的功率控制，DPC 具有鲁棒性好、控制结构简单等优点。由于 DPC 是基于瞬时有功功率和无功功率进行控制的，因而以下首先介绍了瞬时功率的定义以及不同坐标系中瞬时功率的计算方法；讨论了并网逆变器 DPC 中无电网电压传感器时的瞬时功率估计和电网电压估计方法；接下来对基于电网电压定向和基于虚拟磁链定向的两种 DPC 方案进行了阐述；为了克服 DPC 采用滞环控制时所导致的开关频率不固定的不足（这对输出滤波器的设计是个挑战），本节还将介绍一种基于固定开关频率的 DPC 策略，即基于空间矢量调制的直接功率控制（SVM-DPC）策略。

5.3.1 瞬时功率的计算[4]

由于 DPC 是基于并网逆变器输出瞬时有功、无功功率的闭环控制,因而一般基于平均值定义的有功功率和无功功率定义方法将不再适用,本节介绍了瞬时功率和瞬时功率因数的定义,并讨论了不同坐标系中的瞬时功率计算方法。

5.3.1.1 瞬时功率的定义

在三相交流电路中,三相静止 abc 坐标系中的相电压矢量 $\boldsymbol{U}_{abc}$ 和相电流矢量 $\boldsymbol{I}_{abc}$ 如图 5-17 所示,并可由相应的瞬时值表示为 $\boldsymbol{U}_{abc}=\begin{bmatrix} u_a & u_b & u_c \end{bmatrix}$ 和 $\boldsymbol{I}_{abc}=\begin{bmatrix} i_a & i_b & i_c \end{bmatrix}$。

在图 5-17 中,若以电压矢量 $\boldsymbol{U}_{abc}$ 定向,则电流矢量 $\boldsymbol{I}_{abc}$ 可分解为相应的有功电流分量 i_p(与电压矢量 $\boldsymbol{U}_{abc}$ 同向)和无功电流分量 i_q(与电压矢量 $\boldsymbol{U}_{abc}$ 垂直),其中电压矢量 $\boldsymbol{U}_{abc}$ 和电流矢量 $\boldsymbol{I}_{abc}$ 的模分别为 $|\boldsymbol{U}_{abc}|=\sqrt{u_a^2+u_b^2+u_c^2}$ 和 $|\boldsymbol{I}_{abc}|=\sqrt{i_a^2+i_b^2+i_c^2}$。

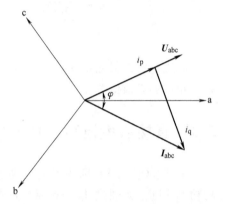

如图 5-17 中的矢量定向,瞬时有功功率 p 定义为相电压矢量 $\boldsymbol{U}_{abc}$ 与相电流矢量 $\boldsymbol{I}_{abc}$ 的标量积,而瞬时无功功率 q 则定义为相电压矢量 $\boldsymbol{U}_{abc}$ 与相电流矢量 $\boldsymbol{I}_{abc}$ 矢量积的模,即

图 5-17 电流矢量 $\boldsymbol{I}_{abc}$ 的有功、无功
电流分量 i_p 和 i_q

$$\begin{cases} p=\boldsymbol{U}_{abc}\cdot\boldsymbol{I}_{abc}=u_a i_a+u_b i_b+u_c i_c=|\boldsymbol{U}_{abc}||\boldsymbol{I}_{abc}|\cos\varphi=|\boldsymbol{U}_{abc}||i_p| \\ q=|\boldsymbol{U}_{abc}\times\boldsymbol{I}_{abc}|=u_a^* i_a+u_b^* i_b+u_c^* i_c=|\boldsymbol{U}_{abc}||\boldsymbol{I}_{abc}|\sin\varphi=|\boldsymbol{U}_{abc}||i_q| \end{cases} \tag{5-21}$$

针对图 5-17 中的瞬时功率定义,参照三相正弦交流电路中功率因数的定义,相应的瞬时功率因数也可以定义为 $\lambda=\cos\varphi$,其中 φ 为图 5-17 所示的电压矢量 $\boldsymbol{U}_{abc}$ 与电流矢量 $\boldsymbol{I}_{abc}$ 的相位差,显然

$$\lambda=\frac{p}{\sqrt{p^2+q^2}} \tag{5-22}$$

5.3.1.2 三相静止 abc 坐标系下瞬时功率的计算

根据式 (5-21)、式 (5-22),三相静止坐标系下的瞬时有功功率 p 和瞬时无功功率 q 也可写成

$$\begin{bmatrix} p \\ q \end{bmatrix}=\begin{bmatrix} u_a & u_b & u_c \\ u_a^* & u_b^* & u_c^* \end{bmatrix}\begin{bmatrix} i_a \\ i_b \\ i_c \end{bmatrix} \tag{5-23}$$

式中,u_a^*、u_b^*、u_c^* 满足

$$\begin{bmatrix} u_a^* \\ u_b^* \\ u_c^* \end{bmatrix} = \frac{1}{\sqrt{3}} \begin{bmatrix} u_b - u_c \\ u_c - u_a \\ u_a - u_b \end{bmatrix} = \frac{1}{\sqrt{3}} \begin{bmatrix} u_{bc} \\ u_{ca} \\ u_{ab} \end{bmatrix} \tag{5-24}$$

另外，由于相电压矢量 $\boldsymbol{U}_{abc}$ 与相电流矢量 $\boldsymbol{I}_{abc}$ 的矢量积仍然为矢量，显然瞬时无功功率也可由三相静止坐标系下的无功矢量 $\boldsymbol{Q}_{abc}$ 表示为

$$\boldsymbol{Q}_{abc} = \begin{bmatrix} q_a \\ q_b \\ q_c \end{bmatrix} = \begin{bmatrix} \begin{vmatrix} u_b & u_c \\ i_b & i_c \end{vmatrix} \\ \begin{vmatrix} u_c & u_a \\ i_c & i_a \end{vmatrix} \\ \begin{vmatrix} u_a & u_b \\ i_a & i_b \end{vmatrix} \end{bmatrix} \tag{5-25}$$

由此，可得瞬时无功功率 q 为

$$q = |\boldsymbol{Q}_{abc}| = \sqrt{q_a^2 + q_b^2 + q_c^2} \tag{5-26}$$

实际上，瞬时有功功率和瞬时无功功率可由定义在复平面上的复功率 S 获得，而复功率 S 为电压矢量 $\boldsymbol{U}_{abc}$ 和电流共扼矢量 $\boldsymbol{I}_{abc}^*$ 的标量积，即

$$\begin{aligned} \boldsymbol{S} &= \boldsymbol{U}_{abc} \boldsymbol{I}_{abc}^* = \mathrm{Re}[\boldsymbol{S}] + \mathrm{Im}[\boldsymbol{S}] = p + \mathrm{j}q \\ &= [u_a i_a + u_b i_b + u_c i_c] + \mathrm{j} \left\{ \frac{1}{\sqrt{3}} [(u_b - u_c) i_a + (u_c - u_a) i_b + (u_a - u_b) i_c] \right\} \end{aligned} \tag{5-27}$$

可见，从复平面角度看，瞬时有功功率 p 实际上是瞬时复功率 S 在实轴上的投影，而瞬时无功功率 q 则是瞬时复功率 S 在虚轴上的投影。换言之，瞬时复功率 S 的实轴分量即为有功分量，而瞬时复功率 S 的虚轴分量即无功分量，显然有功分量比无功分量超前 $90°$。

5.3.1.3　两相静止 αβ 坐标系下瞬时功率的计算

设三相静止 abc 坐标系到两相静止 αβ 坐标系的"等功率"变换矩阵为 $\boldsymbol{T}_{abc/\alpha\beta}$，则

$$\boldsymbol{T}_{abc/\alpha\beta} = \sqrt{\frac{2}{3}} \begin{pmatrix} 1 & -\frac{1}{2} & -\frac{1}{2} \\ 0 & \frac{\sqrt{3}}{2} & -\frac{\sqrt{3}}{2} \\ \frac{1}{\sqrt{2}} & \frac{1}{\sqrt{2}} & \frac{1}{\sqrt{2}} \end{pmatrix} \tag{5-28}$$

将三相坐标系中的矢量 $\boldsymbol{U}_{abc}$、$\boldsymbol{I}_{abc}$ 经 $\boldsymbol{T}_{abc/\alpha\beta}$ 变换后，得在 αβ 坐标系中电压、电流矢量 $\boldsymbol{U}_{\alpha\beta}$、$\boldsymbol{I}_{\alpha\beta}$ 的表达式为

$$U_{\alpha\beta} = \begin{bmatrix} u_\alpha \\ u_\beta \\ u_0 \end{bmatrix} \qquad I_{\alpha\beta} = \begin{bmatrix} i_\alpha \\ i_\beta \\ i_0 \end{bmatrix} \tag{5-29}$$

式中 i_0、u_0——零序电流、电压分量。

若为三相三线制连接,即没有零序电流分量,即 $i_0 = \sqrt{\dfrac{2}{3}}(i_a + i_b + i_c) = 0$;又由于在三相三线制中,相电压的零序分量不起作用,可令 $u_0 = 0$。

这样,基于 $\alpha\beta$ 坐标系的瞬时有功功率 p 的计算式为

$$p = U_{\alpha\beta} \cdot I_{\alpha\beta} = u_\alpha i_\alpha + u_\beta i_\beta \tag{5-30}$$

同理,瞬时无功功率也可由两相静止 $\alpha\beta$ 坐标系下的无功矢量 $Q_{\alpha\beta}$ 表示为

$$Q_{\alpha\beta} = U_{\alpha\beta} \times I_{\alpha\beta} = (u_\alpha i_\beta - u_\beta i_\alpha)K \tag{5-31}$$

式中 K——垂直于 $\alpha\beta$ 坐标系的单位矢量。

显然,$Q_{\alpha\beta}$ 的模值 $|Q_{\alpha\beta}|$ 即为瞬时无功功率 q,观察式(5-30)不难得出基于 $\alpha\beta$ 坐标系的瞬时无功功率 q 的计算式为

$$q = u_\alpha i_\beta - u_\beta i_\alpha \tag{5-32}$$

则瞬时功率可用矩阵形式表示为

$$\begin{bmatrix} p \\ q \end{bmatrix} = \begin{pmatrix} u_\alpha & u_\beta \\ -u_\beta & u_\alpha \end{pmatrix} \begin{bmatrix} i_\alpha \\ i_\beta \end{bmatrix} \tag{5-33}$$

5.3.1.4 两相旋转 dq 坐标系下瞬时功率计算

设三相静止 abc 坐标系到两相同步旋转 dq 坐标系的变换矩阵为 $T_{abc/dq}$,则

$$T_{abc/dq} = \sqrt{\frac{2}{3}} \begin{bmatrix} \cos\omega t & \cos(\omega t - 120°) & \cos(\omega t + 120°) \\ \sin\omega t & \sin(\omega t - 120°) & \sin(\omega t + 120°) \end{bmatrix} \tag{5-34}$$

将三相 abc 静止坐标系中的矢量 U_{abc} 和 I_{abc} 变换到两相旋转 dq 坐标系后,得在 dq 坐标系下 U_{dq} 和 I_{dq} 表达式为

$$U_{dq} = \begin{bmatrix} u_d \\ u_q \end{bmatrix} \qquad I_{dq} = \begin{bmatrix} i_d \\ i_q \end{bmatrix} \tag{5-35}$$

考虑到瞬时有功功率和瞬时无功功率的定义,则基于 dq 坐标系的瞬时有功功率 p 和瞬时无功功率 q 的计算式分别为

$$p = U_{dq} \cdot I_{dq} = u_d i_d + u_q i_q \tag{5-36}$$

$$q = |U_{dq} \times I_{dq}| = u_q i_d - u_d i_q \tag{5-37}$$

5.3.2   基于电压定向的直接功率控制(V-DPC)[4,7,8]

5.3.2.1 并网逆变器 DPC 中瞬时功率的计算

1. 有电网电压传感器时的瞬时功率的计算

在并网逆变器的 DPC 中,需要计算网侧的瞬时功率,因此只需要将上述瞬时

功率计算中的电压矢量 U 以电网电压矢量 E 代之即可。一般情况下，并网逆变器的控制均采用电网电压传感器以检测电网电压，例如当采用基于两相静止 αβ 坐标系的瞬时功率计算时，仅需将检测得到的三相电压 e_a、e_b、e_c 和电流 i_a、i_b、i_c 通过 $T_{abc/\alpha\beta}$ 变换得到 e_α、e_β 和 i_α、i_β，再由式（5-30）和式（5-32）即可计算得到相应的瞬时有功功率和无功功率。

2. 无电网电压传感器时的瞬时功率计算

在并网逆变器的控制中，一般情况下共用到了三种传感器：①交流电流传感器；②直流电压传感器；③电网电压传感器。实际应用中，由于系统控制和系统保护（输出侧过电流保护和直流母线过电压保护）的需求，交流电流传感器、直流电压传感器必不可少。而针对电网电压传感器，为降低成本和提高系统的可靠性，有时则可能被省略，为此必须通过算法可以对电网电压值进行估计。以下介绍无电网电压传感器时的瞬时功率计算和电网电压估算方法。

首先由式（5-27）可得并网逆变器的瞬时复功率表达式为

$$S = EI^* = p + jq$$
$$= e_a i_a + e_b i_b + e_c i_c + j\frac{1}{\sqrt{3}}[(e_b-e_c)i_a+(e_c-e_a)i_b+(e_a-e_b)i_c] \tag{5-38}$$

其中，并网输出电流的瞬时值 i_a、i_b、i_c 是直接由传感器检测得到的，但由于没有电网电压传感器，因此电网电压的瞬时值 e_a、e_b、e_c 为未知量。实际上，电网电压可以通过基于瞬时功率的电网电压估算方法进行估算，其主要思想是：将并网逆变器瞬时功率表达式中的电网电压用所检测的逆变器输出电流和直流侧电压进行描述，进而通过逆变器回路的电压方程运算获得电网电压的估算值。采用这种方法先运算出瞬时有功、无功功率的估算值，再得出电网电压的估算值，而瞬时有功、无功功率的估算值可作为直接功率控制器的反馈信号。具体讨论如下：

由式（5-38），并网逆变器输出的瞬时无功功率 q 为

$$q = \frac{1}{\sqrt{3}}(e_{bc}i_a+e_{ca}i_b+e_{ab}i_c) \tag{5-39}$$

式中　$e_{bc} = e_b - e_c$。

设并网逆变器开关调制时 a、b、c 各相的开关函数分别为 S_a、S_b、S_c。这里，当上桥开关管导通时，令 $S_x(x=a、b、c)=1$，而当下桥开关管导通时，令 $S_x(x=a、b、c)=0$。如果忽略并网逆变器输出回路中电阻的影响，则可得并网逆变器中的电网电压表达式为

$$\begin{cases} e_a = S_a u_{dc} - L\dfrac{di_a}{dt} \\ e_b = S_b u_{dc} - L\dfrac{di_b}{dt} \\ e_c = S_c u_{dc} - L\dfrac{di_c}{dt} \end{cases} \tag{5-40}$$

对应的线电压形式为

$$
\begin{cases}
e_{bc} = L\dfrac{di_c}{dt} - L\dfrac{di_b}{dt} - S_c u_{dc} + S_b u_{dc} \\[2mm]
e_{ca} = L\dfrac{di_a}{dt} - L\dfrac{di_c}{dt} - S_a u_{dc} + S_c u_{dc} \\[2mm]
e_{ab} = L\dfrac{di_b}{dt} - L\dfrac{di_a}{dt} - S_b u_{dc} + S_a u_{dc}
\end{cases}
\tag{5-41}
$$

联立式（5-40）和式（5-38），可得瞬时有功和无功功率的估算值 $\hat{p}$、$\hat{q}$ 分别为

$$
\hat{p} = -L\left(\dfrac{di_a}{dt}i_a + \dfrac{di_b}{dt}i_b + \dfrac{di_c}{dt}i_c\right) + u_{dc}(S_a i_a + S_b i_b + S_c i_c)
\tag{5-42}
$$

$$
\hat{q} = \dfrac{1}{\sqrt{3}}\left\{3L\left(\dfrac{di_c}{dt}i_a - \dfrac{di_a}{dt}i_c\right) - u_{dc}\left[S_a(i_b - i_c) + S_b(i_c - i_a) + S_c(i_a - i_b)\right]\right\}
\tag{5-43}
$$

由式（5-42）和式（5-43）可以看出：瞬时有功和无功功率的估算值 $\hat{p}$、$\hat{q}$ 不仅与逆变器的开关状态有关，而且与滤波电感参数有关。可见并网逆变器瞬时有功和无功功率估算的精度取决于电感参数的准确程度。

从式（5-42）、式（5-43）可看出，功率估算中存在电流微分的运算，然而实际计算时微分由差分运算来代替。为了使电流的差分运算尽可能准确，应当尽量避免电流尖峰的影响。为此，一方面要求交流侧采用尽量大的电感进行滤波；另一方面，由于估计值与开关状态有关，因而采样及估算时应当避开开关动作的时刻，以减小误差。

获得瞬时有功和无功功率的估算值 $\hat{p}$、$\hat{q}$ 后，再由 $\hat{\boldsymbol{S}} = \hat{p} + j\hat{q}$ 并根据关系式 $\boldsymbol{S} = \boldsymbol{EI}^*$ 得

$$
\boldsymbol{SI} = \boldsymbol{EI}^*\boldsymbol{I} = \boldsymbol{E}\left|\boldsymbol{I}\right|^2
\tag{5-44}
$$

从而估算的电网电压矢量 $\hat{\boldsymbol{E}}$ 为

$$
\hat{\boldsymbol{E}} = \dfrac{\boldsymbol{I}}{\left|\boldsymbol{I}\right|^2}\hat{\boldsymbol{S}}
\tag{5-45}
$$

将式（5-45）写成基于 αβ 坐标系的矩阵形式，即

$$
\begin{bmatrix} \hat{e}_\alpha \\ \hat{e}_\beta \end{bmatrix} = \dfrac{1}{i_\alpha^2 + i_\beta^2}\begin{bmatrix} i_\alpha & -i_\beta \\ i_\beta & i_\alpha \end{bmatrix}\begin{bmatrix} \hat{p} \\ \hat{q} \end{bmatrix}
\tag{5-46}
$$

可见，通过检测并网逆变器的输出电流 i_a、i_b、i_c，并经过坐标变换运算，即得 αβ 坐标系下的输出电流 (i_α, i_β)，将 i_α、i_β 以及由式（5-42）、式（5-43）得到的瞬时有功、无功功率的估算值 $\hat{p}$、$\hat{q}$ 代入式（5-46），即可得基于 αβ 坐标系的电网电压的估算值 $\hat{e}_\alpha$、$\hat{e}_\beta$，从而可由式（5-2）求得电网电压矢量的位置角估算值 $\hat{\gamma}$。

5.3.2.2 无电网电压传感器的 V-DPC 结构

基于电网电压定向的直接功率控制（V-DPC）是 DPC 基本的控制策略，一般可采用有电网电压传感器的 V-DPC。但也可以利用上述电网电压的估算来实现无电网电压传感器的 V-DPC，其控制系统结构如图 5-18 所示（图中略去了输出滤波器等效电阻的影响），其基本的控制思路为：

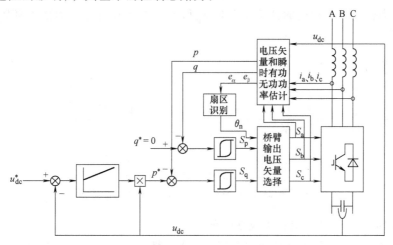

图 5-18　无电网电压传感器的 V-DPC 结构

功率和电压估算单元根据并网逆变器的开关函数（S_a、S_b、S_c）、输出电流检测值（i_a、i_b），以及直流侧电压检测值 u_{dc} 经过式（5-42）、式（5-43）以及式（5-46）计算，得到瞬时有功、无功功率的估计值 $\hat{p}$、$\hat{q}$ 以及三相电网电压在 αβ 坐标系下的估计值 $\hat{e}_\alpha$、$\hat{e}_\beta$；$\hat{p}$、$\hat{q}$ 与瞬时有功、无功参考值 p^* 和 q^* 比较后送入滞环比较器，得到相应的 S_p、S_q 信号；瞬时有功功率参考值 p^* 由直流电压外环调节器输出给定，而瞬时无功功率参考值 q^* 则由系统的无功指令给定，若使并网逆变器单位功率因数运行，则 $q^* = 0$；由式（5-2）及 e_α、e_β 可算出电网电压矢量的位置角估算值 $\hat{\gamma}$，从而可判断出电网电压矢量所处扇区的信息 θ_n；最后根据 S_p、S_q 和 θ_n 通过既定开关表的查表获得所需输出电压的开关函数 S_a、S_b、S_c，以驱动逆变器的开关管调制，同时将此开关状态信号反馈给功率和电压估算单元，以便功率和电压的估计。

关于并网逆变器输出瞬时有功、无功功率的估计，以上已经作了介绍。而在图 5-18 所示的 V-DPC 结构中，其控制的关键在于：将瞬时功率的参考值与瞬时功率的估算值比较后，其差值输入到功率滞环比较器中，并根据功率滞环比较器的输出和电压矢量位置查相应的开关表，以获得开关状态输出。另外，对于 DPC 而言，功率管开关频率的限定控制也较为关键。以下将研究功率滞环比较器、开关表以及开关频率的限定控制等。

5.3.2.3 功率滞环比较器

功率滞环比较器是 DPC 控制器的关键环节，主要包括有功功率滞环比较器和无功功率滞环比较器。在无电网电压传感器的 V-DPC 系统中，功率滞环比较器的输入分别为：瞬时有功功率参考值与瞬时有功功率估算值的差值 Δp，以及瞬时无功功率参考值与瞬时无功功率估算值的差值 Δq。功率滞环比较器的输出是反映实际功率偏离给定功率程度的开关状态量 S_p 和 S_q。功率滞环比较器的滞环特性如图 5-19 所示。

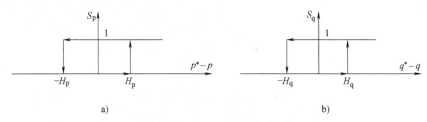

图 5-19 滞环比较器滞环特性

a）有功功率滞环比较器滞环特性 b）无功功率滞环比较器滞环特性

图 5-19 中：S_p 和 S_q 只有 1 或 0 两种状态。

针对图 5-19a 所示的有功功率滞环比较器特性，其输入输出判据为

当 $\Delta p > H_p$ 时，$S_p = 1$；当 $-H_p < \Delta p < H_p$ 时，$\mathrm{d}\Delta p/\mathrm{d}t < 0$，$S_p = 1$；

当 $\Delta p < -H_p$ 时，$S_p = 0$；当 $-H_p < \Delta p < H_p$ 时，$\mathrm{d}\Delta p/\mathrm{d}t > 0$，$S_p = 0$。

其中，$\Delta p = p^* - p$，$2H_p$ 为有功功率滞环比较器滞环宽度。

同理，针对图 5-19b 所示的无功功率滞环比较器特性，其输入输出判据为：

当 $\Delta q > H_q$ 时，$S_q = 1$；当 $-H_q < \Delta q < H_q$ 时，$\mathrm{d}\Delta q/\mathrm{d}t < 0$，$S_q = 1$；

当 $\Delta q < -H_q$ 时，$S_q = 0$；当 $-H_q < \Delta q < H_q$ 时，$\mathrm{d}\Delta q/\mathrm{d}t > 0$，$S_q = 0$。

其中，$\Delta q = q^* - q$，$2H_q$ 为无功功率滞环比较器滞环宽度。

综上可得

$$S_p = \begin{cases} 1 & p < p^* - H_p \\ 0 & p > p^* + H_p \end{cases} \tag{5-47}$$

$$S_q = \begin{cases} 1 & q < q^* - H_q \\ 0 & q > q^* + H_q \end{cases} \tag{5-48}$$

可见，当瞬时功率偏差量的绝对值大于滞环宽度时，开关状态改变以使其偏差量减小，而在偏差量绝对值减小的过程中，则保持开关状态不变，直到其偏差量绝对值反向增大且再次超过滞环宽度时，开关状态才再次改变。

应当注意的是：滞环宽度 H_p、H_q 的大小将直接影响并网逆变器输出电流的 THD、平均开关频率和瞬时功率跟踪能力。例如，当滞环宽度增加时，并网逆变器的开关频率随即降低，而谐波电流则相应增大，功率跟踪能力也随之下降。

5.3.2.4 开关状态表

如图 5-20 所示，三相电压型逆变器的电压空间矢量有 8 个矢量组成，即 U_0、U_1、$\cdots$、U_7，其中，$U_1 \sim U_6$ 为非零矢量，U_0、U_7 为零矢量，电压矢量其值又由 S_a、S_b、S_c 和 u_{dc} 决定，即 $S_a S_b S_c$ = 000：111 对应于 U_0：U_7 [U_0（000）、U_1（100）、U_2（110）、U_3（010）、U_4（011）、U_5（001）、U_6（101）、U_7（111）]。由于开关状态的获得不仅和滞环比较器的输出结果有关，还和电网电压矢量所在的矢量区域位置有关，这种区域位置通常采用矢量"扇区"表示。以下首先介绍矢量"扇区"的划分方法，接着介绍相关开关状态表的形成。

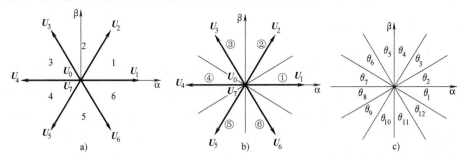

图 5-20　矢量"扇区"的划分方法
a）依据电压空间矢量划分的 1~6 矢量"扇区"　b）以电压空间矢量为中线划分的①~⑥矢量"扇区"
c）结合 a）和 b）矢量"扇区"形成的 $\theta_1 \sim \theta_{12}$ 矢量"扇区"

1. 矢量"扇区"的划分

第一种矢量"扇区"的划分方法：该方法是通过电压型逆变器输出的 6 个非零电压空间矢量将 αβ 平面分成 6 个独立的矢量"扇区"，如图 5-20a 所示的 1~6"扇区"。这种划分方法形成了一个正六边形，分别由 6 个非零电压空间矢量（U_k，k = 1，2，$\cdots$，6）和两个零电压矢量（U_0，U_7）组成。这种扇区划分方法在空间矢量的调制中得到了广泛的应用，并可以通过参考电压矢量所在"扇区"的两个相邻的非零电压矢量和一个零电压矢量的合成来实现参考电压矢量的跟踪控制。然而，在直接功率控制中，瞬时功率的滞环比较代替了参考电压矢量的跟踪控制，因而空间矢量调制方法不能直接用于调节瞬时功率。

实际上，通过改变开关函数，这种"扇区"的划分仍然可以用于瞬时功率的跟踪控制，而通过控制并网逆变器输出电压的幅值和相位就可以达到调节逆变器输出功率的目的。

第二种矢量"扇区"划分的方法：该方法以电压型逆变器的 6 个非零电压空间矢量作为中线，将 αβ 平面分成滞后第一种矢量"扇区"30°的 6 个矢量"扇区"，如图 5-20b 所示的①~⑥矢量"扇区"。当然，这种矢量"扇区"的划分同样可以实现瞬时功率的跟踪控制。

第三种矢量"扇区"划分的方法：该方法是将上述两种划分的矢量"扇区"

重叠，从而将 αβ 平面划分成 12 个矢量"扇区"，如图 5-20c 所示的 $\theta_1 \sim \theta_{12}$ 矢量"扇区"，12 个矢量"扇区"在 αβ 平面的相角范围计算式为 $(n-2)\dfrac{\pi}{6} \leqslant \theta_n \leqslant (n-1)\dfrac{\pi}{6}$，$(n=1,2,\cdots,12)$。

为确定电网电压矢量所处区间，由 e_α、e_β 确定矢量 $\boldsymbol{E}$ 的相角 $\theta = \arctan\dfrac{e_\beta}{e_\alpha}$，再根据上述相角范围计算式确定矢量 $\boldsymbol{E}$ 所处区间。例如 $\theta = \arctan\dfrac{e_\beta}{e_\alpha} = -30° \sim 0°$，说明电压空间矢量 $\boldsymbol{E}$ 在 θ_1 扇区内。

2. 开关状态表的确定

由于并网逆变器中每个电压矢量 $U_0 : U_7$ 对瞬时有功功率和无功功率的影响是不同的，因此必须通过选择合适的电压矢量实现对输出瞬时有功、无功功率的调节。而开关表状态表就是通过滞环比较器的输出结果以及电网电压矢量的位置来确定 DPC 控制所需的开关状态 S_a、S_b、S_c。而 S_a、S_b、S_c 的取值即决定了所需的逆变器桥臂输出电压矢量 U_r。

由并网逆变器的主回路分析，若略去输出电感等效电阻的影响，可得

$$\boldsymbol{I} = \boldsymbol{I}(0) + \frac{1}{L}\int_0^t (\boldsymbol{E} - \boldsymbol{U}_r)\mathrm{d}t \tag{5-49}$$

其中，U_r 为逆变器桥臂输出电压矢量。

如果考虑一个采样周期 T 的时间间隔，且在采样周期 T 中 $\boldsymbol{E} - \boldsymbol{U}_r$ 不变，并假设当前 0 时刻的电流矢量为 $\boldsymbol{I}$，而此时的参考电流矢量为 $\boldsymbol{I}^*$，则此时式（5-49）可以改写为

$$\boldsymbol{I}^* = \boldsymbol{I} + \frac{1}{L}\int_0^T (\boldsymbol{E} - \boldsymbol{U}_r)\mathrm{d}t = \boldsymbol{I} + \frac{T}{L}(\boldsymbol{E} - \boldsymbol{U}_r) \tag{5-50}$$

式（5-50）表明，在一个采样周期 T 中，为了使电流矢量 $\boldsymbol{I}$ 能跟踪参考电流矢量 $\boldsymbol{I}^*$，则必须使逆变器输出合适的电压矢量 U_r，使电流矢量 $\boldsymbol{I}$ 沿 $\boldsymbol{E} - \boldsymbol{U}_r$ 矢量方向跟踪参考电流矢量 $\boldsymbol{I}^*$。

如图 5-21a 所示，设 $\boldsymbol{E}$ 在 θ_1 区域，$\boldsymbol{I}^*$ 为与 p^*、q^* 相对应的电流矢量，若 $\boldsymbol{I}$ 滞后并小于 $\boldsymbol{I}^*$，此时 $p^* - p > H_p$，$q^* - q > H_q$，由式（5-47）、式（5-48）得：$S_p = 1$、$S_q = 1$。这种情况下，应选择逆变器输出的空间电压矢量 $U_5(001)$，从而使电流矢量 $\boldsymbol{I}$ 沿 $\boldsymbol{E} - \boldsymbol{U}_5$ 矢量方向趋近于 $\boldsymbol{I}^*$，从而使 p 趋近于 p^*，q 趋近于 q^*，从而确定 $S_a S_b S_c = 001$。

为了进一步研究开关表的基本规律，以下分成两种情况加以研究：

1）设矢量 $\boldsymbol{E}$ 分别在 θ_2、θ_3 两区域，且 $p > p^* + H_p$，即 $S_p = 0$，如图 5-21b 所示。此时，若 $q < q^* - H_q$，即 $S_q = 1$，则无论 $\boldsymbol{E}$ 在 θ_2 区或 θ_3 区，均应选取 $U_1(100)$，以使

电流矢量 I 沿 E-U_1 矢量方向趋近于 I^*，此时 $S_aS_bS_c=100$；若 $q>q^*+H_q$，即 $S_q=0$，则无论 E 在 θ_2 区或 θ_3 区，均应选取 $U_2(110)$，以使电流矢量 I 沿 E-U_2 矢量方向趋近于 I^*，此时 $S_aS_bS_c=110$。变换区域分析不难发现：当 $S_p=0$ 时，所选择的 U_r 矢量一定是包围 E 矢量的 1~6 矢量"扇区"边界的矢量之一，最终再由 S_q 的状态值加以选定。

2）设矢量 E 分别在 θ_1、θ_2 两区域，且 $p<p^*-H_p$，即 $S_p=1$，如图 5-21c 所示。此时，若 $q<q^*-H_q$，即 $S_q=1$，则无论 E 在 θ_1 区或 θ_2 区，均应选取 $U_5(001)$，以使电流矢量 I 沿 E-U_5 矢量方向趋近于 I^*，此时 $S_aS_bS_c=001$；若 $q>q^*+H_q$，即 $S_q=0$，则无论 E 在 θ_1 区或 θ_2 区，均应选取 $U_3(010)$，以使电流矢量 I 沿 E-U_3 矢量方向趋近于 I^*，此时 $S_aS_bS_c=010$。变换区域分析不难发现：当 $S_p=1$ 时，所选择的 U_r 矢量定是与 E 矢量成钝角且与包围 E 矢量的 ①~⑥ 矢量"扇区"边界相垂直的空间电压矢量之一，最终再由 S_q 的状态值加以选定。

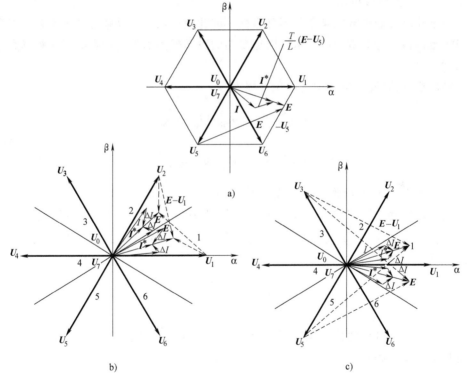

图 5-21 不同 S_p、S_q 状态值时的 U_r 矢量的选取规律示意

a）电流矢量跟踪和逆变器空间电压矢量 U_r 的选择　b）当 $S_p=0$ 且 S_q 不同取值时，U_r 矢量的选取规律示意　c）当 $S_p=1$ 且 S_q 不同取值时，U_r 矢量的选取规律示意

同样可对 E 处于其他扇区及对应的滞环比较输出结果 S_p、S_q 进行分析，于是得到开关表见表 5-1。

表 5-1 开关表

S_p S_q	S_a S_b S_c											
	θ_1	θ_2	θ_3	θ_4	θ_5	θ_6	θ_7	θ_8	θ_9	θ_{10}	θ_{11}	θ_{12}
0 1	101	100	100	110	110	010	010	011	011	001	001	101
0 0	100	110	110	010	010	011	011	001	001	101	101	100
1 1	001	001	101	101	100	100	110	110	010	010	011	011
1 0	010	010	011	011	001	001	101	101	100	100	110	110

从上表可以看出，没有使用两个零矢量（U_0、U_7），并且当 $|\Delta p| \leqslant H_p$ 和 $|\Delta q| < H_q$ 时，原 $U_k(k=0, \cdots, 7)$ 不切换，从而在限制平均开关频率的同时，增加了控制的稳定性。

由于有功功率和无功功率是根据 θ_n 和 S_p、S_q 通过查开关表 5-1 选择 S_a、S_b、S_c，即选择 U_r 实时调节的。选择的 U_r 具有同时调节有功功率和无功功率的能力，即大了往小调，小了往大调。因此，开关表是并网逆变器 DPC 控制的核心。

5.3.2.5 开关频率控制

由于滞环控制中开关频率的不确定性，因此应采取一定措施将其开关频率限定在一定范围内。为此首先应当从并网逆变器的数学模型出发寻找影响开关频率大小的因素。

并网逆变器 dq 坐标系中的电压方程为

$$\begin{cases} L\dfrac{\mathrm{d}i_d}{\mathrm{d}t} = S_d u_{dc} - e_d - Ri_d + \omega Li_q \\ L\dfrac{\mathrm{d}i_q}{\mathrm{d}t} = S_q u_{dc} - e_q - Ri_q - \omega Li_d \end{cases} \tag{5-51}$$

式中 S_d、S_q——开关函数在 d、q 轴上的分量。

当采用电网电压定向时，因为采用的是"等功率"坐标变换，因而有：$e_d = \sqrt{3/2}\,U_m$，$e_q = 0$（U_m 为电网相电压幅值）。代入同步坐标系下瞬时功率表达式（5-36）和式（5-37）得

$$\begin{cases} p = \sqrt{3/2}\,U_m i_d \\ q = -\sqrt{3/2}\,U_m i_q \end{cases} \tag{5-52}$$

将等式（5-51）两边同乘以 $\sqrt{3/2}\,U_m$，可得并网逆变器的功、无功功率 p、q 为变量的功率方程：

$$\begin{cases} L\dfrac{\mathrm{d}p}{\mathrm{d}t} = p_{rd} - 1.5U_m^2 - Rp - \omega Lq \\ L\dfrac{\mathrm{d}q}{\mathrm{d}t} = q_{rq} - Rq + \omega Lp \end{cases} \tag{5-53}$$

其中，$p_{rd} = \sqrt{3/2}\,U_m S_d u_{dc}$，$q_{rq} = \sqrt{3/2}\,U_m S_q u_{dc}$。

若忽略输出滤波器的等效电阻 R，当逆变器运行于单位功率因数时，$q=0$ 时，

则式（5-53）可化简为

$$\begin{cases} L\dfrac{\mathrm{d}p}{\mathrm{d}t} = \sqrt{3/2}\,U_\mathrm{m}u_\mathrm{dc}S_\mathrm{d} - 1.5U_\mathrm{m}^2 \\[2mm] L\dfrac{\mathrm{d}q}{\mathrm{d}t} = \sqrt{3/2}\,U_\mathrm{m}u_\mathrm{dc}S_\mathrm{q} + \omega Lp \end{cases} \tag{5-54}$$

考虑到"等功率"变换中，$S_\mathrm{dmax} = \sqrt{3/2}$、$S_\mathrm{dmin} = -\sqrt{3/2}$、$S_\mathrm{qmax} = \sqrt{3/2}$、$S_\mathrm{qmin} = -\sqrt{3/2}$，因而由式（5-54）可得

$$\begin{cases} L\dfrac{\mathrm{d}p}{\mathrm{d}t}\Big|_\mathrm{max} = -1.5U_\mathrm{m}^2 + U_\mathrm{m}u_\mathrm{dc} \\[2mm] L\dfrac{\mathrm{d}p}{\mathrm{d}t}\Big|_\mathrm{min} = -1.5U_\mathrm{m}^2 - U_\mathrm{m}u_\mathrm{dc} \end{cases} \tag{5-55}$$

$$\begin{cases} L\dfrac{\mathrm{d}q}{\mathrm{d}t}\Big|_\mathrm{max} = \omega Lp_\mathrm{max} + U_\mathrm{m}u_\mathrm{dc} \\[2mm] L\dfrac{\mathrm{d}q}{\mathrm{d}t}\Big|_\mathrm{min} = \omega Lp_\mathrm{min} - U_\mathrm{m}u_\mathrm{dc} \end{cases} \tag{5-56}$$

若令 T 为开关频率 f_s 所对应的开关周期，则 $|\mathrm{d}p/\mathrm{d}t| = 2H_\mathrm{p}/T = 2H_\mathrm{p}f_\mathrm{s}$，由式（5-55）可得

$$2LH_\mathrm{p}(f_\mathrm{smaxp} + f_\mathrm{sminp}) = 3U_\mathrm{m}^2 \tag{5-57}$$

其中，f_smaxp、f_sminp 分别对应有功功率模值变化率最大和最小时的最大开关频率和最小开关频率。从而可得有功功率滞环控制的平均开关频率 f_savp 表达式为

$$f_\mathrm{savp} = \frac{f_\mathrm{smaxp} + f_\mathrm{sminp}}{2} = \frac{3U_\mathrm{m}^2}{4LH_\mathrm{p}} \tag{5-58}$$

同理，根据式（5-56）及 $|\mathrm{d}q/\mathrm{d}t| = 2H_\mathrm{q}/T = 2H_\mathrm{q}f_\mathrm{s}$ 可得无功功率滞环控制的平均开关频率 f_savp 的表达式为

$$f_\mathrm{savq} = \frac{f_\mathrm{smaxq} + f_\mathrm{sminq}}{2} = \frac{\omega L(p_\mathrm{max} + p_\mathrm{min})}{4H_\mathrm{p}L} = \frac{\omega p^*}{2H_\mathrm{p}} \tag{5-59}$$

其中，f_smaxq、f_sminq、f_savq 分别为对应于无功功率 p 在 $2H_\mathrm{p}$ 变化范围内的最高、最低和平均开关频率，p^* 为有功功率参考值。

由于利用并网逆变器的输出电压空间矢量同时对相互独立的 p 和 q 进行调节，则开关频率平均值 f_sav 应取 f_savp 和 f_savq 的几何平均值，即

$$f_\mathrm{sav} = \sqrt{f_\mathrm{savp}f_\mathrm{savq}} = \sqrt{\frac{3\omega p^* U_\mathrm{m}^2}{8LH_\mathrm{q}H_\mathrm{p}}} \tag{5-60}$$

由式（5-60）可以看出：当 U_m、p^* 一定时，平均开关频率 f_sav 的平方与电感 L、$H_\mathrm{q}H_\mathrm{p}$ 成反比，因而 $H_\mathrm{q}H_\mathrm{p}$ 和 L 不能太小，以免 f_sav 过高。当 U_m、p^* 及 L 一定时，f_sav 增大，则 $H_\mathrm{q}H_\mathrm{p}$ 变小，即动态跟踪偏差减小，而当 $f_\mathrm{sav} \to \infty$ 时，$H_\mathrm{q}H_\mathrm{p} \to 0$，则无动

态跟踪偏差。

事实上，由于功率开关管受其能量等级的限制，需要将开关频率限制在一定的范围之内。一种有效的方法就是使用可变滞环宽度的滞环比较器，并将开关管的平均开关频率限制在开关器件所允许的范围内。对于某一确定系统，可以采用调节滞环宽度的方法限制开关管的平均开关频率，即：当滞环宽度增加时，平均开关频率将减小；而当滞环宽度减小时，则平均开关频率将增大。显然，滞环控制精度与开关频率间存在矛盾，为此，可采用以下平均开关频率的调节方法，即

1）在暂态时使用大的滞环宽度以限制开关频率，当系统进入稳态时，使滞环宽度变小从而减小输出电流谐波。

2）通过计算半个周期内开关脉冲上升沿的数目来计算平均开关频率。如果平均开关频率过高，则使滞环宽度增加；如果平均开关频率减小，则适当增减小滞环宽度。

5.3.3 基于虚拟磁链定向的直接功率控制（VF-DPC）

基于电压定向的直接功率控制（V-DPC）具有高功率因数、低 THD、算法及结构简单的特点，但是对于电网电压存在谐波、畸变和不平衡等情况时，会影响电压定向准确度，致使 DPC 控制性能下降，甚至导致系统振荡。为克服电网电压对 DPC 控制性能的影响，波兰学者 Mariusz Malinowski 提出了基于虚拟磁链定向的直接功率控制策略（VF-DPC）[6]。

VF-DPC 控制可以分为基于滞环比较的不固定开关频率和基于空间矢量调制的（SVM）固定开关频率两种控制策略。同样，两种控制策略均可采用无电网电压传感器的控制策略，具体讨论如下。

5.3.3.1 基于滞环比较控制的不定频 VF-DPC 控制[4,6,10,11]

1. 基于虚拟磁链定向的瞬时功率估算

观测式（5-42）、式（5-43）所描述的基于电网电压定向的无电网电压传感器时的瞬时功率估算公式，不难看出，功率估算公式中的前半部分具有微分项的运算表示电感中的储存能量，而后半部分具有开关函数项的运算则表示直流侧的输入能量，并由此存在以下问题：

1）为克服微分噪声，估算器运算中需要较为平滑的电流波形，由此需要足够大的滤波电感和足够高的采样频率设计。

2）由于瞬时功率估算与开关状态有关，因此对功率和电压的估算应尽量避免开关时刻，否则会带来较大的估算误差。

然而，采用基于虚拟磁链定向的瞬时功率估算可以避免上述问题的产生，分析如下：

图 5-22 为基于虚拟磁链定向的并网逆变器的矢量图，根据虚拟磁链的定义 $\boldsymbol{\varPsi}=\int \boldsymbol{E}\mathrm{d}t$ 可得 $\boldsymbol{\varPsi}$ 在 $\alpha\beta$ 坐标系下的表达式为

$$\boldsymbol{\varPsi}_{\beta\alpha} = \begin{bmatrix} \psi_\beta \\ \psi_\alpha \end{bmatrix} = \begin{bmatrix} \int e_\beta \mathrm{d}t \\ \int e_\alpha \mathrm{d}t \end{bmatrix} \qquad (5\text{-}61)$$

则并网逆变器交流侧电压方程可以表示为

$$\boldsymbol{U}_\mathrm{i} = R\boldsymbol{I} + \frac{\mathrm{d}}{\mathrm{d}t}(L\boldsymbol{I} + \boldsymbol{\varPsi}) \qquad (5\text{-}62)$$

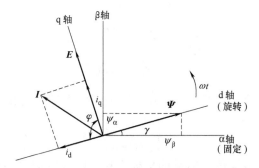

图 5-22 基于虚拟磁链定向的并网逆变器的矢量图

$\boldsymbol{E}$—电网电压矢量 $\boldsymbol{I}$—输出电流矢量

实际中如果忽略 R,则式（5-62）可化简为

$$\boldsymbol{U}_\mathrm{i} = L\frac{\mathrm{d}\boldsymbol{I}}{\mathrm{d}t} + \frac{\mathrm{d}\boldsymbol{\varPsi}}{\mathrm{d}t} = L\frac{\mathrm{d}\boldsymbol{I}}{\mathrm{d}t} + \boldsymbol{E} \qquad (5\text{-}63)$$

设电网电压矢量在 $\alpha\beta$ 坐标系下的表达式为 $\boldsymbol{E}_{\beta\alpha} = (e_\beta, e_\alpha)^\mathrm{T}$,则根据虚拟磁链定义可得

$$\boldsymbol{E}_{\beta\alpha} = \frac{\mathrm{d}\boldsymbol{\varPsi}_{\beta\alpha}}{\mathrm{d}t} \qquad (5\text{-}64)$$

再由 $\boldsymbol{X}_{\beta\alpha} = \boldsymbol{T}(\theta)\boldsymbol{X}_{\mathrm{qd}}$,则式（5-64）可变换 dq 坐标系下的关系式,即

$$\boldsymbol{T}(\theta)\boldsymbol{E}_{\mathrm{qd}} = \frac{\mathrm{d}[\boldsymbol{T}(\theta)\,\boldsymbol{\varPsi}_{\mathrm{qd}}]}{\mathrm{d}t} = \frac{\mathrm{d}\boldsymbol{T}(\theta)}{\mathrm{d}t}\boldsymbol{\varPsi}_{\mathrm{qd}} + \boldsymbol{T}(\theta)\frac{\mathrm{d}\boldsymbol{\varPsi}_{\mathrm{qd}}}{\mathrm{d}t} \qquad (5\text{-}65)$$

其中,矢量 $\boldsymbol{E}_{\mathrm{qd}} = (e_\mathrm{q}, e_\mathrm{d})^\mathrm{T}$; $\boldsymbol{\varPsi}_{\mathrm{qd}} = (\psi_\mathrm{q}, \psi_\mathrm{d})^\mathrm{T}$。

考虑到 $\dfrac{\mathrm{d}[\boldsymbol{T}(\theta)]}{\mathrm{d}t} = \boldsymbol{T}(\theta)\begin{pmatrix} 0 & \omega_0 \\ -\omega_0 & 0 \end{pmatrix}$,并将其代入（5-65）整理可得

$$\begin{pmatrix} e_\mathrm{q} \\ e_\mathrm{d} \end{pmatrix} = \begin{pmatrix} \dfrac{\mathrm{d}\psi_\mathrm{q}}{\mathrm{d}t} \\ \dfrac{\mathrm{d}\psi_\mathrm{d}}{\mathrm{d}t} \end{pmatrix} + \begin{pmatrix} 0 & \omega \\ -\omega & 0 \end{pmatrix}\begin{pmatrix} \psi_\mathrm{q} \\ \psi_\mathrm{d} \end{pmatrix} \qquad (5\text{-}66)$$

式中 ω——同步旋转 dq 坐标系的旋转角频率即电网基波角频率。

如图 5-23 所示,在 dq 坐标系中,当虚拟磁链以 d 轴定向时,若假定并网逆变

器运行于单位功率因数时，则有：$\psi_d = |\boldsymbol{\varPsi}| = \varPsi_m$，$\psi_q = 0$。此时，式（5-66）可化简为

$$\begin{cases} e_q = \omega\psi_d \\ e_d = \dfrac{\mathrm{d}\psi_d}{\mathrm{d}t} \end{cases} \tag{5-67}$$

代入同步坐标系下的瞬时功率表达式（5-36）和式（5-37）可得

$$\begin{cases} p = \dfrac{\mathrm{d}\psi_d}{\mathrm{d}t}i_d + \omega\psi_d i_q \\ q = -\dfrac{\mathrm{d}\psi_d}{\mathrm{d}t}i_q + \omega\psi_d i_d \end{cases} \tag{5-68}$$

对于三相平衡系统，有 $\boldsymbol{E}_d = \mathrm{d}\psi_d/\mathrm{d}t = 0$，则式（5-68）可化简为

$$\begin{cases} p = \omega\psi_d i_q \\ q = \omega\psi_d i_d \end{cases} \tag{5-69}$$

然而，为了避免到旋转坐标系的坐标变换，DPC 控制策略中的瞬时功率估算通常在两相静止 αβ 坐标系下进行，将电网电压矢量 $\boldsymbol{E}$ 的表达式改写成

$$\boldsymbol{E} = \frac{\mathrm{d}\boldsymbol{\varPsi}}{\mathrm{d}t} = \frac{\mathrm{d}(\varPsi_m \mathrm{e}^{\mathrm{j}\omega t})}{\mathrm{d}t} = \frac{\mathrm{d}\varPsi_m}{\mathrm{d}t}\mathrm{e}^{\mathrm{j}\omega t} + \mathrm{j}\omega\varPsi_m \mathrm{e}^{\mathrm{j}\omega t} = \frac{\mathrm{d}\varPsi_m}{\mathrm{d}t}\mathrm{e}^{\mathrm{j}\omega t} + \mathrm{j}\omega\boldsymbol{\varPsi} \tag{5-70}$$

式中 $\varPsi_m$——虚拟磁链矢量 $\boldsymbol{\varPsi}$ 的幅值。

由式（5-69）可得电网电压矢量 $\boldsymbol{E}$ 在 αβ 坐标系下的表达式为

$$\boldsymbol{E} = \frac{\mathrm{d}\varPsi_m}{\mathrm{d}t}\bigg|_\alpha + \mathrm{j}\frac{\mathrm{d}\varPsi_m}{\mathrm{d}t}\bigg|_\beta + \mathrm{j}\omega(\psi_\alpha + \mathrm{j}\psi_\beta) \tag{5-71}$$

再利用复功率矢量 $\boldsymbol{S} = \boldsymbol{E}\boldsymbol{I}^*$ 的关系，则有

$$\boldsymbol{S} = \boldsymbol{E}\boldsymbol{I}^* = \left\{ \frac{\mathrm{d}\varPsi_m}{\mathrm{d}t}\bigg|_\alpha + \mathrm{j}\frac{\mathrm{d}\varPsi_m}{\mathrm{d}t}\bigg|_\beta + \mathrm{j}\omega(\psi_\alpha + \mathrm{j}\psi_\beta) \right\}(i_\alpha - \mathrm{j}i_\beta) \tag{5-72}$$

则有

$$\begin{cases} p = \dfrac{\mathrm{d}\varPsi_m}{\mathrm{d}t}\bigg|_\alpha i_\alpha + \dfrac{\mathrm{d}\varPsi_m}{\mathrm{d}t}\bigg|_\beta i_\beta + \omega(\psi_\alpha i_\beta - \psi_\beta i_\alpha) \\ q = -\dfrac{\mathrm{d}\varPsi_m}{\mathrm{d}t}\bigg|_\alpha i_\beta + \dfrac{\mathrm{d}\varPsi_m}{\mathrm{d}t}\bigg|_\beta i_\alpha + \omega(\psi_\alpha i_\alpha + \psi_\beta i_\beta) \end{cases} \tag{5-73}$$

对于三相平衡系统，由于磁链幅值的变化率为零，即 $\mathrm{d}\varPsi_m/\mathrm{d}t = 0$，则式（5-73）所示的瞬时功率表达式可简化为

$$\begin{cases} p = \omega(\psi_\alpha i_\beta - \psi_\beta i_\alpha) \\ q = \omega(\psi_\alpha i_\alpha + \psi_\beta i_\beta) \end{cases} \tag{5-74}$$

2. 基于无电网电压传感器 VF-DPC 的控制结构

基于无电网电压传感器 VF-DPC 的控制结构如图 5-23 所示。

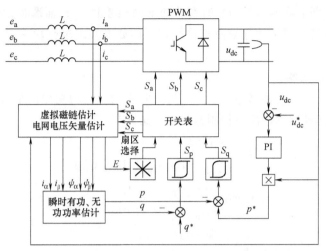

图 5-23　基于无电网电压传感器 VF-DPC 的控制结构

显然，与图 5-18 的 V-DPC 控制类似，只是图 5-23 中的 VF-DPC 控制采用了基于虚拟磁链定向的瞬时功率估计方案。以下就图 5-23 中几个关键环节阐述如下：

（1）虚拟磁链的估算

在 αβ 坐标系中，虚拟磁链 $\boldsymbol{\Psi}_{\alpha\beta}$ 的 α、β 轴分量可表示为

$$\begin{cases} \psi_{\alpha} = \int \left(u_{\alpha} - L\dfrac{\mathrm{d}i_{\alpha}}{\mathrm{d}t} \right) \mathrm{d}t \\ \psi_{\beta} = \int \left(u_{\beta} - L\dfrac{\mathrm{d}i_{\beta}}{\mathrm{d}t} \right) \mathrm{d}t \end{cases} \tag{5-75}$$

式中　u_{α}、u_{β}——并网逆变器输出电压矢量 α、β 轴的分量。

显然，u_{α}、u_{β} 可由并网逆变器的直流侧电压 u_{dc} 和相应开关函数 S_a、S_b、S_c 调制而成，即

$$\begin{cases} u_{\alpha} = \dfrac{2}{3}u_{dc}\left[S_a - \dfrac{1}{2}(S_b + S_c) \right] \\ u_{\beta} = \dfrac{1}{\sqrt{3}}u_{dc}(S_b - S_c) \end{cases} \tag{5-76}$$

将式（5-76）代入式（5-75）即可求得并网逆变器虚拟磁链 $\boldsymbol{\Psi}_{\alpha\beta}$ 的 α、β 轴分量。虽然 u_{α}、u_{β} 与逆变器的开关状态有关，且式（5-75）中含有微分项，但是磁链的电压积分特性则相当是一个低通滤波器，可以有效抑制电压谐波以及电流纹波对磁链观测的影响。因此采用虚拟磁链的矢量定向比采用电网电压的矢量定向具有更高的定向准确性。

（2）瞬态功率估算与功率控制

将检测得到的输出电流 i_a、i_b 和估算出的虚拟磁链 ψ_{α}、ψ_{β} 输入瞬态功率估算单元，并由式（5-74）对并网逆变器的输出瞬时有功和无功功率进行估算。直流侧

电压外环的 PI 调节器输出作为瞬时有功功率的参考值 p^*，而瞬时无功功率的参考值 q^* 则根据是否需要无功补偿而直接给定，例如要实现单位功率因数控制时，则设定 $q^* = 0$ 即可。

（3）滞环控制器

将瞬时有功、无功参考值 p^*、q^* 与瞬时有功、无功功率的估算值进行比较，其偏差送入滞环控制器，滞环控制器的输出结果为

$$S_p = 1 \begin{cases} \Delta p > H_p \\ -H_p < \mathrm{D}p < H_p \text{ 且 } \mathrm{d}\Delta p/\mathrm{d}t < 0 \end{cases} \tag{5-77}$$

$$S_p = 0 \begin{cases} \Delta p < -H_p \\ -H_p < \Delta p < H_p \text{ 且 } \mathrm{d}\Delta p/\mathrm{d}t > 0 \end{cases} \tag{5-78}$$

$$S_q = 1 \begin{cases} \Delta q > H_q \\ -H_q < \Delta q < H_q \text{ 且 } \mathrm{d}\Delta p/\mathrm{d}t < 0 \end{cases} \tag{5-79}$$

$$S_q = 0 \begin{cases} \Delta q < -H_q \\ -H_q < \Delta q < H_q \text{ 且 } \mathrm{d}\Delta p/\mathrm{d}t > 0 \end{cases} \tag{5-80}$$

其中，H_q 和 H_p 是滞环宽度，并且 $\Delta q = q^* - q$；$\Delta p = p^* - p$。

（4）VF- DPC 开关状态表

与 V- DPC 开关状态表类似，磁链的位置区间被划分为 12 个区间，相邻的两个开关矢量之间被平均分成两个区间，若以区间 A 表示其中靠近矢量 V_A 的区间，而区间 B 表示靠近矢量 V_B 的区间。其中：V_A、V_B 表示相邻的两个开关矢量，且当 $V_A = V_2$ 时，$V_B = V_1$；当 $V_A = V_1$ 时，$V_B = V_6$；以此类推。

由滞环比较器输出结果 S_p、S_q，以及磁链矢量位置 $\gamma = \arctan(\psi_\alpha/\psi_\beta)$ 所确定的所处区间信息，通过查表 5-2 即可获得所需的桥臂输出电压矢量对应的开关状态。

表 5-2　VF-DPC 开关表

S_p	S_q	区间 A	区间 B
0	1	V_B	V_0
	0	V_0	
1	1	V_B	
	0	V_A	

$V_A = V_1(100), V_2(110), V_3(010), V_4(011), V_5(001), V_6(101)$

$V_B = V_6(101), V_1(100), V_2(110), V_3(010), U_4(011), V_5(001)$

$V_0 = V_0(000), V_7(111)$

基于滞环控制的 VF-DPC 具有以下一些优点：

1）简单和无噪声、鲁棒性好的瞬时功率估算；

2）与传统 DPC 相比可以采用较低的采样频率；

3）无电流控制环；

4）高动态性能解耦的有功、无功控制。

然而，滞环 VF-DPC 主要的不足在于：逆变器的开关频率不固定，并且一般需要高速的处理器和 A/D 采样转换器。

5.3.3.2 基于 PI 调节的定频 VF-DPC 控制[9,12-15]

滞环控制的显著缺点是开关频率的不固定，这给输出滤波器的设计带来了问题。为此可基于 PI 调节的固定开关频率 VF-DPC 控制策略。该定频 VF-DPC 控制策略具有开关频率固定、算法简单、动态响应好等优点，尤其是在电网电压不理想的情况下也能实现较好的并网控制性能。其控制系统结构如图5-24所示。

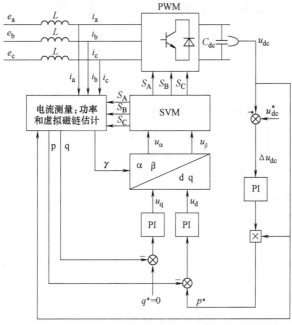

图 5-24 基于 PI 调节的定频 VF-DPC 控制系统结构

由图 5-24 可以看出，控制系统中其功率控制器由 PI 调节器取代了原来的滞环控制器，即瞬时有功、无功功率的误差信号 Δp、Δq 被引入 PI 调节器，通过 PI 调节从而产生并网逆变器交流输出电压在同步坐标系下的分量值 u_d 和 u_q，再通过坐标变换得到两相静止 αβ 坐标系下的分量值 u_α 和 u_β：

$$\begin{bmatrix} u_\alpha \\ u_\beta \end{bmatrix} = \begin{bmatrix} -\sin\gamma & -\cos\gamma \\ \cos\gamma & -\sin\gamma \end{bmatrix} \begin{bmatrix} u_d \\ u_q \end{bmatrix} \qquad (5\text{-}81)$$

其中，

$$\begin{cases} \sin\gamma = \dfrac{\psi_\beta}{\sqrt{(\psi_\alpha)^2 + (\psi_\beta)^2}} \\[4mm] \cos\gamma = \dfrac{\psi_\alpha}{\sqrt{(\psi_\alpha)^2 + (\psi_\beta)^2}} \end{cases} \qquad (5\text{-}82)$$

由 u_α 和 u_β 以及矢量位置角 γ，便可以采用固定开关频率调制的空间矢量 PWM 算法获得相应的开关控制信号，以实现并网逆变器的定频 VF-DPC 控制。

可见基于 PI 调节的定频 VF-DPC 控制策略与相应的滞环控制策略的主要区别在于各自对功率比较误差信号处理的不同。这种基于 PI 调节的定频 VF-DPC 控制，其开关频率固定，滤波器设计容易，但 DPC 控制的快速性相比于滞环控制有所降低。

5.4　基于 *LCL* 滤波的并网光伏逆变器控制

5.4.1　概述

随着并网光伏发电技术的发展，大功率并网发电已成为光伏发电的主要趋势。在大功率并网光伏发电系统中，并网逆变器的容量通常较大，为了降低开关管及其他相关损耗，同时也降低电磁干扰，一般只能采用较低的开关频率，此时若采用传统的 L 滤波器进行并网逆变器的输出滤波，则存在以下问题：

1）为了满足并网谐波要求，需要较大的电感值，这样不仅增加了滤波器的体积，而且增加了损耗和成本；

2）较大的滤波电感设计，增加了控制系统惯性，降低了电流内环的响应速度；

3）滤波电感的增大，将导致电感压降的增加，为了确保并网控制的实现，须适当提高逆变器的直流侧电压，这给电路控制和设计带来了一定的困难。

因此，在大功率并网光伏发电系统中，其大功率并网逆变器通常采用 *LCL* 滤波器，其结构如图 5-25 所示。相比于 L 滤波器，*LCL* 滤波器一般具有三阶的低通滤波特性，因而对于同样谐波标准和较低的开关频率，可以采用相对较小的滤波电感设计，因而可以有效减小系统的体积并降低损耗。

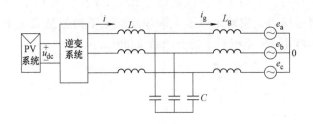

图 5-25　基于 *LCL* 滤波器的光伏并网系统

然而，相比于 L 滤波器，*LCL* 滤波器也不可避免地存在缺陷，以下以典型的单相滤波器电路为例进行分析。

图 5-26 所示为并网逆变器中采用的 L 滤波器和 *LCL* 滤波器电路。在并网逆变

器的并网控制中，对于电压型逆变器而言，网侧电流的控制实际上是通过逆变器桥臂侧输出电压的控制来实现的，因此，首先研究滤波器输入电压对输出电流的传递特性，即

L 滤波器：
$$\frac{I_g(s)}{U_i(s)} = \frac{1}{sL} \tag{5-83}$$

LCL 滤波器：
$$\frac{I_g(s)}{U_i(s)} = \frac{1}{L_g C L s^3 + (L_g + L) s} \tag{5-84}$$

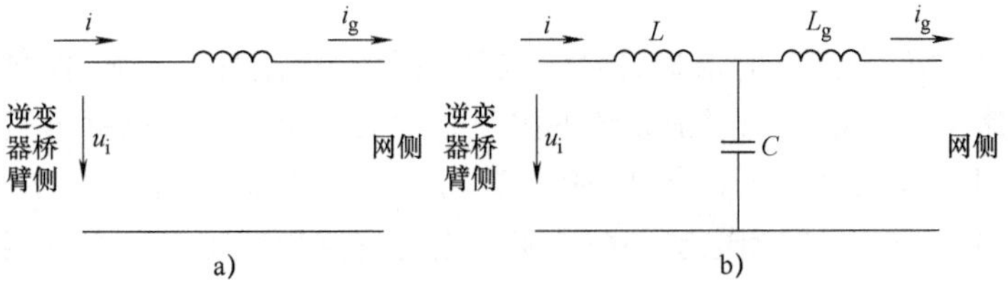

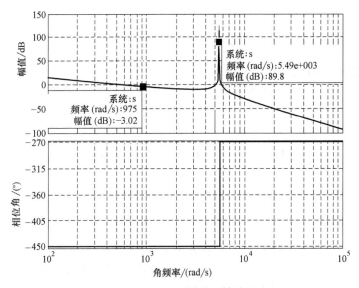

图 5-26 典型的 L 滤波器和 LCL 滤波器

可见，由于电容支路的增加，使得并网逆变器的电流控制系统由一阶系统变为三阶系统，从而增加了控制系统设计的困难。LCL 滤波器最严重的问题是其谐振问题，根据式（5-84）可画出 LCL 滤波器的博德图，如图 5-27 所示，可见，在某一频率范围内，系统将产生谐振，从而影响了系统的稳定性。

图 5-27 LCL 滤波器的博德图

对于三阶系统，谐振频率 ω_{res} 的具体计算公式为

$$\omega_{\text{res}} = \sqrt{\frac{L + L_g}{L L_g C}} \tag{5-85}$$

从式（5-85）不难看出，*LCL* 滤波器中 3 个储能元件参数对谐振频率 ω_{res} 均有影响，因此，式（5-85）是 *LCL* 滤波器参数设计的重要依据。

实际上 *LCL* 滤波器的这种谐振特性是由于较低的系统阻尼所导致的，因此需要在理论上研究增加系统阻尼的基于 *LCL* 滤波器的并网逆变器控制方案。针对基于 *LCL* 滤波器的并网逆变器阻尼控制方案，本节主要介绍了并网逆变器的无源阻尼和有源阻尼控制方案，并对 *LCL* 滤波器的参数设计进行了讨论。

5.4.2 无源阻尼法[18,19]

为了抑制 *LCL* 滤波器的谐振特性，提高系统的稳定性，最简单的方法就是在滤波器的回路中串入电阻来增加系统的阻尼，即无源阻尼法。根据电阻与元器件连接方法的不同，可以分为如图 5-28 所示的几种采用无源阻尼方式的增阻尼方法，即网侧电感串联电阻、网侧电感并联电阻、电容支路串联电阻以及电容支路并联电阻。下面分别对 4 种无源阻尼方式进行分析。

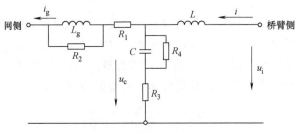

图 5-28 无源阻尼安放位置

（1）网侧电感串联电阻对系统特性的影响分析

由图 5-28 分析，当网侧电感串联电阻即图中 $R_2 = \infty$、$R_4 = \infty$、$R_3 = 0$、$R_1 \neq 0$ 时，*LCL* 滤波器的传递特性为

$$\frac{I(s)}{U(s)} = \frac{L_g C s^2 + C R_1 s + 1}{L_g C L s^3 + C L R_1 s^2 + (L_g + L) s + R_1}$$

$$\frac{I_g(s)}{U(s)} = \frac{1}{L_g C L s^3 + C L R_1 s^2 + (L_g + L) s + R_1}$$

$$\frac{I_g(s)}{I(s)} = \frac{1}{L_g C s^2 + C R_1 s + 1}$$

（5-86）

根据式（5-86）画出桥臂侧电压到网侧电流传递函数 $I_g(s)/U(s)$ 的博德图，如图 5-29 所示，其中 Z_{L_g} 为网侧电感的电感感抗，从中可以分析阻尼电阻对系统特性的影响。

图 5-29 中所示，从阻尼特性来说，未加入阻尼电阻时，传递函数存在谐振峰值，随着阻尼电阻的增加，衰减程度变大。从传递函数整个频率段的传递特性来看，阻尼电阻的加入，高频衰减特性虽然基本保持不变，然而，系统的低频特性发

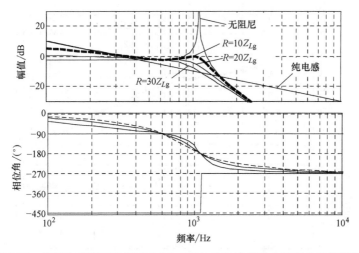

图 5-29　网侧电感串联电阻时 $I_g(s)/U(s)$ 随电感串联电阻变化的博德图

生了较大的变化，即桥臂电压对网侧电流的传输比随阻尼电阻值的增加而衰减；显然，网侧电感串联电阻的无源阻尼法在增加系统阻尼的同时，影响了其低频传输特性，从而影响了系统控制性能。

另外，当电阻串联在电感回路中时，由图 5-29 可以看出，当阻尼电阻较大时（如为网侧电抗的 10 倍以上）才能明显抑制谐振峰，这显然将导致损耗的增加。因此，无论是从控制性能还是系统功率损耗的角度分析，这种网侧电感串联电阻方法并不是较好的无源阻尼方案。

（2）网侧电感并联电阻对系统特性的影响分析

由图 5-28 分析，当网侧电感并联电阻，即图中 $R_2 \neq \infty$、$R_4 = \infty$、$R_3 = 0$、$R_1 = 0$ 时，LCL 滤波器的传递特性为

$$\frac{I(s)}{U(s)} = \frac{L_gCR_2s^2 + L_gs + R_2}{L_gCLR_2s^3 + LL_gs^2 + (L_g+L)R_2s}$$

$$\frac{I_g(s)}{U(s)} = \frac{L_gs + R_2}{L_gCLR_2s^3 + LL_gs^2 + (L_g+L)R_2s} \qquad (5\text{-}87)$$

$$\frac{I_g(s)}{I(s)} = \frac{L_gs + R_2}{L_gCR_2s^2 + L_gs + R_2}$$

根据式（5-87）画出桥臂侧电压到网侧电流传递函数 $I_g(s)/U(s)$ 的博德图，如图 5-30 所示，从中可以分析阻尼电阻对系统特性的影响。

图 5-30 中所示，由于电阻并联在网侧电感中，随着阻尼电阻的减小，谐振峰的衰减程度增加。然而，阻尼电阻的加入却改变了其高频衰减特性，即随着阻尼电阻的减小，高频段的衰减速率变慢，从而导致滤波性能的下降。由于这种网侧电感

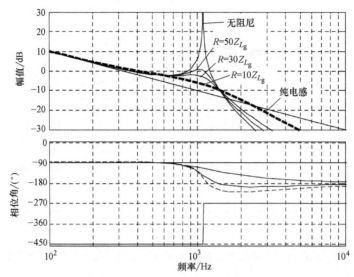

图 5-30　网侧电感并联电阻时 $I_g(s)/U(s)$ 随电感并联电阻变化的博德图

并联电阻的无源阻尼法方案无法兼顾其阻尼和滤波特性，因此工程应用上很少采用。

（3）电容支路串联电阻对系统特性的影响分析

由图 5-28 分析，当电容支路串联电阻即图中 $R_2=\infty$、$R_4=\infty$、$R_3\neq0$、$R_1=0$ 时，LCL 滤波器的传递特性为

$$\frac{I(s)}{U(s)}=\frac{L_gCs^2+CR_3s+1}{L_gCLs^3+C(L_g+L)R_3s^2+(L_g+L)s}$$

$$\frac{I_g(s)}{U(s)}=\frac{CR_3s+1}{L_gCLs^3+C(L_g+L)R_3s^2+(L_g+L)s} \qquad (5\text{-}88)$$

$$\frac{I_g(s)}{I(s)}=\frac{CR_3s+1}{L_gCs^2+CR_3s+1}$$

根据式（5-88）画出桥臂侧电压到网侧电流的传递函数 $I_g(s)/U(s)$ 的博德图，如图 5-31 所示，其中 Z_C 为电容支路的电容容抗，从中可以分析阻尼电阻对系统特性的影响。

图 5-31 中，随着阻尼电阻的增大，谐振峰的衰减程度相应增加，并且当阻尼电阻与电容容抗相比较小时，就能取得明显的阻尼效果。虽然随着阻尼电阻的增加，高频段的衰减速率会受到一定影响，然而，当阻尼电阻与电容容抗相比较小时，并非显著影响其滤波性能，且阻尼电阻的功率损耗也相应较小。可见，这种电容支路串联电阻的无源阻尼方案是一种可选的应用方案。

（4）电容支路并联电阻对系统特性的影响分析

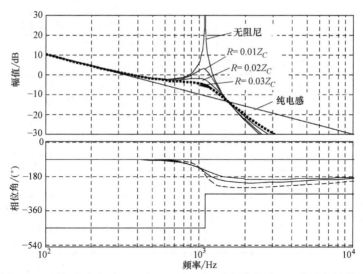

图 5-31 电容支路串联电阻时 $I_g(s)/U(s)$ 随电容串联电阻变化的博德图

由图 5-28 分析,当电容支路并联电阻即图中 $R_2 = \infty$、$R_4 \neq \infty$、$R_3 = 0$、$R_1 = 0$ 时,LCL 滤波器的传递特性为

$$\frac{I(s)}{U(s)} = \frac{L_gCR_4s^2 + L_gs + R_4}{L_gCLR_4s^3 + LL_gs^2 + (L_g + L)R_4s}$$

$$\frac{I_g(s)}{U(s)} = \frac{R_4}{L_gCLR_4s^3 + LL_gs^2 + (L_g + L)R_4s} \qquad (5\text{-}89)$$

$$\frac{I_g(s)}{I(s)} = \frac{R_4}{L_gCR_4s^2 + L_gs + R_4}$$

根据式(5-89)画出桥臂侧电压到网侧电流的传递函数 $I_g(s)/U(s)$ 的博德图,如图 5-32 所示,从中可以分析阻尼电阻对系统特性的影响。

从图 5-32 中可容易地看出,这种电容并联电阻的无源阻尼方法的特点就是在不改变低频和高频段频率特性的同时,能抑制中频段的谐振峰,且随着阻尼电阻的减小,谐振峰的衰减程度也相应增加。然而,图 5-32 表明,阻尼电阻的电阻值为电容容抗的 25% 时还不能完全将谐振峰值衰减掉,由于阻尼电阻并联在电容两端,因此随着阻尼电阻阻值的减小,其功率损耗也随之增加,因此,这种电容并联电阻的无源阻尼方法实际上也较少采用。

综上所述,从控制特性、滤波特性、阻尼特性以及功率损耗的角度综合分析,由于电容支路串联电阻的方案综合性能要优于其他 3 种,因此,工程上一般都采用此种无源阻尼法。

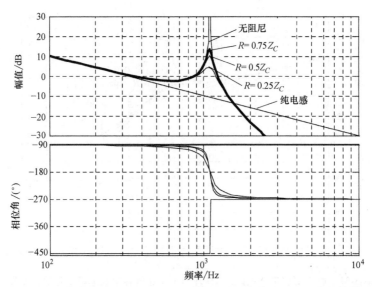

图 5-32　电容支路并联电阻时 $I_g(s)/U(s)$ 随电容并联电阻变化的博德图

5.4.3　有源阻尼法[20,21]

由上一节分析不难看出，通过增加阻尼电阻能够有效抑制 *LCL* 滤波器的谐振，有利于控制系统的稳定性，但是阻尼电阻的增加一方面还是有可能会影响谐波的滤波性能，另一方面也会增加系统损耗，降低系统效率，尤其是在大功率场合，阻尼电阻发热严重。

为了在不增加系统损耗的前提下，有效增加系统阻尼，抑制系统谐振并提高控制系统运行的稳定性，以控制取代实际阻尼电阻的有源阻尼控制策略引起了学术界的关注。所谓有源阻尼，就是无需实际的阻尼电阻，而是通过系统的控制算法来实现阻尼作用的方法。这种有源阻尼控制的基本思想可以从图 5-33 所示的博德图上加以解释，即当原系统博德图出现正谐振峰时，可以利用算法产生一个负谐振峰与之叠加，从而抵消和抑制原系统博德图的正谐振峰，以此增加系统阻尼。

显然，有源阻尼控制只是通过算法增加系统阻尼，没有附加阻尼电阻，因此没有增加损耗，从而提高了系统效率。然而，有源阻尼控制一般需要增加电压或电流传感器、并且控制系统结构相对复杂，这在一定程度上限制了有源阻尼的应用。但出于提高系统效率的考虑，有源阻尼有逐步取代无源阻尼的趋势和潜力。

有源阻尼法可分为虚拟电阻法、陷波器校正法[22,23,28]和双带通滤波器法等[24,25]，分别讨论如下。

1. 虚拟电阻法[18,20,21]

Pekik Argo Dahono 首先提出了以"虚拟电阻"控制算法来替代实际阻尼电

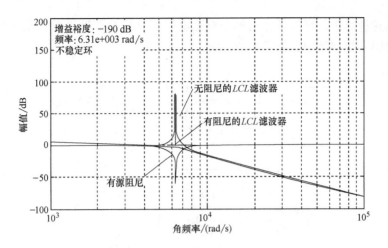

图 5-33　有源阻尼原理示意图

阻[20]的有源阻尼控制，即虚拟电阻法。其基本思想就是将无源阻尼控制结构图进行等效变换，并以控制算法代替实际的无源阻尼电阻。下面以通常应用的电容支路串联电阻的无源阻尼结构为例来导出相应的虚拟电阻法控制系统结构。电容支路串联电阻的 LCL 并网逆变器电流环控制结构如图 5-34 所示。

其中，$G_c(s)$ 为电流环控制器的传递函数，根据自控原理中系统结构等效变换规则，可将图 5-34 变换如下，即

图 5-35 所示的等效结构表明，电容支路串联电阻的无源阻尼控制结构相当于在原有无阻尼结构的基础上多了一个阻尼电流分量 $i_c s C_f R_d$，而该阻尼电流分量实际上也可以通过在电流控制器的输入端利用算法加以实现，从而达到有源阻尼控制的目的，如图 5-36 所示。

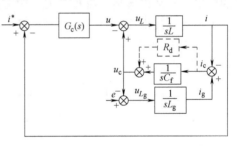

图 5-34　电容支路串联电阻的 LCL 并网逆变器电流环控制结构

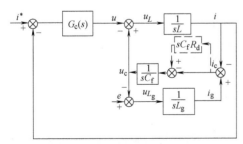

图 5-35　电容支路串联电阻控制的等效结构变换

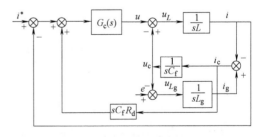

图 5-36　虚拟电阻等效的有源阻尼控制结构

根据这种思想，可以设计出基于虚拟电阻法（电容串联电阻）的 *LCL* 并网逆变器有源阻尼控制结构，如图 5-37 所示。

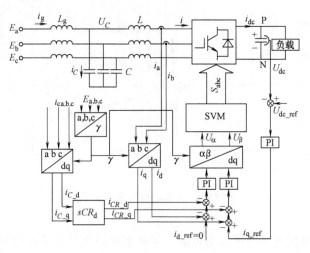

图 5-37　基于虚拟电阻法的 *LCL* 并网逆变器有源阻尼控制结构图

这种控制结构的思想是检测 *LCL* 滤波器电容支路的电流 i_C，并与 sCR_d 相乘后叠加到电压外环的输出电流指令上，然后经 PI 调节器实现有源阻尼控制。

下面对上述虚拟电阻法进行频率特性分析，首先将图 5-36 所示的控制结构简化，如图 5-38 所示。

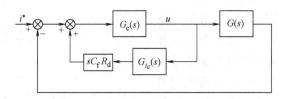

图 5-38　虚拟电阻法控制结构的简化

其中，

$$G(s) = -\frac{I(s)}{U(s)} = \frac{s^2 + \dfrac{1}{L_g C_f}}{Ls\left(s^2 + \dfrac{L_g + L}{L_g C_f L}\right)} = \frac{1}{Ls} \frac{(s^2 + z_{LC}^2)}{(s^2 + \omega_{res}^2)} \qquad (5\text{-}90)$$

$$G_{ic}(s) = \frac{L_g C s}{L_g L C s^2 + (L + L_g)} \qquad (5\text{-}91)$$

根据图 5-34 和图 5-38 以及式（5-90）、式（5-91）可以画出控制系统的开环博德图，如图 5-39 所示。

从图 5-39 可以看出，无阻尼控制方案在谐振频率处产生一个谐振峰；当采用

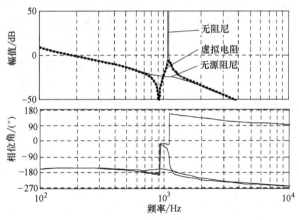

图 5-39 虚拟电阻法博德图及其比较

无源阻尼电阻控制时，原谐振频率处的谐振峰得到极大的衰减，远小于 0dB；而采用虚拟电阻法控制时，系统在谐振频率处的增益也在 0dB 之下，谐振峰也得到较大的衰减。值得一提的是，电容串联电阻的阻尼控制并不改变系统的低频和高频特性，因而系统的控制和滤波特性基本不受影响。

然而，从图 5-39 还可以看出，由于控制器结构及控制带宽的局限性，因此，从控制响应上，此种虚拟电阻的有源阻尼控制方案并不能完全等效于相应的无源阻尼方案。

另外，由于控制结构图节点等效变换的路径不只局限于一种，因此不同的等效方法可以得到不同的虚拟电阻控制算法。

2. 陷波器校正法

实际上，为了实现阻尼控制，可以在控制系统中构造一个具有负谐振峰特性的环节，并以此抵消 LCL 滤波器产生的正谐振峰。由于陷波器具有这种负谐振峰特性，因此可以通过控制结构的设计，将陷波器特性引入系统控制中，这便是基于陷波器校正法的有源阻尼控制策略的基本思路。那么，如何进行系统结构设计，将陷波器特性引入系统控制呢？仍从 LCL 并网逆变器电流环出发进行讨论。实际上，如图 5-40 所示，可以通过电流环前向通道中引入适当的变量反馈，并将变量反馈

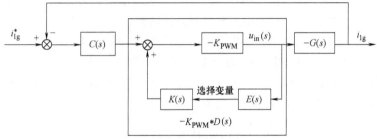

图 5-40 陷波器结构有源阻尼算法结构简图

构成的闭环环节（如图 5-40 中方框所示）整定为陷波器特性，就可以实现基于陷波器校正的 LCL 并网逆变器的有源阻尼控制。图 5-40 中 $D(s)$ 即为构造的陷波器有源阻尼环节。

对于 LCL 并网逆变器而言，可以看出系统中可供选择的反馈变量有 5 个：网侧电感电压 $u_2(s)$、滤波电容电压 $u_C(s)$、滤波电容电流 $i_C(s)$、逆变器桥臂侧电感电压 $u_1(s)$、逆变器桥臂侧电感电流 $i_1(s)$。图 5-40 中 $E(s)$ 为 $u_{in}(s)$ 到所选反馈变量的传递环节，即

$$[\begin{array}{ccccc} u_2(s) & u_C(s) & i_C(s) & u_1(s) & i_1(s) \end{array}]^{\mathrm{T}} = E(s)u_{in}(s) \qquad (5\text{-}92)$$

不同反馈变量选择所对应的各环节传递函数为

$$\begin{bmatrix} E(s) \\ K(s) \end{bmatrix} = \begin{bmatrix} \dfrac{1}{LC_f}\dfrac{1}{s^2+\omega_{res}^2} & \dfrac{1}{LC_f}\dfrac{1}{s^2+\omega_{res}^2} & \dfrac{s}{L}\dfrac{1}{s^2+\omega_{res}^2} & \dfrac{L_gC_fs^2+1}{L_gC_f}\dfrac{1}{s^2+\omega_{res}^2} & \dfrac{L_gC_fs^2+1}{LL_gC_fs}\dfrac{1}{s^2+\omega_{res}^2} \\[4mm] -Ks & Ks & K & K\dfrac{L_gC_fs}{L_gC_fs^2+1} & K\dfrac{L_gC_fs}{L_gC_fs^2+1} \end{bmatrix}$$

$$(5\text{-}93)$$

其中，$K(s)$ 是不同反馈变量所对应的陷波器的配置函数。

显然，为了消除图 5-40 中 $G(s)$ 位于 ω_{res} 处的正谐振峰，可以将 $D(s)$ 构造成陷波器结构，使得 $D(s)$ 在谐振点 ω_{res} 处产生一个负的谐振峰，因此需要构造的陷波器传递函数 $D(s)$ 如下：

$$D(s) = \frac{1}{1+K_{PWM}K(s)E(s)} = \frac{s^2+\omega_{res}^2}{s^2+Qs+\omega_{res}^2} \qquad (5\text{-}94)$$

式中　Q——陷波器的品质因数。

陷波器 $D(s)$ 的博德图如图 5-41 所示，显然，在频率 ω_{res} 处，其增益为 0，而对于偏离 ω_{res} 的信号，由于 $s^2+\omega_{res}^2$ 远大于 Qs，其增益为 1。

可见，图 5-40 中陷波器配置函数 $D(s)$ 的构造依赖于反馈变量的选择，对于不同的反馈变量，所需要的配置函数 $K(s)$ 也就不同。

从式（5-92）中可以看出，当选用 u_2 或者 u_C 作为反馈变量时，需要将 $K(s)$ 配置成微分环节；当选用 u_1 或者 i_1 作为反馈变量时，需要配置的 $K(s)$ 较为复杂，而且配置参数和系统参数有关；当选用 i_C 作为反馈变量时，只需要将 $K(s)$ 配置成一个比例环节，且不受系统参数影响，可以很好地实现陷波器结构的有源阻尼算法。以下分别研究以 u_C 和 i_C 为反馈变量时的陷波器校正有源阻尼法的实现。

（1）以 u_C 为反馈变量时的陷波器校正有源阻尼法的实现

以上分析表明，当选用 u_C 作为反馈变量时，需要将 $K(s)$ 配置成微分环节。而微分环节实现困难，且易引入噪声，为此可以采用超前-滞后环节代替微分环节的实现思路。超前-滞后环节的表达式为

$$L(s) = K_d\frac{T_ds+1}{\alpha T_ds+1} \qquad (5\text{-}95)$$

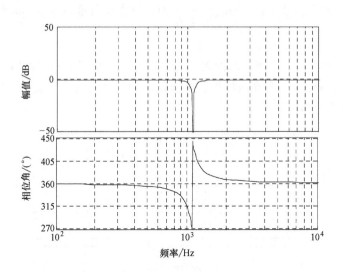

图 5-41 陷波器的基本博德图

其中，$\alpha < 1$。

根据式（5-95）可以画出超前-滞后环节的博德图，如图 5-42 所示。

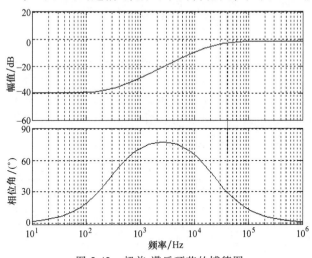

图 5-42 超前-滞后环节的博德图

可见，从超前-滞后环节的博德图可以看出超前-滞后环节的基本特征[24]：

1）其幅频特性类似于高通滤波器，具有选频特性。

2）其相频曲线具有正的相移。在 $\dfrac{1}{T_d}$、$\dfrac{1}{\alpha T_d}$ 之间的频段，超前-滞后环节对输入信号具有明显的微分作用，因此输出信号比输入信号超前，系统的相位裕度增加，且随着 $\dfrac{1}{\alpha}$

增大，微分效应越强，当频率 $\omega = \omega_{\max} = \dfrac{1}{T_d\sqrt{\alpha}}$ 时，最大超前角为 $\phi_{\max} = \arcsin\dfrac{1-\alpha}{1+\alpha}$，如图 5-43a 所示。

3）低频段的增益会下降，因而需要附加增益，以抵消低频段的增益下降。

4）超前-滞后环节具有高通特性，因而抗高频干扰的能力比较弱，所以 K_d 取值不能太大，如图 5-43b 所示。

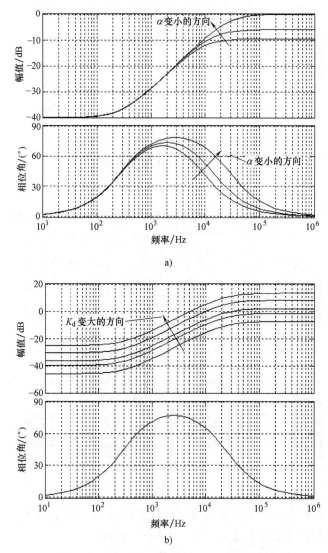

图 5-43　超前-滞后环节随参数变化的对数频率特性

a）不同 α 对应的超前-滞后环节频率响应　　b）不同 K_d 对应的超前-滞后环节频率响应

在本系统设计中，将超前-滞后环节串联在电容电压反馈检测通道中，然后将输出值叠加到电流调节器输出,从而实现以 u_C 为反馈变量的基于陷波器校正法的有源阻尼控制,其控制结构如图 5-44 所示。

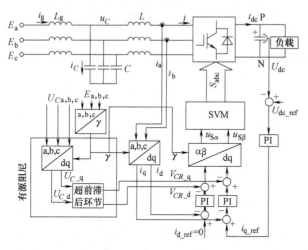

图 5-44 以 u_C 为反馈变量的基于陷波器校正法的有源阻尼控制

根据以上分析,可以画出带有源阻尼的电流内环控制结构[2,7],为图 5-45 所示。图 5-45 可以进一步简化为图 5-46。

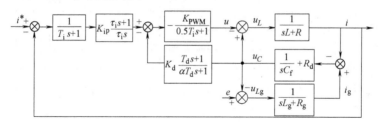

图 5-45 基于超前-滞后网络的电流内环控制结构图

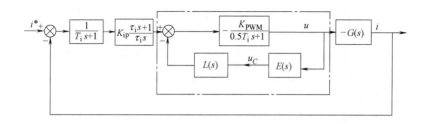

图 5-46 基于超前-滞后网络的电流内环简化控制结构图

其中,

$$E(s) = \frac{U_C(s)}{U(s)} = \frac{1}{LC_f} \frac{1}{(s^2 + \omega_{res}^2)} \qquad (5\text{-}96)$$

$$G(s) = -\frac{I(s)}{U(s)} = \frac{s^2 + \dfrac{1}{L_g C_f}}{Ls\left(s^2 + \dfrac{L_g + L}{L_g C_f L}\right)} = \frac{1}{Ls}\frac{(s^2 + z_{LC}^2)}{(s^2 + \omega_{res}^2)} \tag{5-97}$$

则图 5-46 中点画线框中所示的陷波器环节的表达式可以写为

$$D(s) = \frac{1}{1 - L(s)E(s)} \tag{5-98}$$

建立上述关系式，画出 $D(s)$，$G(s)$ 以及 $D(s)G(s)$ 的博德图，如图 5-47 所示。

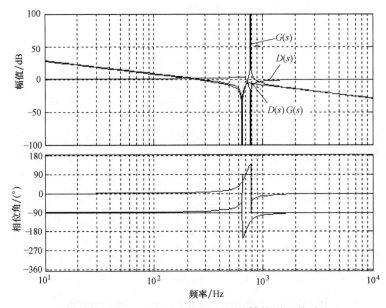

图 5-47 $D(s)$、$G(s)$、$D(s)G(s)$ 的博德图及其对比

显然，由于超前-滞后环节的引入，使系统前向控制通道中构成了一陷波器环节 $D(s)$。这一环节由于在低频阶段和高频段满足 $D(s) = 1$，因而对电流环性能没有影响，而在谐振频率附近，$D(s)$ 引入了与 $G(s)$ 的正谐振峰相抵消的负谐振峰，从而有效地增加了系统阻尼。由于存在检测电容电压的需要，有必要在系统中额外增加电压传感器。

（2）以 i_C 为反馈变量时的陷波器校正有源阻尼法的实现

以上分析表明，当选用 i_C 作为反馈变量时，只需要将 $K(s)$ 配置成一个比例环节，且不受系统参数影响，可以较方便地实现基于陷波器校正的 LCL 并网逆变器的有源阻尼控制，系统控制结构图如图 5-48 所示。

根据图 5-48 可以得出以 i_C 为反馈变量的基于陷波器校正法的有源阻尼控制框图，如图 5-49 所示。

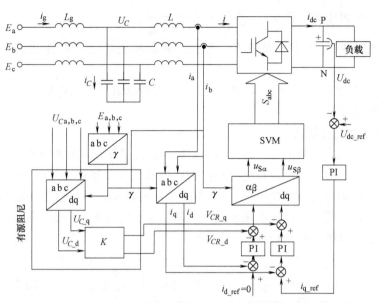

图 5-48 以 i_C 为反馈变量的基于陷波器校正法的有源阻尼控制结构图

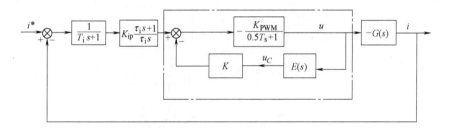

图 5-49 以 i_C 为反馈变量的基于陷波器校正法的有源阻尼控制框图

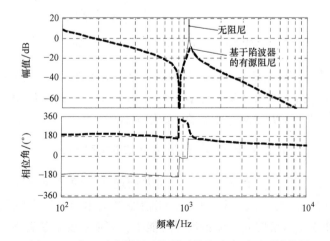

图 5-50 有、无有源阻尼控制时的电流内环开环博德图

其中，K 为比例配置系数，$E(s) = \dfrac{s}{L}\dfrac{1}{s^2 + \omega_{\text{res}}^2}$。

根据图 5-49 可以得出系统有、无有源阻尼控制时的开环博德图，如图 5-50 所示。

根据图 5-50 可以看出，基于陷波器校正的有源阻尼可以有效地抑制系统的谐振，增加系统阻尼。

3. 双带通滤波器法

以上介绍的有源阻尼方法都需要附加额外的传感器，并且通过反馈环构建相应的陷波器环节，实际上可以在电流环控制器的输出直接通过算法增加陷波器环节，而不需要增设额外的传感器[24]。然而简单的陷波器在高频时会引入相角偏移[25]，因而一般可以采用带通滤波器来构建陷波器，这就是所称的基于双带通滤波器的有源阻尼控制，其控制结构如图 5-51 所示。

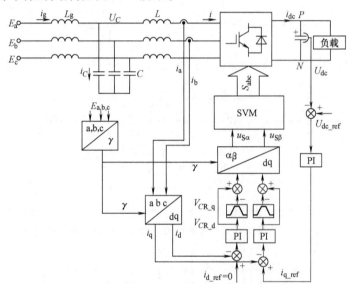

图 5-51　基于双带通滤波器的有源阻尼控制结构图

从图 5-51 看出，基于双带通滤波器的有源阻尼控制的基本思想是将电流内环 PI 调节器输出值经过一个带通滤波器后，再与 PI 调节器的输出值相减，从而获得陷波器特性，实现了 LCL 并网逆变器的有源阻尼控制。

5.4.4　基于 LCL 滤波的并网光伏逆变器滤波器设计

由于采用 LCL 滤波器设计时，除了满足并网逆变器的网侧滤波特性（即满足网侧谐波电流含量要求）外，还应考虑：①使滤波电感和电容吸收的无功功率尽可能地小；②使逆变器桥臂侧电流谐波尽可能小；③使逆变器桥臂侧输出电压对网侧基波电流的控制能力尽可能大；④应使滤波器的谐振频率满足一定的控制要求。

总之，从并网逆变器的控制要求分析，并网逆变器 *LCL* 滤波器参数的选取主要可从以下 3 个方面进行考虑，即

1）满足有功功率、无功功率控制的要求；

2）满足电流跟踪响应的要求；

3）满足谐波电流指标的要求。

具体讨论在 5.4.4.1 中给出。

5.4.4.1　*LCL* 滤波器参数的设计限制[2,29-33]

LCL 滤波器的参数设计，有如下 4 个限制条件：

（1）总电感量（$L+L_g$）的设计限制

从稳态条件下并网逆变器输出有功（无功）功率的能力考虑，并网逆变器 *LCL* 滤波器的总电感量（$L+L_g$）应予限制。考虑并网逆变器对有功和无功功率的稳态控制性能，稳态时 *LCL* 滤波器可等效为电感为 $L+L_g$ 的 *L* 滤波器。由并网逆变器数学模型的分析可知，在稳态条件下并网逆变器的交流侧矢量关系如图 5-52 所示。

由图 5-52 不难看出，在电网电压矢量 *E* 不变的条件下，若适当选择电感和直流电压参数，即可控制并网逆变器运行在图 5-52 所示圆周的任意一点上，以在电感 *L* 取值一定为前提，电流大小不同对应着不同的圆周。通过 *a*、*b*、*c*、*d* 四点将圆周分成四个圆弧段，位于不同的圆弧段上时并网逆变器具有不同的运行状态，不同的运行状态对应于不同的工作电流，对电感的设计要求也不一样。研究表明[2]：并网逆变器运行于 *c* 点时

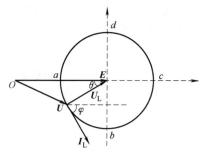

图 5-52　稳态运行时网侧矢量图
E—网侧电压矢量　　*U*—交流侧电压矢量
I_L—电感电流矢量　　U_L—电感电压矢量

电感设计的上限值最小，而运行于 *a* 点时电感设计的上限值最大。设计时考虑最严重的情况，即工作在 *c* 点的情况，若采用 SVPWM 控制，则该情况下对电感设计的上限值为

$$L+L_g \leqslant \frac{U_{dc}/\sqrt{3}-E_P}{\omega I_{LP}} \tag{5-99}$$

式中　E_P——网侧电压的峰值；

I_{LP}——电感电流的峰值。

（2）滤波电容 C_f 的设计限制

在并网逆变器中，其 *LCL* 滤波器中的滤波电容值越大，产生的无功就越多，同时也降低了逆变器的功率变换能力。因此，在并网逆变器 *LCL* 滤波器的设计中，电容产生的无功一般被限制为不超过 5%的系统额定功率，即有

$$3u_C^2 \omega C_f \leqslant 5\% P_n \qquad (5\text{-}100)$$

式中　u_C——电容电压;

　　　P_n——并网逆变器的额定功率。

若网侧电感上的压降相对较小时,则电容电压 u_C 可近似为电网相电压 u_n,即 $u_C = u_n$,因此有

$$C_f \leqslant 5\% \times \frac{P_n}{3 \times 2\pi f u_n^2} \qquad (5\text{-}101)$$

(3) 谐振频率 f_{res} 的设计限制

对于 *LCL* 滤波器,一般要求其滤波器的谐振频率设计在 10 倍基频和 0.5 倍开关频率之间,即有

$$10 f_n \leqslant f_{res} \leqslant 0.5 f_{sw} \qquad (5\text{-}102)$$

式中　f_n——电网基频;

　　　f_{sw}——并网逆变器调制的开关频率。

(4) 无源阻尼电阻 R_d 的设计限制

当考虑 *LCL* 滤波器电容串阻尼电阻 R_d 时,其并网逆变器桥臂侧输出电压到网侧电流的传递函数为

$$G(s) = \frac{i(s)}{u(s)} = \frac{1}{Ls} \frac{(s^2 + R_d C_f z_{LC}^2 s + z_{LC}^2)}{(s^2 + R_d C_f \omega_{res} s + \omega_{res}^2)} \qquad (5\text{-}103)$$

显然,增大电阻 R_d 可提高系统阻尼,使系统更稳定,然而增大电阻会使损耗增加,即

$$P_d = 3 R_d \sum \left[i(h) - i_g(h) \right]^2 \qquad (5\text{-}104)$$

可见,阻尼电阻 R_d 的设计需要在系统阻尼和损耗之间折中考虑。在 *LCL* 滤波器参数的工程设计中,阻尼电阻一般取值为谐振角频率 ω_{res} 处滤波电容 C_f 容抗的 1/3,即

$$R_d \approx \frac{1}{3 \omega_{res} C_f} \qquad (5\text{-}105)$$

5.4.4.2　*LCL* 滤波器桥臂侧电感 *L* 的选取

尽管并网变流器的谐波指标如 IEEE519、IEEE929、IEC61000 等所关注的是并网接入点的电流谐波和电压谐波[34],但就变流器本身的设计和控制而言,桥臂电流纹波也需要一定的限制。桥臂电流的纹波过大不仅会使滤波元件的损耗增大,而且还使功率开关管承受较高的开关应力,同时还会影响到并网逆变器的控制[30,35]。因此并网逆变器采用 *LCL* 滤波时,即便网侧电流谐波满足并网要求,其桥臂侧电感的选取也不能过小,工程上通常要求把桥臂电流纹波限制在一定范围之内。以下根据并网逆变器桥臂侧电流纹波含量的要求设计桥臂侧电感的参数。

实际上,并网逆变器桥臂侧的电感电流是随开关周期而脉动的,为了限制电感电流纹波,需要分析并网逆变器输出的一个工频周期中不同时段内的电感电流纹波的

变化规律。为此，需利用逆变器输出工频周期中不同时刻内的瞬态电感电流的数学关系来分析和求取电流纹波变化规律，并从中获得最大的电感电流纹波值，进而能通过电感值的设计将并网逆变器桥臂侧的电流纹波幅值限制在一定范围之内。

由于不同的并网逆变器电路拓扑和调制方式，其逆变器的输出瞬态电压波形也不尽相同。而对于基于 LCL 滤波的并网逆变器而言，其桥臂侧电感 L 较网侧电感 L_g 大，为简化分析，可以等效为单一的 L 滤波进行设计。因此，为分析问题方便，以下以图 5-10 所示的基于 L 滤波的 SPWM 调制的三相半桥无中线并网逆变器拓扑为例进行分析。

首先定义二值逻辑开关函数 S_k 为

$$S_k = \begin{cases} 1, \text{上桥臂导通，下桥臂关断} \\ 0, \text{上桥臂关断，下桥臂导通} \end{cases} \quad (k=a,b,c) \quad (5\text{-}106)$$

以 a 相为例，其逆变器桥臂开关通、断时的回路方程为

上桥臂开通时：$u_{dc} = L\dfrac{di_a}{dt} + u_a + \dfrac{u_{dc}}{3}(1+S_b+S_c)$

$$(5\text{-}107)$$

上桥臂关断时：$0 = L\dfrac{di_a}{dt} + u_a + \dfrac{u_{dc}}{3}(S_b+S_c)$

其中，u_{dc} 为直流侧电压，i_a 为 A 相并网电流，u_a 为 a 相电网电压，L 为桥臂侧电感。

根据式（5-107）可知，a 相电流的变化不仅取决于本相电网电压和开关状态的变化，还取决于 b 相和 c 相开关状态的变化。为此，将式（5-107）依据不同的开关状态分解得

$$u_{dc}=L\frac{di_a}{dt}+u_a+\frac{u_{dc}}{3}(1+S_b+S_c) \rightarrow \begin{cases} S_b+S_c=0 \rightarrow \dfrac{2}{3}u_{dc}=L\dfrac{di_a}{dt}+u_a \\ S_b+S_c=1 \rightarrow \dfrac{1}{3}u_{dc}=L\dfrac{di_a}{dt}+u_a \\ S_b+S_c=2 \rightarrow 0=L\dfrac{di_a}{dt}+u_a \end{cases}$$

$$0=L\frac{di_a}{dt}+u_a+\frac{u_{dc}}{3}(S_b+S_c) \rightarrow \begin{cases} S_b+S_c=0 \rightarrow 0=L\dfrac{di_a}{dt}+u_a \\ S_b+S_c=1 \rightarrow -\dfrac{1}{3}u_{dc}=L\dfrac{di_a}{dt}+u_a \\ S_b+S_c=2 \rightarrow -\dfrac{2}{3}u_{dc}=L\dfrac{di_a}{dt}+u_a \end{cases} \quad (5\text{-}108)$$

根据式（5-108）可以得出电感电流的瞬时变化规律，以逆变器桥臂侧电流的基波分量过零处和峰值处为例，可得图 5-53 所示的电流波形。

观察图 5-53 可知，在对称的 SPWM 调制方式下，同一工频周期中的不同时段

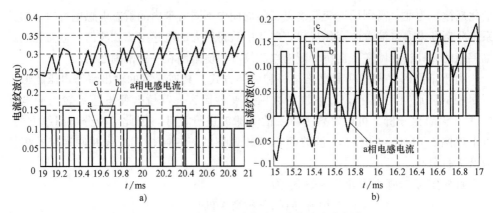

图 5-53　不同占空比对应的电流纹波变化规律

a）桥臂输出基波电流峰值附近的电流纹波　b）桥臂输出基波电流过零附近的电流纹波

注：为了清楚比较分析 a、b、c 三相的开关占空比变化，图中，对 a、b、c 三相的占空比的幅值分别进行了不同尺度的描绘。图中横坐标为最小时间单位 1μs 的倍数。

内，三相开关占空比变化的大小关系并不是惟一的，因此式（5-108）中描述的电感电流数学表达式也不是惟一的。为此根据其占空比变化规律，可以将电流变化分为几个不同的区间。由于在一个工频周期内，其稳态时逆变器输出的正负半周占空比对称，因此可以以半个周期进行区间划分，图 5-54 为其区间划分的示意图。

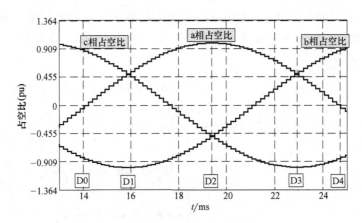

图 5-54　占空比区间划分

从图 5-54 可以看出，4 个占空比变化区间即（D0，D1）、（D1，D2）、（D2，D3）、（D3，D4）中，（D0，D1）与（D3，D4）是对称的，而（D1，D2）与（D2，D3）也是对称的，因此可以（D0，D1）、（D1，D2）区间为例来分析计算电流纹波幅值的变化规律。

考虑（D0，D1）区间的开关占空比变化规律，即：c 相占空比最大，a 相次之，b 相最小。由此可进一步分析此区间内三相桥臂的开关状态关系，以 a 相为例：当 a 相上桥臂开关管开通时，由于 c 相占空比最大，将不存在 $S_b+S_c=0$ 的状态；而当 a 相下桥臂开关管开通时，将不存在 $S_b+S_c=2$ 的状态。

因此，在区间（D0，D1）内，式（5-108）可以简化为

$$
\text{a 相上管开通时，}
\begin{cases}
S_b+S_c=1 \rightarrow \dfrac{1}{3}u_{dc}=L\dfrac{\Delta i_a}{T_{on\_a}-T_{on\_b}}+u_a \\[4mm]
S_b+S_c=2 \rightarrow 0=L\dfrac{\Delta i_a}{T_{on\_b}}+u_a
\end{cases}
$$

$$
\text{a 相上管关断时，}
\begin{cases}
S_b+S_c=0 \rightarrow 0=L\dfrac{\Delta i_a}{T-T_{on\_c}}+u_a \\[4mm]
S_b+S_c=1 \rightarrow -\dfrac{1}{3}u_{dc}=L\dfrac{\Delta i_a}{T_{on\_c}-T_{on\_a}}+u_a
\end{cases}
\tag{5-109}
$$

其中，T_{on_a}、T_{on_b}、T_{on_c} 为各相开关管的开通时间。

若要求得式（5-109）描述的电流纹波变化规律，需要研究一个开关周期 T 中各相开关管的开通时间 T_{on_a}、T_{on_b}、T_{on_c} 的变化规律。显然，当三相开关占空比分别记为 D_a、D_b、D_c 时，则有：$T_{on\_a}=D_aT$，$T_{on\_b}=D_bT$，$T_{on\_c}=D_cT$。

由式（5-107）所描述的开关函数模型分析可知，三相半桥桥臂侧电压的瞬时值之和并不为零，这是由于开关函数模型反映了逆变器的高频瞬时特性。为了得到逆变器开关占空比的变化规律，需要分析逆变器的低频开关特性，当开关频率相对于工频足够高时，可以忽略开关函数模型中的高频分量，则开关函数模型的低频数学模型可表示为

$$
S_a \approx 0.5+0.5m\sin\theta_a
$$
$$
S_b \approx 0.5+0.5m\sin\theta_b
$$
$$
S_c \approx 0.5+0.5m\sin\theta_c
\tag{5-110}
$$

其中，$m=2u/u_{dc}$，u 为交流侧电网电压峰值。

由于稳态时并网逆变器各相开关管的占空比变化规律为

$$
D_a = 0.5+0.5m\sin\theta_a
$$
$$
D_b = 0.5+0.5m\sin\theta_b
$$
$$
D_c = 0.5+0.5m\sin\theta_c
\tag{5-111}
$$

显然，只要将开关函数模型中的开关函数以占空比取代，即可获得相应的低频模型。将式（5-110）带入式（5-107）得

$$
U\sin\theta_a \approx L\frac{di_a}{dt}+u_a
$$
$$
U\sin\theta_b \approx L\frac{di_b}{dt}+u_b
$$
$$
U\sin\theta_c \approx L\frac{di_c}{dt}+u_c
\tag{5-112}
$$

这里，由于低频情况下电感的压降 $L\dfrac{\mathrm{d}i}{\mathrm{d}t}$ 远小于电网电压 u，因此，占空比函数的相位 θ_a、θ_b、θ_c 可以近似认为和各相电网电压相位角相同。值得注意的是，为了补偿这部分近似误差，最后对计算出的电感大小应留有一定的裕量。

这样，根据式（5-109）、式（5-111）和式（5-112）即可计算电流纹波幅值。取（D0，D1）区间开关周期 T 中电感电流的上升过程来计算 a 相电流的纹波幅值 Δi_a 关系，可得

$$\frac{1}{3}u_{\mathrm{dc}}=L\frac{\Delta i_a}{T_{\mathrm{on\_A}}-T_{\mathrm{on\_B}}}+u_a$$

$$\rightarrow$$

$$\frac{u}{u_{\mathrm{dc}}}\left(\frac{1}{3}u_{\mathrm{dc}}-u\sin\theta_a\right)(\sin\theta_a-\sin\theta_b)=L\frac{\Delta i_a}{T}$$

(5-113)

同理，可求得（D1，D2）区间的 a 相电流纹波幅值 Δi_a 关系为

$$0=L\frac{\Delta i_a}{T_{\mathrm{on\_B}}}+u_a$$

$$\rightarrow$$

$$-U\sin\theta_a\left(0.5+\frac{U\sin\theta_b}{U_{\mathrm{dc}}}\right)=L\frac{\Delta i_a}{T}$$

(5-114)

根据式（5-113）和式（5-114）计算可得 a 相电流纹波幅值 $|\Delta i_a|$ 为

$$|\Delta i_a|=\begin{cases}\dfrac{UT}{U_{\mathrm{dc}}L}\left(\dfrac{1}{3}U_{\mathrm{dc}}-U\sin\theta_a\right)(\sin\theta_a-\sin(\theta_a-120°)),\sin\theta_a\in(D0,D1]\\[4mm]\dfrac{UT}{U_{\mathrm{dc}}L}\sin\theta_a(0.5U_{\mathrm{dc}}+U\sin(\theta_a-120°)),\sin\theta_a\in(D1,D2]\end{cases}$$

(5-115)

在半个工频周期内，电流纹波幅值随 θ_a 即电网电压的变化规律示意图如图 5-55 所示。

从图 5-55 看出，若忽略逆变器输出电感的低频压降，则在电网电压过零和峰值处，其开关电流纹波幅值最大。

在电网电压过零点处，$\theta_a=0°$，根据式（5-115）可得电流纹波的幅值关系为

$$\frac{U}{2\sqrt{3}}=L\frac{\Delta i}{T}\qquad(5\text{-}116)$$

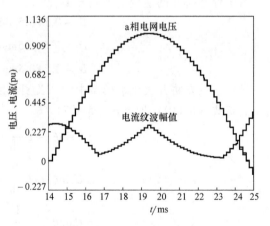

图 5-55　电流纹波幅值随电网电压的变化规律

在电网电压峰值处，$\theta_a = 90°$，根据式（5-115），电流纹波的幅值关系为

$$\frac{U(U_{dc}-U)}{2U_{dc}} = L\frac{\Delta i}{T} \tag{5-117}$$

针对式（5-116）和式（5-117），讨论如下。

1. 电感参数与开关频率的关系

其他参数不变的情况下，开关频率越高，电感越小。

2. 电感参数与交直流电压比值的关系

假定开关频率固定，当 U/U_{dc} 比值不同时，基波电流峰值处和过零处的电流纹波随 U/U_{dc} 的变化规律如图 5-56 所示。

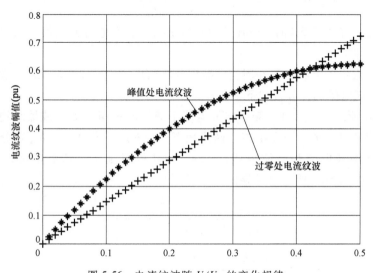

图 5-56　电流纹波随 U/U_{dc} 的变化规律

从图 5-56 可以得出如下结论：

1）随着交直流侧电压比值的变大，电流纹波幅值逐渐变大，因此，对于相同的直流侧电压，网侧电压较小时电流纹波幅值相对较小；

2）当 $U/U_{dc} < 0.42$ 时，基波电流峰值处的电流纹波幅值较大；

3）当 $U/U_{dc} \geqslant 0.42$ 时，基波电流过零处的电流纹波幅值较大；

4）当 $U/U_{dc} = 0.5$ 时，电流纹波幅值最大，且最大值为 $\Delta i_{max} = \dfrac{U_{dc}T}{4\sqrt{3}L}$。

根据上述结论和并网逆变器桥臂电流控制中对最大电流纹波幅值 Δi_{max} 的要求，可按照上述结论 4）中的最大电流纹波幅值设计相应的电感值，即

$$L \geqslant \frac{U_{dc}T}{4\sqrt{3}\,\Delta i_{max}} \tag{5-118}$$

考虑到并网逆变器的运行效率和电感的成本，电感设计时应尽量小，另外考虑

到上述近似计算所造成的偏差，因此在电感设计时其取值应留有一定的裕量。

5.4.4.3　*LCL* 滤波器网侧 *LC* 参数的选取

在初选并网逆变器桥臂侧电感 L 参数后，可令网侧电感 L_g 的大小为

$$L_g = \gamma L \tag{5-119}$$

式中　γ——网侧电感比例系数。

若令 x 为滤波电容吸收的无功功率占系统功率的百分比值，则有

$$C = xC_b \tag{5-120}$$

其中，$x \leqslant 5\%$，而标幺值 $C_b = \dfrac{1}{\omega_n Z_b}$　　$Z_b = \dfrac{(E_n)^2}{P_n}$

设计时，先按照 5% 的百分比算出电容最大值，而电容初选值一般可选择为此最大值的一半。

在初步选定了电容值和并网逆变器桥臂侧电感值后，接下来就是需要确定系数 γ 以得到网侧电感值，分析如下：

图 5-57 所示为 h 次开关频率谐波电流下等效的单相 *LCL* 滤波器结构，在高频状态，逆变器是一个谐波发生器，网侧相当于短路。$i(h_{sw})$、$u(h_{sw})$ 分别表示逆变器侧 h 次谐波电流和谐波电压，$i_g(h_{sw})$ 表示网侧 h 次谐波电流，且图中 $u_g(h_{sw}) = 0$。由图 5-57 所示可推导出：

$$\begin{cases} \dfrac{i_g(h_{sw})}{u(h_{sw})} = \dfrac{z_{LC}^2}{\omega_{sw} L \cdot |\omega_{res}^2 - \omega_{sw}^2|} \\[3mm] \dfrac{i(h_{sw})}{u(h_{sw})} \approx \dfrac{1}{\omega_{sw} L} \end{cases} \tag{5-121}$$

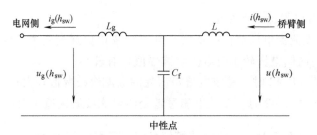

图 5-57　h 次开关频率谐波电流下等效的单相 *LCL* 滤波器结构

因此，从并网逆变器桥臂侧到网侧的电流谐波衰减表达式为

$$\frac{i_g(h_{sw})}{i(h_{sw})} \approx \frac{z_{LC}^2}{|\omega_{res}^2 - \omega_{sw}^2|} \tag{5-122}$$

其中，$z_{LC}^2 = [L_g C_f]^{-1}$，$\omega_{res}^2 = (L_g + L) z_{LC}^2 / L$，$\omega_{sw}^2 = (2\pi f_{sw})^2$，$f_{sw}$ 是开关频率，$h_{sw} =$

ω_{sw}/ω_n是开关谐波次数。

联立式（5-119）~式（5-122），得到脉动电流衰减与网侧电感比例系数γ之间的关系式为

$$\frac{i_g(h_{sw})}{i(h_{sw})} \approx \frac{1}{|1+\gamma(1-ax)|} \tag{5-123}$$

其中，$a=LC_b\omega_{sw}^2$是常值。

选择$\frac{i_g(h_{sw})}{i(h_{sw})}$的值，可确定系数$\gamma$，从而由式（5-123）即可得网侧电感值。通常一般初选$\frac{i_g(h_{sw})}{i(h_{sw})}$值在20%左右。

5.4.4.4 LCL滤波器参数设计的检验与校正

1. 总电感量（$L+L_g$）的检验与校正

由上面步骤，可依次算出LCL并网逆变器桥臂侧电感值L、电容值C_f以及网侧电感值L_g，此时，需要代入限制条件（1）即$L+L_g \leq \frac{U_{dc}/\sqrt{3}-E_P}{\omega I_{LP}}$检验。若不满足此条件，需另行选择脉动电流衰减值$\frac{i_g(h_{sw})}{i(h_{sw})}$，从而得到新的系数$\gamma$以及网侧电感值$L_g$。通过式（5-120）知，重新选择滤波电容无功功率的比例值也可达到类似的效果。直至满足限制条件（2）的要求，即满足$C_f \leq 5\% \times \frac{P_n}{3\times 2\pi f \times u_n^2}$。

2. 谐振频率f_{res}的检验与校正

由式（5-103）传递函数可得到LCL滤波环节谐振频率的表达式，即

$$\omega_{res} = \sqrt{\frac{L+L_g}{LL_gC_f}} \tag{5-124}$$

由初步得出的网侧电感值L_g、电容值C_f、并网逆变器桥臂侧电感值L检验得出的谐振频率$f_{res}=\omega_{res}/2\pi$是否满足限制条件（3），即$10f_n \leq f_{res} \leq 0.5f_{sw}$。

若不满足条件，再次重新选择脉动电流衰减值或滤波电容无功功率的比例值，以得出新的L_g、C_f和L值，直至满足限制条件（3）的要求。

3. 阻尼电阻的确定

阻尼电阻值一般取为谐振点电容阻抗的1/3，即按照$R_d = \frac{1}{3\omega_{res}C_f}$求得即可。

5.5 单相并网逆变器的控制

与三相并网逆变器不同，单相并网逆变器由于只有单一的交流量，一般不便进

行坐标变换，然而，通过引入虚拟的正交变流，可以构成虚拟的两相正交的交流系统，因此与三相并网逆变器相同，可以在静止坐标系或同步旋转坐标系中研究单相并网逆变器的控制策略，分别讨论如下。

5.5.1 静止坐标系中单相并网逆变器的控制

1. 基于 PI、P 调节器的双环控制策略

在中小功率单相并网逆变器中，其输出 LCL 滤波器的电容一般较小，因此可以考虑采用较为简单的双环控制策略，其系统及控制结构如图 5-58 所示。

图 5-58 中，并网逆变器的直流电压外环采用 PI 调节器，通过稳定直流侧电压实现逆变器输入、输出能量的平衡；电流内环的电流幅值参考值 I_m^* 由直流电压外环调节器的输出给定，通过检测获得电网电压相位角 θ，并由 $\cos\theta$、I_m^* 的乘积获得瞬时输出电流的参考信号 i_{L1}^*，电流内环一般可采用简单的 P 调节器，以实现电流的快速控制；为了抑制电网电压扰动，采用了电网电压前馈控制，电流环的输出与电网电压的前馈信号叠加后经过 SPWM 调制后输出驱动开关管，以实现单相逆变器的并网控制。

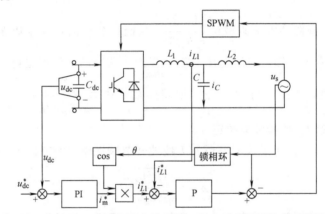

图 5-58　基于 PI、P 调节器的单相并网逆变器的双环控制系统结构

2. 采样基于比例谐振（PR）调节器的单相并网逆变器的多环控制

上述基于 PI、P 调节器的单相并网逆变器的双环控制虽然控制简单，但存在以下不足：

1）电流环无法实现电流的无静差控制；

2）当输出滤波器的电容较大时系统可能发生振荡；

3）由于没有直接控制网侧电流，因此会降低网侧电流品质。

为克服上述不足，可以采用基于比例谐振（PR）调节器的单相并网逆变器的多环控制策略。采用基于 PR 调节器的单相并网逆变器的多环控制结构如图 5-59 所示。

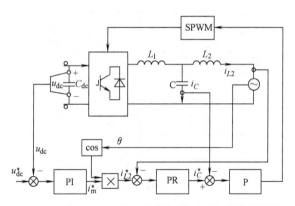

图 5-59　采用 PR 调节器的单相并网逆变器控制结构

图 5-59 中，直流电压外环仍采用 PI 调节器控制，以稳定直流侧电压；电网电流环的电流幅值参考值 I_m^* 由直流电压外环调节器的输出给定，通过检测获得电网电压相位角 θ，并由 $\cos\theta$、I_m^* 的乘积获得瞬时电网电流的参考信号 i_{L2}^*，为实现电网电流的无静差控制，电网电流环可采用比例谐振调节器（PR）。为抑制 LCL 滤波器的振荡，图 5-59 中采用了电容电压微分即电容电流反馈控制，从而有效地增加了系统阻尼，电容电流内环采用 P 调节器控制，以保证内环控制的快速性；内环调节器的输出经过 SPWM 调制后驱动开关管，以实现单相逆变器的并网控制。

以下简单讨论比例谐振调节器（PR）的基本问题：

在静止坐标系中，若要实现正弦参考信号的无静差控制，根据内模定理，则要求在系统开环传递函数中包含正弦信号的 s 域模型，由于正弦信号可以是 cos 和 sin 两种形式表示，因此，正弦信号相应的 s 域模型可由以下两种无阻尼谐振的传递函数形式，即

$$G_1(s)=\frac{s}{s^2+\omega_0^2}　　G_2(s)=\frac{\omega_0}{s^2+\omega_0^2} \tag{5-125}$$

为了比较两种传递函数特性，分别作出相应的博德图，如图 5-60 所示。

由图 5-60 不难看出：$G_1(s)$ 和 $G_2(s)$ 在 ω_0 附近都具有无穷大的开环增益，因此可实现频率为 ω_0 的正弦信号的无静差控制。然而：$G_1(s)$ 的相角变化范围为 90° ~ -90°，而 $G_2(s)$ 的相角变化范围为：0° ~ -180°，可见，从稳定性的角度来看，$G_1(s)$ 的形式对系统稳定更有利，而 $G_2(s)$ 可能使系统的相角裕度不足，从而引起系统的振荡。

上述分析表明：为实现对正弦信号的无静差控制，可以采用传递函数为 $G_1(s)=\dfrac{s}{s^2+\omega_0^2}$ 形式的调节器设计，其博德图如图 5-61 所示。

另外，为了使调节器增加一个可控的自由度，以使得系统的闭环极点位置可以在根轨迹上自由配置，可在上述 $G_1(s)$ 中增加一个可调的比例系数，则调节器的

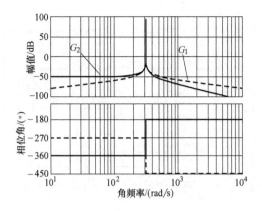

图 5-60 $G_1(s)$ 与 $G_2(s)$ 伯德图比较

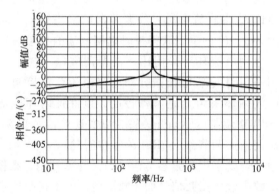

图 5-61 调节器采用 $G_1(s)$ 形式的伯德图

传递函数变为 $G_1(s) = \dfrac{K_i s}{s^2 + \omega_0^2}$，相应的 $G_1(s)$ 博德图如图 5-62 所示。

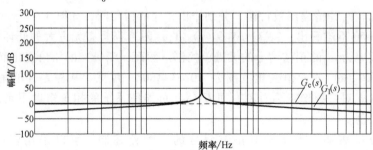

图 5-62 $G_1(s)$、$G_c(s)$ 伯德图

从图 5-62 可以看出：当调节器采用 $G_1(s) = \dfrac{K_i s}{s^2 + \omega_0^2}$ 的形式后，虽然系统在 ω_0 附

近具有无穷大的开环增益，但在其他频率处，其增益呈衰减趋势。因而，为了补偿原有的增益呈衰减趋势，提高系统的动态性能，需要相应增大 ω_0 外频率处的开环增益，为此在原有传递函数基础上，引入比例项，即引入比例项的调节器传递函数为

$$G_c(s) = K_p + \frac{K_i s}{s^2 + \omega_0^2} \tag{5-126}$$

$G_c(s)$ 的博德图如图 5-62 所示，与其中 $G_1(s)$ 的博德图相比，$G_c(s)$ 的博德图在高频段对系统有较大的增益补偿，从而提高了系统截止频率，加快了系统的响应速度。

由于 $G_c(s) = K_p + \frac{K_i s}{s^2 + \omega_0^2}$ 中既含有比例项，又含有谐振项，因此 $G_c(s)$ 形式的调节器结构被称为比例谐振调节器或称 PR 调节器。

需要注意的是：因为比例谐振调节器是使系统在特定频率 ω_0 处获得无穷大的开环增益，因而其仅能无静差跟随给定信号频率 ω_0 时的正弦量，对于给定信号频率是变化量的场合是不适用的。

5.5.2　同步旋转坐标系中单相并网逆变器的控制

上述单相并网逆变器的 PR 调节器控制虽然实现了电流的无静差控制，然而这种基于静止坐标系的控制却不便实现有功、无功功率的独立控制。但是，在三相并网逆变器的控制中，静止坐标系中三相对称的交流量通过坐标旋转变换即可变换成同步坐标系下的直流量，并利用简单的 PI 调节器控制不仅实现了电流的无静差控制，而且也实现了有功、无功功率的解耦控制。然而，要实现交流量的坐标旋转变换，至少需要具有两个自由度，例如两个正交的交流量。显然，单相系统只有一个自由度，无法直接进行坐标旋转变换，为此可虚拟出一个与单相系统实际交流量正交的交流量来满足坐标旋转变换的两个自由度条件，从而可以采用类似同步坐标系下三相并网逆变器的 PI 调节器控制，以实现电流的无静差跟随控制。实际上，如图 5-63 所示：只要在单相系统中将实际的交流量（例如输出电流 i_o）延迟 90° 就可虚拟出一个正交分量 i_{Im}，而将 i_o 和虚拟出的正交分量 i_{Im} 合成实际上构成了两

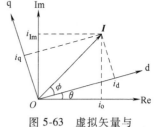

图 5-63　虚拟矢量与坐标变换示意

相静止坐标系 ReIm 中的虚拟矢量 I。将 i_o、i_{Im} 经同步旋转坐标系 d-q 轴分解，即可得到虚拟矢量 I 相应的 d 轴及 q 轴分量。具体分析如下：

若令单相并网逆变器的网侧电流 i_o 为

$$i_o = I\cos(\omega_0 t + \phi) \tag{5-127}$$

式中　I——电流幅值；

ϕ——初始相角；

ω_0——基波角频率。

由于 dq 坐标变换需要两个正交变量，因此可以设计了一个全通滤波器将 i_o 移相 $90°$ 得到一个虚拟的变量 i_{Im}，即

$$i_{Im} = I\sin(\omega_0 t + \phi) \tag{5-128}$$

将两相静止坐标系 ReIm 中实际及虚拟的变量 i_o、i_{Im} 经过坐标旋转变换后即可得到 dq 坐标系下的 d、q 轴变量 i_d、i_q，即

$$\begin{pmatrix} i_q \\ i_d \end{pmatrix} = \boldsymbol{T}(\theta) \begin{pmatrix} i_{Im} \\ i_o \end{pmatrix} = I \begin{pmatrix} \sin\phi \\ \cos\phi \end{pmatrix} \tag{5-129}$$

式中 $\boldsymbol{T}(\theta)$——ReIm-dq 的坐标变换矩阵，且 $\boldsymbol{T}(\theta) = \begin{pmatrix} \cos\theta & -\sin\theta \\ \sin\theta & \cos\theta \end{pmatrix}$。

式 (5-129) 表明：在 dq 同步旋转坐标系中，虚拟矢量 $\boldsymbol{I}$ 被分解成 i_d、i_q 分量，其中：i_q 表示有功电流分量，而 i_d 表示无功电流分量。与三相并网逆变器控制类似，对 i_q、i_d 进行独立的 PI 调节器控制，即可实现并网逆变器有功、无功功率的独立调节。

基于同步旋转坐标系单相并网逆变器的控制结构如图 5-64 所示。

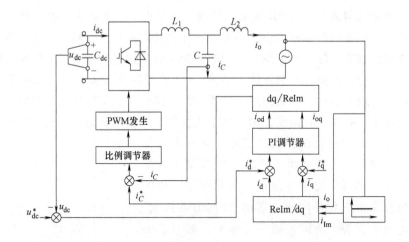

图 5-64 基于同步旋转坐标系的单相并网逆变器的控制结构

控制系统采用了直流电压外环、功率电流环以及电容电流内环的三环控制策略，与上述采用 PR 调节器的单相有源逆变器控制方案相同，电容电流内环由于具有电容电压微分控制的特性，从而增加了控制系统的阻尼，抑制了系统振荡，提高了控制稳定性。

值得注意的是：基于同步旋转坐标系单相并网逆变器的控制，可以进行有功、无功电流 i_q、i_d 的独立控制，而 i_q、i_d 经 PI 调节器调节后相应的输出 i_{cd}、i_{cq} 还需

进行相应的逆变换，即得到两相 ReIm 静止坐标系中的控制变量 i_C^*、i_{Imc}，即

$$\begin{pmatrix} i_{\mathrm{Imc}} \\ i_C^* \end{pmatrix} = \boldsymbol{T}(\theta)^{-1} \begin{pmatrix} i_{\mathrm{cq}} \\ i_{\mathrm{cd}} \end{pmatrix} \tag{5-130}$$

通过 dq-ReIm 的坐标变换后，Im 轴的虚拟变量 i_{Imc} 被略去，而 Re 轴的变量 i_C^* 保留并作为电流内环反馈变量的给定量。由于电流内环无需实现无静差控制，因而只需采用 P 调节器。

参 考 文 献

［1］ Malinowski M，Kazmierkowski M P，Trzynadlowski A M. A Comparative Study of Control Techniques for PWM Rectifiers in AC Adjustable Speed Drives ［J］. IEEE Transactions on power electronics，2003：1390-1396.

［2］ 张崇巍，张兴. PWM 并网逆变器及其控制 ［M］. 北京：机械工业出版社，2003.

［3］ Zmood D N，Holmes D G，Bode G H. Frequency-Domain Analysis of Three-Phase Linear Current Regulators ［J］. IEEE Transactions on industry applications. 2001（37）：601-610.

［4］ Malinnowski M S. Senesorless Control Strategies for Three-Phase PWM Rectifier ［D］. Warsaw University of Technology. Ph. D. Thesis，2001.

［5］ Duarte J L，Van Zwam A，Wijnands C，et al. Reference Frames Fit for Controlling PWM Rectifiers ［J］. IEEE Transactions on industrial elactronics，1999（46）：628-630.

［6］ Malinowski M，Kazmierkowski M P，Hansen S，et al. F. Virtual-flux-based direct power control of three-phase PWM rectifiers ［J］. IEEE Transactions on power electronics. 2001（37）：1019-1027.

［7］ Noguchi T，Tomiki H，Kondo S，et al. Direct Power Control of PWM Converter Without Power-Sorce Voltage Sensors ［J］. IEEE Transactions on Industry Application，1998，34（6）：473-479.

［8］ 徐小品，黄进，杨家强. 瞬时功率控制在三相 PWM 整流中的应用 ［J］. 电力电子技术，2004.

［9］ Mariusz Malinowgki，Marian P KaZmier Kowski. DSP implementation of direct power control with constant switching frequency for three-phase PWM rectifiers ［C］. 28th Annual Conference of the IEEE Industrial Electronics Socirty，2002.

［10］ Mariusz Malinowski，Marian P Kazmierkowski，Andrzej Trzynadlowski. Direct power control with virtual flux estimation for three-phase PWM rectifiers ［J］. Proceedings of the 2000 IEEE International Symposium on Industrial Electronics，2002，2：442-447.

［11］ Malinowski M，Kazmierkowski M P. Simulation study of virtual flux based direct power control for three-phase PWM rectifiers ［C］. 26th Annual Conference of the IEEE on Industrial Electronics Society，2000，4：2620-2625.

［12］ Mariusz Malinowski，Marek Jasin'ski，Marian P Kazmierkowski. Simple direct power control of three-phase PWM rectifier using space-vector modulation（DPC-SVM）［J］. IEEE Transactions on Industry Applications, 2004, 51（2）：447-454.

[13]　Mariusz Malinowski, Marian P Kazmierkowski. Direct power control of three-phase PWM rectifier using space vector modulation-simulation study. Proceedings of the 2002 IEEE International Symposium on Industrial Electronics, 2002, 4：1114-1118.

[14]　Mariusz Malinowski, Marques G, Cichowlas M, et al. New direct power control of three-phase PWM boost rectifiers under distorted and imbalanced line voltage conditions. IEEE International Symposium on industrial electronics, 2003（1）：438-443.

[15]　Su Chen. Direct Power Control of Active Filter with Averaged Swithing Frequency Regulation [J]. IEEE Transaction on Power Elactronics, 2004：1187-1190.

[16]　Mariusz Cichowlas, Mariusz Malinowski, Marian P. Kazmierkowski, et al. Active filtering function erent line voltage conditions. 2005.

[17]　Mariusz Malinowski, Marian P. Kazmierkowski, Frede Blaabjerg. Direct power control for three-phase PWM rectifier with active filtering function [C]. IEEE APEC 03, USA, 2003, 2：913-918.

[18]　Pekik Argo Dahono. A Control Method to Damp Oscillation in the Input LC Filter of AC-DC PWM Converters [C]. Power Electronics Specialists Conference, IEEE 33rd Annual Cairns, Australia, 2002（4）：1630-1635.

[19]　刘芳. LCL-VSR 的控制与设计 [D]. 合肥工业大学, 2008.

[20]　P A Dahono. A control method for DC-DC converter that has an LCL output filter basedon new virtual capacitor and resistor concepts [C]. Proc. of PESC′04, 2004, 1：36-42.

[21]　Pekik Argo Dahono, Yogi Rizkian Bahar, Yukihiko Sato, et al. Damping of transient oscillations on the output LC filter of PWM Inverters by using a Virtual Resistor. IEEE, 2001：403-407.

[22]　Blasko V, Kaura V. A novel control to actively damp resonance in input LC filter of a three phase voltage source converter [J]. IEEE Transactions on idustry Applications, 1997, 33（2）：542-550.

[23]　Liserre M, ell′Aquila A D, Blaabjerg F. Stability improvements of an LCL-filter based three-phase active rectifier [C]. Power Electronics Specialists Conference, PESC2002, 3：1195-1201.

[24]　Liserre M, ell′Aquila A D, Blaabjerg F. Genetic algorithm-based design of the active damping for an LCL-filter three-phase active rectifier [J]. IEEE Transactions on Power Electronics, 2004, 19（1）：76-86.

[25]　Malinowski M, Szczygiel W, Kazmierkowski M P, et al. Sensorless Operation of Active Damping. Methods for Three-Phase PWM Converters [D]. IEEE ISIE Dubrovnik, Croatia, 2005：20-23.

[26]　张星. 一种能消除直流偏置和稳态误差的电压型磁链观测器 [J]. 电工电能新技术, 2006, 25（1）：39-43.

[27]　魏冬冬. 异步电机直接转矩控制策略比较与实验研究 [D]. 合肥：合肥工业大学, 2008. 3.

[28]　谭理华. 风力发电网侧 LCL-VSR 及其电压跌落控制的研究 [D]. 合肥：合肥工业大学, 2010.

[29]　Liserre M, Blaabjerg F, Hansen S. Design and Control of an LCL-filter Based Active Rectifier

［C］. Conf. Rec. 36th IAS Ann. Meeting, Chicago（USA）, 2001.

［30］　Liserre M, Blaabjerg F, Hansen S. Design and control of an LCL-filter-based three-phase active rectifier［J］. IEEE Trans. on Industrial Applications, 2005, 41（5）：1281-1291.

［31］　Wang TC, Ye Z H, Sinha G, et al. Output Filter Design for a Grid-interconnected Three-Phase Inverter［C］. Proc. of PESC'03, 2003, 2：779-784.

［32］　Marco Liserre, Antonio Dell'Aquila Frede Blaabjerg. Design and Control of a Three-phase Active Rectifier Under Non-ideal Operating Conditions［J］. IEEE, 2002：1181-1188.

［33］　Karshenas H R, Saghafi H. Basic criteria in designing LCL filters for grid connected converters ［C］. Proc. of IEEE ISIE, Montreal Quebec, Canada. 2006, 7：1996-2000.

［34］　陈伯时. 电力拖动自动控制系统［M］. 3版. 北京. 机械工业出版社, 2010.

［35］　Y Lang, D Xu, S R Hadianamrei, et al. A novel design method of LCL type utility interface for three-phase voltage source rectifier［C］. Proc. Of 36th IEEE PESC, 2005：313-317.

第6章

光伏发电的最大功率点跟踪（MPPT）技术

6.1 概述[1-4]

在光伏发电系统中，光伏电池的利用率除了与光伏电池的内部特性有关外，还受使用环境如辐照度、负载和温度等因素的影响。在不同的外界条件下，光伏电池可运行在不同且唯一的最大功率点（Maximum Power Point，MPP）上。因此，对于光伏发电系统来说，应当寻求光伏电池的最优工作状态，以最大限度地将光能转化为电能。利用控制方法实现光伏电池的最大功率输出运行的技术被称为最大功率点跟踪（Maximum Power Point Tracking，MPPT）技术。

由 2.3.1 节给出的光伏电池的单二极管模型可知，一般在正常工作情况下，随辐照度和温度变化的光伏电池 $U\text{-}I$ 和 $P\text{-}U$ 特性曲线分别如图 6-1、图 6-2 所示。显

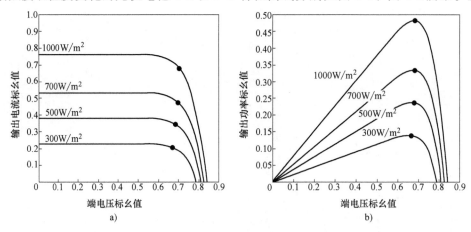

图 6-1 相同温度而不同辐照度条件下光伏电池特性

a）$U\text{-}I$ 特性 b）$P\text{-}U$ 特性

然，光伏电池运行受外界环境温度、辐照度等因素的影响，呈现出典型的非线性特征。一般来说，理论上很难得出非常精确的光伏电池数学模型，因此通过数学模型的实时计算来对光伏系统进行准确的 MPPT 控制是困难的。

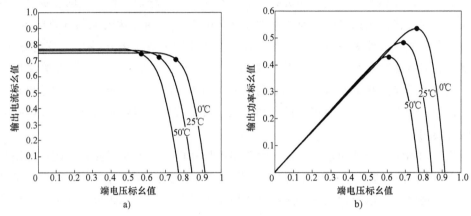

图 6-2　相同辐照度而不同温度条件下光伏电池特性

a）*U-I* 特性　　b）*P-U* 特性

理论上，根据电路原理：当光伏电池的输出阻抗和负载阻抗相等时，光伏电池的输出功率最大，可见，光伏电池的 MPPT 过程实际上就是使光伏电池输出阻抗和负载阻抗等值相匹配的过程。由于光伏电池的输出阻抗受环境因素的影响，因此，如果能通过控制方法实现对负载阻抗的实时调节，并使其跟踪光伏电池的输出阻抗，就可以实现光伏电池的 MPPT 控制。为了方便讨论，光伏电池的等效阻抗 R_{opt} 被定义成最大功率点电压 U_{mpp} 和最大功率点电流 I_{mpp} 的比值，即 $R_{opt} = U_{mpp}/I_{mpp}$。显然，当外界环境发生变化时，$R_{opt}$ 也将发生变化。但是，由于实际应用中的光伏电池是向一个特定的负载传输功率，因此就存在一个负载匹配的问题。

光伏电池的伏安特性与负载特性及其匹配的过程如图 6-3 所示，图中光伏电池的负载特性以一条过坐标原点的电阻特性直线表示。由图 6-3 可以看出，在辐照度 1 的情况下，电路的实际工作点正好处于负载特性与光伏 *U-I* 特性曲线的交点 a 处，而 a 点正好是光伏电池的最大功率点（MPP），此时光伏电池的伏安特性与负载阻特性相匹配；但在辐照度 2 的情况下，电路的实际工作点则处于 b 处，而此时的最大功率点却在

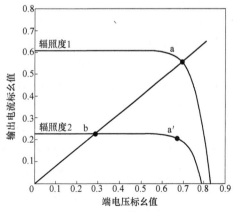

图 6-3　光伏电池的伏安特性
与负载特性的匹配

a′处，为此，必须进行相应的负载阻抗的匹配控制，使电路的实际工作点处于最大功率点 a′处，从而实现光伏电池的最大功率发电。

传统的 MPPT 方法依据判断方法和准则的不同被分为开环和闭环 MPPT 方法。

实际上，外界温度、光照和负载的变化对光伏电池输出特性曲线的影响呈现出一些基本的规律，比如光伏电池的最大功率点电压 U_{mpp} 与光伏电池的开路电压 U_{oc} 之间存在近似的线性关系等。基于这些规律，可提出一些开环的 MPPT 控制方法。本章 6.2 节将简要介绍基于输出特性曲线的开环 MPPT 方法，这一类方法简便易行，减少了工作点在远离最大功率点区域的 MPPT 时间，但对光伏电池的输出特性有较强的依赖性，只是近似跟踪最大功率点，效率较低，实际中常常和直接跟踪方法配合使用。

闭环 MPPT 方法则通过对光伏电池输出电压和电流值的实时测量与闭环控制来实现 MPPT，使用最广泛的自寻优类算法即属于这一类。典型的自寻优类 MPPT 算法有扰动观测法和电导增量法，这两种 MPPT 方法将在本章 6.3 节和 6.4 节中详细介绍。

从图 6-1 中不难看出，正常光照条件下光伏电池的输出 P-U 特性曲线是一个以最大功率点为极值的单峰值函数，因此，在最大功率点处有

$$\frac{\mathrm{d}P}{\mathrm{d}U} = 0 \tag{6-1}$$

自寻优类 MPPT 算法实际上就是通过自寻优控制，以使工作点满足式（6-1）条件。考虑到系统运行时的数字控制，实际中的式（6-1）条件常以 $\Delta P/\Delta U = 0$ 来近似取代。

无论扰动观测法还是电导增量法，实际中常采用对电压值进行步进搜索的方法，即从起始状态开始，每次对电压值做一有限变化（ΔU），计算前后两次的功率全增量（ΔP）的值。由于在同一搜索过程中，ΔU 值一定且不为 0，不论扰动的方向如何，系统总是朝 ΔP 为正值的方向搜索。当 ΔP 值足够小时，系统判定为最大功率点，从而实现自寻优控制。

扰动观测法使用的是前后两次连续采样点的绝对功率差来替代功率全增量（ΔP），如式（6-2）所示。

$$\Delta P = P_2 - P_1 = U_2 I_2 - U_1 I_1 \tag{6-2}$$

电导增量法使用的是前后两次连续采样点的功率差分来代替功率全增量（ΔP），即用全微分的思想来线性近似出 ΔP 的值。如式（6-3）所示。

$$\Delta P \approx \mathrm{d}P \approx U_2(I_2 - I_1) + I_2(U_2 - U_1) = U_2 \Delta I + I_2 \Delta U \tag{6-3}$$

由于自寻优类 MPPT 算法的理论是以光伏电池的输出 P-U 特性曲线是只有一个最大功率点的单峰值函数为依据的，而系统在实际工作中，当光伏电池被部分遮挡时，会出现原先的单峰值曲线畸变为多峰值的非正常情形（局部最大功率点），

这样，对常规的自寻优类 MPPT 算法必须加以改进，本章的 6.6 节介绍了局部最大功率点情形时的 MPPT 方法及相关问题。

由于模糊控制理论和人工神经网络理论的不断发展和完善，智能控制在工业上的应用也越来越广泛。这一类控制尤其是人工神经网络控制的优点是不依赖于系统的模型，对各种工作情形均有较强的适应性。正是因为这一点，智能控制方法在最大功率点跟踪领域也开始占有一席之地。本章 6.5 节对这一类智能 MPPT 控制方法做了简要介绍。

为了使读者更好地理解最大功率点跟踪这一光伏发电领域的重要技术，本章的 6.6 节和 6.7 节对与最大功率点跟踪的一些相关问题也做了相应介绍。

6.2　基于输出特性曲线的开环 MPPT 方法

基于输出特性曲线的开环 MPPT 方法从光伏电池的输出特性曲线的基本规律出发，通过简单的开环控制来实现 MPPT。

由图 6-1 可以看出，当温度相同时，随着辐照度的增加，光伏电池的开路电压几乎不变，而短路电流、最大输出功率则有所增加，可见辐照度变化时主要影响光伏电池的输出电流；另外，由图 6-2 可以看出：当辐照度相同时，随着温度的增加，光伏电池的短路电流几乎不变，而开路电压、最大输出功率则有所减小，可见温度变化时主要影响光伏电池的输出电压。针对上述基本规律，可以提出几种基于光伏电池输出特性曲线的开环 MPPT 方法，简要介绍如下。

6.2.1　定电压跟踪法[5]

由图 6-1 可知，在辐照度大于一定值并且温度变化不大时，光伏电池的输出 P-U 曲线上的最大功率点几乎分布于一条垂直直线的两侧附近。因此，若能将光伏电池输出电压控制在其最大功率点附近的某一定电压处，光伏电池将获得近似的最大功率输出，这种 MPPT 控制称为定电压跟踪法。

进一步研究发现，光伏电池的最大功率点电压 U_{mpp} 与光伏电池的开路电压 U_{oc} 之间存在近似的线性关系，即

$$U_{mpp} \approx k_1 U_{oc} \tag{6-4}$$

其中，系数 k_1 的值取决于光伏电池的特性，一般 k_1 的取值大约在 0.8 左右。

定电压跟踪法实际上是一种开环的 MPPT 算法，其控制简单快速，但由于忽略了温度对光伏电池输出电压的影响，因此，温差越大，定电压跟踪法跟踪最大功率点的误差也就越大。

虽然定电压跟踪法难以准确实现 MPPT，但其具有控制简单并快速接近最大功率点的优点，因此电压跟踪法常与其他闭环 MPPT 方法组合使用，即一般可以在光伏系统启动过程中先采用定电压跟踪法使工作点电压快速接近最大功率点电压，然

后再采用其他闭环的 MPPT 算法进一步搜索最大功率点。这种组合的 MPPT 方法可以有效降低启动过程中对远离最大功率点区域进行搜索所造成的功率损耗。

因此，定电压跟踪法一般可以用于低价且控制要求不高的简易系统中。

6.2.2 短路电流比例系数法[5]

由图 6-1 可知，在辐照度大于一定值并且温度变化不大时，光伏电池的输出 U-I 曲线最大功率点电流 I_{mpp} 与光伏电池短路电流 I_{sc} 也存在近似的线性关系，即

$$I_{mpp} \approx k_2 I_{sc} \tag{6-5}$$

其中，系数 k_2 的值取决于光伏电池的特性，一般 k_2 的取值大约在 0.9 左右。

实际应用时，可以在逆变器中添加相关的功率开关，并通过周期性短路光伏电池的输出端来测得 I_{sc}。该方法与定电压跟踪法的应用类似，实际上也属于开环的 MPPT 算法。

定电压跟踪法和短路电流比例系数法的主要优点就是控制简单且易于实现。但由于式 (6-4) 和式 (6-5) 是近似的公式，所以光伏电池并不是工作在真正的最大功率点上，常常需要和其他的 MPPT 算法配合使用，以获取较好的快速性和精确性。

同时由于测量 U_{oc} 要将负载侧断开，所以存在瞬时的功率损失，而测量 I_{sc} 比测量 U_{oc} 更加复杂，因此短路电流比例系数法实际中较少应用。

6.2.3 插值计算法[6]

由于定电压跟踪法和短路电流比例系数法是对光伏电池输出特性曲线所呈现出的一些基本规律的简单运用，并且均为开环的 MPPT 算法，因此难以准确跟踪实际的最大功率点。尤其是当外部条件发生较大变化时，原先处于最大功率点附近处的工作点会跳变到远离最大功率点的区域。如图 6-4 所示，当采用定电压跟踪法时的工作点电压为 U_1，当外部条件变化时，输出功率从原先的最大输出功率 P_1 转变为 P'_1，而此时实际应输出的最大功率为 P_2，所对应的最大功率点电压应为 U_2，显然 U_1 偏离实际的最大功率点区域。

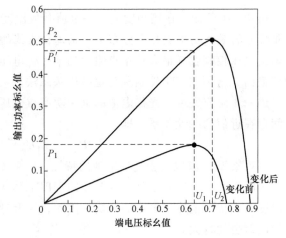

图 6-4 外部条件变化时工作点变化情况示意

针对上述情况，可以考虑根据数值分析的相关理论，以采样点提供的数据进行

插值计算，从而计算出处于最大功率点附近区域的工作点。以下介绍一种简单的基于插值计算的 MPPT 算法：

在实际的光伏发电系统中，光伏电池工作点电压的控制是通过对系统中电力电子开关变换器（如直流斩波器、逆变器等）中开关管的占空比调节来完成的。因此对原有的 $P\text{-}U$ 特性的分析可对等为对 $P\text{-}D$ 特性的分析。

插值计算法的基本思路就是依据有限工作点提供的信息并利用拉格朗日插值运算拟合出一条以占空比为自变量的光伏电池输出功率曲线，当拟合曲线上最大输出功率与该占空比对应的实际输出功率差满足一定条件时，即将该点作为最大功率点输出。

插值计算法的工作过程如图 6-5 所示，并具体讨论如下：

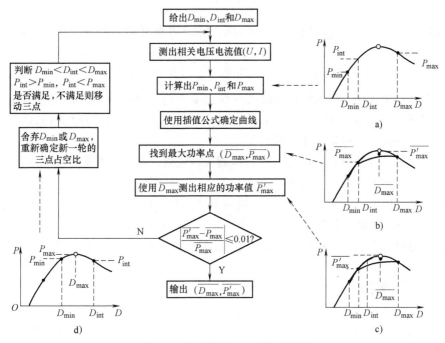

图 6-5　插值计算法的流程示意图

图 6-5a 所示的 D_{min}、D_{int}、D_{max} 为 3 个不同大小的初始占空比，而且满足 $D_{min}<D_{int}<D_{max}$，各自相对应的输出功率分别为 P_{min}，P_{int}，P_{max}，且满足 $P_{int}>P_{min}$，$P_{max}>P_{int}$。为了使 3 个采样点属于同一条光伏特性曲线上，假设环境条件不变，并且 3 点的采样值是在一个周期内采样得到且间隔时间足够短。依据三点的采样值，使用式（6-6）给出的拉格朗日插值公式便可拟合出一条以占空比为自变量的输出功率曲线，如图 6-5b 所示。

$$P=\frac{(D-D_{min})(D-D_{max})}{(D_{int}-D_{min})(D_{int}-D_{max})}P_{int}+\frac{(D-D_{min})(D-D_{int})}{(D_{max}-D_{min})(D_{max}-D_{int})}P_{max}+$$

$$\frac{(D-D_{\text{int}})(D-D_{\text{max}})}{(D_{\text{min}}-D_{\text{int}})(D_{\text{min}}-D_{\text{max}})}P_{\text{min}} \tag{6-6}$$

再算出拟合的输出功率曲线上最大输出功率对应的占空比$\overline{D_{\text{max}}}$为

$$\overline{D_{\text{max}}} = \frac{D_{\text{min}}^2(P_{\text{int}}-P_{\text{max}})+D_{\text{int}}^2(P_{\text{max}}-P_{\text{min}})+D_{\text{max}}^2(P_{\text{min}}-P_{\text{int}})}{2[D_{\text{min}}(P_{\text{int}}-P_{\text{max}})+D_{\text{int}}(P_{\text{max}}-P_{\text{min}})+D_{\text{max}}(P_{\text{min}}-P_{\text{int}})]} \tag{6-7}$$

相应地可由$\overline{D_{\text{max}}}$计算出拟合曲线上的最大输出功率值为$\overline{P_{\text{max}}}$，而占空比为$\overline{D_{\text{max}}}$时实测到的最大功率值为$\overline{P'_{\text{max}}}$。当$\overline{P_{\text{max}}}$、$\overline{P'_{\text{max}}}$相差足够小时，即

$$\left|\frac{\overline{P'_{\text{max}}}-\overline{P_{\text{max}}}}{\overline{P_{\text{max}}}}\right| \leqslant 0.01 \tag{6-8}$$

此时，就可以将$\overline{D_{\text{max}}}$近似看做与最大功率点电压值相对应的占空比，从而实现MPPT控制。

当式（6-8）不能满足时，如图6-5c所示，舍弃功率最小的点D_{min}或D_{max}，将这一轮计算得出的$\overline{D_{\text{max}}}$和本轮剩下的两点作为下一轮计算中的$D_{\text{min}}$、$D_{\text{max}}$和$D_{\text{int}}$的值，且要满足$D_{\text{min}}<D_{\text{int}}<D_{\text{max}}$，$P_{\text{int}}<P_{\text{max}}$，$P_{\text{int}}>P_{\text{min}}$，若不满足则应同时移动三点，直到满足条件为止。以进行下一轮计算。

以上描述的计算过程可以在一个采样周期内完成，在一定的误差范围内，系统可以在一步采样间隔内跟上最大功率点。

由以上分析可知，基于输出特性曲线的MPPT方法可以快速将工作点稳定在近似最大功率点附近区域，需要引入自寻优类算法做进一步的精确跟踪。常用的自寻优类算法有扰动观测法和电导增量法。以下将对这两种MPPT方法做详细介绍。

6.3　扰动观测法

扰动观测法（Perturbation and Observation method，P & O）是实现MPPT最常用的自寻优类方法之一。其基本思想是：首先扰动光伏电池的输出电压（或电流），然后观测光伏电池输出功率的变化，根据功率变化的趋势连续改变扰动电压（或电流）方向，使光伏电池最终工作于最大功率点。对于光伏并网系统而言，从观测对象来说，扰动观测法又可以分为两种：一种是基于并网逆变器输入参数的扰动观测法；另外一种是基于并网逆变器输出参数的扰动观测法。

基于并网逆变器输入参数的扰动观测法直接检测逆变器输入侧光伏电池的输出电压和电流，通过计算光伏电池的输出功率并采用功率扰动寻优的方法来跟踪光伏电池的最大输出功率点；而基于输出参数的扰动观测法则是在不考虑逆变器损耗的情况下，根据功率守恒原理（逆变器输入功率等于逆变器输出功率），通过并网逆变器网侧输出功率扰动寻优的方法来跟踪光伏电池的最大输出功率点，实际上这是

一种光伏并网逆变系统的 MPPT 方法。

以下以基于并网逆变器输入参数的扰动观测法为例介绍其基本原理。

6.3.1 扰动观测法的基本原理[7,8]

众所周知，一般正常条件下，光伏电池 *P-U* 特性曲线是一个以最大功率点为极值的单峰值函数，这一特点为采用扰动观测法来寻找最大功率点提供了条件，而扰动观测法实际上采用了步进搜索的思路，即从起始状态开始，每次对输入信号做一有限变化，然后测量由于输入信号变化引起输出变化的大小及方向，待方向辨别后，再控制被控对象的输入按需要的方向调节，从而实现自寻最优控制。将步进搜索应用于光伏系统的 MPPT 控制时，就是所称的扰动观测法。如图 6-6 所示，当负载特性与光伏电池特性的交点在最大功率点左侧时，MPPT 控制会使交点处的电压

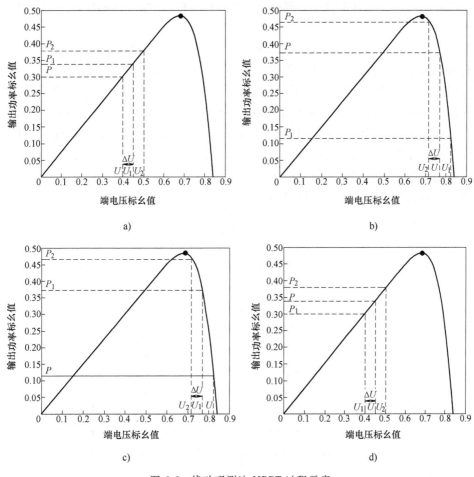

图 6-6　扰动观测法 MPPT 过程示意

a）增大电压后需继续采用增大电压扰动的过程　　b）增大电压后需采用减小电压扰动的过程

c）减小电压后需继续采用减小电压扰动的过程　　d）减小电压后需采用增大电压扰动的过程

升高；而当交点在最大功率点右侧时，MPPT 控制会使交点处的电压下降，如果持续这样的搜索过程，最终可使系统跟踪光伏电池的最大功率点运行。即使用 $\Delta P/\Delta U$ 代替 dP/dU，期望得出的工作点满足 $\Delta P/\Delta U \approx 0$，即为最大功率点。

为讨论方便，假定辐照度、温度等环境条件不变，并设 U_1、I_1 为第一次光伏电池的电压、电流调整值，P_1 为对应的输出功率，U、I 为当前光伏电池的电压、电流检测值，P 为对应的输出功率，ΔU 为电压调整步长，$\Delta P = P_1 - P$ 为电压调整前后的输出功率差。图 6-6 显示了扰动观测法的 MPPT 过程，具体描述如下：

1）当增大参考电压 U（$U_1 = U + \Delta U$）时，若 $P_1 > P$，表明当前工作点位于最大功率点的左侧，此时系统应保持增大参考电压的扰动方式，即 $U_2 = U + \Delta U$，其中 U_2 为第二次调整后的电压值，如图 6-6a 所示。

2）当增大参考电压 U（$U_1 = U + \Delta U$）时，若 $P_1 < P$ 时，表明当前工作点位于最大功率点的右侧，此时系统应采用减小参考电压的扰动方式，即 $U_2 = U - \Delta U$，如图 6-6b 所示。

3）当减小参考电压 U（$U_1 = U - \Delta U$）时，若 $P_1 > P$ 时，表明工作点位于最大功率点的右侧，系统应保持减小参考电压的扰动方式，即 $U_2 = U - \Delta U$，如图 6-6c 所示。

4）当减小参考电压 U（$U_1 = U - \Delta U$）时，若 $P_1 < P$ 时，表明工作点位于最大功率点的左侧，此时系统应采用增大参考电压的扰动方式，即 $U_2 = U + \Delta U$，如图 6-6d 所示。

可见，扰动观测法就是按照以图 6-6 所示的过程反复进行输出电压扰动，并使其电压的变化不断使光伏电池输出功率朝大的方向改变，直到工作点接近最大功率点。扰动观测法按每次扰动的电压变化量是否固定，可以分为定步长扰动观测法和变步长扰动观测法两类，定步长扰动观测法的流程图如图 6-7 所示。

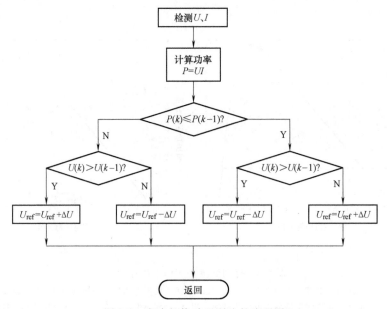

图 6-7　定步长扰动观测法的流程图

以上分析可知，扰动观测法具有控制概念清晰、简单、被测参数少等优点，因此被普遍地应用于实际光伏系统的 MPPT 控制。值得注意的是，在扰动观测法中，电压初始值及扰动电压步长对跟踪精度和速度有较大影响。

6.3.2　扰动观测法的振荡与误判问题

扰动观测法由于简单易行而被广泛运用于 MPPT 控制中，但随着研究的深入，该方法存在的不足之处逐渐显现出来，即存在振荡和误判的问题。

对于实际光伏系统的 MPPT 控制，由于检测与控制精度的限制，对工作点电压进行扰动的最小步长是一定的，所以对于定步长的扰动观测法来说，振荡问题无法避免。显然，扰动步长越小，振荡幅度越小。然而要使系统快速达到最大功率点附近，往往不能使用最小步长进行 MPPT 控制，这就要求实际的 MPPT 控制需要在 MPPT 速度和精度之间折中考虑。

当工作点到达最大功率点附近时，对于定步长扰动方式，会出现工作点跨过最大功率点的情形，但改变扰动方向后，工作点电压与最大功率点电压的差值还是小于步长，无法到达最大功率点。这种由于扰动步长一定所导致的工作点在最大功率点两侧往复运动的情形，即扰动观测法的振荡现象。

当外界环境发生变化时，光伏电池的输出功率特性曲线也发生改变。会出现一段时间内工作点序列位于不同的 P-U 特性曲线上的情形。此时，对于不同的 P-U 特性曲线上的工作点继续使用针对于固定特性曲线的判据，就会出现扰动方向与实际功率变化趋势相反的情形，这就是扰动观测法的误判现象。

以下分别讨论扰动观测法的振荡和误判问题。

6.3.2.1　扰动观测法的振荡分析

由上述分析可知，使用定步长的扰动观测法，会出现工作点在最大功率点两侧做往复运动的情形。下面对这种情形进行详细分析。

假设当前工作点电压 U_1 位于最大功率点左侧，并与最大功率点对应电压值 U_{mpp} 的差值小于等于一个步长。根据扰动观测法的基本寻优规则，系统应增大工作点电压值，即下一步的工作点电压值 $U_2 = U_1 + \Delta U$。此时将会出现两种情形：第一种情形是电压扰动后系统的工作点将位于最大功率点 P_{mpp} 右侧的 P_2 点；第二种情形是电压扰动后系统正好工作于最大功率点 P_{mpp} 处。

下面详细分析上述两种情形时振荡产生的过程。

第一种情形：调整后系统的工作点将位于最大功率点 P_{mpp} 右侧的 $P_2(U_2)$ 点，如图 6-8 所示，此时将存在以下 3 种可能：

1）若 $P_2 < P_1$，则系统应改变扰动方向，减小工作点电压值，即 $U_3 = U_2 - \Delta U$，因此调整后工作点将位于 P_3 点上，当辐照度、温度等环境条件不变时，P_3 点应与 P_1 点重合。由于 $P_2 < P_3$，因此，系统还将继续减小工作点电压值，即 $U_4 = U_3 - \Delta U$，这样系统的工作点将向远离最大功率点的方向调整，而使工作点位于最大功率点左

侧的 $P_4(U_4)$ 点上。此时，由于 $P_4 < P_3$，系统才将改变扰动方向，使工作点向最大功率点靠近，重新回到 P_1 点。由于 $P_1 > P_4$，系统继续之前的扰动方向，开始新一轮的振荡过程。这样，光伏电池的输出功率会在最大功率点附近以 $P_2 - P_3(P_1) - P_4$ 三点方式振荡，并导致功率损失。

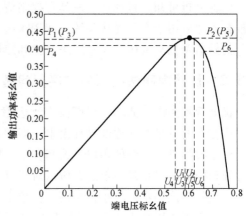

图 6-8 扰动观测法电压扰动的
第一种情况示意图

2）若 $P_2 > P_1$，则系统将继续增大工作点电压值，即 $U_6 = U_2 + \Delta U$，这样系统的工作点将向远离最大功率点的方向调整，而使工作点位于最大功率点右侧的 $P_6(U_6)$ 点上。此时，由于 $P_6 < P_2$，系统才将改变扰动方向，使工作点向最大功率点靠近，调整后系统的工作点将位于 P_5 点上，当辐照度、温度等环境条件不变时，P_5 点应与 P_2 点重合。由于 $P_5 > P_6$，因此，系统继续减小工作点电压值，回到 P_1 点。由于 $P_1 < P_5$，系统改变扰动方向，开始新一轮的振荡过程。这样，光伏电池的输出功率会在最大功率点附近以 $P_1 - P_2(P_5) - P_6$ 三点方式振荡，并导致功率损失。

3）若 $P_2 = P_1$，这种情形将导致工作点在 P_1 和 P_2 两点之间跳变，即以 $P_1 - P_2$ 两点方式振荡，并导致功率损失。

第二种情况：调整后系统的工作点正好是最大功率点 P_{mpp}，其电压扰动及三点振荡的过程如图 6-9 所示。

因为 $P_{mpp} > P_1$，系统将增大工作点电压值，即 $U_3 = U_2 + \Delta U$，而使工作点位于最大功率点右侧的 $P_3(U_3)$ 点上。此时，由于 $P_3 < P_{mpp}$，系统才将改变扰动方向，使工作点向最大功率点靠近。即当 U_2 恰好为最大功率点对应电压值时，系统将在 $P_1 - P_{mpp} - P_3$ 之间循环振荡，并导致功率损失。

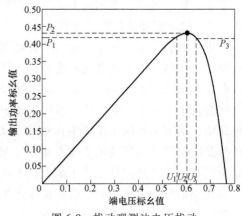

图 6-9 扰动观测法电压扰动
第二种情况示意图

以上分析表明：基于扰动观测法的 MPPT 控制策略一定存在最大功率点附近的振荡，振荡的基本形式有两点振荡和三点振荡，产生振荡的根本原因是电压扰动的不连续（即有一定的步长）所导致的，振荡的后果将产生能量的损失。

6.3.2.2 扰动观测法的误判分析

以上讨论了外部环境不变时扰动观测法的振荡问题。实际上，光伏电池的外部环境因素是不断变化的，特别是一天中的辐照度是时刻变化的（如早、晚和有云的天气），因此对于光伏电池来说，其 P-U 特性曲线也是不断变化的，即 P-U 特性具有时变性，如图 6-10 所示。当辐照度发生一定幅度的突变时，如果按照上述定步长的扰动观测法进行 MPPT 控制时，就有可能发生误判，具体分析如下：

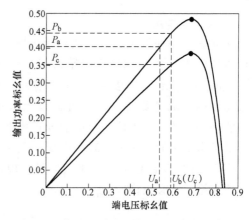

如图 6-10 所示，假设光伏系统工作在最大功率点左侧时，此时工作电压记为 U_a，光伏电池输出功率记为 P_a，当电压向右扰至 U_b 时：如果辐照度不变，光伏电池的输出功率满足 $P_b > P_a$，扰动观测法工作正确；如果辐照度变小，则对应 U_b 的输出功率有可能满足 $P_c < P_a$，此时，扰动观测法会误判电压扰动方向，从而使工

图 6-10 扰动观测法可能发生误判的示意图

作点左移回到 U_a 点；如果辐照度持续变小，则有可能出现控制系统不断误判，使工作点不断左移。对于光伏并网系统来说，工作点不断左移，一方面会使得并网功率下降，另一方面会由于直流侧电压的下降而使得并网电流波形失控，直至停止工作。

扰动观测法的误判情形是由辐照度等外部环境因素剧烈变化所导致的，因此可以将误判看作动态的 MPPT 振荡问题。

6.3.3 扰动观测法的改进

定步长的扰动观测法存在振荡和误判问题，使系统不能准确地跟踪到最大功率点，造成了能量损失，因此需要对上述定步长的扰动观测法进行改进。本节介绍了扰动观测法的几种改进方法，其中：基于变步长的扰动观测法在减小振荡的同时，使系统可以更快地跟踪最大功率点；基于功率预测的扰动观测法有效地解决了外部环境剧烈变化时所产生的 MPPT 误判问题；基于滞环比较的扰动观测法在克服最大功率点跟踪过程中的振荡和误判方面均有较好的性能。

6.3.3.1 基于变步长的扰动观测法

由对振荡问题的分析可知：定步长扰动观测法为了保证系统跟踪的快速性不能将步长设定太小，因此必然在 MPP 附近存在一定幅度的振荡，从而难以满足较高的 MPPT 精度的要求；为减小振荡幅度，减小电压扰动步长是一种行之有效的措施，然而减小电压扰动步长必然导致逼近 MPP 的搜索时间变长。显然，定步长扰动观测法必然存在 MPPT 精度与快速性之间的矛盾。为了调和这一矛盾，可以采用基于变步长的扰动观测法，其基本思想为：在远离 MPP 的区域内，采用较大的电压扰动步长以提高跟踪速度，减少光伏电池在低功率输出区的时间；在靠近 MPP 的区域内，采用较小的电压扰动步长以保证跟踪精度。以下介绍几种变步长扰动观测法。

1. 最优梯度法[9]

梯度法是一种传统且被广泛用于求取函数极值的方法。它的基本思想是选取目标函数的正（负）梯度方向作为每步迭代的搜索方向，逐步逼近函数的最大（小）值。由于光伏电池的 $P\text{-}U$ 特性曲线具有典型的单峰非线性特性，而最大功率跟踪法的目的是要在 $P\text{-}U$ 特性曲线上求得曲线的最大值，由此可采用最优梯度法实现 MPPT。具体应用时应选择正梯度方向，且逐步逼近函数的最大值。

最优梯度法的定义为：若一欧氏空间 n 维函数 $f(f:E^n)$ 为连续且可一阶微分，则 $\nabla f(X)$ 存在且为一 n 维列向量，现定义一 n 维行向量为 $g(X) = \nabla f(X)^{\mathrm{T}}$，为方便起见，定义正梯度 g_k 为

$$g_k = g(X_k) = \nabla f(X_k)^{\mathrm{T}} \tag{6-9}$$

定义梯度法的迭代演算法为

$$X_{k+1} = X_k + a_k g_k \tag{6-10}$$

式中　a_k——非负值常数。

搜寻函数的最大值点总是沿着 g_k 的方向搜寻。根据光伏电池的电气特性，若忽略其等效模型中串联电阻的效应，可得输出电压 U 和输出功率 P 的关系为

$$P = \left\{ I_{\mathrm{ph}} - I_0 \left[\exp\left(\frac{qU}{mkT} \right) \right] \right\} U \tag{6-11}$$

显然，P 为一以电压 U 作为惟一变量的非线性函数，并且是连续可一阶微分函数。

此时由式（6-9）、式（6-11）得

$$g_k = g(U_k) = \frac{\mathrm{d}P}{\mathrm{d}U} \Bigg|_{U=U_k} = \left\{ I_{\mathrm{ph}} - I_0 \left[\exp\left(\frac{qU}{mkT} \right) \right] - I_0 \frac{qU}{mkT} \exp\left(\frac{qU}{mkT} \right) \right\} \Bigg|_{U=U_k} \tag{6-12}$$

由式（6-9）~式（6-12）不难得出，梯度法的迭代算法可写成

$$U_{k+1} = U_k + a_k g_k \tag{6-13}$$

可见，基于最优梯度法的 MPPT 控制实际上是按光伏电池 $P\text{-}U$ 特性曲线的斜率而自动变化电压扰动的步长。考虑到 $P\text{-}U$ 特性曲线端电压的有界性，因此，当把梯度法运用到光伏电池最大功率点的跟踪上，所搜寻到的最大功率点是全域的。

利用最优梯度法进行 MPPT，保留了扰动观测法的各种优点，同时由一个动态变步长的扰动量可改变光伏电池输出功率曲线上电压的收敛速度，图 6-11 给出最

优梯度法进行 MPPT 的搜索过程：当工作点位于最大功率点左侧斜率较大的区域时，电压以一较大步长的扰动量增加，并随着向 MPP 的靠近，自动变小扰动的步长，如图 6-11a 所示；反之当工作点位于最大功率点右侧斜率较大的区域时，电压以一较大步长的扰动量减少，并随着向 MPP 的靠近，亦自动变小扰动的步长，如图 6-11b 所示。显然，较大步长的扰动量确保了 MPPT 的快速性，而在大功率输出点附近搜索时，由于最优梯度法采用足够小的步长扰动，因而可明显抑制最大功率输出点附近的振荡。

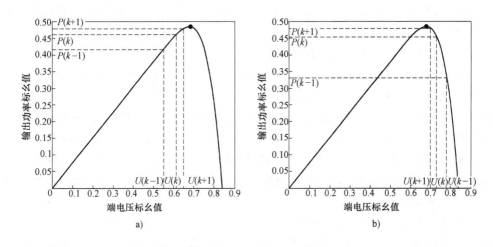

图 6-11　最优梯度法进行 MPPT 的搜索过程

以上分析表明，最优梯度法是一种基于变步长的扰动观测法，步长大小与 dP/dU 的值成正比，即：在刚开始最大功率跟踪时，由于 dP/dU 变化很大，因而采用较大的步长以满足 MPPT 的快速性要求；而当接近最大功率点时，由于 dP/dU 变化很小，因而采用较小的步长以满足 MPPT 的稳定性要求。显然，最优梯度法较好地解决了定步长的扰动观测法中快速性与稳定性之间的矛盾。

2. 逐步逼近法[10]

最优梯度法中扰动步长的计算涉及光伏电池的数学模型，而数学模型中的相关参数在实际中难以准确获得，为此提出了一种更为实用的基于变步长的扰动观测法，即逐步逼近法，其基本思路为：开始搜索时，首先选择较大的步长搜寻最大功率点所在的区域，然后在每一次改变搜索方向时按比例缩小步长，同时等比例地缩小搜索区域，进行下一轮搜索，这样搜索到的最大功率所在的区域将缩小一半，精度提高一倍，再如此循环下去，直至逼近最大功率点。逐步逼近法在搜索过程中不断调整搜索步长，每次调整都使得精度成倍提高，从而大大提高了精度。这也是一种变步长 MPPT 算法，其具体的变步长搜索过程简述如下：

假定初始工作点工作在 *P-U* 特性曲线最大功率点的左边，并且远离最大功率点，此时应以某一较大的步长 m 进行搜索，当 $P_{i+1}<P_i$ 满足时，说明当前工作点工作在最大功率点的右端，此时便可以估计出最大功率点的范围应在两个初始步长 $2m$ 范围内；接着应该改变搜索的方向，并且以 $m/2$ 为步长进行搜索，直到出现搜索方向第二次改变时，届时最大功率点的范围应在一个初始步长 m 范围内，从而使跟踪精度提高一倍。此后再次改变搜索方向，并且以 $m/4$ 为步长进行搜索，而搜索到的最大功率点的范围应在步长 $m/2$ 范围内，使跟踪精度再次提高一倍。依此类推，直到搜索到给定的精度范围内时，就认为搜索到了最大功率点。显然，逐步逼近法的精度在搜索过程中是以指数形式提高的，从而也较好地解决了 MPPT 跟踪速度和精度间的矛盾。

6.3.3.2 基于功率预测的扰动观测法

上述变步长的扰动观测法虽然有效地解决了 MPPT 跟踪速度和精度间的矛盾，但是仍然无法克服扰动观测法的误判问题。由上述关于误判问题的分析可知，在辐照度变化较快的情形下，工作点序列并不是落在单一的特性曲线上，而是由不同特性曲线上的工作点组成，因此，在进行 MPP 搜索时若依据单一的特性曲线进行判别，就有可能发生误判。实际上，针对图 6-10 所示的误判问题，可以对多条特性曲线的情形进行预估计，以克服扰动观测法的误判，这就是基于功率预测的扰动观测法，其基本原理讨论如下：

定步长的扰动观测法是基于静态的 P-U 特性曲线进行 MPP 搜索的，而实际上，辐照度是时刻变化的，即 P-U 特性曲线一直处于动态的变化过程中。如果能在同一时刻测得同一辐照度下 P-U 特性曲线上电压扰动前、后所对应的两个工作点功率，并进行扰动观察法判定，那么就不会存在误判现象，显然这是不可能实现的。实际上，同一辐照度下 P-U 特性曲线上电压扰动前的工作点功率，可以通过预测算法而获得，利用这一预测的功率以及同一辐照度下 P-U 特性曲线上电压扰动后

检测的工作点功率就可以实现基于扰动观测法的 MPPT，并可以有效地克服误判，这就是基于功率预测的扰动观测法的基本思路。显然功率预测法的关键在于功率预测，下面分析功率预测的基本算法。

如图 6-12 所示，当采样频率足够高时，可以假定一个采样周期中辐照度的变化速率恒定。令 kT 时刻电压 U_k 处工作点测得的功率为 $P(k)$，此时并不对参考电压加扰动，而在 kT 时刻后的半个采样周期的 $(k+1/2)T$ 时刻增加一次功率采样，若令测得的

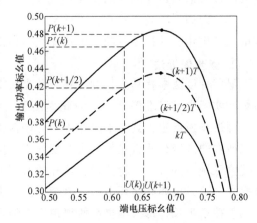

图 6-12 功率预测示意图

功率为 $P(k+1/2)$，则可得到基于一个采样周期的预测功率 $P'(k)$ 为

$$P'(k) = 2P(k+1/2) - P(k) \tag{6-14}$$

然后，在 $(k+1/2)T$ 时刻使参考电压增加 ΔU，并令在 $(k+1)T$ 时刻测得电压 U_{k+1} 处的功率为 $P(k+1)$，由于 $(k+1)$ T 时刻的检测功率 $P(k+1)$ 以及 kT 时刻的预测功率 $P'(k)$ 理论上是同一辐照度下 $P\text{-}U$ 特性曲线上电压扰动前后的两个工作点功率，因此，利用 $(k+1)T$ 时刻的检测功率 $P(k+1)$ 以及 kT 时刻的预测功率 $P'(k)$ 进行基于扰动观测法的 MPPT 是不存在误判问题的。

值得一提的是，若将基于功率预测的扰动观测法与变步长的扰动观测法有机结合则不仅能克服误判，而且还能解决 MPPT 跟踪速度和精度间的矛盾，最大限度地抑制稳定辐照度下的振荡问题。

6.3.3.3　基于滞环比较的扰动观测法[11]

定步长的扰动观测法是一种自寻优搜索控制方法，一般存在最大功率点附近的振荡和误判问题，而误判过程实际上是一种外部环境动态变化时产生的振荡。从控制的角度而言，抑制振荡可以采用具有非线性特性的滞环控制策略，针对光伏电池的 $P\text{-}U$ 特性，其滞环控制环节如图 6-13 所示。

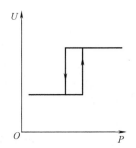

图 6-13　滞环技术示意图

由图 6-13 可知，当功率在所设的滞环内出现波动时，光伏电池的工作点电压保持不变，只有当功率的波动量超出所设的滞环时，才按照一定规律改变工作点电压。可见，滞环的引入，可以有效地抑制扰动观测法的振荡现象。实际上可以将误判看成为外部环境发生变化时的一种动态的振荡过程，因此该方法也可以克服扰动观测法的误判现象。

定步长的扰动观测法只是通过比较扰动前、后两点的功率差来决定是增大还是减少工作点电压，虽然使用过程中造成振荡或误判的原因不同，但每次的扰动都是基于前后两点瞬时测量值的单向扰动，如果再增加另外一点的测量信息并进行具有滞环特性的双向扰动，则有可能克服扰动观测法的振荡或误判问题，具体讨论如下：

在扰动观测法的 MPPT 过程中，已知 A 点（当前工作点）和 B 点（按照上一步判断给出的方向将要测量的点），而对于增加的另一 C 点的确定，则应选择 B 点反方向两个步长所对应的工作点，如图 6-14 所示。

图 6-14　C 点的位置示意图

假定当前工作点 A 点并未发生误判。因此应当以当前工作点 A 点为中心，左右各取一点形成滞环，如图 6-14 中实线所示。在基于滞环的扰动观测法 MPPT 过程中，若以当前工作点 A 点为出发点，依据判定的扰动方向扰动至 B 点，之后再反向两个步长扰动至 C 点，如果 C、A、B 的功率测量值依次为 P_C、P_B、P_A，则

通过功率值的比较，可得出如图 6-15 所示的 9 种可能情形。图中定义：$P_A > P_C$ 时记为"+"，$P_B \geq P_A$ 时记为"+"，反之均记为"-"。

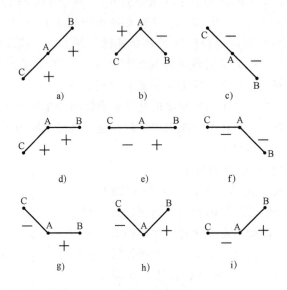

图 6-15　三点之间功率比较可能出现的关系示意图

通过三点之间功率的比较判断，可以得出基于滞环的电压扰动规则如下：

规则 1，如果两次扰动的功率比较均为"+"，则电压值保持原方向扰动；

规则 2，如果两次扰动的功率比较均为"-"，则电压值反方向扰动；

规则 3，如果两次扰动的功率比较有"+"有"-"，可能已经达到最大功率点或者外部辐照度变化很快，则电压值不变。

由判定规则不难看出：滞环比较法实际上是通过双向扰动确认的方法来保证扰动观测法的动作可靠性以避免误判的发生，同时也有效地抑制了最大功率点附近的振荡。

下面具体分析滞环比较法抑制振荡和误判的原理过程。

以图 6-16 中给出的 I、II、III 三种情形为例进行分析。由图 6-16 可知，假设对于 I、II、III 三种情形，均满足 $P_B > P_A$。当采用定步长的扰动观测法时，系统会判定继续增加电压值。但是由图 6-16 可知，仅有 I 情形，继续增大工作点电压是正确的。而对于 II、III 情形，继续增大工作点电压则会使工作点朝远离最大功率点方向移动。当采用滞环比较法时，对于 I 情形，依据规则判定"电压值保持原方向扰动"，而对于 II、III 情形，系统判定"达到最大功率点或者外部辐照度变化很快"，因此电压保持不变。从而避免了误判，减小了损耗。

对于扰动观测法的振荡问题，当在最大功率点附近扰动时，依据上述规则 3，由于电压保持不变，因此避免了在最大功率点附近的振荡。

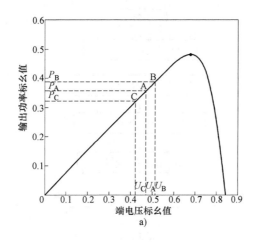

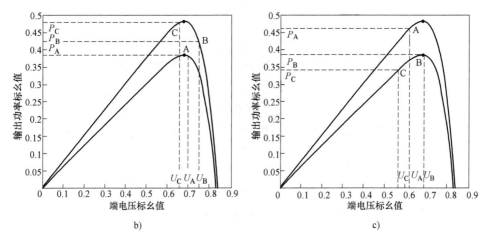

图 6-16　不同情形对实际功率点扰动与判断的影响

a）Ⅰ情形　b）Ⅱ情形　c）Ⅲ情形

滞环比较法的具体流程图如图 6-17 所示。

虽然滞环比较法可以较大程度地避免振荡和误判现象，但如果步长过大，工作点可能会停在离最大功率点较远的区域，如果步长过小，在新一轮搜索开始时，工作点会在远离最大功率点区域内长时间地搜索，因此速度和精度的矛盾仍然存在。为此，可以采用变步长的滞环比较法来解决这一矛盾，具体的变步长方法可以参考前面的相关内容。

与定步长的扰动观测法相比，变步长的滞环比较法能够有效克服振荡和误判现象，同时兼顾到速度和精度的要求，能够更加准确地跟踪光伏电池的最大功率点，从而提高了光伏系统的发电效率。

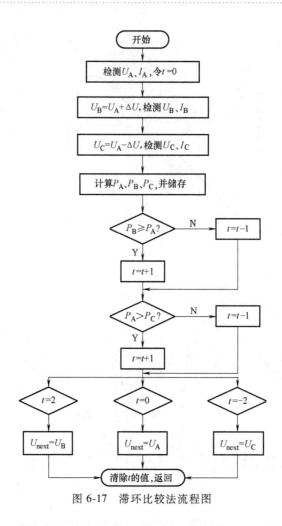

图 6-17　滞环比较法流程图

6.4　电导增量法（INC）

以上讨论表明，最大功率点跟踪实质上就是搜索满足条件 $\mathrm{d}P/\mathrm{d}U=0$ 的工作点，由于数字控制中检测及控制精度的限制，以 $\Delta P/\Delta U$ 近似代替 $\mathrm{d}P/\mathrm{d}U$，从而影响了 MPPT 算法的精确性。一般而言，ΔU 由步长决定，当最小步长一定时，MPPT 算法的精度就由 ΔP 对 $\mathrm{d}P$ 的近似程度决定。扰动观测法用两点功率差近似替代微分 $\mathrm{d}P$，即从 $\mathrm{d}P \approx P_k - P_{k-1}$ 出发，推演出以功率增量为搜索判据的 MPPT 算法。

实际上，为了进一步提高 MPPT 算法对最大功率点的跟踪精度，可以考虑采用功率全微分近似替代 $\mathrm{d}P$ 的 MPPT 算法，即从 $\mathrm{d}P = U\mathrm{d}I + I\mathrm{d}U$ 出发，推演出以电导和电导变化率之间的关系为搜索判据的 MPPT 算法，即电导增量法，以下详细介绍这种 MPPT 算法。

6.4.1 电导增量法的基本原理

电导增量法[3]（incremental conductance，INC）从光伏电池输出功率随输出电压变化率而变化的规律出发，推导出系统工作点位于最大功率点时的电导和电导变化率之间的关系，进而提出相应的 MPPT 算法。

图 6-18 给出了光伏电池 P-U 特性曲线及 dP/dU 变化特征，即在光强一定的情况下仅存在一个最大功率点，且在最大功率点两边 dP/dU 符号相异，而在最大功率点处dP/dU = 0。

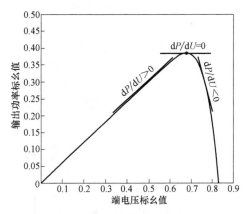

图 6-18　光伏电池 P-U 特性
的 dP/dU 变化特征

显然，通过对 dP/dU 的定量分析，可以得到相应的最大功率点判据。考虑光伏电池的瞬时输出功率为

$$P = IU \tag{6-15}$$

将式（6-15）两边对光伏电池的输出电压 U 求导，则

$$\frac{\mathrm{d}P}{\mathrm{d}U} = I + U\frac{\mathrm{d}I}{\mathrm{d}U} \tag{6-16}$$

当 dP/dU = 0 时，光伏电池的输出功率达到最大。则可以推导出工作点位于最大功率点时需满足以下关系：

$$\frac{\mathrm{d}I}{\mathrm{d}U} = -\frac{I}{U} \tag{6-17}$$

实际中以 $\Delta I/\Delta U$ 近似代替 $\mathrm{d}I/\mathrm{d}U$，则使用电导增量法（INC）进行最大功率点跟踪时判据如下：

$$\begin{cases} \dfrac{\Delta I}{\Delta U} > -\dfrac{I}{U} \text{最大功率点左边} \\[2mm] \dfrac{\Delta I}{\Delta U} = -\dfrac{I}{U} \text{最大功率点} \\[2mm] \dfrac{\Delta I}{\Delta U} < -\dfrac{I}{U} \text{最大功率点右边} \end{cases} \tag{6-18}$$

图 6-19 为定步长电导增量法流程图。其中 ΔU^* 为每次系统调整工作点时固定的电压改变量（步长），U_{ref} 为下一工作点电压。从图中可以看出计算出 ΔU 之后，对其是否为零进行判定，使流程图出现两条分支，其中，左分支与上述分析相吻

合；而右分支则主要是为抑制当外部辐照度发生突变时的误判而设置的。

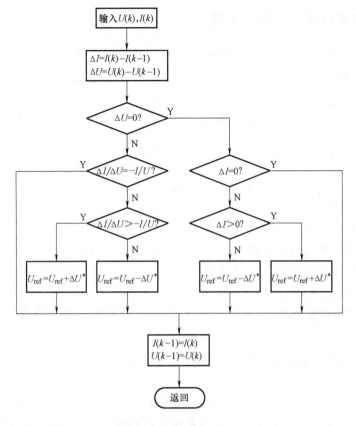

图 6-19 电导增量法流程图

从本质上说，电导增量法和扰动观测法都是求出工作点电压变化前后的功率差，找出满足 $\Delta P/\Delta U = 0$ 的工作点，两者的主要区别在于功率差的计算方式。

扰动观测法将 $\mathrm{d}P$ 用功率差 $\Delta P = P_k - P_{k-1}$ 进行近似；而电导增量法则是将 $\mathrm{d}P$ 用全微分 $\Delta P = U\Delta I + I\Delta U$ 进行近似，其中 $\Delta U = U_k - U_{k-1}$，$\Delta I = I_k - I_{k-1}$。

在最大功率点跟踪过程中，电导增量法在 $\mathrm{d}P/\mathrm{d}U = 0$（或者 $\mathrm{d}I/\mathrm{d}U = -I/U$）时，方能使光伏电池输出最大功率。然而，由于采样与控制精度的限制，实际应用中可以将 $\mathrm{d}P/\mathrm{d}U = 0$ 条件改造为 $\mathrm{d}P/\mathrm{d}U < \varepsilon$，其中 ε 是在满足最大功率跟踪一定精度范围内的阈值，由具体的要求决定[3]。

采用电导增量法的主要优点是 MPPT 的控制稳定度高，当外部环境参数变化时，系统能平稳地追踪其变化，且与光伏电池的特性及参数无关。然而，电导增量法对控制系统的要求则相对较高，另外，电压初始化参数对系统启动过程中的跟踪性能有较大影响，若设置不当则可能产生较大的功率损失。

6.4.2　电导增量法的振荡与误判问题

与扰动观测法类似，电导增量法也存在振荡和误判问题，分别讨论如下。

6.4.2.1　电导增量法的振荡分析

由于 INC 法在实际数字实现时，一般用 $\dfrac{\Delta I}{\Delta U} = -\dfrac{I}{U}$ 来代替 $\dfrac{\mathrm{d}I}{\mathrm{d}U} = -\dfrac{I}{U}$，因此，当在最大功率点附近一个步长范围内搜索工作点电压时，会出现工作点在最大功率点两边振荡的情形，这就是 INC 法的振荡问题。

为分析方便，将 $P\text{-}U$ 特性曲线与 $U\text{-}I$ 特性曲线组合，如图 6-20 所示。考虑到 INC 法的判据 $\dfrac{\Delta I}{\Delta U} = -\dfrac{I}{U}$，应当将 $\dfrac{\Delta I}{\Delta U}$、$-\dfrac{I}{U}$ 在 $U\text{-}I$ 特性曲线图中表示出来。由于 $\dfrac{\mathrm{d}I}{\mathrm{d}U}$、$\dfrac{\Delta I}{\Delta U}$、$-\dfrac{I}{U}$ 都是单调函数簇，所以可以用其绝对值 $\left|\dfrac{\mathrm{d}I}{\mathrm{d}U}\right|$，$\left|\dfrac{\Delta I}{\Delta U}\right|$，$\left|-\dfrac{I}{U}\right|$ 进行具体分析，即可以将 $\dfrac{\mathrm{d}I}{\mathrm{d}U}$、$\dfrac{\Delta I}{\Delta U}$、$-\dfrac{I}{U}$ 映射到 $U\text{-}I$ 特性曲线坐标的第一象限，并在 $U\text{-}I$ 特性曲线中表示出来，从而与 $P\text{-}U$ 特性曲线建立直观的联系，以便从组合的曲线图上对电导增量法做进一步分析。

在如图 6-20 所示的 $U\text{-}I$ 特性曲线上，当工作点从 U_1 变动到 U_2 时，$\left|\dfrac{\mathrm{d}I}{\mathrm{d}U}\right|$ 表示的是工作点在 U_2 这一点时切线的斜率；$\left|\dfrac{\Delta I}{\Delta U}\right|$ 表示的是弦 U_1U_2 的斜率；$\left|-\dfrac{I}{U}\right|$ 表示的是点 (U_2, I_2) 与原点连线的斜率。

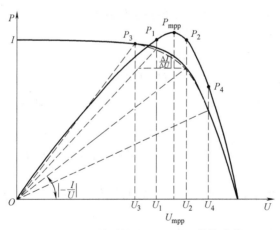

图 6-20　电导增量法 $P\text{-}U$、$U\text{-}I$ 特性曲线

由图 6-20 可以看出：$\left|\dfrac{\mathrm{d}I}{\mathrm{d}U}\right|$ 和 $\left|\dfrac{\Delta I}{\Delta U}\right|$ 是单调增函数簇；$\left|-\dfrac{I}{U}\right|$ 所构成的函数则是

单调减函数簇。于是得出以下结论：

当 $\left|\dfrac{\mathrm{d}I}{\mathrm{d}U}\right| < \left|-\dfrac{I}{U}\right|$ 时，工作在最大功率点左侧；

当 $\left|\dfrac{\mathrm{d}I}{\mathrm{d}U}\right| = \left|-\dfrac{I}{U}\right|$ 时，工作在最大功率点；

当 $\left|\dfrac{\mathrm{d}I}{\mathrm{d}U}\right| > \left|-\dfrac{I}{U}\right|$ 时，工作在最大功率点右侧。

显然，当采用 $\left|\dfrac{\Delta I}{\Delta U}\right|$ 代替 $\left|\dfrac{\mathrm{d}I}{\mathrm{d}U}\right|$ 时，有

当 $\left|\dfrac{\Delta I}{\Delta U}\right| < \left|-\dfrac{I}{U}\right|$ 时，工作在最大功率点左侧；

当 $\left|\dfrac{\Delta I}{\Delta U}\right| = \left|-\dfrac{I}{U}\right|$ 时，工作在最大功率点；

当 $\left|\dfrac{\Delta I}{\Delta U}\right| > \left|-\dfrac{I}{U}\right|$ 时，工作在最大功率点右侧。

从图 6-20 中很容易得出：

当 $\Delta U > 0$ 时，即往右搜索时，则 $\left|\dfrac{\Delta I}{\Delta U}\right| < \left|\dfrac{\mathrm{d}I}{\mathrm{d}U}\right|$；

当 $\Delta U < 0$ 时，即往左搜索时，则 $\left|\dfrac{\Delta I}{\Delta U}\right| > \left|\dfrac{\mathrm{d}I}{\mathrm{d}U}\right|$。

基于以上分析，当采用 INC 法时，在最大功率点处会出现三种工作状态：第一种工作状态为稳定在一点的工作状态（非 MPP 点）；第二种工作状态为两点振荡工作状态；第三种工作状态为三点振荡工作状态。

下面详细分析这三种状态：

如图 6-20 所示，假设系统工作在最大功率点左边 U_1 处，当加上 ΔU 时，会出现两种情况：第一种情况工作点恰好工作在最大功率点 U_m；第二种情况工作点工作在最大功率点右侧 U_2 点（如果 U_2 点仍然处于最大功率点左边，则仍看做 U_1）。

根据上面分析，$\left|-\dfrac{I}{U}\right|$ 为减函数簇，即每个电压值对应着惟一的 $\left|-\dfrac{I}{U}\right|$ 值。如果恰巧运行在最大功率点，那么这一点处的 $\left|\dfrac{\mathrm{d}I}{\mathrm{d}U}\right| = \left|-\dfrac{I}{U}\right|$。但实际中采用的判据 $\left|\dfrac{\Delta I}{\Delta U}\right|$ 要么大于 $\left|\dfrac{\mathrm{d}I}{\mathrm{d}U}\right|$，要么小于 $\left|\dfrac{\mathrm{d}I}{\mathrm{d}U}\right|$，不可能在 MPP 点处等于 $\left|-\dfrac{I}{U}\right|$，即系统不可能运行在实际 MPP 点。这样只需考虑上述的第二种情况，即工作在 U_2 点的工作情况。

此时 $\left|\dfrac{\Delta I}{\Delta U}\right|$ 和 $\left|-\dfrac{I}{U}\right|$ 的大小关系会出现以下 3 种可能性：

1）当 $\left|\dfrac{\Delta I}{\Delta U}\right| > \left|-\dfrac{I}{U}\right|$ 时，系统判定此时工作点工作在最大功率点右侧，则将电压值减去 ΔU，即回到 U_1 点，此时同样会产生 3 种可能性：

a）当 $\left|\dfrac{\Delta I}{\Delta U}\right| > \left|-\dfrac{I}{U}\right|$ 时，系统判定此时仍然工作在最大功率点右侧，则继续减去 ΔU，使得系统工作在 U_3 处，根据切线及拉格朗日定理，U_3 处的 $\left|\dfrac{\Delta I}{\Delta U}\right|$ 必定为 U_1 ~ U_3 之间的某一点的导数值，又因为 $\left|\dfrac{\mathrm{d}I}{\mathrm{d}U}\right|$ 构成的函数为增函数，所以 U_1 ~ U_3 之间的任一导数值 $\left|\dfrac{\mathrm{d}I}{\mathrm{d}U}\right|$ 都小于最大功率点处的导数值，所以 U_3 处的 $\left|\dfrac{\Delta I}{\Delta U}\right|$ 必定小于最大功率处的导数值，也就是小于最大功率点处的 $\left|-\dfrac{I}{U}\right|$。另外，因为 $\left|-\dfrac{I}{U}\right|$ 为减函数，所以在 U_3 处必定有 $\left|\dfrac{\Delta I}{\Delta U}\right| < \left|-\dfrac{I}{U}\right|$，即系统判定此时工作点运行在最大功率点左侧，这样系统便会在 U_1-U_2-U_3 之间形成三点振荡。

b）当 $\left|\dfrac{\Delta I}{\Delta U}\right| = \left|-\dfrac{I}{U}\right|$ 时，则系统判定 U_1 点为最大功率点，虽然能稳定在 U_1 点运行，但其并非真正的最大功率点。

c）当 $\left|\dfrac{\Delta I}{\Delta U}\right| < \left|-\dfrac{I}{U}\right|$ 时，系统判定运行在最大功率点左侧，这样系统便会形成 U_1-U_2 两点振荡的情况。

2）当 $\left|\dfrac{\Delta I}{\Delta U}\right| = \left|-\dfrac{I}{U}\right|$ 时，系统判定 U_2 点为最大功率点，虽然能稳定在 U_2 点运行，但其并非真正的最大功率点。

3）当 $\left|\dfrac{\Delta I}{\Delta U}\right| < \left|-\dfrac{I}{U}\right|$ 时，系统仍然判定此时工作点工作在最大功率点左侧（实际中已经工作在右侧，属于误判），因此会继续增加 ΔU，跟 1）中 $\left|\dfrac{\Delta I}{\Delta U}\right| > \left|-\dfrac{I}{U}\right|$ 的证明一样，可以证明 U_4 点处的 $\left|\dfrac{\Delta I}{\Delta U}\right| > \left|-\dfrac{I}{U}\right|$，即系统判定此时工作点运行在最大功率点右侧。则系统电压值减去 ΔU 回到 U_2 点，然后再减去 ΔU 回到 U_1 点，从 U_2 到 U_1 点同样可能会产生 $\left|\dfrac{\Delta I}{\Delta U}\right| > \left|-\dfrac{I}{U}\right|$、$\left|\dfrac{\Delta I}{\Delta U}\right| = \left|-\dfrac{I}{U}\right|$、$\left|\dfrac{\Delta I}{\Delta U}\right| < \left|-\dfrac{I}{U}\right|$ 三种情形。

当 $\left|\dfrac{\Delta I}{\Delta U}\right| < \left|-\dfrac{I}{U}\right|$ 时，根据上述 1）中 $\left|\dfrac{\Delta I}{\Delta U}\right| > \left|-\dfrac{I}{U}\right|$ 的证明过程，可以判定从 U_2

到 U_1 的 $\left|\dfrac{\Delta I}{\Delta U}\right|$ 必定为 U_1 到 U_2 中某一点的导数值 $\left|\dfrac{\mathrm{d}I}{\mathrm{d}U}\right|$，又因为 $\left|\dfrac{\mathrm{d}I}{\mathrm{d}U}\right|$ 为增函数，所以 U_1 到 U_m 中某一点的导数值 $\left|\dfrac{\mathrm{d}I}{\mathrm{d}U}\right|$ 必定小于最大功率点处的导数值。同理 $\left|-\dfrac{I}{U}\right|$ 为减函数，所以 U_1 点处的 $\left|-\dfrac{I}{U}\right|$ 必定大于最大功率点处的导数值 $\left|\dfrac{\mathrm{d}I}{\mathrm{d}U}\right|$，那么也就大于从 U_2 到 U_1 的 $\left|\dfrac{\mathrm{d}I}{\mathrm{d}U}\right|$，所以 3）情形下，$\left|\dfrac{\Delta I}{\Delta U}\right| > \left|-\dfrac{I}{U}\right|$ 和 $\left|\dfrac{\Delta I}{\Delta U}\right| = \left|-\dfrac{I}{U}\right|$ 是不可能出现的。

因此，可以得到此时惟一能出现的就是 $\left|\dfrac{\Delta I}{\Delta U}\right| < \left|-\dfrac{I}{U}\right|$，即系统判定工作点运行在最大功率点左侧，这样便形成 U_1-U_2-U_4 的三点振荡情况。

6.4.2.2 电导增量法的误判分析

当外界辐照度发生突变时，同扰动观测法一样，使用电导增量法进行最大功率点跟踪时也会出现误判现象。

如图 6-21 所示为光伏电池的 U-I 特性曲线，在某一时刻的 a 辐照度下，系统工作在 A 点，工作点电压为 U_k。此刻若辐照度变化为 b，则光伏电池输出的 U-I 特性曲线也相应发生变化，从而使工作点由 A 点变动至 B 点。由于此刻存储在 MPPT 系统中采样点的信息仍然为 a 辐照度下 U-I 特性曲线上的信息，因此，系统将保持先前曲线上的搜索方向不变，工作点电压变为 U_{k+1}，即工作点由 B 点移动到 C 点，基于 A 点和 C 点的采样信息，MPPT 系统做出相应的 MPP 搜索判断。

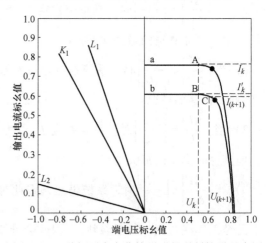

图 6-21 一种辐照度变化情形下的误判情形示意图

由于 A 点和 C 点分别是系统在辐照度变化前、后的工作点，即 A 点和 C 点分别隶属于不同的输出 U-I 特性曲线，这样便会出现由 A 点到 C 点采样值的变化趋势与实际输出 U-I 特性曲线不一致的情形，从而导致误判。

在图 6-21 所示的情形中，k_{k_1} 是 C 点与原点连线 K_1 的斜率负值，k_{L_1} 为 A 点和 C 点连线 L_1 斜率，k_{L_2} 为 B 点和 C 点连线 L_2 斜率，显然有：

$$k_{k_1} = -\frac{I_{k+1}}{U_{k+1}} \tag{6-19}$$

$$k_{L_1} = \frac{I_{k+1} - I_k}{U_{k+1} - U_k} = \frac{\Delta I_{k+1}}{\Delta U_{k+1}} \qquad (6-20)$$

$$k_{L_2} = \frac{I_{k+1} - I_{k'}}{U_{k+1} - U_k} = \frac{\Delta I'_{k+1}}{\Delta U_{k+1}} \qquad (6-21)$$

使用电导增量法作为 MPPT 算法时，系统使用 $\Delta I/\Delta U$ 和 $-I/U$ 进行比较，以决定搜索方向。显然，当辐照度发生变化时，若以 k_{L_2} 和 k_{k_1} 相比较，则不会发生误判。但由于实际上 MPPT 算法是以 k_{L_1} 和 k_{k_1} 相比较，若 k_{L_1} 和 k_{k_1} 的比较关系与 k_{L_2} 和 k_{k_1} 的比较关系一致时，系统不会发生误判，反之则必发生误判。从图 6-21 中可以看出，由于 $k_{L_2} > k_{K_1} > k_{L_1}$，则系统发生误判。

考虑到辐照度变化前后的工作点可能位于 MPP 的同侧和异侧，因此以下针对两种辐照度变化情况时产生的误判情形进行具体分析，分析时假定辐照度不发生持续的变化。

1. 工作点位于最大功率点同侧时的情形

当辐照度发生变化时，工作点位于 MPP 同侧时，其 MPPT 的情形包括：

1）往工作点电压增大的方向搜索时，辐照度发生变化前后的工作点均位于 MPP 左侧，辐照度减小和增大的情形分别如图 6-22a 和图 6-22c 所示。

2）往工作点电压减小的方向搜索时，辐照度发生变化前后的工作点均位于 MPP 右侧，辐照度增大和减小的情形分别如图 6-22b 和图 6-22d 所示。

若系统初始工作在 a 辐照度下 U-I 特性曲线上的 A 点处，工作点电压为 U_k：

在图 6-22a 和图 6-22c 中，工作点位于 MPP 左侧，系统往工作点电压增大的方向搜索 MPP。若辐照度突变为 b，工作点从 A 点变动到 B 点，此时由于系统仍按照在 a 辐照度下记录的采样点信息进行判断，因此工作点电压将假定继续增大，工作点由 B 点移动至 C 点。

在图 6-22b 和图 6-22d 中，工作点位于 MPP 右侧，系统向工作点电压减小的方向搜索 MPP，假定系统仍保持向电压减小的方向搜索到 C 点。

下面对与系统工作点移动到 C 点产生的误判情形进行具体分析。

1）图 6-22a 中，已知工作点位于 MPP 左侧，若辐照度减小，工作点则沿电压增大方向移动至 C 点。由于系统是运用 A 点和 C 点的信息进行判断的，考虑到 $k_{L_1} < k_{k_1}$，即

$$\frac{\Delta I_{k+1}}{\Delta U_{k+1}} < -\frac{I_{k+1}}{U_{k+1}} \qquad (6-22)$$

由此，系统判断出工作点运行于 MPP 右侧，并会减少工作点电压，从而导致误判现象的发生。图 6-22d 的情形与之类似。

2）图 6-22b 中，已知工作点位于 MPP 右侧，若辐照度增大，工作点将沿电压减小方向移动至 C 点，考虑到 $k_{L_1} < k_{k_1}$，即

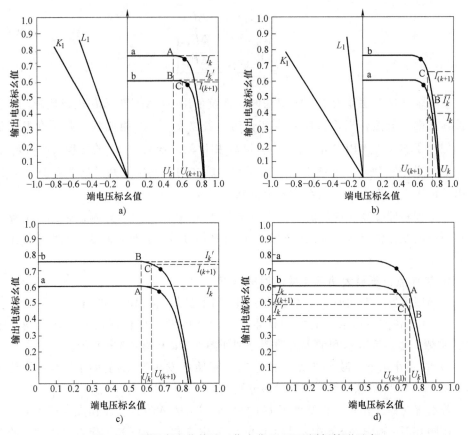

图 6-22　辐照度变化前后工作点位于 MPP 同侧情形示意

a) 辐照度减小，工作点 A 位于 MPP 左侧　b) 辐照度增大，工作点 A 位于 MPP 右侧

c) 辐照度增大，工作点 A 位于 MPP 左侧　d) 辐照度减小，工作点 A 位于 MPP 右侧

$$\frac{\Delta I_{k+1}}{\Delta U_{k+1}} < -\frac{I_{k+1}}{U_{k+1}} \qquad (6\text{-}23)$$

由此，系统判断出工作点运行于 MPP 右侧，并会继续减少工作点电压，从而不会发生误判现象。图 6-22c 情形与之类似。

以上分析表明：当工作点位于最大功率点同侧时，若辐照度增大时不会发生误判现象，而当辐照度减小时则会发生误判现象。

2. 工作点位于最大功率点异侧时的情形

若辐照度发生变化，工作点位于 MPP 异侧时，其 MPPT 的情形包括：

1）往工作点电压增大的方向搜索时，辐照度变化前后的工作点相继位于 MPP 左侧和右侧，辐照度减小和增大的情形如图 6-23a 和图 6-23c 所示。

2）往工作点电压减小的方向搜索时，辐照度变化前后的工作点相继位于 MPP 右侧和左侧，辐照度增大和减小的情形如图 6-23b 和图 6-23d 所示。

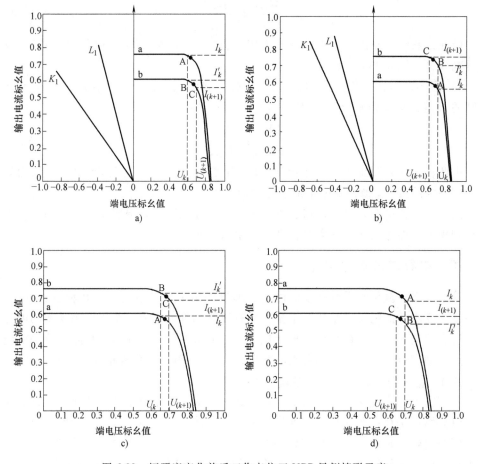

图 6-23　辐照度变化前后工作点位于 MPP 异侧情形示意

a）辐照度减小，工作点 A 位于 MPP 左侧　　b）辐照度增大，工作点 A 位于 MPP 右侧

c）辐照度增大，工作点 A 位于 MPP 左侧　　d）辐照度减小，工作点 A 位于 MPP 右侧

若系统初始工作在 a 辐照度下 U-I 特性曲线上的 A 点处，工作点电压为 U_k：

图 6-23a 和图 6-23c 情形中，A 点位于 MPP 左侧，系统往工作点电压增大的方向搜索 MPP，此时若辐照度突变为 b，工作点将从 A 点变动到 B 点。由于系统仍按照在 a 辐照度下记录的采样点信息进行判断，因此，工作点电压将继续增大，从而使工作点由 B 点移动至 C 点。与图 6-22 不同的是，此时 C 点位于 MPP 右侧。

图 6-23b 和图 6-23d 中，A 点位于 MPP 右侧，系统向工作点电压减小的方向搜索 MPP，分析与上述类似，最终 C 点位于 MPP 左侧。

下面对图 6-23 中工作点移动到 C 点产生的误判情形进行具体分析。

1）图 6-23a 中，当辐照度减小时，工作点将沿电压增大方向移动至位于 MPP 右侧的 C 点。由于系统是运用 A 点和 C 点的信息进行判断的，考虑到 $k_{L_1} < k_{k_1}$，即

$$\frac{\Delta I_{k+1}}{\Delta U_{k+1}} < -\frac{I_{k+1}}{U_{k+1}} \tag{6-24}$$

由此，系统判断出工作点运行于 MPP 右侧，并减少工作点电压，从而不会发生误判现象。图 6-23d 情形与之类似。

2）图 6-23b 中，当辐照度增大时，工作点将沿电压减小方向移动至位于 MPP 左侧的 C 点，考虑到 $k_{L_1} < k_{k_1}$，即

$$\frac{\Delta I_{k+1}}{\Delta U_{k+1}} < -\frac{I_{k+1}}{U_{k+1}} \tag{6-25}$$

由此，系统判断出工作点运行于 MPP 右侧，并继续减少工作点电压，从而导致误判现象的发生。图 6-23c 情形与之类似。

由以上分析可知，当工作点位于最大功率点异侧时，若辐照度减小，则不会发生误判现象，而当辐照度增大时，则会发生误判现象。

6.4.3 电导增量法的改进

基于上文对振荡和误判问题的讨论，本节提出了电导增量法的几种改进方法，其中基于变步长的电导增量法对于振荡具有较好的抑制效果，基于功率预测的电导增量法有效地解决了外部环境剧烈变化时产生的误判问题，而基于中心差分法的电导增量法则有效抑制了振荡和误判的发生，提高了 MPP 的跟踪精度。

6.4.3.1 基于变步长的电导增量法[12-14]

常规的电导增量法大多采用定步长方式进行最大功率点跟踪。然而，这种定步长的电导增量法存在明显缺陷：若步长过小，会使光伏电池较长时间滞留在低功率输出区域；若步长过大，又会加剧系统振荡。针对 6.4.2.1 节中指出的振荡问题，为了提高电导增量法进行最大功率跟踪时的快速性和准确性，与扰动观测法类似，可以采用变步长的电导增量法。具体的变步长方法可以参考扰动观测法中的变步长方法，下面只简述两种变步长的电导增量法的基本思路。

1）基于光伏电池 P-U 特性曲线的变步长电导增量法的基本思路。由光伏电池的 P-U 特性曲线特征可以看出：在整个电压范围内功率曲线为一单峰函数，在最大功率点电压 U_{mpp} 处 $dP/dU=0$，而在 U_{mpp} 两端则 dP/dU 均不为 0。如果采用变步长的电导增量法，则要求：在远离最大功率点区域，跟踪的步长适度变大，以提高 MPPT 跟踪速度；而在最大功率点附近区域，系统跟踪的步长适当变小，以提高 MPPT 跟踪精度。显然，可以考虑将步长设计为 dP/dU 的函数，即令步长 $\Delta U = A \times dP/dU$，通过设置合适的 A，就可以实现基于变步长电导增量法的 MPPT 控制。

2）基于光伏电池 U-I 特性曲线的变步长电导增量法的基本思路。观察图 6-1 中的 U-I 特性曲线可知，类似恒流源区域与类似恒压源区域范围的比例大约为 4:1。采用变步长电导增量法时总是希望系统在类似恒流源的区域里加大步长以提高跟踪速度，而在类似恒压源的区域里减小步长以提高跟踪精度。具体步骤是：首先，通

过检测电压变化时的电流变化率，判断出光伏电池所在的工作区域：在类似恒流源的区域，电流变化率很小，而在类似恒压源的区域，电流变化率很大；然后，根据工作区域的不同可以设定不同的步长，在类似恒流源区域步长适当加大，在类似恒压源的区域步长适当减小；最后，利用电导增量法判据判断系统是否已经工作在最大功率点，如果满足判据要求，则停止扰动。

6.4.3.2　基于功率预测的电导增量法

在辐照度不变的条件下，使用电导增量法可以跟踪到最大功率点。由 6.4.2.2 节可知，辐照度时刻变化，随时可能发生的误判直接导致了功率的损耗。对于 6.4.2.2 节指出的误判问题，与扰动观察法类似，可以采用基于功率预测的电导增量法予以克服。功率预测方式的引入使预测的功率点与下一扰动测量得到的功率点近似位于同一条 U-I 曲线上，从而避免了误判现象的发生。从而在辐照度变化的情形下，仍然可以采用电导增量法搜索最大功率点。

在 6.4.2.2 节中，图 6-21 给出了辐照度发生变化时，常见的误判现象示意。并指出，误判发生的根本原因是辐照度变化前后采样得到的 A 点和 C 点的数据隶属于两条不同的光伏曲线。这样对 A 点和 C 点采样得到的信息计算后得出的结论便无法正确反映出工作点所在位置，最终导致了误判的发生。

而采用功率预测法则可以有效避免这种误判情形，具体分析如下：

如图 6-24 所示，若 kT 时刻系统运行于 A 点，测得电压、电流值分别为 U_k、I_k，此时辐照度发生突变（假设在一个采样周期中辐照度的变化速率恒定），系统并不立即改变工作点电压值，而是在 $(k+1/2)T$ 时刻增加一次测量（对应 A_1 点），若测得 $(k+1/2)T$ 时刻的电流值为 $I_{k+1/2}$，则可以预测出 B 点的电流值 I_k' 为

$$I_k' = 2I_{k+1/2} - I_k \qquad (6-26)$$

这样，B 点和 C 点可以近似被看做隶属于一条 U-I 曲线，基于 B 点和 C 点的电压、电流值，系统可以对工作点位置以及下一步的搜索方向做出准确的判断。

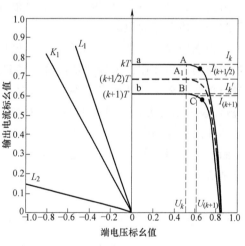

图 6-24　基于功率预测的电导增量法原理图
（注：直线 L_1、L_2、K_1 的定义同 6.4.2.2 节）

如图 6-24 所示，$k_{L_2} > k_{K_1}$，即

$$\frac{I_{k+1} - I_k'}{U_{k+1} - U_k} > -\frac{I_{k+1}}{U_{k+1}} \qquad (6-27)$$

此时，系统判定工作点运行于最大功率点左边，继续增大工作点电压，向右搜

索最大功率点，这与实际情况相符，从而有效克服误判现象。

由以上分析可知，基于功率预测的电导增量法在辐照度突变的情况下，能有效克服误判现象，减少了光伏发电的功率损失。

6.4.3.3 基于中心差分的电导增量法[15]

光伏发电系统中，MPPT 通常采用的是建立在极值理论基础之上的线性自寻优技术，在 MPPT 控制的数字实现时，通常采用差分来近似代替微分。

对于 $y=f(x)$，若用差分近似代替微分，则有

$$f'(x)=\frac{\mathrm{d}y}{\mathrm{d}x}=\frac{y_k-y_{k-1}}{\Delta x}+O(\Delta x) \tag{6-28}$$

其中，$\Delta x=x_k-x_{k-1}$，$O(\Delta x)$ 是截断误差。

显然，这种差分近似代替微分，该方法具有一次精度。

设系统第 k 次采样的电压和电流值分别为 U_k、I_k。根据之前的分析可知，电导增量法的差分运算为

$$\frac{\mathrm{d}P}{\mathrm{d}U}=I+U\frac{\mathrm{d}I}{\mathrm{d}U}=I_k+U_k\frac{\Delta I}{\Delta U}+O(\Delta U) \tag{6-29}$$

其中，$\Delta U=U_k-U_{k-1}$，$\Delta I=I_k-I_{k-1}$。

当求得 $f'(U,P)\approx0$ 的根时，即为所寻找的最大功率点。

由式（6-28）、式（6-29）可知，截断误差的存在正是导致电导增量法不能精确跟踪最大功率点的原因。

在稳态情况下，电导增量法理论上可以使 $\mathrm{d}P/\mathrm{d}U=0$。在数字化的控制器中，由于截断误差的存在，电导增量法难以精确满足 $U/I=-\mathrm{d}U/\mathrm{d}I$，即 $\mathrm{d}P/\mathrm{d}U=0$，从而使输出功率偏离最大功率点功率，导致功率利用率降低。虽然根据式（6-28）、式（6-29）也可以考虑选择较小的步长 ΔU 来提高差分的精确度，然而由于受数字控制器和检测精度的限制，减小 ΔU 也是有一定的范围的。因此有必要通过进一步减少截断误差来提高差分运算精度。实际上采用中心差分算法可以进一步减少截断误差，中心差分算法主要考虑以 $x=x_k$ 为中心的前、后采样点间的差分运算，讨论如下：

首先考虑 $f(x_k+\Delta x)$ 在 $x=x_k$ 处的 Taylor 展开，即

$$f(x_k+\Delta x)=f(x_k)+\Delta xf'(x_k)+\frac{(\Delta x)^2}{2!}f''(x_k)+\cdots+$$

$$\frac{(\Delta x)^n}{n!}f^{(n)}(x_k)+O((\Delta x)^{n+1}) \tag{6-30}$$

由式（6-30）可以推出：

$$\frac{f(x_k+\Delta x)-f(x_k)}{\Delta x}=f'(x_k)+\frac{\Delta x}{2!}f''(x_k)+\cdots+\frac{(\Delta x)^{n-1}}{n!}f^n(x_k)+O((\Delta x)^n) \tag{6-31}$$

式（6-31）表示了 $x_k+\Delta x$、x_k 间的差分运算，并证明了式（6-28）给出的差分运算

具有一次精度。

同理可得 x_k、$x_k-\Delta x$ 间的差分运算如下：

$$\frac{f(x_k)-f(x_k-\Delta x)}{\Delta x}=f'(x_k)-\frac{\Delta x}{2!}f''(x_k)+\cdots+$$

$$(-1)^{n-1}\frac{(\Delta x)^{n-1}}{n!}f^n(x_k)+O((\Delta x)^n) \tag{6-32}$$

联立式（6-31）和式（6-32）可得以 x_k 为中心的差分运算，即

$$\frac{f(x_k+\Delta x)-f(x_k-\Delta x)}{2\Delta x}=f'(x_k)+\frac{(\Delta x)^2}{3!}f^{(3)}(x_k)+\cdots+$$

$$\frac{(\Delta x)^{(2n-4)}}{(2n-3)!}f^{(2n-3)}(x_k)+O((\Delta x)^{(2n-2)}) \tag{6-33}$$

式（6-33）可写成：

$$\frac{f(x_k+\Delta x)-f(x_k-\Delta x)}{2\Delta x}=f'(x_k)+O((\Delta x)^2) \tag{6-34}$$

写成中心差分运算表达式，即

$$f'(x)=\frac{\mathrm{d}y}{\mathrm{d}x}=\frac{y_{k+1}-y_{k-1}}{2\Delta x}+O((\Delta x)^2) \tag{6-35}$$

其中，$\Delta x=x_k-x_{k-1}=x_{k+1}-x_k$，$O((\Delta x)^2)$ 是截断误差。

显然，中心差分运算具有二次精度。

对于电导增量法，若采用中心差分运算，则

$$\frac{\mathrm{d}P}{\mathrm{d}U}=I+U\frac{\mathrm{d}I}{\mathrm{d}U}=I_{k+1}+U_{k+1}\frac{I_{k+1}-I_{k-1}}{2\Delta U}+O((\Delta U)^2) \tag{6-36}$$

其中，$\Delta U=U_k-U_{k-1}=U_{k+1}-U_k$。

从式（6-35）可以看出，误差大小除了与函数本身性质相关外，还取决于 Δx 的大小。在电导增量法的应用中，函数的本身性质已经确定，误差大小主要取决于 ΔU 的大小。保证其具有二次精度的前提是数学上需要满足一定约束，即

$$|P_{k+1}-P_{k-1}|\leqslant\varepsilon|\Delta U| \tag{6-37}$$

其中，系数 ε 与 ΔU 无关，需根据实际情形给定。

然而，精度的提高并不能解决工作点位于最大功率点附近的振荡问题。如果能在寻找到最大功率点后停止扰动跟踪，功率利用率相对会有所提高。为了满足这种要求，所设计的 MPPT 控制需要具备以下三个功能：

1）能够寻找到最大功率点；

2）当控制工作点在最大功率点时停止扰动跟踪；

3）外界条件改变时，能够识别出最大功率点的改变，并进行新一轮最大功率点跟踪。

实际上，利用上述的中心差分法寻找最大功率点时，由于中心差分法也存在截

断误差，所以当式（6-38）条件满足数个采样周期后，即可认为是所寻找的工作点就是最大功率点。此时，停止有效的扰动跟踪，以避免不必要的振荡。

$$\left| \frac{\mathrm{d}P}{\mathrm{d}U} \right| \le \xi_{\mathrm{mpp}} \tag{6-38}$$

其中，ξ_{mpp} 为误差阈值，ξ_{mpp} 值的选择取决于所要求的灵敏度以及测量的信噪比。

另外，根据极值理论，在最大功率点处满足：

$$\frac{\mathrm{d}I}{\mathrm{d}U}\bigg|_{U_{\mathrm{mpp}}} + G_{\mathrm{mpp}} = 0 \tag{6-39}$$

$$\frac{\mathrm{d}U}{\mathrm{d}I}\bigg|_{I_{\mathrm{mpp}}} + R_{\mathrm{mpp}} = 0 \tag{6-40}$$

其中，R_{mpp} 对应光伏电池在最大功率点工作时的电阻，G_{mpp} 对应光伏电池在最大功率点工作时的电导。

为了判断最大功率点是否发生改变，首先定义如下方程

$$e_{\mathrm{G}} = \frac{I}{U} - G_{\mathrm{mpp}} \tag{6-41}$$

$$e_{\mathrm{R}} = \frac{U}{I} - R_{\mathrm{mpp}} \tag{6-42}$$

$$E_{\mathrm{R}} = \frac{\sum\limits_{i=1}^{N_{\mathrm{th}}} e_{\mathrm{R}}(i)}{N_{\mathrm{th}}} \tag{6-43}$$

$$E_{\mathrm{G}} = \frac{\sum\limits_{i=1}^{N_{\mathrm{th}}} e_{\mathrm{G}}(i)}{N_{\mathrm{th}}} \tag{6-44}$$

其中，e_{R} 对应光伏电池当前工作点对应的电阻绝对误差，e_{G} 对应光伏电池当前工作点对应的电导绝对误差，E_{R}、E_{G} 分别是 e_{R}、e_{G} 在一个周期中采样次数为 N_{th} 情况下的平均值。

根据上述关系式，可以通过检测 E_{R} 或 E_{G} 的变化来判断最大功率点是否发生改变。当平均误差 E_{R} 或 E_{G} 的值超过特定的参考值时，控制系统即认为最大功率点发生改变，并开始预置新的一轮 MPPT。在跟踪新的最大功率点过程中，在新的最大功率点以外应停止计算平均误差 E_{R} 或 E_{G}，而当跟踪到新的最大功率点时，则更新 R_{mpp} 和 G_{mpp}，并且将平均误差 E_{R} 或 E_{G} 置零，然后由式（6-43）、式（6-44）进行新一轮的判断。

6.5 智能 MPPT 方法

随着智能控制理论的发展，模糊逻辑控制、人工神经网络等理论渗入到电气工程的各个领域，也在光伏发电的 MPPT 技术上得以应用。本节简单介绍了模糊理论、人工神经网络理论在光伏发电 MPPT 技术中的应用。

6.5.1 基于模糊理论的 MPPT 控制[16]

模糊控制是以模糊集合理论为基础的一种新兴的控制手段，它是模糊系统理论与自动控制技术相结合的产物，特别适用于数学模型未知的、复杂的非线性系统。而光伏系统正是一个强非线性系统，太阳电池的工作情况也很难以用精确的数学模型描述出来，因此采用模糊控制的方法来进行太阳电池的最大功率点跟踪是非常合适的。将模糊控制引入到光伏系统的 MPPT 控制中，系统能快速响应外部环境变化，并能减轻最大功率点附近的功率振荡。本节以模糊控制器为例，简要介绍了模糊控制在 MPPT 控制中的应用。

6.5.1.1 基本原理

引入模糊控制，首先应当确定模糊逻辑控制器的输入和输出变量。

同前文一样，为实现 MPPT 控制，模糊控制系统也是将采样得到的数据经过运算，判定出工作点与最大功率点之间的位置关系，自动校正工作点电压值，使工作点趋于最大功率点。所以可以定义模糊逻辑控制器的输出变量为工作点电压的校正量 dU。输入变量则分别为 E（误差）与 CE（误差的变化率），定义

$$E(k) = \frac{P(k) - P(k-1)}{I(k) - I(k-1)} \tag{6-45}$$

$$CE(k) = E(k) - E(k-1) \tag{6-46}$$

其中，$P(k)$ 和 $I(k)$ 分别为光伏电池的输出功率及输出电流的第 k 次采样值。显然，若 $E(k) = 0$，则表明光伏电池已经工作在最大功率输出状态。

对图 6-25 所示的光伏电池 P-U 特性曲线进行分析，可以得出 MPPT 的逻辑控制规则，即

1）$E(k) < 0$，$CE(k) \geq 0$ 时，P 由左侧向 P_{mpp} 靠近；则 dU 应为正，以继续靠近最大功率点；

2）$E(k) < 0$，$CE(k) < 0$ 时，P 从

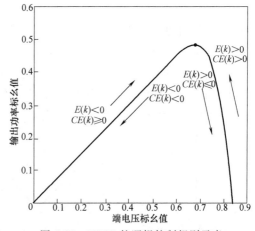

图 6-25 MPPT 的逻辑控制规则示意

左侧远离 P_{mpp}；则 dU 应为正，以靠近最大功率点；

3）$E(k)>0$，$CE(k) \leqslant 0$ 时，P 由右侧向 P_{mpp} 靠近；则 dU 应为负，以继续靠近最大功率点；

4）$E(k)>0$，$CE(k)>0$ 时，P 从右侧远离 P_{mpp}。则 dU 应为负，以靠近最大功率点。

图 6-26 给出了模糊逻辑控制器的结构框图，模糊逻辑控制器的作用是调节输出控制信号 dU 以使光伏系统工作在最大功率输出状态。

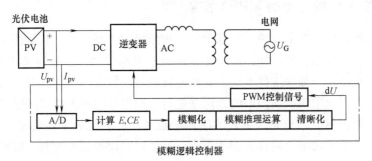

图 6-26 基于模糊理论的 MPPT 控制器的控制结构图

6.5.1.2 模糊逻辑控制过程

1. 模糊化

将采样得到的数字量转化为模糊逻辑控制器可以识别和使用的模糊量的过程即为"模糊化"。

在模糊逻辑控制中，输入变量通常又称为语言变量，而描述这些语言变量特性的语言值，常常用 PB（正大）、PM（正中）、PS（正小）、ZE（零）、NS（负小）、NM（负中）、NB（负大）这 7 个说明性的短语来表示。本例中采用 PB（正大）、PS（正小）、ZE（零）、NS（负小）、NB（负大）这 5 个短语来描述输入和输出变量。

如图 6-27 给出的隶属度函数所示，这里采用均匀分布的三角形隶属度函数来确定输入变量（E 或 CE）和输出变量（dU）的不同取值与相应语言变量之间的隶属度（μ）。每一个语言变量对应于一个特定的数值区间。举例来说，E 取值为 6 时与 PB（正大）的隶属度关系为 1 即 E 完全隶属于 PB（正大）这个模糊子集；此时 E 与 PB（正大）的关联比 E 取值为 4.5 时要强。隶属度函数把输入变量从连

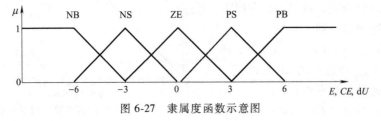

图 6-27 隶属度函数示意图

续尺度映射到一个或多个模糊量。

如图 6-27 所示，E、CE、dU 中任一变量的隶属度函数图相同，为简便起见在横轴上同时标示了 E、CE、dU。

2. 模糊推理运算

得到"模糊量"之后，根据"专家知识"制定出运算规则，而得出模糊控制输出量的过程实际上是模糊推理运算的过程，并且得出的输出量仍然是"模糊量"的形式。

根据以上分析的 E 和 CE 的不同组合，为了跟随到最大功率点，应对输出电压的变化值 dU 做出相应改变，即 dU 的变化应该使工作点向靠近最大功率点的方向搜索。

由 MPPT 的逻辑控制规则，可以得到表 6-1 所示的模糊规则推理表，该表反映了当输入变量 E 和 CE 发生变化时，相应输出变量 dU 的变化规则。由此即得出 dU 对应的语言变量。

举例说明：当 E 为 NB（负大）的时候，说明两次采样点连线的斜率为负数，且绝对值较大，说明工作点在最大功率点左侧，并离最大功率点较远；此时若 CE 也为 NB（负大），说明紧接着进行的电压值变化将进一步远离最大功率点。为此可使输出变量 dU 为 PB（正大），这样就使工作点电压大幅增加，从而快速地向最大功率点靠近。

表 6-1 模糊规则推理表

CE＼E	NB	NS	ZE	PS	PB
NB	PB	PS	PS	ZE	ZE
NS	PB	PS	PS	ZE	ZE
ZE	PB	PS	ZE	NS	NB
PS	ZE	ZE	NS	NS	NB
PB	ZE	ZE	NB	NB	NB

模糊推理运算有多种方法，现在普遍采用的是 MAX-MIN 推理方法，关于 MAX-MIN 推理方法在此不过多介绍，详见智能控制[17]。E 和 CE 的取值在隶属度函数中对应的权值经过推理运算最终得到的是 dU 对应于特定语言变量的权值。

3. 清晰化

清晰化是指将用语言变量表达的"模糊量"回复到精确的数值，也就是根据输出模糊子集的隶属度计算出确定的输出变量的数值。清晰化有许多方法，其中采用较多的是最大隶属度方法和面积重心法，这里采用面积重心法。面积重心法的计算公式如下：

$$dU = \frac{\sum_{i=1}^{n} \mu(U_i) \cdot U_i}{\sum_{i=1}^{n} \mu(U_i)} \tag{6-47}$$

式中，dU 为模糊逻辑控制器输出的电压校正值。根据给出的隶属度函数，E、CE 按照其取值对应于相应的语言变量，依据表 6-1 可以判断出输出变量 dU 对应的语言变量，该语言变量在隶属度函数中对应的数值区间的中心值即为 U_i。$\mu(U_i)$ 是对应于 U_i 的权值，由隶属度函数决定 E、CE 对应于相应的语言变量的权值根据 MAX-MIN 方法计算得到。

6.5.2 基于人工神经网络的 MPPT 控制[18]

人工神经网络控制作为一种不依赖模型的控制方法，十分适合于非线性控制。因此基于神经网络的智能控制方法也被用于并网光伏逆变器的 MPPT 技术中。

本节以检测信号为电压的 MPPT 控制器为例，介绍最基本的神经网络算法及其在并网光伏逆变器 MPPT 控制中的应用。

6.5.2.1 基本原理

在并网光伏发电系统中，基于神经网络的 MPPT 控制器可以利用三层前馈神经网络与 PID 控制器相结合来控制逆变器以使光伏电池工作在最大输出功率状态。如图 6-28 所示，系统要求控制环节实时估算出光伏电池的最大功率点，神经网络算法恰恰可以满足这一要求。与自寻优类 MPPT 方法不同的是，神经网络算法在投入使用前，需要对大量的数据样本进行学习记忆，当某一最大功率点输出的条件满足时，算法输出该最大功率点。

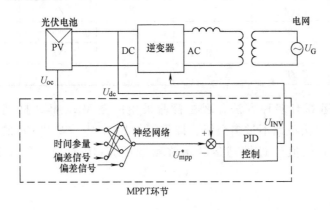

图 6-28 基于神经网络的 MPPT 控制器的控制结构图

本例中使用的是以光伏电池的开路电压 U_{oc} 和时间参数 T_p 为输入信号的三层神经网络。在工作过程中，算法基于输入的开路电压 U_{oc} 和时间参数 T_p 的信息估算出实时的最大功率点电压值 U_{mpp}^{*}。并将 U_{mpp}^{*} 与相同的采样频率下采得的输出电压 U_{dc} 进行比较，比较后的结果作为 PID 调节器的输入，在调节器输出端得到逆变器的控制信号，从而调节工作电压 U_{dc} 跟踪最大功率点电压 U_{mpp}^{*}。

6.5.2.2　神经网络控制过程

三层前馈神经网络结构如图 6-29 所示，它的作用是辨识光伏电池的最大功率点电压 U_{mpp}^{*}。神经网络包括三层：输入层、隐层和输出层，三层中神经元的数目分别为 3、5、1。输入层神经元的输入信号是检测单元得到的开路电压 U_{oc} 和控制器定时器输出的时间参数 T_{p}，输入层的信号直接传到隐层中的神经元，输出层的输出就是辨识得到的最大功率点电压 U_{mpp}^{*}。

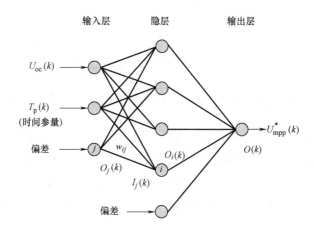

图 6-29　三层前馈神经网络结构

对于隐层和输出层的每个神经元的输出函数为

$$O_i(k) = \frac{1}{1 + e^{-I_i(k)}} \tag{6-48}$$

其中，函数 $O_i(k)$ 用来定义神经元的输入-输出特性，$I_i(k)$ 是用第 k 个采样样本训练时神经元 i 的输入信号。输入信号 $I_i(k)$ 实际上是前一层输出的加权和，即

$$I_i(k) = \sum_j w_{ij}(k)^* O_j(k) \tag{6-49}$$

其中，w_{ij} 是神经元 j 和 i 间的连接权值，$O_j(k)$ 是神经元 j 的输出信号。

为了精确地确定最大功率点，连接权值必须由典型的样本数据确定。确定连接权值的过程就是训练过程。神经网络的训练需要一组输入-输出样本数据。训练过程中所有的计算都是在离线状态下完成的。连接权值被递归地调整直到能最好地满足训练样本数据要求的输入-输出模式。在训练结束时达到均方差最小，即

$$E = \sum_{k=1}^{N} (t(k) - O(k))^2 \tag{6-50}$$

其中，N 是总的训练样本数，$t(k)$ 是第 k 个训练样本输入时期望的输出层输出，$O(k)$ 是实际的输出。

为了进一步验证控制方案的可行性，可将神经网络控制器应用到能自动追踪太阳的光伏系统中，并用下式来评价估计误差：

$$P_{\text{day}} = \sum_k P_{\text{mpp}}(k) {}^*\Delta T \tag{6-51}$$

$$I_{\text{day}} = \sum_k I_{\text{mpp}}(k) {}^*\Delta T \tag{6-52}$$

$$U_{\text{ave}} = \sum_k U_{\text{mpp}}(k)/M \tag{6-53}$$

$$E_{\text{p}} = \sum_k \left| P_{\text{mpp}}(k) - P_{\text{mpp}}^*(k) \right| {}^*\Delta T \tag{6-54}$$

$$E_{\text{i}} = \sum_k \left| I_{\text{mpp}}(k) - I_{\text{mpp}}^*(k) \right| {}^*\Delta T \tag{6-55}$$

$$E_{\text{u}} = \sum_k \left| U_{\text{mpp}}(k) - U_{\text{mpp}}^*(k) \right| /M \tag{6-56}$$

其中，M 是一天中总的样本数，$P_{\text{mpp}}(k)$、$I_{\text{mpp}}(k)$、$U_{\text{mpp}}(k)$ 分别为测量得到的最大功率及其对应的最优电流和电压。$P_{\text{mpp}}^*(k)$、$I_{\text{mpp}}^*(k)$、$U_{\text{mpp}}^*(k)$ 是期望的对应值。E_{p}、E_{i}、E_{u} 分别为一天内最大功率及对应最优电流的总的误差和最优电压的总的平均误差，P_{day}、I_{day} 和 U_{ave} 分别为一天中总的最大功率、总的最优电流和总的平均最优电压。

当光伏电池的分布范围较广时可以在光伏电池中设定多样的开路电压检测单元来获取精确的信息以便确定最大功率工作点电压。实际中辐照度变化较慢时端电压能够连续地跟踪最大功率点电压，当辐照度变化较快时该控制器同样可以做到实时的跟踪控制。

6.5.3　基于智能方法的 MPPT 复合控制[19]

以上分别介绍了模糊逻辑控制和人工神经网络控制在 MPPT 技术中的应用，可以发现：智能方法虽然在设计过程中较为复杂，但在应用的过程中却可以自行对多种不同的变化情况进行运算，最终输出的调整量也不尽相同。这一优势决定了该类方法相较于传统的方法具有更高的精确度。和传统方法一样，不同的智能方法也各有长短。可以考虑将不同的智能方法相结合，扬长避短并使其发挥出最优越的性能。以下以将模糊逻辑控制和人工神经网络相结合的方案为例，简要介绍基于智能方法的 MPPT 复合控制。

6.5.3.1　基本原理

图 6-30 为基于智能方法的 MPPT 复合控制的结构示意图。从图中可知，

复合控制结构中采用了神经网络与模糊逻辑控制相结合的控制结构，其中，人工神经网络单元根据光伏电池提供的开路电压 U_{oc} 和温度 T 的条件预测出最大功率点工作电压 U_{mpp}^*，将 U_{mpp}^* 与光伏电池输出电压 U 的差值作为控制模糊逻辑控制单元的输入信号。模糊逻辑控制单元经过运算最终输出控制信号 U_c，并通过 U_c 的反馈控制以"校正"光伏电池的工作点电压，使光伏电池工作在最大功率点。

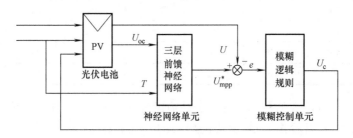

图 6-30　基于智能方法的 MPPT 复合控制结构示意

6.5.3.2　神经网络单元

这里使用的是经过学习的三层前馈人工神经网络。由上文可知人工神经网络不依赖于模型，并对于多种复杂的变化情况都会有相应解决办法。输出量的精度由学习过程的详尽程度决定。

具体的计算过程请参见 6.5.2 节 2. 的相关内容。

6.5.3.3　模糊控制单元

首先定义模糊控制单元的输入量分别为 e（误差）和 $\int e$（误差的积分），而 e 为

$$e = U_{mpp}^* - U \tag{6-57}$$

由于实际中采用的是离散量，则

$$e(k) = U_{mpp}^*(k) - U(k) \tag{6-58}$$

$$\int e(k) = \sum_k e(k) \tag{6-59}$$

用 PB（正大）、PM（正中）、PS（正小）、ZE（零）、NS（负小）、NM（负中）、NB（负大）这 7 个说明性的短语作为语言变量，来对输入变量 e 和 $\int e$ 进行描述。列出模糊规则见表 6-2。

当 $\int e$ 和 e 均为 NB（负小）的时候，说明光伏电池的输出电压比最大功率点略微大一点，并且这个微小的值还有减少的趋势，于是输出为 ZE，即暂时不动作。但当 e 为 NB（负小），$\int e$ 为 NM（负中）的时候，说明这个微小的值减小的趋势比

表 6-2　模糊规则表

e ＼ ∫e	NB	NM	NS	ZE	PS	PM	PB
NB	ZE	NS	NS	NM	NM	NB	NB
NM	PS	ZE	NS	NS	NM	NM	NB
NS	PS	PS	ZE	NS	NS	NM	NM
ZE	PM	PS	PS	ZE	NS	NS	NM
PS	PM	PM	PS	PS	ZE	NS	NS
PM	PB	PM	PM	PS	PS	ZE	NS
PB	PB	PB	PM	PM	PS	PS	ZE

先前放缓了，差值增大的概率上升，于是输出为 NS，小幅的调节一下。

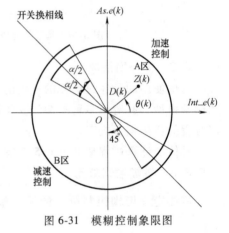

图 6-31　模糊控制象限图

从表 6-2 中可以看出，ZE 形成的斜线的两边控制的极性是相反的，也就是说在 ZE 处，改变模糊控制的开关状态。

具体模糊推理过程怎么样实现呢？由于前文中模糊逻辑控制清晰化的计算过程十分复杂，首先分析如图 6-31 所示的模糊控制的象限图，该图中的点 $Z(k)$ 的坐标为

$$Z(k) = \left[\int e(k) , e(k)\right] \qquad (6-60)$$

其中，$\int e(k)$ 和 $e(k)$ 分别为误差的积分和误差。

$$\theta(k) = \arctan\left[\frac{e(k)}{\int e(k)}\right] \qquad (6-61)$$

$$D(k) = \sqrt{(e(k))^2 + \left(\int e(k)\right)^2} \qquad (6-62)$$

从图 6-31 看出，A 区所在的第一象限和 B 区所在的第三象限分别代表了不同极性的最大幅度的加速度控制，而第二、四象限则均包含不同极性方向的中、小幅度的加速度控制，极性是以 ZE（零）代表的开关换向线为界发生变化。

如图 6-32 和图 6-33 所示的为以象限图中的角度 θ 和半径 D 为横坐标的隶属度函数。

其中

$$G(D(k)) = \begin{cases} \dfrac{D(k)}{D_r} & D(k) \leqslant D_r \\ 1.0 & D(k) \leqslant D_r \end{cases} \qquad (6-63)$$

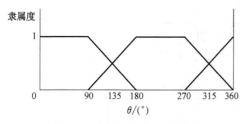

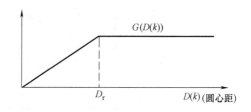

图 6-32　角度 θ 的隶属度函数　　　　　　　图 6-33　半径 D 的隶属度函数

最后计算出输出的信号值 U_c。

$$U_c(k) = \frac{N(\theta(k)) - P(\theta(k))}{N(\theta(k)) + P(\theta(k))} G(D(k)) U_{\max} \tag{6-64}$$

其中，$U_{\max}$ 为一个已知的给定值。

6.6　两类基本拓扑结构的 MPPT 控制

并网光伏逆变器按实现 MPPT 跟踪的不同拓扑和实现位置主要分为两类：两级式并网光伏和单级式并网光伏，下面对这两种基本拓扑结构的 MPPT 控制进行相关讨论。

6.6.1　两级式并网光伏逆变器的 MPPT 控制[20]

常用的两级式并网光伏逆变器主要由前级 DC/DC 变换器（常用 Boost 变换器）和后级的网侧逆变器组成。一般情况下，由于光伏电池的输出电压通常都低于电网电压的峰值，因此要实现并网发电，应先将光伏电池输出的直流电通过前级 Boost 变换器升压后再输出给后级的网侧逆变器，通过控制将网侧逆变器输出的交流电并入工频电网，其中直流母线部分的作用是连接 Boost 变换器和网侧逆变器，并实现功率传递的作用。由于两级式并网光伏逆变器中存在两个功率变换单元，因此，光伏电池的最大功率点跟踪控制既可以由前级的 Boost 变换器完成，也可以由后级的网侧逆变器完成，以下分别进行分析。

6.6.1.1　基于后级网侧逆变器的 MPPT 控制

基于后级网侧逆变器实现 MPPT 的控制系统如图 6-34 所示。其中，前级的 Boost 变换器通过其开关占空比的控制使中间直流母线的电压恒定，从而平衡前、后级能量输出，而后级网侧逆变器则要完成 MPPT 控制以及并网逆变控制（单位功率因数正弦波电流控制）。

在基于后级网侧逆变器的 MPPT 控制过程中，首先根据 MPPT 算法得到网侧逆变器输出指令电流幅值的变化量 ΔI_o，再经过 PI 环节得到网侧逆变器输出指令电流幅值的调节量 I_o，将 I_o 和电网电压同步的单位正弦信号相乘得到网侧逆变器输出

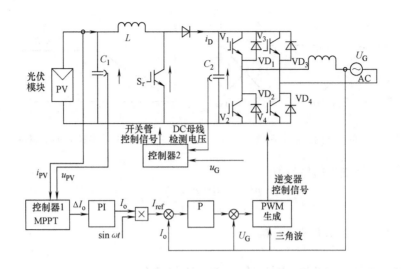

图 6-34　基于后级 DC/AC 逆变器实现 MPPT 的并网逆变器控制系统

控制器 1—最大功率点跟踪控制

控制器 2—单位功率因数正弦波电流控制和直流侧稳压控制

指令电流的瞬时值 i_{ref}，将 i_{ref} 与网侧检测电流瞬时值 i_o 的差值经过一个比例调节器调节后，与电网电压前馈信号共同合成调制波信号，最终与三角波比较后得到实现 MPPT 算法的 PWM 控制信号，从而实现 MPPT 控制以及单位功率因数正弦波电流控制。

　　在整个系统的控制过程中，前、后级的控制响应速度要保持一定的协调，以确保能量传输的动态平衡，从而使 DC 母线电压稳定。为此，在控制系统设计时，前级 Boost 变换器的响应速度应快于后级网侧逆变器的响应速度。

6.6.1.2　基于前级 DC/DC 变换器的 MPPT 控制

　　以上讨论了基于后级网侧逆变器的 MPPT 控制方案，而实际中较为常用的则是基于前级 DC/DC 变换器的 MPPT 控制方案，该方案也可以在实现 MPPT 控制的同时完成网侧逆变器的单位功率因数正弦波电流控制。

　　基于前级 Boost 变换器实现 MPPT 控制的两级并网光伏逆变器控制系统结构如图 6-35 所示。其中，后级的网侧逆变器实现直流母线的稳压控制，而前级的 Boost 变换器则实现 MPPT 控制。由于 Boost 变换器的输出电压由网侧逆变器控制，因此调节 Boost 变换器的开关占空比即可调节 Boost 变换器的输入电流，进而调节光伏电池的输出电压。

　　Boost 变换器根据光伏电池输出电压和电流的检测，通过 MPPT 控制算法得出调节光伏电池工作点的电压指令 U_{ref}，然后将 U_{ref} 与光伏电池输出电压的采样值 u_{PV} 相减，并经过 PI 调节器以进行 Boost 变换器的输入电压闭环控制，从而实现光伏电池的 MPPT 控制；而后级的网侧逆变器采用电压外环、电流内环的双环控制策略，其中电

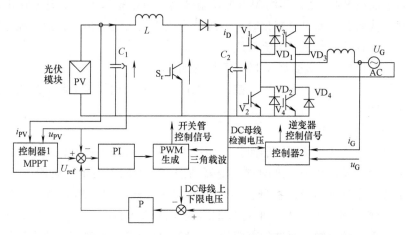

图 6-35　基于前级 DC/AC 逆变器实现 MPPT 的并网逆变器控制系统

控制器 1—最大功率点跟踪控制

控制器 2—单位功率因数正弦波电流控制和直流侧稳压控制

压外环是根据功率平衡的原理来实现直流母线的稳压控制，而电流内环则主要实现网侧电流的跟踪控制，以实现并网逆变器的单位功率因数正弦波电流控制。

在该控制策略中，前级 Boost 变换器的输出功率会因为环境的变化而不断变化，为了确保 Boost 变换器输出的功率及时传递到电网而不在直流母线上产生能量堆积和亏欠，这就要求在控制系统设计时，后级网侧逆变器直流电压外环的控制响应应快于前级 Boost 变换器的 MPPT 控制响应。实际上增大直流母线的电容容量或采用图 6-35 所示的直流母线上下限电压的截止负反馈控制均可以防止直流母线出现过电压。

另外，为了确保前级 Boost 变换器足够快的 MPPT 控制响应，并且又能使网侧逆变器较好地控制直流母线电压，为此可采用如图 6-36 所示的加入光伏电池电压

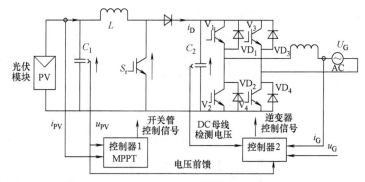

图 6-36　加入光伏电池电压前馈的基于前级 DC/DC 变换器的 MPPT 控制

控制器 1—最大功率点跟踪控制

控制器 2—单位功率因数正弦波电流控制和直流侧稳压控制

前馈的基于前级 Boost 变换器的 MPPT 控制策略。由于采用了光伏电池输出电压的前馈控制，从而在环境快速变化时，后级的网侧逆变器能加快与光伏电池输出的同步调节，因而有效地抑制了直流母线电压的波动。

6.6.1.3　基于前、后级变换器 MPPT 控制的比较

可以从直流母线稳压和 MPPT 控制性能两个方面来比较基于前、后级变换器的 MPPT 控制方案

（1）直流母线稳压

对于两级式并网光伏逆变器而言，保持中间直流母线电压的稳定是实现并网控制的一个重要前提。基于后级网侧逆变器的 MPPT 控制方案中，采用了前级 Boost 变换器实现直流母线的稳压控制，与后级网侧逆变器采用双环的稳压控制方案相比，Boost 变换器的稳压控制一般可以取得较快的动态响应，另外，当电网电压不平衡时，采用后级网侧逆变器的直流稳压方案，则可能会出现直流侧电压的二次脉动。因而利用 Boost 变换器进行稳压控制可以获得较好的直流母线的稳压控制性能。

（2）MPPT 控制性能

虽然基于后级网侧逆变器 MPPT 的控制方案可以取得较好的直流母线的稳压性能，但是在 MPPT 控制性能方面，当采用后级网侧逆变器进行 MPPT 控制时存在一些不足，即由于后级网侧逆变器的 MPPT 控制主要是通过网侧逆变器输出电流幅值的调节来搜索 MPP 的，而对于网侧逆变器输出电流一定的变化幅值，所对应的 Boost 变换器输入侧（光伏电池的输出侧）电压的变化幅值却随着光伏电池输出电流的变化而变化，即实际的电压步长是变化的，因此影响了 MPP 的搜索精度。另一方面，当采用后级网侧逆变器进行 MPPT 控制时，对光伏电池的 MPPT 控制实际上是通过前级 Boost 变换器的稳压控制间接实现的，因此 Boost 变换器的稳压控制与后级网侧逆变器的 MPPT 控制存在耦合，这在一定程度上也影响了 MPPT 的控制性能。

而当采用基于前级 Boost 变换器 MPPT 的控制方案时，由于光伏电池的 MPP 由 Boost 变换器直接进行搜索，即实际的电压步长是可控的。并且由于直流母线电容的缓冲，Boost 变换器的 MPPT 控制与后级网侧逆变器基本不存在控制耦合，因而可取得较好的 MPPT 控制性能。虽然基于前级 Boost 变换器 MPPT 的控制方案存在直流母线电压的波动问题，但利用增大电容或采用光伏电池电压的前馈控制基本上可以抑制直流电压的波动。

总之，相比于基于后级网侧逆变器 MPPT 的控制方案，基于前级 Boost 变换器 MPPT 的控制方案具有前后级耦合小、控制精度高等优点。另外，由于利用 Boost 变换器实现系统的 MPPT 控制，因而网侧逆变器控制无需内置 MPPT 功能，从而使两级系统中各级变换器具有相对独立的控制目标和功能，这样便更有利于系统的模块化设计与集成。

6.6.2　单级式并网光伏逆变器的 MPPT 控制[21]

虽然两级式并网光伏逆变器中各级变换器具有相对独立的控制目标和结构，而且各控制器的实现相对简单、独立，且对辐照度、温度等环境变化的适应范围广，但由于两级变换器的结构相对复杂，且系统的成本、损耗也相对较高，因此，具有结构简单、成本低、效率高等特点的单级式并网光伏逆变器系统得到了一定的关注。然而，由于单级式并网光伏逆变器系统中只存在一个 DC/AC 环节以实现能量变换，因此，其中的 MPPT、电网电压同步和输出电流正弦控制等目标均由 DC/AC 环节来实现，控制相对复杂。

单级式并网光伏逆变系统由光伏电池、直流母线电容 C、逆变桥以及滤波电感 L 等组成。然而，在有的系统中，由于光伏电池电压较低，逆变桥后还会增加一个升压变压器，显然这就抵消了单级式的优点，为此需要在足够高的光伏电池电压条件下，方可以采用无变压器的单级式并网光伏逆变系统，如图6-37所示。

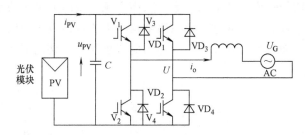

图 6-37　单级式并网光伏系统电路

与两级式并网光伏系统类似，单级式跟踪最大功率点的过程，就是不断调整逆变器电路有功输出，使光伏电池实际工作点能跟踪其最大功率点。针对单级式并网逆变器的控制，可以采用三环或双环两种控制结构来实现 MPPT 控制，分别讨论如下：

6.6.2.1　三环控制结构

在单级式并网光伏系统中，若采用基于电压扰动的自寻优 MPPT 方案，则一般采用基于电流内环、直流电压中环以及 MPPT 功率外环的三环控制，如图 6-38 所示，其中：电流内环主要由电网电压和电流采样环节、电压同步环节、电流调节器、PWM 调制和驱动环节等组成，以此实现直流到交流的逆变以及网侧单位功率因数正弦波电流控制；直流电压中环主要由直流母线电压检测、电压调节器等组

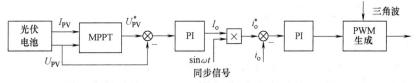

图 6-38　单级式并网逆变器 MPPT 控制的三环控制结构

成，以调节直流母线电压；而 MPPT 功率外环主要由输入功率采样环节和功率点控制环节等组成。而 MPPT 功率外环的输出作为直流电压中环的直流电压指令，通过直流电压中环的电压调节来搜索光伏电池的 MPP，从而使并网光伏系统实现 MPPT 运行。

6.6.2.2　双环控制结构

在上述三环控制结构中，MPPT 控制是通过并网逆变器直流母线电压的调节来实现 MPP 搜索的，即当光伏电池的工作电压大于最大功率点搜索电压指令时，通过电压中环、电流内环的双环调节来增加逆变电路的输出功率，从而使光伏电池的工作电压降低；而当光伏电池的工作电压小于最大功率点搜索电压指令时，也是通过电压中环、电流内环的双环调节来减少逆变电路的输出功率，从而使光伏电池的工作电压增加。

实际上，在单级式并网光伏逆变器的 MPPT 控制中，可以采用更为简化的 MPPT 功率外环以及电流内环的双环控制结构，如图 6-39 所示。通过电流内环电流幅值的增加来增加逆变电路输出功率，从而实现光伏电池最大功率点的搜索。换言之，双环控制结构并没有通过三环控制结构中直流母线电压的调节来调节并网逆变器的功率输出，而是直接通过电流内环的电流控制来直接调节并网逆变器的功率输出。

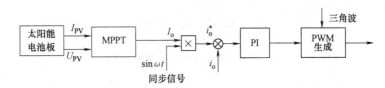

图 6-39　单级式并网逆变器 MPPT 控制的双环控制结构

6.7　MPPT 的其他问题

如何进一步提高 MPPT 跟踪的可靠性、稳定性和快速性，最大限度地利用光伏电池将光能转化为电能，是 MPPT 技术的永恒追求。下面将结合几个主要问题，对 MPPT 技术做进一步研究，主要包括局部最大功率点问题、最大功率点跟踪的能量损耗以及最大功率点跟踪效率及性能测试等，通过研究影响 MPPT 性能的相关问题，探寻进一步改进 MPPT 算法的方法。

6.7.1　局部最大功率点问题

6.7.1.1　热斑效应[22-26]

光伏电池是将光能转化为电能的核心环节。通常，假定同一类型的光伏电池具有完全一致的输出特性，但如果将制作过程中的误差以及随着时间而产生的老化问题都考虑在内的话，这种假设并不成立。此外，在实际应用中，不同电池板的放置的方向上可能存在倾斜角度的差别，光伏电池还有可能出现裂纹、局部遮挡、积尘覆盖等情况，导致一块或一组光伏电池的特性与整体特性不谐调，因此实际使用中，每块光伏电池的性能不可能绝对一致。当光伏电池在串、并联使用时，光伏电池输出特性的不一致将导致串、并联后的总输出功率往往小于各块光伏电池输出功率之和，这就是所谓的光伏电池的不匹配现象。当光伏电池出现不匹配情况时，其相应的失谐电池不仅对组件输出没有贡献，往往还会消耗其他电池产生的能量，形成局部过热，这种现象称为热斑效应。

通常光伏组件的结构如图 6-40 所示。当光伏电池串联连接，并且并联旁路二极管时，支路的短路电流约等于该支路中所有光伏电池的最小光生电流，当某块光伏电池被遮挡时，其光生电流值将出现下降，整个支路的短路电流也将随之降低，从而降低了整个回路的输出功率。如果支路输出电流大于光伏电池串联支路的短路电流时，旁路二极管将会导通，被遮挡部分的光伏电池将作为耗能器件以发热方式将该组件中其余未被遮挡光伏电池产生的部分能量消耗掉，这种能量消耗是造成热斑效应的直接原因。

以下以 n 块串联的光伏电池为例简要介绍热斑效应的产生过程。图 6-40a 所示为 n 块光伏电池串联的结构示意图。

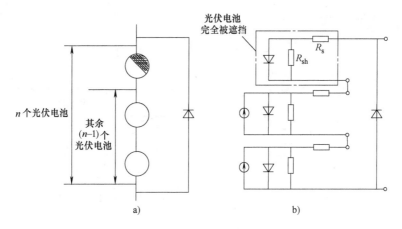

图 6-40 n 块光伏电池串联及遮挡时的等效电路

a）n 块光伏电池的串联结构示意 b）某块光伏电池被完全遮挡时的等效电路

在 n 块光伏电池串联的组件中，若其中某一块光伏电池被完全遮挡时，则该光伏电池将作为负载消耗支路上其余光伏电池所产生的能量。图 6-40b 为某块光伏电池被完全遮挡时的等效电路图，针对这一等效电路，完全被遮挡电池所消耗的功率及承受的反压为

$$P_y = I_{sc}^2 (R_{sh} + R_s) \approx I_{sc}^2 R_{sh} \qquad (6\text{-}65)$$

$$U_{Y} = I_{sc}(R_{sh} + R_s) = \sum_{i=1}^{n-1} U_i \qquad (6\text{-}66)$$

式中　　R_{sh}——并联电阻值；

$\quad\quad\quad R_s$——串联电阻值；

$\quad\quad\quad I_{sc}$——光伏组件短路输出电流；

$\quad\quad\quad U_i$——无遮挡光伏电池的输出电压。

　　一般而言，若光伏电池属于电压限制型电池（A类）时，其并联电阻较大，局部遮挡时消耗功率最大，即最严重的热斑效应发生在局部遮挡时；若光伏电池属于电流限制型电池（B类）时，其并联电阻较小，完全遮挡时消耗功率最大，即最严重的热斑效应发生在该光伏电池被完全遮挡的情形下。

　　显然，A类电池由于并联电阻较大，因此，可以通过减少遮光面积来达到最佳阻抗匹配。

　　当某块光伏电池被部分遮挡时，在某个特定的遮挡条件下，若与其余光伏电池的内阻形成特定的匹配，则该光伏电池消耗的功率达到最大值，从而产生最严重的热斑效应。图6-41为某块光伏电池被部分遮挡时的等效电路以及输出的U-I特性曲线。图6-41中使用两个并联电池等效光伏电池部分情形。

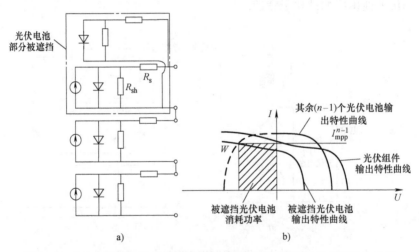

图 6-41　某块光伏电池被部分遮挡时的等效电路及其输出的 U-I 特性曲线

a）等效电路　b）特性曲线

　　由图6-41可知，其未遮挡的$n-1$块光伏电池串的U-I特性曲线对y轴的镜像（如虚线所示）与被遮挡光伏电池的U-I曲线的交点W处的电压和电流值共同确定了被遮挡的光伏电池所消耗的功率（阴影面积），而W点处的电流值正是光伏组件的短路电流I_{sc}。当该短路电流等于其余$n-1$块光伏电池的最大功率点电流，即$I_{sc} = I_{mpp}^{n-1}$时，被遮挡的光伏电池所消耗的功率最多，所以被遮挡光伏电池消耗的功率最大值不大于其余 $n-1$ 块光伏电池的最大输出功率。总之，被遮挡的光伏电池所消耗的功率与遮挡面积和遮挡强度都有关系，并且当 W 点电流值与其余 $n-1$ 块光伏电池的最大功率点输出电流 I_{mpp}^{n-1} 相等时，达到最大。

以上分析表明：被遮挡的光伏电池的输出电流一旦确定，整条支路的输出电流值也就被确定。而未被遮挡的光伏电池发电量越大，消耗在被遮挡光伏电池上的能量也就越多。因此，当在其余 $n-1$ 块未被遮挡的光伏电池工作在相应的最大功率点时，相应光伏电池的发电量最大，消耗在被遮挡光伏电池上的能量也就最多。

当被遮挡的光伏电池反向电压值达到该光伏电池的反向雪崩击穿电压值时，光伏电池内部的 pn 结发生雪崩击穿，流过该光伏电池的电流急剧上升，反向电压也大幅增长，从而出现严重的热斑效应，当热斑温度达到一定值时，pn 结被热击穿，从而使光伏电池损坏，该支路也因此无法继续正常工作。

为了限制热斑效应强度，通常的做法是为光伏电池串反并联旁路二极管，如图 6-42 所示。正常工作情形下，旁路二极管处于反偏状态，不影响光伏电池的工作情形；当该块光伏电池被遮挡时，被遮挡的光伏电池成为负载，开始消耗其余光伏电池发出的电能，此时旁路二极管导通，支路电流中超过被遮挡光伏电池光生电流的部分被二极管分流，从而限制了被遮挡光伏电池的端电压，避免了被遮挡光伏电池因产生严重的热斑效应而损坏。

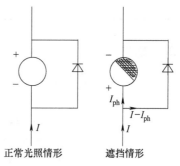

正常光照情形　　　遮挡情形

图 6-42　光伏电池并联旁路
二极管工作示意图

从理论上说，为每块光伏电池并联一个旁路二极管可以消除热斑效应。当旁路二极管导通时，其自身的管压降会使整条支路的电压减小 0.6V 左右，当被遮挡光伏电池的数量比较多时，旁路二极管的导通压降会带来额外功率损失；因此，一般不会给光伏组件中每块电池配一个旁路二极管，而是一组（若干块电池）配一个旁路二极管，如图 6-43 所示。

6.7.1.2　光伏阵列的多峰值特性

当光伏阵列中的部分光伏电池由于阴影、灰尘等原因出现局部遮挡而使其光照和温度等外界条件发生变化时，被遮挡光伏电池的输出特性即会发生改变，从而出现较为明显的不匹配情形（局部最大功率点），造成光伏阵列的输出功率损失和热斑效应。为了减小不匹配情形带来的功率损失和热斑效应，实际中常常为若干块电池反并联一个旁路二极管，但是旁路二极管的引入又带来了光伏阵列在不匹配情况下的多峰值特性，给光伏阵列的最大功率点跟踪控制带来困难。

正常工作条件下，光伏电池的 P-U 特性为一条单峰值曲线，光伏阵列亦是如此。本节以图 6-43 所示的 m 个光伏电池串联的情形为例，介绍局部最大功率点的形成过程。

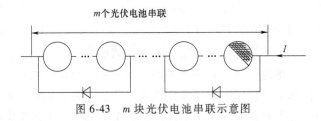

图 6-43　m 块光伏电池串联示意图

从而导致被遮挡的光伏电池的 U-I 特性曲线上短路电流值的下降；同时，由于遮挡导致光伏电池温度升高，其相应的开路电压值也会相应减小。显然，当光伏阵列中的某块电池被遮挡时，其光伏阵列的输出特性也会发生变化，即：这时整个光伏阵列的 U-I 特性曲线上会出现两个膝点，如图 6-44b 所示，而对应的 P-U 特性曲线上则可能会出现两个峰值点，如图 6-44c 所示。

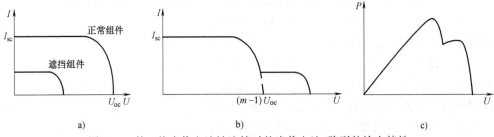

图 6-44　某一块光伏电池被遮挡时的光伏电池/阵列的输出特性

a）光伏电池的输出 U-I 特性　b）光伏阵列的输出 U-I 特性

c）光伏阵列的输出 P-U 特性

当多块光伏电池被遮挡且遮挡的程度不同时，情况更为复杂。对于如图6-43所示的串联光伏阵列中，若有两块光伏电池被遮且遮挡的程度不同时，整个光伏阵列的 U-I 特性曲线上会出现三个膝点，对应的 P-U 特性曲线上则可能会出现三个峰值点，如图 6-45 所示。

可见，当光伏阵列中出现多块光伏电池被不同程度遮挡时，整个光伏阵列的 U-I 特性曲线上必然会出现多个膝点，而对应的 P-U 特性曲线上则会出现多个峰值点。分析表明，当光伏电池被遮挡时，对应光伏阵列 P-U 特性曲线上的峰值点数小于等于光伏阵列 U-I 特性曲线上的膝点数，即当光伏阵列的 U-I 特性曲线上出现膝点时，相应的 P-U 特性曲线上并不一定出现峰值点。

下面仍以光伏阵列中有两块光伏电池被遮挡时的情况加以讨论。为分析方便，把遮挡状态按强度排列：依次为正常光照，遮挡1，遮挡2；对应的短路电流值和最大功率点电流值分别为 I_{sc}、I_{sc1}、I_{sc2} 和 I_{mpp}、I_{mpp1}、I_{mpp2}。这样便存在以下几种光伏阵列 P-U 特性曲线上的峰值点数小于光伏阵列 U-I 特性曲线上的膝点数情况，分析如下：

（1）当遮挡1光伏电池的 U-I 特性与正常光照光伏电池的 U-I 特性相近时

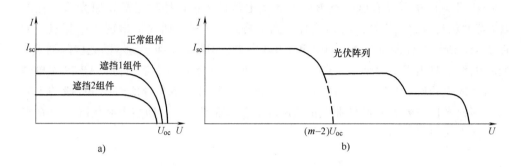

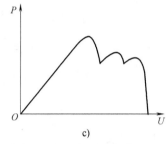

图 6-45　某两块光伏电池被遮挡时的光伏电池/阵列的输出特性

a）光伏阵列的 U-I 特性分解图　b）光伏阵列的 U-I 特性

c）光伏阵列的 P-U 特性

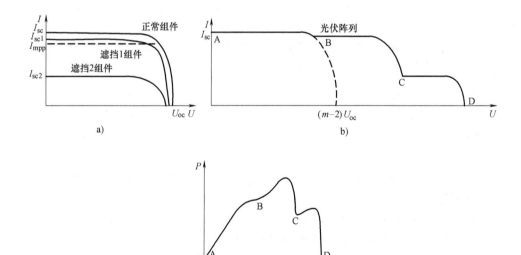

图 6-46　当遮挡 1 的 U-I 特性与正常光照的 U-I 特性相近时的光伏电池/阵列的输出特性

a）光伏阵列的 U-I 特性分解图　b）光伏阵列的 U-I 特性

c）光伏阵列的 P-U 特性

从图 6-46 中可以看出：当遮挡 1 光伏电池的 *U-I* 特性与正常光照光伏电池的 *U-I* 特性相近时，$I_{mpp}<I_{sc1}<I_{sc}$，此时，光伏阵列 *U-I* 特性曲线上出现 3 个膝点，如图 6-46b 所示，分别位于 AB、BC 和 CD 3 段上，但如图 6-46c 所示的光伏阵列 *P-U* 特性曲线上只出现了两个峰值点，而不会出现 3 个峰值，这是因为：AB 段为单峰值曲线的上升段，当其还未到峰值点时，即切入到另一条单峰值曲线 BC 段的上升段，因此光伏阵列 *P-U* 特性曲线的 AB 段不会出现峰值点，即整个光伏阵列 *P-U* 特性曲线上只出现了两个峰值点。

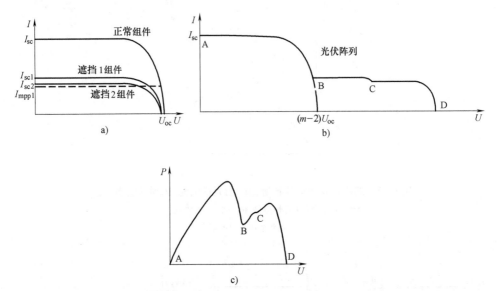

图 6-47　遮挡 1 的 *U-I* 特性与遮挡 2 的 *U-I* 特性相近时的光伏电池/阵列的输出特性
a）光伏阵列的 *U-I* 特性分解图　b）光伏阵列的 *U-I* 特性　c）光伏阵列的 *P-U* 特性

（2）当遮挡 1 光伏电池的 *U-I* 特性与遮挡 2 光伏电池的 *U-I* 特性相近时

当遮挡 1 光伏电池的 *U-I* 特性与遮挡 2 光伏电池的 *U-I* 特性相近时，$I_{mpp1}<I_{sc2}<I_{sc1}$。同理，对应到图 6-47 所示的光伏阵列的输出 *P-U* 特性曲线上 BC 段的峰值消失，也不会出现 3 个峰值点。

（3）当遮挡 1 光伏电池、遮挡 2 光伏电池的 *U-I* 特性与正常光照光伏电池的 *U-I* 特性相近时

当遮挡 1 光伏电池、遮挡 2 光伏电池的 *U-I* 特性与正常光照光伏电池的 *U-I* 特性相近时同理分析，此时不会出现多峰值点，如图 6-48 所示。

当多串光伏电池并联时，分析类似。

上述分析表明：当多个光伏电池串联组成的光伏阵列被部分遮挡时，光伏阵列的 *P-U* 曲线将出现局部最大功率点。此时若采用基于单峰值形态的光伏阵列 *P-U* 曲线的 MPPT 算法即可能会发生误判。另外，因此有必要研究多峰值条件下光伏阵列的最大功率跟踪方法，为了更加理解光伏电池在阴影条件下的输出特性，需要更

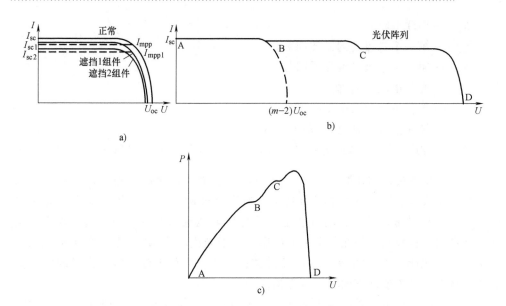

图 6-48　当遮挡 1 和遮挡 2 的 *U-I* 特性与正常光照的 *U-I* 特性相近

时的光伏电池/阵列的输出特性

a）光伏阵列的 *U-I* 特性分解图　b）光伏阵列的 *U-I* 特性　c）光伏阵列的 *P-U* 特性

加全面、准确地描述光伏电池在遮挡时的特性，下面简单介绍一下光伏电池的双二极管模型，如图 6-49 所示。

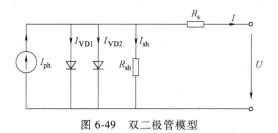

图 6-49　双二极管模型

在双二极管模型中，其输出特性方程为

$$I = I_{ph} - \left[I_{s1} \left(e^{\frac{q(U+IR_s)}{A_1 kT}} - 1 \right) + I_{s2} \left(e^{\frac{q(U+IR_s)}{A_2 kT}} - 1 \right) \right] - \frac{U+IR_s}{R_{sh}} \tag{6-67}$$

式中　I——光伏电池电流；

　　I_{ph}——光生电流；

　　I_{s1}——与 p 区和 n 区中电子和空穴的分离和复合相关的二极管饱和电流；

　　I_{s2}——与耗尽层中电子和空穴的分离和复合相关的二极管饱和电流；

　　U——光伏电池电压；

　　R_{sh}——并联电阻；

R_s——串联电阻；

A_1——第一个二极管的品质因数；

A_2——第二个二极管的品质因数；

T——光伏电池绝对温度；

q——单位电荷（$1.6×10^{-19}C$）；

k——波尔兹曼常数（$1.38×10^{-13}J/K$）。

显然，与式（2-8）描述的单二极管模型方程相比，双二极管模型方程多了一个与二极管特性类似的指数项 $I_{s2}(e^{\frac{q(U+IR_s)}{A_2kT}}-1)$，从而可以更准确地描述光伏电池的暗特性。光伏电池的暗特性是指当光伏电池完全被遮挡（即光伏电池中的光生电流 I_{ph} 为 0）时的输出特性，暗特性是影响光伏电池输出特性的一个重要因素，实际中常利用暗特性来评估光伏电池的品质。由于光伏电池暗特性反映的电流流向与光生电流 I_{ph} 相反，因此暗特性中电流的数值越大，光伏电池正常工作时的漏电流数值也越大，同等条件下的发电量也越低。

从式（6-67）可以看出：当光伏电池被遮挡时，光生电流 I_{ph} 数值减小，此时模型方程中的串联电阻 R_s 的阻值也相应变大，光伏电池的漏电流数值也相应增加，这使得光伏电池中漏电流与光生电流比值发生变化，从而影响了光伏电池输出特性曲线的变化。

从物理意义的角度来说，光伏电池具有 p-n 结特性，因而在材料表面以及内部少子的恢复电流对其输出特性有一定的影响。式（2-8）给出的单二极管模型忽略了其中 p-n 结耗尽层少子的恢复运动，而仅仅考虑 p 区与 n 区中由于少子的运动产生的恢复电流。实际上，双二极管模型是在单二极管模型的基础上衍生而来的，与单二极管模型不同的是：双二极管模型将其中的漏电流 I_d 分成了 I_{d1} 和 I_{d2} 两部分，并分别由两个二极管等效。其双二极管模型中的第一个二极管用来等效由较大的前向偏置电压决定的 p 区与 n 区之间由于少子运动产生的恢复电流，这与单二极管模型中的二极管等效作用相同；而双二极管模型中添加的第二个二极管则用来等效耗尽层中由于能量的激发可能产生的少子的恢复运动，从而使光伏电池模型可以更精确地描述光伏电池的漏电流特性[28-30]。显然，当光伏阵列被局部遮挡时，相关被遮挡光伏电池的漏电流特性直接影响到光伏阵列的输出特性，此时，光伏电池双二极管模型的优越性便体现了出来。

6.7.1.3　多峰值条件下的 MPPT 方法

如前所述，当多个光伏组件串联组成的光伏阵列被部分遮挡时，光伏阵列的 P-U 曲线将会呈现出多峰值特性，此时若还采用单峰值形态的 MPPT 算法去跟踪光伏阵列 P-U 曲线的最大功率点，就可能会发生误判，因此必须研究适用于存在局部最大功率点的多峰值 MPPT 方法。以下介绍两种基本的方法。

1. 两步法[31]

在多峰值 MPPT 方法中，全局扫描法通过扫描光伏阵列的全部输出特性曲线，可以确保跟踪到多峰值曲线的最大功率点，但过长的非最大功率点区域的搜索会造成过多的能量损耗。为了克服全局扫描法存在的不足，Kenji Kobayashi 等人针对双峰值光伏阵列 P-U 曲线提出了两步法。

在光伏阵列输出特性呈现出的各种多峰值情形中，双峰值 P-U 曲线具有十分典型的意义，其出现的概率最大，图 6-50 给出了双峰值的两种情形。对图6-50a所示的第一种 P-U 特性曲线，由于常规 MPPT 算法启动时的工作点是从开路电压向最大功率点移动的，因此针对图 6-50a 所示的第一种 P-U 特性曲线，由于真正的最大功率点电压靠近开路电压处，此时常规的 MPPT 算法不会发生最大功率点误判；然而图 6-50 b 所示的第二种 P-U 特性曲线，由于真正的最大功率点电压远低于开路电压，常规的 MPPT 算法则可能工作于一个虚的最大功率点（局部的最大功率点），而非真正的最大功率点，从而发生最大功率点误判。

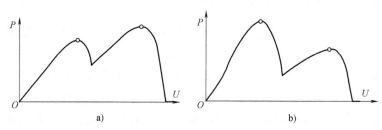

a)　　　　　　　　　　　b)

图 6-50　辐照度不均匀情况下的光伏阵列特性

为了能够快速、准确地跟踪到双峰值条件下光伏阵列的全局最大功率点，下面将首先分析双峰值情况下，全局最大功率点的分布特性，进而讨论解决局部最大功率点问题的两步法及其跟踪过程。

在辐照度不均匀的情况下，光伏阵列的 U-I、P-U 曲线呈现不同的形状，并可以由下面公式近似表达：

$$I_2 = I_1 + I_{sc}\left[\frac{G_2 - G_1}{G_2}\right] + \alpha(T_2 - T_1) \tag{6-68}$$

$$U_2 = U_1 + \beta(T_2 - T_1) - R_s(I_2 - I_1) - KI_1(T_2 - T_1) \tag{6-69}$$

式中　α——光伏阵列表面温度每改变 1℃ 时 I_{sc} 的改变量；

　　　β——光伏阵列表面温度每改变 1℃ 时 U_{oc} 的改变量；

　　　R_s——等效串联电阻；

　　　K——电流修正系数；

　U_1、I_1——在辐照度 G_1 和温度 T_1 时的输出电压和电流值；

　U_2、I_2——在辐照度 G_2 和温度 T_2 时的输出电压和电流值。

在图 6-51 所示的光伏阵列双峰值 I-U 特性曲线中，首先定义等效负载电阻线及阴影参考线为

$$R_{pm} = \frac{0.8U_{oc}}{0.9I_{sc}}; \quad R_{ref}^{sh} = \frac{U_{oc}^{sh}}{I_{sc}^{sh}} \tag{6-70}$$

式中 I_{sc}、U_{oc}——在线测得的光伏阵列短路电流和开路电压；

        I_{sc}^{sh}——被遮挡的光伏组件的短路电流；

        U_{oc}^{sh}——没有遮挡的光伏组件的开路电压；

        R_{ref}^{sh}——阴影参考线；

        R_{pm}——等效负载电阻线。

对于图 6-51 所示的不同情形，光伏阵列双峰值特性显然都存在两个峰值功率点 B 点和 D 点。其中：左侧峰值点 B 点的功率可近似表示为 $P_{mpp}^{B} \approx U_{oc}^{sh} \times 0.9I_{sc}$，而右侧峰值点 D 点的功率可近似表示为 $P_{mpp}^{D} \approx I_{sc}^{sh} \times 0.8U_{oc}$。在图 6-51a 中，由于 D 点是全局最大功率点，因此 $P_{mpp}^{D} > P_{mpp}^{B}$，此时有 $R_{pm} > R_{ref}^{sh}$，等效负载电阻线与光伏阵列的 I-U 特性曲线的交点为 C 点，显然其交点 C 位于恒流区；同理，图 6-51b 中 B 点是全局最大功率点，即 $P_{mpp}^{D} < P_{mpp}^{B}$，此时等效负载线与光伏阵列的 I-U 特性曲线的交点 C 点位于恒压区。显然，通过对图 6-51 所示两种不同位置最大功率点的情况分析可见：等效负载电阻线与光伏阵列的 I-U 特性曲线的交点位置反映了全局最大功率点所在的区域，这样在跟踪最大功率点时，只要找到了等效负载电阻线与光伏阵列的 I-U 特性曲线的交点，也就确定了全局最大功率点所在的区域，确定了全局最大功率点所在区域后，再使用传统的 MPPT 方法即可完成最大功率点跟踪。综上所述，双峰值特性曲线上的全局最大功率点的跟踪过程可以概括为以下两步：

第一步，快速搜索光伏阵列 I-U 特性曲线与等效负载电阻线的交点，如图 6-51a、b 所示中的 C 点。

第二步，从第一步搜索到的交点处，开始使用单峰值 MPPT 方法完成最大功率点跟踪，如图 6-51a 中的 D 点和图 6-51b 中的 B 点。

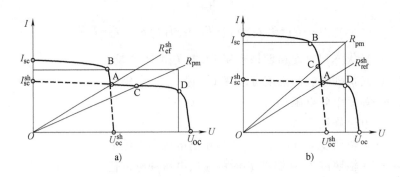

图 6-51 两步法示意图

a）最大功率点在右侧时的情况   b）最大功率点在左侧时的情况

　　然而上述的两步法在实施中可能遇到以下两种情况：

　　1）如图 6-52a 所示，当第一步操作结束后，交点 C 本身为一个极小值点，此时 dP/dU 等于零，系统会直接停留在 C 点，从而无法搜索到最大功率点；

　　2）如图 6-52b 所示，当第二步在使用传统 MPPT 方法搜索的区域内出现多个极值点时，两步法仍然无法找出真正的最大功率点。即光伏阵列输出曲线超过两个极值点时，可能会导致两步法的误判。

　　两步法是一种较为简单的多峰值最大功率点跟踪方法，其主要不足在于：1）不能确保跟踪到全局最大功率点，即存在误判情形；2）等效负载电阻线的计算需要附加在线测量短路电流和开路电压的电路；3）跟踪过程中，光伏阵列存在开路状态和短路状态，增加了光伏系统的功率损耗。

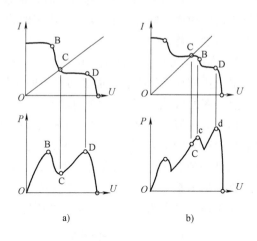

图 6-52　两步法工作过程示意图

a）交点在极小值点　b）多峰值情形

2. 改进的全局扫描法（POC）[32]

　　由于两步法在如图 6-52a、b 所示的情形下不能正确判定出最大功率点，因此这种方法存在一定的局限性。对于多峰值情况下的最大功率点跟踪，最可靠的方案就是全局扫描法，全局扫描法通过扫描全部的输出特性曲线，虽然可以确保跟踪到多峰值曲线的最大功率点，但过长的非最大功率点区域搜索会造成相应的能量损耗。为了减少搜索过程造成的能量损耗，同时克服两步法的不足，下面介绍一种可以有效减少系统在非最大功率点区域搜索时间的全局扫描方法——改进的全局扫描法，由于该方法在搜索局部极值时，使用了扰动观测法，因此其实际上又是一种改进的扰动观测法，又称 POC 算法（Perturb，Observe and Check Algorithm）。

　　图 6-53 给出了某种遮挡情况下的具有多峰值特性的光伏阵列 P-U 特性曲线，在这种多峰值情形下，由于 POC 算法采用的是全局扫描的思想，因此可以确保搜索出最大功率点。另外，由于 POC 算法采用了一种快速扫描机制，因此可以用相对较少的时间完成光伏阵列 P-U 曲线的全局扫描。POC 算法的主要步骤可以分为两个部分。具体讨论如下：

　　1）首先系统采用常规的扰动观测法从开路

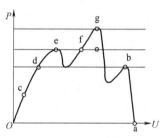

图 6-53　光伏阵列多峰值 P-U 特性曲线

电压处（图 6-53 中 a 点）开始向电压值减小的方向搜索出第一个峰值点（图 6-53 中 b 点），系统检测出第一个峰值点后，记录下第一个峰值点的信息，并将该数据存储为最大功率点数据（此步骤中使用的扰动观测法也可以被其他自寻优类算法如电导增量法替换）。

2）从系统可以工作的最小电压值处（接近短路电流处，见图 6-53 中 c 点）开始扫描光伏阵列 I-U 曲线，通过功率值的比较判别，快速通过功率值小于已知最大功率点功率的区域（见图 6-53 中点 c~d、e~f 区域）。对于功率值大于已知最大功率点功率的区域（见图 6-53 中点 d~e、f~g 区域），则用扰动观测法搜索出该区域内的局部最大功率点（见图 6-53 中 e 点），然后用新的最大功率点（图 6-53 中 e 点）的功率值替换前一步搜索得到的最大功率值（图 6-53 中 b 点）。重复上述过程，直到确定整个 I-U 曲线上不存在功率值大于已知最大功率点功率的区域为止。最后将工作点设定为记录中的最大功率点（图 6-53 中 f 点）即可。

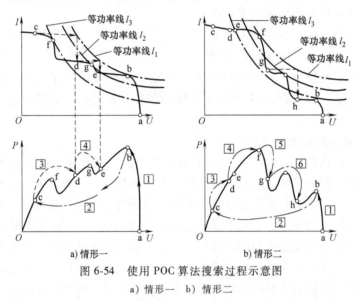

a)情形一　　b)情形二

图 6-54　使用 POC 算法搜索过程示意图

a) 情形一　b) 情形二

下面以图 6-54a、b 所示两种不同的光伏阵列多峰值输出特性曲线为例，具体描述 POC 算法的具体搜索过程：

第一步：初始峰值点的搜索，如图 6-54a、b P-U 曲线中的步骤 1。

采用常规的扰动观测法搜索出离光伏电池开路电压点（图 6-54 中"a"点）最近处的第一个峰值点（图 6-54 中"b"点），第一个峰值点的搜索过程在此不再赘述。第一步搜索过程完成后，系统中记录的最大功率点的信息为 $P_{mpp} = P_b$，$V_{mpp} = V_b$，$I_{mpp} = I_b$。

第二步：转移到最左侧工作点，如图 6-54a、b P-U 曲线中的步骤 2。

由于光伏阵列 I-U 曲线上各极值点电压之间存在着的最小电压差，这个电压差

可以用开路电压附近的极值点电压 U_b 与旁路二极管个数 N 相除得到，即

$$U_0 = U_{min} = \frac{U_b}{N} \tag{6-71a}$$

由于光伏阵列 I-U 曲线上最左侧的极值点的电压不可能小于最小电压差。因此在第一步搜索过程完成后，系统将直接跳转到电压等于最小电压差的工作点（图6-54 中 "c" 点）工作。

第三步：快速扫描光伏阵列 I-U 曲线，如图 6-54a P-U 曲线中的步骤3、步骤4。

由于图 6-54 中 "b" 点在等功率曲线 l_1 上，而等功率线 l_1 左下部分工作点的输出功率均小于 P_b，因此这部分曲线上不可能出现全局最大功率点，应该快速越过这个区域。此时采用式（6-71b）来计算下一步的工作点电压。而且当式（6-71c）满足时，结束搜索过程。

$$U_{n+1} = \frac{P_{mpp}}{I_n} \tag{6-71b}$$

$$U_{n+1} - U_b < U_{min} \tag{6-71c}$$

式中　P_{mpp}——此刻记录在系统中的最大功率值；

　　　I_n——系统上一个采样点的电流值；

　　　U_{n+1}——系统通过以上信息确定的下一步工作点电压值；

　　　N——光伏阵列反并联的旁路二极管数；

　　　U_{min}——光伏 I-U 曲线上不同最大功率点之间的最小间隔。

以上描述的三个步骤就是 POC 方法搜索的基本过程，但在 POC 法搜索过程中还有两点需要讨论：

1）在图 6-54b 中 I-U 曲线上的 d 点，如何判断 d 点的右侧存在输出功率比最右侧最大功率点（图 6-54b 中 "b" 点）大的工作点？

2）在图 6-54b 中 I-U 曲线上，如果已经搜索到图 6-54b 中 "f" 点，下一步的工作点电压如何确定，即如何转移到图 6-54b 中 "g" 点？

对于上述问题1）：当系统工作在图 6-54b 中的 d 点时，如果继续按照式（6-71b）计算下一步的工作点电压，跟踪过程将会陷入图 6-54b 中的 e 点，即系统工作点会无限接近 e 点，但不能越过 e 点。针对这个问题，POC 法中引入了式（6-72a）的判据，如果式（6-72a）满足，则认为当前工作点的右侧存在输出功率比最右侧最大功率点，系统转为常规的扰动观测法工作，并且实时更新记录中的最大功率点信息，跟踪过程完成后记录中的最大功率点（图 6-54b 中 "f" 点）信息为 $P_{mpp} = P_f$，$U_{mpp} = U_f$，$I_{mpp} = I_f$。

对于上述问题 2）：当系统使用常规的扰动观测法，搜索到图 6-54b 中的 f 点，常规的扰动观测法将会稳定在此点工作。为了解决这个问题，POC 算法在用常规的扰动观测法搜索到局部最大功率点后，利用光伏阵列 *I-U* 曲线上极值点之间的最小电压差来确定下一步的工作点电压，即按照式（6-72b）来实现工作点的转移。

$$U_{n+1} - U_n < \Delta U \tag{6-72a}$$

$$U_{n+1} = U_{mpp} + U_{min} \tag{6-72b}$$

式中　ΔU——为常规的扰动观测法 MPPT 的最小步长。

POC 算法完整的流程图如图 6-55 所示。

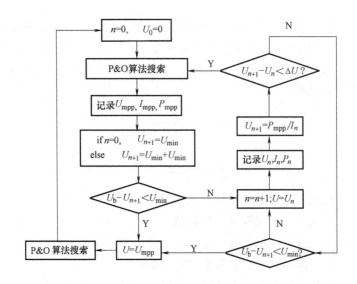

图 6-55　POC 算法流程

注：图中 P&O 算法的流程请参见图 6-7。

通过以上分析可知，POC 算法克服了两步法在某些情形下不能判断出最大功率点的缺陷，并且由于快速转移机制的引入，使得系统较快地越过了不可能出现最大功率点的区域，从而可以使系统在局部最大功率点发生的情形下，仍然可以快速、准确地跟踪到最大功率点。但是由于 POC 算法在跟踪过程中需要从短路电流处的工作点（图 6-54a、b 中"c"点）开始搜索，所以要求控制电路具有较宽的工作电压范围，同时该方法仍然使用全局扫描的思路，因此在搜索的快速性上尚有不足，特别是最右侧的极值点的功率值比较小时，会导致较多的能量损耗。

6.7.2　MPPT 的能量损耗[33]

MPPT 的能量损耗是指光伏发电系统在 MPPT 算法的控制过程中不能精确地跟踪到最大的功率点而造成的能量损失。实际上，MPPT 方法有许多种，但最为常用的仍旧是扰动观测法和电导增量法。虽然这两种方法在控制上有些区别，但本质却是相同的，一般都是采用扰动电压来进行最大功率点跟踪。不同的 MPPT 扰动步长、振荡以及误判等均会造成相应的能量损失。为讨论方便，首先定义 MPPT 能量损耗函数，即

$$\eta = \frac{\int_{t_1}^{t_2} P_{mpp}\,dt - \int_{t_1}^{t_2} P_m\,dt}{\int_{t_1}^{t_2} P_{mpp}\,dt} \times 100\% \tag{6-73}$$

式中　　P_{mpp}——系统实际最大功率点；

　　　　P_m——跟踪到的最大功率点；

　　t_1、t_2——MPPT 开始运行和结束运行的时刻。

MPPT 过程中的能量损耗主要有静态 MPPT 能量损耗和动态 MPPT 能量损耗两种。一般把在辐照度、温度不变条件下，并且系统已经运行于最大功率点附近时的稳定状态定义为静态；而把当辐照度或温度发生变化时，从系统开始跟踪一直到跟踪到新的 MPP 的整个过程定义为动态。

下面就针对 MPPT 的能量损耗进行具体分析。

6.7.2.1　静态 MPPT 能量损耗的分析

静态 MPPT 能量损耗主要是由系统在 MPP 附近的振荡所产生。前文 6.3.2 节和 6.4.2 节分别分析了扰动观察法和电导增量法的振荡情况，其中扰动观察法有两点振荡和三点振荡两种情况，而电导增量法则有一点（非最大功率点）稳定工作、两点振荡和三点振荡等 3 种情况，表 6-3 为两种方法的静态能量损耗值。

表 6-3　P&O 和 INC 算法的静态 MPPT 能量损耗分析

振荡情况 ＼ 能量损耗值 ＼ MPPT方法	扰动观察法	电导增量法	备注（相关的分析及标号）
稳定一点	/	$P_{loss} = P_m - P_1$ $P_{loss} = P_m - P_2$	电导增量法见 6.4.2.1 节
两点振荡	$P_{loss} = 2P_m - P_1 - P_2$ $P_{loss} = 2P_2 - P_1 - P_3$	$P_{loss} = 2P_m - P_1 - P_2$	
三点振荡	$P_{loss} = 2P_m - P_1 - P_3$ $P_{loss} = 3P_m - P_2 - P_{1(3)} - P_4$ $P_{loss} = 3P_m - P_1 - P_{(2)5} - P_6$ $P_{loss} = 3P_m - P_2 - P_{(1)3} - P_4$ $P_{loss} = 3P_m - P_1 - P_{(2)5} - P_6$	$P_{loss} = 3P_m - P_1 - P_2 - P_3$ $P_{loss} = 3P_m - P_1 - P_2 - P_4$	扰动观察法见 6.4.2.1 节

6.7.2.2　动态 MPPT 能量损耗的分析

动态 MPPT 能量损耗是由 MPPT 过程所产生的，一般可以分为 3 种情况：①在光伏电池的工作点未达到 MPP 附近前，由于外部环境的不断变化，会产生相应的 MPPT 能量损耗；②系统运行在 MPP 附近时，由于外部环境的变化，也会产生相

应的 MPPT 能量损耗；③MPP 误判所产生的 MPPT 能量损耗，误判不仅会导致较大的能量损耗，而且还有可能损坏光伏系统。

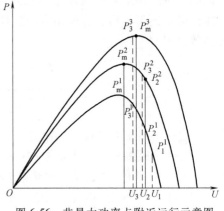

针对上述三种情况下的动态 MPPT 能量损耗，具体讨论如下：

1. 在非最大功率点附近运行时

当并网光伏逆变器开机运行时，若从初始的光伏电池的开路电压进行电压扰动以跟踪 MPP 点时，须进行多次扰动从而逼近最大功率点，如图 6-56 所示。假设当工作点电压为 U_1 时辐照度

图 6-56 非最大功率点附近运行示意图

发生变化，若经扰动三次达最大功率点附近，其 MPPT 过程的能量损失 P_{loss} 为

$$P_{\text{loss}} = P_{\text{m}}^3 - P_3^3 + P_{\text{m}}^2 - P_2^2 + P_{\text{m}}^1 - P_1^1 \tag{6-74}$$

其中，下标的数字和 m 表示扰动跟踪的次序数和对应的最大功率点，上标的数字表示各个辐照度对应的光伏电池 P-U 曲线的编号。

显然，当辐照度连续变化而需多次扰动跟踪才到达最大功率点附近时的 MPPT 过程的能量损失 P_{loss} 为

$$P_{\text{loss}} = \sum_{i=1}^{c} \left(mP_{\text{m}}^i - \sum_{n=1}^{m} P_n^i \right) \tag{6-75}$$

式中 P_{m}^i——不同辐照度情况下对应的最大功率；

$\quad\quad P_n^i$——各个辐照度对应的光伏电池 P-U 曲线上不同的功率点；

$\quad\quad c$——跟踪的次数；

$\quad\quad m$——在一条 P-U 曲线上跟踪的次数。

2. 在最大功率点附近运行

当系统工作在最大功率点附近时，可能出现多种情况，在一些情形中虽然工作点的位置不同，但震荡情形是相似的，下面就只以 6.3.2.1 节图 6-8 中 P_1 点的情况为例进行简要介绍。

图 6-57 分别表示了不同的辐照度变化情况下在 MPP 附近的 MPPT 过程。在辐照度变为较弱时，变化后的光伏曲线的最大功率点位于下一工作点的左边，而辐照度变为较强时，则情况相反，此时两者损失的能量都可以表示为

$$P_{\text{loss}} = P_{\text{m}}^2 - P_2^2 + P_{\text{m}}^1 - P_1^1 \tag{6-76}$$

由式（6-76）看出，当系统工作在最大功率点附近时，MPPT 过程损失的功率为两个 MPP 处的功率减去两个 MPP 附近的工作点功率值，即当最大功率附近的工作点越靠近最大功率点时，MPPT 过程的能量损失越小，所以在最大功率点附近运

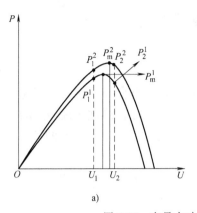 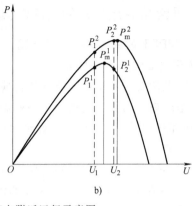

图 6-57　在最大功率点附近运行示意图

a）辐照度变为较弱时　b）辐照度变为较强时

行时应尽量减小步长。

3. 误判情况下的 MPPT 能量损耗分析

在辐照度快速变化的情况下，采用定步长的扰动观测法实现 MPPT 时可能会发生误判现象。如图 6-58 所示，假设系统运行于电压为 U_1 的工作点处，系统根据上次的判断应增加扰动电压，此时若辐照度下降，则对应电压为 U_2 的工作点的输出

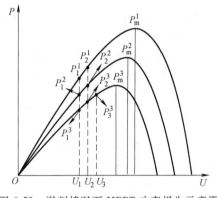

功率可能小于原 U_1 工作点的输出功率，即 $P_2^2 < P_1^1$，此时系统会误判电压扰动方向错误，使工作点运行在 U_1，从而远离最大功率点。如果辐照度持续下降，则有可能出现控制系统不断误判，使工作电压不断往左移动，对于并网系统来说，这种误判情况一方面会增大 MPPT 的功率损失，另一方面会由于直流侧电压的下降而使得并网电流失控，直至并网逆变器停止运行。

图 6-58　误判情况下 MPPT 功率损失示意图

发生误判时 MPPT 的功率损失可具体分析如下：

首先，若不发生误判，则 MPPT 过程的功率损失 P_{loss1} 为

$$P_{\text{loss1}} = P_{\text{m}}^3 - P_3^3 + P_{\text{m}}^2 - P_2^2 + P_{\text{m}}^1 - P_1^1 \qquad (6\text{-}77)$$

而发生误判时，其 MPPT 过程的功率损失 P_{loss2} 为

$$P_{\text{loss2}} = P_{\text{m}}^3 - P_3^3 + P_{\text{m}}^2 - P_2^2 + P_{\text{m}}^1 - P_1^1 \qquad (6\text{-}78)$$

显然，由于误判而多损失的功率 ΔP_{loss} 应为

$$\Delta P_{\text{loss}} = P_{\text{loss2}} - P_{\text{loss1}} = P_3^3 - P_1^3 \qquad (6\text{-}79)$$

6.7.3 最大功率点跟踪的效率与测试[29-34]

6.7.3.1 MPPT 效率测试的一般问题

1. 关于逆变器与 MPPT 的效率

在并网光伏发电系统中，能量的转换效率至关重要，而其中的并网逆变器本身的效率又是用户最为关注的指标。一般而言，逆变器的效率指标是指简单的最大转换效率和欧洲转换效率，比如"欧洲效率"就是根据 6 个工作点的效率予以加权计算而得，即

$$\eta_{euro} = 0.03\eta_5 + 0.06\eta_{10} + 0.13\eta_{20} + 0.1\eta_{30} + 0.48\eta_{50} + 0.2\eta_{100} \tag{6-80}$$

式中　η_{xy}——在额定功率的 $xy\%$ 时变换器的效率。

这种基于多点加权运算的欧洲效率实际上是考虑了不同百分比功率点对系统整体效率的影响，以及人们对并网逆变器不同运行点效率的关注度。

然而，并网逆变器本身的效率实际上只是光伏系统能量的静态转换效率。随着并网光伏发电应用的增多，人们发现，单一的静态转换效率指标难以完整描述并网逆变器的转换效率。这是因为并网逆变器不仅完成直流到交流转换及并网控制，而且还控制着光伏电池是否运行在 MPP，且光伏电池是否运行在 MPP 将直接影响光伏发电系统能量的转换效率，因此又提出了 MPP 跟踪效率，而如何公正、准确地衡量 MPPT 的效率是光伏发电研究的重要课题。

国际上对于光伏系统 MPPT 的研究始于 2000 年前后，并逐渐成为研究热点，相关研究部门主要集中于北美和欧洲，北美的研究主要有 Sandia 国家实验室，欧洲的主要集中于荷兰、丹麦和德国的高校以及民间的相关机构。通过应用与研究，评价光伏能量转换优劣的综合效率 η_{Total} 的概念得到了广泛的关注，而综合效率是由静态转换效率 $\eta_{Coversion}$ 与最大功率点跟踪效率 η_{MPPT} 之积来表示的，即

$$\eta_{Total} = \eta_{Coversion} \times \eta_{MPPT} \tag{6-81}$$

显然，综合效率 η_{Total} 的定义方式明确了系统 MPPT 特性所具有的重要性，因此，针对并网光伏逆变器采用基于光伏电池阵列模拟器的 MPPT 效率测试实际上测试的是包括静态转换效率 $\eta_{Coversion}$ 和最大功率点跟踪效率 η_{MPPT} 在内的综合效率 η_{Total}。

2. MPPT 效率测试的适用对象

MPPT 效率测试一般适用于：①集成了单路 MPPT 的逆变器；②含有多路独立的 MPPT 的逆变器；③单独的 MPPT 跟踪装置。以下主要讨论基于逆变器的 MPPT 效率测试问题。

3. 组件类型对于 MPPT 性能的影响

在评估逆变器 MPPT 性能的测试中，有的实验室考虑了光伏电池组件本身由于制造材料不同对输出特性产生的影响（例如填充因数），而有的实验室并没有考虑。一般来说，实际应用的 MPPT 性能通常受其所跟踪的不同光伏电池阵列特性的影响。为了表示这种阵列特性的不同，常采用光伏电池的填充因数 FF 进行描述，

即：$FF = I_{MPP} U_{MPP}/U_{OC} I_{SC}$，其中：$U_{MPP}$、$I_{MPP}$ 分别为最大功率点电压和电流，U_{OC}、I_{SC} 分别为开路电压和短路电流。

与低填充因数的阵列相比，高填充因数阵列的最大功率点电压与开路电压的比值（U_{MPP}/U_{OC}）相对较大，因此当与具有相同开路电压的高填充因数的阵列配用时，逆变器必须能在一个更宽的电压范围内进行 MPPT 控制。当追踪高填充因数阵列的最大功率点时，与中等和低填充因数的阵列相比，工作电压微小的变化会导致更大的功率波动，此时，若 MPPT 控制无法有效减小扰动步长，则就有可能使跟踪失败。而当追踪低填充因数阵列的最大功率点时，当工作电压发生同样的变化时，相对于中等和高填充因数的阵列，低填充因数的阵列功率变化相对较小，因此在这种情况下，使用小步长扰动算法的 MPPT 控制将无法跟踪功率点的变化。可见，当进行 MPPT 的性能测试时，适当考虑电池组件特性的影响将更加客观和全面。

针对上述情况，Sandia 实验室推荐了下述应用于 MPPT 测试的标准光伏阵列类型，表 6-4 中的参数将用于光伏模拟器的 U-I 特性计算。

表 6-4　光伏阵列的填充因数

编号	阵列类型	额定填充因数（FF[①]）	温度系数 β/（%/℃）
1	薄膜	0.55	-0.25
2	标准的单晶或多晶硅	0.68	-0.38
3	高效多晶硅	0.80	-0.50

① 填充因数 $FF = (I_{MPP} U_{MPP})/(U_{OC} I_{SC})$，因为型号不同，实际阵列的填充因数与本表略有不同，对于所有阵列型号，均设定参考条件为：参考阵列表面辐照强度 IrrREF = 1000W/m² 参考阵列温度 TREF = 50℃。

4. MPPT 测试用光伏阵列模拟器的性能要求

为了准确测试 MPPT 的性能，需要高效可靠的光伏阵列模拟器。由于在整个交流功率/直流电压范围内，很多商用光伏逆变器 MPPT 的效率（精度）>99%，这就对测量系统与光伏电池阵列模拟器的精度提出了很高的要求，特别是在 U-I 曲线上最大功率点附近的应具有足够高的分辨率。

虽然基于光伏阵列模拟器的 MPPT 测试具有简单方便和可复现的特点，但是仍然存在以下一些不足：

1）基于开关器件控制的光伏阵列模拟器会在输出的 U-I 曲线内注入直流纹波，此纹波会对 MPPT 性能测试产生不良影响，从而使确定实际 MPP 的准确测量更为困难。

2）当单个光伏阵列模拟器的功率无法满足需求时，一般需要多个光伏阵列模拟器的并联，但并联后可能会引起 MPPT 功能震荡，或 MPPT 功能会反过来影响模拟器的 U-I 曲线，特别是基于开关器件控制的模拟器更易出现此类问题。

一般而言，基于 MPPT 性能测试用途的光伏阵列模拟器其性能应满足以下要求：

1）具有可编程的特性，这样就可以根据需要输出不同特性的 U-I 曲线；

2）能在 5%~100%光伏阵列开路电压的范围内输出设定的 U-I 曲线特性；

3）可以模拟填充因数 $FF = 0.3 \sim 0.85$ 组件的 U-I 特性；

4）可以模拟光伏电池阵列接地和不接地时的情况；

5）最大允许电压纹波不超过光伏阵列开路电压的 0.5%；

6）在整个工作电压范围内至少可以提供被测逆变器额定输入 150% 的过载能力；

7）光伏阵列模拟器的输出参数的精度误差须小于 0.1%；

8）每次测试前均需要进行校准；

9）最好可以模拟多个组件经过各种串联和并联后输出的实际特性。

5. MPPT 测试参数的选择

和 MPP 有关的参数无非是阵列模拟器的输出电流、电压和功率。那么测量时到底以哪个参数为准来计算 MPPT 跟踪精度呢？一般情况下常采用基于功率参数的测量方法，但也可以采用基于电压、电流和功率 3 个参数的测量方法，各种具体的测试与计算过程见下节。

6. MPPT 测试项目

关于 MPPT 效率的测试，尽管各实验室机构的测试步骤和分析方法有所不同，主要还是分为两大类：即静态 MPPT 效率 $\eta_{\text{MPPT. static}}$ 测试（以下简写为 η_{static}）与动态 MPPT 效率 $\eta_{\text{MPPT. dynamic}}$ 测试（以下简写为 η_{dynamic}）。其中，静态 MPPT 效率 η_{static} 描述了在稳定的环境因素情况下（辐照度和温度不变）系统找到和保持最大功率点运行的性能；而动态 MPPT 效率 η_{dynamic} 则描述了在辐照度和温度等环境因素变化情况下系统跟踪最大功率点的能力。

另外，为全面客观地评估 MPPT，Sandia 实验室还提出了 MPPT 跟踪电压范围的测试方法，特别是还包括了 MPPT 跟踪电流范围的测试方法。

各研究机构的测试方法有所不同，如欧洲研究机构的测试方法便于理解，而美国的 Sandia 国家实验室的测试方法则更为细致，以下从静态、动态效率 MPPT 两方面介绍丹麦实验室、瑞士实验室和美国的 Sandia 国家实验室的相关测试方法，最后将简单介绍美国 Sandia 国家实验室关于 MPP 电压和电流范围的测试，谨供参考。

6.7.3.2 静态 MPPT 效率测试

1. 丹麦实验室的静态 MPPT 效率测试方法

丹麦实验室有关静态 MPPT 效率的测试是以光伏阵列模拟器取代实际光伏电池阵列来进行的，该方法依据的 MPPT 效率的计算公式如下：

$$\eta_{\text{MPPT}(t)} = \frac{P_{\text{PV}(t)}}{P_{\text{MPP}(t)}} \times 100\% \tag{6-82}$$

式中 $P_{\text{PV}(t)}$——光伏阵列模拟器的直流输出功率；

      $P_{\text{MPP}(t)}$——最大功率点（MPP）的预期功率。

实测中，针对采样过程的不连续，通常需要对式（6-82）进行离散采样和运算处理。而运算处理一般采用基于离散时间点（k 时刻）采样的计算方式，由此在每个采样点（k 时刻）处的 MPPT 效率可计算如下：

$$\eta_{\mathrm{MPPT}(k)} = \frac{P_{\mathrm{PV}(k)}}{P_{\mathrm{MPP}(k)}} \times 100\% \tag{6-83}$$

虽然静态 MPPT 过程中的最大功率点保持稳定，但在实际的离散采样运算中，为了减少随机误差，通常取 η_{static} 为稳态时间段内数个采样点效率值叠加后的平均值，即

$$\eta_{\mathrm{static}} = \frac{\sum_0^k \eta_{\mathrm{MPPT}(i)}}{k} \times 100\% \tag{6-84}$$

值得注意的是：上述丹麦实验室关于静态 MPPT 效率的测试主要依据了光伏阵列模拟器的直流输出功率与最大功率点的预期功率之比的原理来实现的，该方法的主要不足是测试过程并未考虑光伏电池相关的特性因素。

2. 瑞士实验室的静态 MPPT 效率测试方法

针对静态 MPPT 效率的测试，瑞士实验室的测试方法是在测试中在不同光伏组件填充因数（填充因数从 50% 以 5% 的步长增加到 85%）条件下固定的 U-I 曲线采用了不同的电流步长。该测试根据最大短路电流（I_{SC}）选择开路电压（U_{OC}），并通过变化电流来改变功率，这样就模拟了固定阵列温度下辐照度的变化。根据所选择组件的 U-I 特性公式，随着电流的减小，最大功率点电压也会相应减小，因此该测试能清楚地表明不同功率等级下逆变器跟踪最大功率点的性能。

瑞士实验室的静态 MPPT 效率 η_{static} 的具体测试算法是利用一个测量周期 T_{M} 内被有效利用的直流侧能量与直流侧输送给逆变器总能量 $P_{\mathrm{MPP}} T_{\mathrm{M}}$ 的比值来实现的，即

$$\eta_{\mathrm{static}} = 100\% \times \frac{1}{P_{\mathrm{MPP}} T_{\mathrm{M}}} \int_0^{T_{\mathrm{M}}} u_{\mathrm{A}}(t) i_{\mathrm{A}}(t) \, \mathrm{d}t \tag{6-85}$$

式中　$u_{\mathrm{A}}(t)$——逆变器输入侧的阵列电压瞬时值；

$\quad\quad i_{\mathrm{A}}(t)$——逆变器输入端阵列电流瞬时值；

$\quad\quad T_{\mathrm{M}}$——测量周期；

$\quad\quad P_{\mathrm{MPP}}$——从阵列可获得的最大功率。

需要指出的是，在开始测量 MPPT 效率以前，上述方案需要至少 60s 的稳定时间，并在之后的测量周期 T_{M} 内，以一个较高的采样频率同时对阵列电流和阵列电压进行采样（例如每秒采样 1000 ~ 10000 次），然后对所采样的数据在 50ms 或 100ms 的时间段内进行算术平均处理，以减少单相逆变器直流侧二次纹波（100Hz）对采样数据的影响。

3. 美国 Sandia 实验室的静态 MPPT 效率测试方法

美国 Sandia 实验室所采用的静态 MPPT 效率测试方法比较全面，提出了同时根据电压、电流和功率 3 个参数来考察 MPPT 精度的思想，并且考虑到了逆变器实际常用的功率等级以及不同电池特性的影响，提出的测试方法可以给出被测试 MPPT 的最高、最低精度。

美国 Sandia 实验室主要根据电压、电流和功率 3 个参数来考察静态 MPPT 效率或 MPPT 精度,即

$$\text{MPPT 精度} = \text{测量值}/\text{预期值} \qquad (6\text{-}86)$$

其中,预期值是指模拟器设定的最大功率点的电压、电流和功率值,而测量值是指测量到的 MPPT 设备实际跟踪模拟器的电压、电流和功率值。

如果 MPPT 设备以预期的电压、电流和功率来跟踪最大功率点,那么此时 MPPT 的精度应当为 1.0。如果实际 MPPT 设备的跟踪点高于或低于最大功率点,那么 MPPT 的精度则一定小于 1.0。

以下分别讨论 Sandia 实验室静态 MPPT 效率测试相应的测试条件、测试步骤以及测试结果等。

(1) 测试条件

Sandia 实验室定义的测试条件十分细致,即对于表 6-5 指定的每种测试条件的集合,被测的 MPPT 设备应当稳定于某个光伏阵列工作点,并能围绕此点持续波动。每隔相当于设备最大波动周期 5 倍的时间,记录阵列模拟器的直流电压和电流。测试时应当对光伏阵列模拟器与被测设备输入端之间的线缆留有足够的裕量以保证在线缆上的电压降小于最大工作电压 $U_{\max}$ 的 0.5%。

表 6-5 列举了本测试中需要用到的测试条件,空格内应当填写实际测量值或计算值。

表 6-5　Sandia 实验室定义的测试条件

编号	$U_{dc}(U_{ref})$	U_{ac}	填充因数	逆变器直流输入功率等级(P_{ref})				
				10%	25%	50%	75%	100%
A	105%$U_{\min}$	U_{nom}	0.55					
B	U_{nom}	U_{nom}	0.55					
C	95%$U_{\max}$	U_{nom}	0.55					
D	105%$U_{\min}$	U_{nom}	0.68					
E	U_{nom}	U_{nom}	0.68					
F	95%$U_{\max}$	U_{nom}	0.68					
G	105%$U_{\min}$	U_{nom}	0.8					
H	U_{nom}	U_{nom}	0.8					
I	95%$U_{\max}$	U_{nom}	0.8					

注:1. 规定 U_{dc} 是模拟器 $U\text{-}I$ 曲线(U_{ref})中的最大功率点电压。规定的输入功率等级定义了模拟器最大功率点的电流设定点。

2. 如果测试地点没有合适大小的光伏阵列或模拟器,那么可能无法进行高功率等级下的测试。

3. $T_{amb} = T_{nom} = 25\text{℃} \pm 3\text{℃}$。

4. 所有的电压和电流值均在制造商提供的变压器、逆变器的输入和输出端测量获得。

5. $U_{\min}$=制造商规定的设备直流或交流最小工作电压。

6. $U_{\max}$=制造商规定的设备直流或交流最大工作电压。

7. U_{nom}=制造商规定的设备直流或交流额定工作电压或是 $U_{\min}$ 和 $U_{\max}$ 的平均值。

8. 105%$U_{\min}$ 和 95% 的 $U_{\max}$ 是为了避免在 $U_{\max}$ 和 $U_{\min}$ 下可能发生的机器运行不连续而特别规定的用于测量低和高电压下工作特性的电压点。

（2）测试步骤

a）对光伏阵列模拟器进行设定以提供在规定的阵列电压（U_{dc}）、填充因数和表6-5里测试条件A下第一个输入功率等级下的特性，被测设备输出端的电压和频率设为额定值。

b）（如果需要）使能被测设备的MPPT功能。

c）让MPPT设备稳定或围绕波动在某个工作点上，记录所有步骤。

d）测量和记录参数值：预期的阵列电压（U_{dc}）、预期的阵列电流（P_{dc}/U_{dc}）、测量的阵列电压（在模拟器输出端子或特性点上测量）、测量的阵列电流、测量的阵列输出功率、稳定时间、环境温度、逆变器散热器上或附近的温度。

e）在其余的功率等级下重复步骤a）~d）。

f）在表6-5中剩余下的测试条件 B-I 下重复步骤a）~e）。

（3）测试结果

在对使用每个测试条件的各输入功率等级下进行测试后，还需要计算测量到的稳定后的平均阵列电压、阵列电流和阵列功率，并计算相应的精度，即

a）电压精度=测量的阵列电压/预期的阵列电压

b）电流精度=测量的阵列电流/预期的阵列电流

c）功率精度=测量的阵列功率/预期的阵列功率

被测设备的最高MPPT跟踪精度应当是在输入功率等级50%和以上（表6-5中的阴影区域）等27种情况下测试所得的功率精度的最大值，而最低MPPT跟踪精度应当是在同等情况下测试所得功率精度的最小值。

6.7.3.3 动态 MPPT 效率测试

1. 丹麦实验室的动态 MPPT 效率测试方法

在动态MPPT测试情况下，当MPP随辐照度波动而发生变化时，通常使用阶梯坡或梯形坡的辐照度测试样本来分析测试MPP。若通过动态测试获得光伏阵列模拟器的直流输出功率 $P_{PV}(t)$ 的瞬时值后，再由MPP的预期功率 $P_{MPP}(t)$ 的瞬时值，就可以根据下式所采用的积分比值计算出动态MPPT效率 $\eta_{Dynamic}$，即

$$\eta_{Dynamic} = \frac{\int_0^{T_M} P_{PV}(t)\,dt}{\int_0^{T_M} P_{MPP}(t)\,dt} \times 100\% \tag{6-87}$$

式中 T_M——测试周期。

同样，数字运算也需要采用基于采样时间 T_s 的离散时间点下的计算，即

$$\eta_{Dynamic} = \frac{\sum_{k=1}^{N} P_{PV}(k) T_s}{\sum_{k=1}^{N} P_{MPP}(k) T_s} \times 100\% = \frac{\sum_{k=1}^{N} P_{PV}(k)}{\sum_{k=1}^{N} P_{MPP}(k)} \times 100\% \tag{6-88}$$

显然，丹麦实验室提出的动态 MPPT 效率测试方法，采用了更为准确的积分运算方式，并考虑到了积分的离散化处理。

2. 瑞士实验室的动态 MPPT 效率测试方法

对于模拟多云天气下的动态测试，需要在多个（至少两个）已知的 P_{MPP} 值之间快速地改变电流（或功率）。显然，小型光伏系统中光伏阵列上实际观测到的输出变化斜率要比大型光伏系统中光伏阵列上实际观测到的输出变化斜率更为陡峭。根据实际数据，在某些有着剧烈变化云层（例如春天和夏初）的特殊天气情况下，特别是小型光伏系统，可以在小于 500ms 的时间内从额定功率的 15% 变化到 120%，此时利用一个合适的起始测试点可以在很短的时间内（例如 100ms）使电流或功率以非常陡的变化斜率从额定值的 10% 变化到 100%。

考虑到某些逆变器的 MPP 动态跟踪性能与初始条件有关，例如有些逆变器的初始 MPP 功率为较低值时的 MPPT 响应与初始 MPP 功率为较高值的 MPPT 响应不同，因此需要同时研究与考察，如图 6-59 所示。

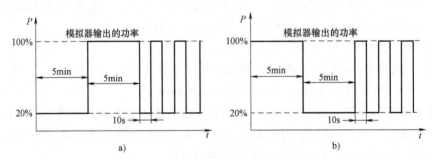

图 6-59　不同的初始 MPP 功率等级

a）初始功率由低到高变化　b）初始功率由高到低变化

具体的测试过程与算法为：在进行动态 MPPT 测试前，必须先测量在计算的功率等级下的 P_{MPP}（就如同静态测试中所做的一样），且预留的稳定时间至少 60s，然后进行几次（比如 6 次）重复测试，以获得有效的动态 MPPT 测试结果。当然，大多数逆变器不可能一开始就立刻找到实际的 MPP，一次测试中从低功率到高功率等级之间的变化时间可能在 2~30s 之间（图 6-59 中为 10s），从而使得整个的测试时间在 4~60s 之间，动态 MPPT 测试的总测试时间 T_M（$T_M = \sum T_{Mi}$）一般小于 5min。动态的 MPP 跟踪效率可计算得出，即

$$\eta_{Dynamic} = 100\% \times \frac{1}{\sum P_{MPPi} g T_{Mi}} \int_0^{T_M} U_A(t) i_A(t) \, dt \qquad (6-89)$$

其中，$\sum P_{MPPi} g T_{Mi} = P_{MPP1} g T_{M1} + P_{MPP2} g T_{M2} + \cdots + P_{MPPn} g T_{Mn}$ 表示在不同功率等级及理想情况下可被吸收的 MPP 功率之和，$T_M = \sum T_{Mi} = T_{M1} + T_{M2} + T_{M3} + \cdots + T_{Mn}$ 表示光伏阵列模拟器提供 MPP 功率等级 P_{MPPi} 所需的时间。

瑞士实验室提出的动态 MPPT 效率测试方法一方面考虑了辐照度急剧变化情况

下的 MPPT 测试，另一方面还考虑到了部分逆变器初始时 MPP 功率的高低对 MPPT 特性可能的影响。所给出的测试计算方法，采用了分子积分、分母离散的计算公式，而实际中分子的测量往往也是离散化实现的。值得注意的是，同静态 MPPT 效率一样，动态 MPPT 效率也可能与 U-I 曲线的填充因数有关。

3. 荷兰实验室的动态 MPPT 效率测试方法

荷兰实验室的动态 MPPT 效率测试方法并没有采用积分的方式，而是采用了测量值与预期值的直接比值，值得注意的是：该测试方法中采用的测试函数为三角波函数，并且同时测量电压、电流与功率，以此得出动态 MPPT 的 $\eta_{Dynamic.P}$、$\eta_{Dynamic.V}$ 和 $\eta_{Dynamic.I}$。

实际的测试是在规定的测试条件和变化参数的条件下进行的。动态参数的测试函数采用了三角波信号函数，其中 U_{MAX} 或 P_{MAX} 按三角波函数变化，并且 $\mathrm{d}U_{MAX}/\mathrm{d}t$ 或 $\mathrm{d}P_{MAX}/\mathrm{d}t$ 是可调的。同时也容易得出对于阶跃函数（例如从额定功率的 10% 阶跃到 100%）的响应。为进行动态 MPPT 特性的测量与评估，所采用的可编程光伏电池阵列模拟器应当具有对 $U_{MAX}(t)$、$P_{MAX}(t)$ 和 $I_{MAX}(t)$ 的实时输出能力，并将实际与预期的最大功率点值直接进行比较。根据测试结果可以得到分别作为 U_{MAX}、P_{MAX}、$\mathrm{d}U_{MAX}/\mathrm{d}t$ 或 $\mathrm{d}P_{MAX}/\mathrm{d}t$ 函数的 MPPT 跟踪误差。

另外，荷兰实验室的动态 MPPT 效率测试方法没有考虑电池板特性的影响。

4. 美国 Sandia 实验室的动态 MPPT 效率测试方法

Sandia 实验室所采用的动态 MPPT 效率测试方法与以上几种方法均不同，主要表现在：①考虑到了不同光伏电池特性的影响；采用了缓斜坡、陡斜坡和三角斜坡的测试函数波形，更能全面反映逆变器在不同变化环境下的 MPPT 特性；②引入了 MPP 稳定时间的概念，并同时考察 MPP 动态跟踪效率和跟踪速度；③测试步骤的设计严谨、详细。具体阐述如下。

（1）测试概述

动态响应测试是为了得到在光伏阵列输出变化（因为天气变化导致的）条件下的 MPPT 性能。光伏阵列模拟器应当可以编程输出下文定义的缓斜坡、快速斜坡和三角斜坡型 3 种情况下的 U-I 曲线。

在每个测试斜坡下，需要测量和记录以下参数：

a）预期的阵列电压（U_{dc}）；

b）预期的阵列电流（P_{dc}/U_{dc}）；

c）测量的阵列电压（在模拟器输出端子或特性点上测量）；

d）测量的阵列电流；

e）测量的阵列输出功率；

f）环境温度；

g）逆变器散热器上或附近的温度。

在缓斜坡下应以不低于 10s，在快速斜坡和三角斜坡下应当以不低于 0.1s 的间隔记录数据。

（2）缓斜坡下（模拟晴天）的测试步骤

缓斜坡代表了在时间轴上压缩后的简化的标准天气变化。图 6-60 演示了分别对于 3 种不同光伏阵列类型（不同的填充因子 FF）的电压和功率曲线图。

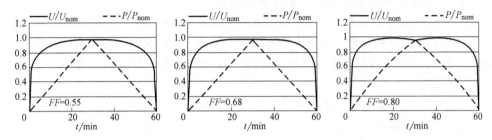

图 6-60　3 种阵列类型缓斜坡下的电压和功率曲线

U_{nom}—逆变器额定输入电压　P_{nom}—逆变器的额定输入功率

MPPT 设备应当满足的初始条件为：0 时刻、辐照度为 $0W/m^2$、温度为 5℃。在此初始条件下，光伏阵列模拟器以一个连续的坡度在 30min 内从初始条件爬升至辐照度为 $1000W/m^2$、温度为 60℃ 的终端输出条件。一旦达到终端输出条件，在不停顿的情况下，以反向的斜率，在 30min 内回到辐照度为 $0W/m^2$、温度为 5℃ 的初始条件。

（3）快速斜坡下（模拟断续云层遮盖）的测试步骤

快速斜坡是为了模拟累积的云层从太阳下经过时的影响。此项测试的目的在于确定被测设备对于阵列输出功率变化的反应速度到底有多快。图 6-61 描绘了在测试周期内电压和功率的变化曲线。值得注意的是：既然温度没有变化，而且对于 3 种阵列类型的辐照度-电压变化近乎一致，因此曲线形状基本没有变化。

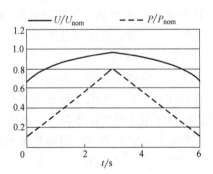

图 6-61　快速斜坡下的电压和功率曲线

注：图中并未显示在 $800W/m^2$ 处，快速斜坡开始和结束时观测 MPPT 稳定的时间。

当被测设备正常工作且 MPPT 运行稳定后测试开始：首先，辐照度在 3s 内从 $100W/m^2$ 变化到 $800W/m^2$，此时的温度一直保持 50℃，并保持此状态直至 MPPT 运行稳定；一旦观测到稳定状态，辐照度在 3s 内从 $800W/m^2$ 反向变化回 $100W/m^2$，保持此状态直至 MPPT 运行稳定。按照以上步骤重复 5 次试验，并取得 5 组数据。

（4）三角斜坡下（模拟部分云层遮盖）的测试步骤

图 6-62 所描绘的三角斜坡表示重复和快速移动云层时的情况。此三角斜坡

由在 60s 内辐照度从 $100\mathrm{W/m^2}$ 到 $800\mathrm{W/m^2}$ 又返回到 $100\mathrm{W/m^2}$ 的线性斜坡组成，测试需要重复 60 次。

（5）测试结果

对于从缓斜坡和三角斜坡测试中获得的数据，使用从光伏阵列模拟器实际获得的能量和预期获得的能量的比值来计算并记录动态 MPPT 效率。预期的能量取决于基于光伏阵列模拟器的输入参数、校准信息

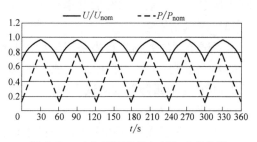

图 6-62　三角斜坡下的电压和功率曲线
注：图中仅画出了 60 个周期内的 6 个波形。

以及根据以上信息得出的在每个测试点 i 的最大功率值；实际获得的能量取决于在每个测试点 i 的实际测量值。实际能量的测量始于第一个斜坡的初始时刻（忽略任何初始稳定时间），终点时刻是最后一个斜坡的结束时刻，动态 MPPT 效率测试的计算式为

$$\eta_{\mathrm{Dynamic}} = \frac{\sum P_{测量值,i}}{\sum P_{预期值,i}} \tag{6-90}$$

对于快速斜坡测试数据，共有 10 组爬升和下降斜坡。对于每个爬升和下降斜坡，计算从斜坡结束到 MPPT 稳定的时间，并从这 10 个计算值中取最大值作为 MPPT 的稳定时间。

6.7.3.4　美国 Sandia 国家实验室关于 MPP 电压和电流范围的测试

1. MPP 电压跟踪范围测试方法

（1）测试概述

此项测试将确定保证 MPPT 有效工作的电压范围。本测试应当在真实的（被测设备生产商给出的）直流电流范围的中间点上下的 MPP 附近进行。此项测试可以使用实际的光伏阵列或光伏阵列模拟器。由于需要对 MPP 电压进行调整以确定 MPPT 工作范围，当使用光伏电池阵列时还应当加入适当选择过的调压电源。

（2）测试步骤

此项测试需要将逆变器与光伏阵列或光伏阵列模拟器连接，并通过调整变化 MPPT 的电压值 U_{MPP} 来进行测试。在测试开始时 U_{MPP} 值设定在被测设备提供参数中的额定电压的中间点，然后缓慢地按照 $\leq 5\mathrm{V/min}$ 的速率抬升 U_{MPP} 值，直到达到逆变器的上下限或是当超过 U_{MPP} 的限制值时，记录此时的工作电压点，重复以上步骤 3 次。当第一次测试确定了 U_{MPP} 上限值后，后续的测试将从确定的上限值 15V 以下处进行。

按照下降的增量重复上述的测试步骤以确定 U_{MPP} 下限值，并应当对测试得出的异常值（超过平均值 3 个标准偏移的数据点）进行研究并重复测试，另外，测

试时还需记录上下限达到时的功率等级。

（3）测试结果考核

将测试得到的数据进行表格记录后，归纳得出下面的数据：

U_{MPP} 上限值＝测量数据的最大值；U_{MPP} 下限值＝测量数据的最小值。

2. MPP 电流跟踪范围测试方法

（1）测试概述

本测试是为了测量 MPPT 工作时的电流范围以及工作点的电流是否影响 MPPT 的控制或精度。本测试应当在被测设备生产商给出的直流电压范围的中间点上下的 MPP 附近进行。本测试通过降低直流电流以使 MPPT 停止工作，并记录让 MPPT 停止工作的电流值。

（2）测试步骤

此项测试需要将逆变器与光伏阵列或光伏阵列模拟器连接，并在额定功率的中间点工作时通过调整变化 MPPT 的电流值 I_{MPP} 来进行测试。在测试开始时 I_{MPP} 值设定在被测设备提供参数中的额定电流的中间值，然后缓慢按照 $\leqslant 0.02 I_{MAX}/\mathrm{min}$ 的速率增大 I_{MPP} 值，直到达到逆变器的上下限或是当超过 I_{MPP} 的限制值时，记录此时的工作电压点，并重复以上步骤 3 次。当第一次测试时确定了 I_{MPP} 上限值后，后续的测试将至少从确定的上限值5%以下处进行。

按照下降的增量重复上述的测试步骤以确定 I_{MPP} 下限值，并应当对测试得出的异常值（超过平均值 3 个标准偏移的数据点）进行研究并重复测试，另外，测试时还需记录上下限达到时的功率等级。

（3）测试结果考核

将测试得到的数据进行表格记录后，归纳得出下面的数据：

I_{MPP} 上限值＝测量数据的最大值；I_{MPP} 下限值＝测量数据的最小值。

参 考 文 献

［1］ Chen Y，Smedley K M. A cost-effective single-stage inverter with maximum power point tracking ［J］. *IEEE Trans. Power Electron.* ，2004，19（5）：1289-1294.

［2］ Koizumi H，Kurokawa K. A novel maximum power point tracking method for PV module integrated converter ［C］. *Proc. 36th Annu. IEEE Power Electron. Spec. Conf.* ，2005：2081-2086.

［3］ Hussein K H，Mota I. Maximum photovoltaic power tracking：An algorithm for rapidly changing atmospheric conditions ［C］. *IEEE Proc. Generation Transmiss. Distrib.* ，1995：pp. 59-64.

［4］ Salas V，Olias E，Barrado A，et al. Review of the maximum power point tracking algorithms for stand-alone photovoltaic systems ［J］. *Solar Energy Materials & Solar Cells.* 90 2006：1555-1578.

［5］ 周林，武剑，等. 光伏阵列最大功率点跟踪控制方法综述 ［J］，高电压技术，2008（6）.

［6］ chao R M，Ko S H，Pai F S，et al. Evaluation of a photovoltaic energy mechatronics system with a built-in quadratic maximum power point tracking algorithm ［J］. Solar Energy，2009.

［7］ 龙腾飞，丁宣浩，蔡如华. MPPT 的三点比较法与登山法比较分析［J］. 大众科技 2007
（8）：48-49.

［8］ 龙腾飞，丁宣浩，蔡如华. 光伏电池最大功率点跟踪的三点比较法理论分析［J］. 节能
2007（8）：14-17.

［9］ 赵为. 太阳能光伏并网发电系统的研究［D］. 合肥：合肥工业大学，2003.

［10］ 岳新苗. 一种新型的最大功率跟踪实现方法在太阳能充电器中的应用［D］. 电工理论与
新技术学术年会论文集，2005.

［11］ Ying-Tung Hsiao, China-Hong Chen. Maximum Power Tracking for Photovoltaic Power System
［C］. Conference Record-IAS Annal Meeting（IEEE Industry Applications Society），2002，2：
1035-1040.

［12］ 陈兴峰，曹志峰，许洪华，等. 光伏发电的最大功率跟踪算法研究［J］. 可再生能源.
2005（1）：8-11.

［13］ Fangrui Liu, Shanxu Duan, Fei Liu, et al. A Variable Step SiZ INC MPPT Method for PV Sys-
tems［C］. IEEE. 2008.

［14］ 徐鹏威，刘飞，刘邦银，等. 几种光伏系统 MPPT 方法的分析比较及改进［J］. 电力电子
技术. 2007，41（5）：3-5.

［15］ Weidong Xiao, William G Dunford. Application of Centered Differentiation and Steepest Descent
to Maximum Power Point Tracking［J］. IEEE Transactions on Industrial Electronics，2007，54
（5）.

［16］ 谢磊. 模糊控制在光伏充电系统中的应用研究［D］. 合肥：合肥工业大学，2006.

［17］ 孙增圻. 智能控制理论与技术［M］. 北京：清华大学出版社，1994.

［18］ Takashi HIYAMA, Seuior Member, Shinichi KOUZUMA, et al. Evaluation of Neyral Network
Based Real Time Maximum Power Tracking Controller for PV System. IEEE Transactions on
Energy Conversion，1995，10（3）.

［19］ Syafaruddin, Engin Karatepe, Takashi Hiyama. Polar coordinated fuzzy controller based real-time
maximum-power point control of photovoltaic system, Renewable Energy，2009.

［20］ 杨海柱. 小功率光伏并网发电系统最大功率跟踪与孤岛问题的研究［D］. 北京：北京交
通大学，2005.

［21］ 吴理博，赵争鸣，刘建政，等. 单级式光伏并网逆变系统中的最大功率点跟踪算法稳定
性研究［J］. 中国电机工程学报，2006.

［22］ 张臻. 太阳光伏组件关键技术与新型低倍线性聚光系统研究［D］. 广州：中山大
学，2008.

［23］ 刘邦银，段善旭，康勇. 局部阴影条件下光伏模组特性的建模与分析［J］. 太阳能学
报，2008.

［24］ 刘宏. 光伏电池遮挡性能的实验研究与理论分析［D］. 西安：西安交通大学，2003.

［25］ 林幸笋. 光伏组件的热斑效应和试验方法［J］. 认证技术，2009.

［26］ IEC 61215. 晶体硅地表光伏电池组件. 设计质量和型式批准［S］. 2005.

［27］ Sandrolini L, Artioli M, Reggiani U. Numerical method for the extraction of photovoltaic module
double-diode model parameters through cluster analysis［J］. Applied Energy 87，2010：

442-451.

［28］ WOLF W, NOEL G T, RICHARD J STIRN. Investigation of the Double Exponential in the Current-Voltage Characteristics of Silicon Solar Cells ［J］. IEEE Transactions on Electrondevices, 1977, 24（4）.

［29］ MSc. Eng. Abou El-Maaty Metwally Metwally Aly Abd El-Aal. Modelling and Simulation of a Photovoltaic Fuel Cell Hybrid System ［D］. Electrical Engineering University of Kassel, 2005.

［30］ Jürgen Schumacher, Ursula Eicker, Dirk Pietruschka, et al. Exact Analytical Calculation of the One-diode Model Parameters from PV Module data Sheet Information ［R］. Technical Report of leice Ope, 1989. 106：1-6.

［31］ Kenji Kobayashi, Ichiro Takano, Yoshio Sawada. A Study on a Two Stage Maximum Power Point Tracking Control of a Photovoltaic System, under Partially Shaded Insolation Conditions ［J］. IEEE, 2003.

［32］ R. Alonso, P. Ibáñez, V. Martínez. Observe and Check Algorithm for Partially Shaded PV Systems, IEEE, 2006.

［33］ 陈欢，张兴，谭理华. 扰动观察法能量损耗研究 ［J］. 电力电子技术，2010.

［34］ Valentini M, Raducu A, Sera D, et al. PV inverter test setup for European efficiency, static and dynamic MPPT efficiency evaluation ［C］. OPTIM 2008.

［35］ Heaberlin H, Borgna L. A new approach for semi-automated measurement of PV inverters, especially MPP tracking efficiency ［C］. 19th European Photovoltaic Solar Energy Conference, Paris, France, 2004.

［36］ Haeberlin H, Borgna L, Kaempfer M. Measurement of dynamic MPP-tracking efficiency at grid connected PV inverters ［C］. 21st European Photovoltaic Solar Energy Conference, 2006.

［37］ Jantsch M, Real M, Häberlin H, et al. Measurement of PV maximum power point tracking performance ［C］. 14th EC PVSEC, 1997.

［38］ Bower C, Whitaker W, Erdman M, et al. Performance test protocol for evaluating inverter used in gridconnected photovoltaic systems ［R］. Sandia National Laboratory, Tech. Rep. , 2004.

［39］ King D L, Boyson W E, Kratochvil J A. Photovoltaic Array Performance Model, 2004.

第7章

并网光伏发电系统的孤岛效应及反孤岛策略

7.1 孤岛效应的基本问题

相对于离网光伏发电系统而言，并网光伏发电系统在运行时具有较高的光伏电能利用率，然而由于并网光伏发电系统直接将光伏阵列发出的电能逆变后馈送到电网，因此在工作时必须满足并网的技术要求，以确保系统安装者的安全以及电网的可靠运行。对于通常系统工作时可能出现的功率器件过电流、功率器件过热、电网过/欠电压等故障状态，比较容易通过硬件电路与软件配合进行检测、识别并处理。但对于并网光伏发电系统来说，还应考虑一种特殊故障状态下的应对方案，这种特殊故障状态就是所谓的孤岛效应。

实际上，孤岛效应问题是包括光伏发电在内的分布式发电系统存在的一个基本问题，所谓孤岛效应是指：在图 7-1 所示的分布式发电系统中，当电网供电因故障事故或停电维修而跳闸时，各个用户端的分布式并网发电系统（如光伏发电、风力发电、燃料电池发电等）未能及时检测出停电状态从而将自身切离市电网络，最终形成由分布电站并网发电系统和其相连负载组成的一个自给供电的孤岛发电系统。

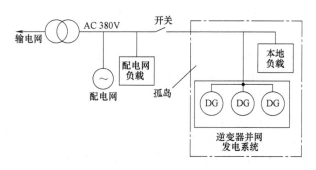

图 7-1 分布式发电系统的孤岛效应示意

孤岛效应的发生会给系统设备和相关人员带来如下危害：

1) 孤岛效应使电压及其频率失去控制，如果分布式发电系统中的发电装置没有电压和频率的调节能力，且没有电压和频率保护继电器来限制电压和频率的偏移，孤岛系统中的电压和频率将会发生较大的波动，从而对电网和用户设备造成损坏。

2) 孤岛系统被重新接入电网时，由于重合闸时系统中的分布式发电装置可能与电网不同步而使电路断路器装置受到损坏，并且可能产生很高的冲击电流，从而损害孤岛系统中的分布式发电装置，甚至导致电网重新跳闸。

3) 孤岛效应可能导致故障不能清除（如接地故障或相间短路故障），从而可能导致电网设备的损害，并且干扰电网正常供电系统的自动或手动恢复。

4) 孤岛效应使得一些被认为已经与所有电源断开的线路带电，这会给相关人员（如电网维修人员和用户）带来电击的危险。

由上可知，当主电网跳闸时，分布式发电装置的孤岛运行将对用户以及配电设备造成严重损害，因此在包括并网光伏发电等系统在内的分布式发电系统中，并网发电装置必须具备反孤岛保护的功能，即具有检测孤岛效应并及时与电网切离的功能。

本章主要展开的是对基于并网光伏发电系统的反孤岛研究，简述了并网光伏发电系统孤岛效应发生的机理和检测孤岛效应所需要满足的条件，并对孤岛效应发生的可能性与危险性进行了分析，同时还给出了反孤岛测试电路中负载品质因数 Q_f 的定义及其确定方法，并对基于并网光伏逆变器的反孤岛策略进行了分类研究，最后对不可检测区域（Non-Detection Zone，NDZ）与反孤岛策略的有效性评估这一反孤岛研究的重要问题进行了阐述。

7.1.1　孤岛效应的发生与检测

本节分析了孤岛效应发生的机理，阐述了反孤岛保护的重要性，并对现有的反孤岛策略进行了分类。

7.1.1.1　孤岛效应发生的机理

下面以典型的并网光伏发电系统为例分析其孤岛效应发生的机理，并阐述孤岛效应发生的必要条件。

图 7-2 是并网光伏发电系统的功率流图，并网光伏发电系统由光伏阵列和逆变器组成，该发电系统通常通过一台变压器（可能安装在逆变器外或不安装）和断路器 QF 连接到电网。当电网正常运行时，假设图 7-2 系统中的逆变器工作于单位功率因数正弦波控制模式，而相关的局部负载用并联 RLC 电路来模拟，并且假设逆变器向负载提供的有功功率、无功功率分别为 P、Q，电网向负载提供的有功功率、无功功率分别为 ΔP、ΔQ，负载需求的有功功率、无功功率分别为 P_{load}、Q_{load}。

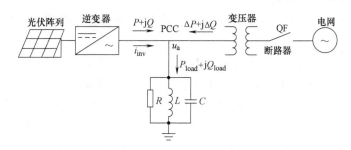

图 7-2 并网光伏发电系统的功率流图

根据能量守恒定律，公共连接点（Point of Common Coupling，PCC）处的功率流具有以下规律：

$$\begin{cases} P_{load} = P + \Delta P \\ Q_{load} = Q + \Delta Q \end{cases} \tag{7-1}$$

当电网断电时，通常情况下，由于并网发电系统的输出功率和负载功率之间的巨大差异会引起系统的电压和频率的较大变化，因而通过对系统电压和频率的检测，可以很容易地检测到孤岛效应。但是如果逆变器提供的功率与负载需求的功率相匹配，即 $P_{load} = P$、$Q_{load} = Q$，那么当线路维修或故障而导致网侧断路器 QF 跳闸时，公共连接点（PCC）处电压和频率的变化很小，很难通过对系统电压和频率的检测来判断孤岛的发生，这样逆变器可能继续向负载供电，从而形成由并网光伏发电系统和周围负载构成的一个自给供电的孤岛发电系统。

孤岛系统形成后，PCC 处电压瞬时值 u_a 将由负载的欧姆定律响应确定，并受逆变器控制系统的监控。同时逆变器为了保持输出电流 i_{inv} 与端电压 u_a 的同步，将驱使 i_{inv} 的频率改变，直到 i_{inv} 与 u_a 之间的相位差为 0，从而使 i_{inv} 的频率到达一个（且是惟一的）稳态值，即负载的谐振频率 f_0。显然，这是电网跳闸后 RLC 负载的无功功率需求只能由逆变器提供（即 $Q_{load} = Q$）的必然结果。

这种因电网跳闸而形成的无功功率平衡关系可用相位平衡关系来描述，即

$$\varphi_{load} + \theta_{inv} = 0 \tag{7-2}$$

式中　θ_{inv}——逆变器输出电流超前于端电压的相位角；

　　φ_{load}——负载阻抗角。

在并联 RLC 负载的假设情况下，有

$$\varphi_{load} = \arctan\left[R(\omega C - (\omega L)^{-1}) \right] \tag{7-3}$$

从以上分析可以看出，并网发电系统孤岛效应发生的必要条件是：

1）发电装置提供的有功功率与负载的有功功率相匹配；

2）发电装置提供的无功功率与负载的无功功率相匹配，即满足相位平衡关系：$\varphi_{load} + \theta_{inv} = 0$。

7.1.1.2 孤岛效应的检测

了解孤岛效应发生的机理后，重要的是要能够及时且有效地检测出孤岛效应，即

1）必须能够检测出不同形式的孤岛系统，每个孤岛系统可能由不同的负载和分布式发电装置（如光伏发电、风力发电等）组成，其运行状况可能存在很大差异。一个可靠的反孤岛方案必须能够检测出所有可能的孤岛系统。

2）必须在规定时间内检测到孤岛效应。这主要是为了防止并网发电装置不同步的重合闸。空气开关通常在 0.5~1s 的延迟后重新合上，反孤岛方案必须在重合闸发生之前使并网发电装置停止运行。

目前已经研究出多种反孤岛方案，其中一些已经应用于实际或集成在并网逆变器的控制中。

已有的反孤岛方案主要可以分为两类，即基于通信的反孤岛策略和局部反孤岛策略，如图 7-3 所示。第一类基于通信的反孤岛策略主要是利用无线电通信来检测孤岛效应，第二类局部反孤岛策略是通过监控并网发电装置的端电压以及电流信号来检测孤岛效应。局部反孤岛策略又可以进一步分为被动式和主动式两种：被动式方案仅根据所测量的系统电压或频率的异常来判断孤岛的发生，通常被动式方案存在相对较大的不可检测区（NDZ）；而主动式方案则通过向电网注入扰动，并利用扰动引起的系统电压、频率以及阻抗等的相应变化来判断孤岛的发生，主动式方案虽然有效地减少了不可检测区，但会或多或少地影响电能质量。

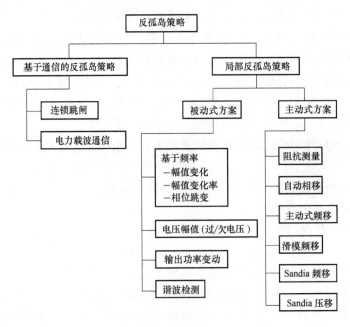

图 7-3 反孤岛策略的分类

7.1.2　孤岛效应发生的可能性与危险性

孤岛效应的发生可能会带来一系列危害，其中给相关人员带来的电击危险应当是最严重的，因此这里提到的危险性主要是指孤岛效应产生电击的危险性。本节从分析孤岛效应发生的可能性出发，简要叙述了孤岛效应发生带来的相关危险，并将"故障树"分析法运用于并网光伏发电系统孤岛效应的危险性研究。

7.1.2.1　可能性分析

对孤岛效应发生的可能性认识常存在两种极端：一方面，孤岛效应被认为是可能性很小的事件，不需要特别考虑；另一方面，仅理论上的分析都足以使人们对孤岛效应发生的可能性引起重视。实际上，孤岛效应发生的可能性介于两种极端观点之间。研究孤岛效应发生可能性的主要困难是缺少孤岛效应发生的频率、持续时间以及发生时带来危险的实际数据，并且关于孤岛效应的讨论不少还是基于个人的"感觉"或"直觉"。

实际上，7.1.1 节中的分析表明：孤岛效应发生的必要条件是负载需求的功率与并网光伏发电系统提供的功率相匹配。因此孤岛效应发生的可能性可以用功率匹配状况来描述，对此首先分析一下功率匹配状况的基本概念。

图 7-4 为功率匹配状况的示意图，其中实线表示并网发电系统输出的有功功率，虚线表示电网中负载的有功功率。若依据 IEEE Std.929[2] 中孤岛效应检测的相关规定，如果并网发电系统输出的有功功率在负载有功功率 5% 的误差带以内，并且持续时间超过 2s，就可以确定为功率匹配状况。图 7-4 中描述了两个可能的孤岛效应状况，分别持续了 3s 和 2s。应注意的是，仅由并网发电系统输出有功功率曲线与负载有功功率曲线的交点是不能判定其是否为功率匹配状况的。

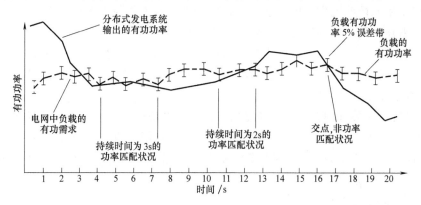

图 7-4　功率匹配状况的示意图

综上讨论可以认识到：功率匹配是针对一定的匹配误差带而言的，而孤岛效应的发生则与功率匹配的持续时间有关。因此，孤岛效应发生的可能性可以定义为一年中功率匹配状况发生的总时间（即功率匹配状况发生次数乘以匹配状况持续时

间的总和）与一年中功率匹配状况可能发生的相关时段之比，即

$$可能性 = \frac{\sum 功率匹配的次数 \times 持续时间}{一年中功率匹配状况可能发生的相关时段(s)} \quad 次/年 \quad (7-4)$$

举例来说，一年中发生了 10 次持续时间为 3s 和 2 次持续时间为 4s 的功率匹配状况，那么匹配状况的总时间是 $10 \times 3s + 2 \times 4s = 38s$，假定一年中匹配状况可能发生的相关时段是在白天的 8：00～18：00 之间，即 36000s，那么一年的总时间就是 $365 \times 36000s = 13140000s$，最后计算得到孤岛效应的可能性大约为 3×10^{-6} 次/年。

针对并网光伏发电系统的孤岛效应，荷兰相应的研究机构曾做过深入的研究，并提供了配电网中孤岛效应发生的频率以及持续时间的实际数据[3]。该项研究是通过测量安装有并网光伏发电系统的典型居民区的负荷情况来进行的，并在两年中连续测量了每一秒钟负载需求的有功功率和无功功率，同时将相关数据存储在计算机内用于离线分析，由于电网负载和并网光伏系统提供的功率之间存在直接相关性，因而离线分析是可行的。通过对安装有并网光伏发电系统的典型居民区的孤岛效应研究得出了以下结论：

1）如果电网中并网光伏发电系统能够提供的最大功率约为夜间最小负载的 2～3 倍，那么负载与并网光伏发电系统功率匹配的状况就不会发生；

2）如果每个住户所安装的并网光伏发电系统的最大功率不超过 400W，功率匹配状况也不会发生；

3）并网光伏发电系统的发电量不会显著影响功率匹配状况发生的频率和时间；

4）无论并网光伏发电系统发电量在总发电量中的比例高低，功率匹配状况发生的可能性都非常小；

5）功率匹配状况发生的可能性与连接到馈电线上的住户的数量无关；

6）低压电网中功率匹配状况发生的可能性小于 10^{-6}～10^{-5} 次/年；

7）功率匹配同时电网供电中断的可能性即孤岛效应发生的可能性几乎为 0。

以上研究结论表明：并网光伏发电系统中功率匹配状况发生的可能性非常小，而孤岛效应发生的可能性几乎为 0。

虽然荷兰相关机构在对某个典型居民区孤岛效应的研究中得出了孤岛效应发生的可能性几乎为 0 的结论，但是毕竟研究的范围有限，也不能满足未来发展的要求，因此孤岛效应作为一个技术问题，必须对其危险性有足够的重视，并采用适当的方案来加以防止或利用。

7.1.2.2 危险性分析

孤岛效应一旦发生将带来具有以下不利影响的危险性，即

1. 孤岛效应引起的重合闸问题

并网逆变器系统发生孤岛效应所造成的危险性与自动重合闸相应的使用规定有关，这与使用自动重合闸装置的国家规定有关。一些欧洲国家如荷兰主要在中高压

高架输电线中使用自动重合闸装置，而通常连接在低压配电网中的并网逆变器系统不可能到达电压高的输电线，所以不必考虑自动重合闸所带来的危险。而北美在针对发电装置的并网技术标准（如 IEEE Std. 929[2] 和 IEEE Std. 1547[3]）中明确提出，使用自动重合闸可能带来危险[1]，至少有可能对并网逆变器本身造成损坏。

2. 孤岛效应对正常供电的自动或手动恢复产生的干扰

孤岛效应干扰供电的自动或手动恢复所带来的危险性部分依赖于孤岛效应稳定地维持到电网重新连接时的可能性。由于孤岛效应只有在发电装置的输出功率与孤岛系统中的负载需求相匹配时才可能维持，而发电装置的输出功率和孤岛中的负载需求都是随时间变化的，显然持续时间长的孤岛效应发生的可能性比持续时间短的孤岛效应发生的可能性更小。通过对并网逆变器系统的孤岛效应危险性的大量研究表明[1]：持续时间超过几分钟的孤岛效应几乎是不可能的，因此相对于手动重合闸来说，避免上述危险更需要考虑的是自动供电恢复技术（如自动重合闸）。

3. 孤岛效应给相关人员带来电击的危险

由于孤岛效应能使被认为已经与所有电源断开的线路带上电，因而给相关人员带来的危险是最严重的。因为涉及安全问题，所以对这种危险性应有更广泛的分析。对电网维修人员的危险性可以通过制定相关的安全工作条例来减少，如果工作时都遵循这些相关条例，孤岛效应不会增加电网维修人员遭到电击的危险性。然而，其他工作人员（如消防队员）可能没有时间或能力来遵循这些条例，这样只要孤岛效应持续时间超过几秒钟，就有可能造成电击的危险。北美在分布式发电装置（如光伏发电、风力发电等）并网运行的相关技术标准如 IEEE Std. 1547[3] 中关于反孤岛时间的限制就反映了这方面的考虑（参见表7-2）。

针对上述危害，虽然已研究出多种反孤岛方案，但这些方案仍然有以下局限性：

1) 执行成本高；

2) 需要光伏发电系统与电网之间的协调；

3) 易误检测（误跳闸）；

4) 在某些情况下具有不可检测性；

5) 降低电网供电质量以及电压和频率的稳定性。

其中，局部反孤岛策略的主要局限性是存在孤岛效应而不能立即被检测出的工作区域，即不可检测区（NDZ）。尽管 NDZ 的影响在有些情况下是可以忽略不计的，但在一些情况下是必须考虑的。由于并网光伏逆变器在其输出的有功功率和无功功率与孤岛中负载需求的有功功率和无功功率都非常匹配的情况下，才可能发生孤岛效应，因此只要存在一定的不匹配功率，孤岛系统中的电压或频率就将偏移出正常工作范围，引起触发过/欠电压和过/欠频率保护，逆变器将停止运行。

总结以上分析，只有在下列事件都发生的情况下，孤岛效应才会产生危险：

1) 电网因故障或维修等原因而造成供电中断；

2）发电装置的输出（有功和无功）与孤岛系统中的负载需求非常匹配；

3）当孤岛系统的工作状况在反孤岛方案的 NDZ 以内，此时发电装置无法检测到孤岛效应即检测失败；

4）工作人员接触了与并网系统相连的不绝缘的带电导体。

实际上，孤岛效应产生电击的危险性还可以用"故障树"的逻辑关系来分析，如图 7-5 所示。

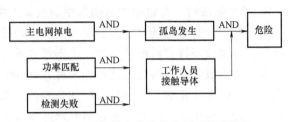

图 7-5　孤岛效应危险性分析"故障树"

从图 7-5 可看出，由于孤岛效应产生电击的危险是功率匹配程度、电网跳闸且反孤岛保护方案检测失败以及相关人员接触了带电导体等诸多因素共同作用的结果，因此孤岛效应产生的电击危险性可由功率匹配的可能性（$P_{匹配}$）、电网跳闸的可能性（$P_{电网跳闸}$）、反孤岛保护方案检测失败的可能性（$P_{保护失败}$）以及相关人员接触了带电导体的可能性（$P_{接触导体}$）来共同描述，即

$$危险性 = P_{匹配} \times P_{电网跳闸} \times P_{保护失败} \times P_{接触导体} \tag{7-5}$$

在考虑了以上 4 个因素的基础上，英国的一项研究计算出了孤岛效应产生电击对人身伤害的总危险性水平，相关的研究结果可以归纳如下：

1）当电网中发电装置相对负载来说输出功率较低，即输出功率小于平均最大需求功率的 30% 时，功率匹配的可能性几乎为 0；然而当发电装置输出功率相对增加时，功率匹配的可能性随之增加。

2）利用英国关于电网跳闸、发电装置输出功率高等情况发生的可能性的数据，以及对并网逆变器反孤岛能力的合理假设，孤岛效应造成电击的总危险性约为 10^{-9} 次/年，而英国一般电击发生的危险性约为 10^{-6} 次/年，显然前者比后者要小得多。

可见由孤岛效应造成的电击危险，即使是在并网逆变器系统输出功率很高时，只要正确处理，也不会增加本身就存在的电击危险。实际应用中应尽量避免选择理论上不可检测区小但可靠性低的反孤岛方案。

虽然并网光伏逆变器在德国、日本和美国等已经有了相当广泛的应用，但关于这些光伏发电系统的孤岛效应造成人员伤害的报告几乎没有，也没有现场观察到这些系统发生孤岛效应的报告，这表明对孤岛效应危险性的理论分析与实际的现场运行情况相吻合。现阶段关于孤岛效应危险性的研究主要针对并网逆变器系统，今后应该扩展到研究发电机系统或基于发电机与并网逆变器的混合式分布式发电系统的情况。

7.1.3　并网逆变器发生孤岛效应时的理论分析

7.1.3.1　并网逆变器系统

逆变器并网运行时，输出电压由电网电压钳位，逆变器所能控制的只是输入电

网的电流。其中，并网电流的频率和相位应与电网电压的频率和相位相同，而幅值是根据实际系统的控制来决定的。因为在研究孤岛检测技术时，关心的只是逆变电源的输出特性，因此在研究孤岛检测技术时，逆变电源可以等效为一个幅值一定、频率和相位都跟踪电网的受控电流源。

在实际系统中，负载大多可以等效为 RL 串联形式，这种形式在孤岛发生之后可以很容易地根据过/欠频检测到，而研究孤岛检测技术的目的是为了寻找到一种能够检测出任何负载下孤岛状态的技术，即要考虑到检测比较困难的负载形式，所以在研究孤岛检测技术时，通常把负载等效为 RLC 并联形式，分析表明：只要等效负载中的电容和电感值合适，频率偏移就不

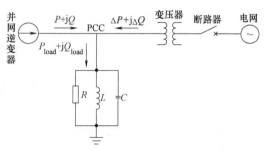

图 7-6　并网逆变系统的等效模型

会太大，使稳态时频率在正常范围内，进而检测不出孤岛状态。

由上述讨论，可得孤岛效应研究时并网逆变系统的等效模型如图 7-6 所示[4]。

7.1.3.2　反孤岛测试电路中的负载品质因数 Q_f

1. 负载品质因数 Q_f 的定义

在对反孤岛方案进行研究和测试时发现负载的谐振能力越强，电路系统的频率向上偏移或保持在谐振频率处的趋势越强，利用频率偏移的反孤岛方案实际上就越难使频率发生偏移，也就不会对孤岛状况做出正确并且及时的判断。研究表明：谐振频率等于电网频率的并联 RLC 负载可以形成最严重的孤岛状况[5]，因此在进行反孤岛测试之前，必须对负载的谐振能力进行定量的描述，这就需要引入负载品质因数 Q_f 的概念。

IEEE Std. 929[2] 中负载品质因数 Q_f 的定义为：负载品质因数 Q_f 等于谐振时每周期最大储能与所消耗能量比值的 2π 倍。这里只考虑与电网频率接近的谐振频率，因为如果负载电路的谐振频率不同于电网频率，就有驱动孤岛系统的频率偏离频率正常工作范围的趋势。从定义中可以看出，负载品质因数 Q_f 越大，负载谐振能力越强。

如果谐振负载包含具体数值的并联电感 L、电容 C 和有效电阻 R，如图 7-7 所示，那么 Q_f 的大小可由下式确定：

$$Q_f = R\sqrt{C/L} \tag{7-6}$$

由于谐振频率定义为 $\omega = 1/\sqrt{LC}$，因此上式可化为

$$Q_f = R/\omega L \tag{7-7}$$

如果谐振电路中消耗的有功功率为 P，感性负载消耗的无功功率为 P_{qL}，容性

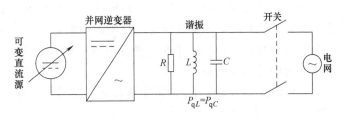

图 7-7 含并联谐振 RLC 负载的反孤岛测试电路

负载消耗的无功功率为 P_{qC}，那么品质因数也可用下式表示：

$$Q_f = \frac{\sqrt{P_{qL} P_{qC}}}{P} \tag{7-8}$$

要注意上式中假定负载为并联 RLC 负载，实际情况要复杂得多，也要注意实际中 P_{qL} 和 P_{qC} 可用系统频率的函数表示，其大小是不断变化的，即随着频率的升高，P_{qC} 增加而 P_{qL} 减小，在谐振频率时，P_{qL} 与 P_{qC} 相等，令 $P_q = P_{qL} = P_{qC}$，显然此时 RLC 负载表现为阻性负载，而式（7-8）可简化为

$$Q_f = \frac{P_q}{P} \tag{7-9}$$

在具体的反孤岛测试中，通常用并联 RLC 谐振负载代表局部负载，从而模拟一种最严重的孤岛状况。由于品质因数 Q_f 越大，负载的谐振能力越强，因此反孤岛测试中负载 Q_f 的选择是很重要的。首先，若选择太小的 Q_f，则将导致逆变器在实验室的试验平台中能顺利通过反孤岛测试，而现场运行时却检测不到孤岛效应；若选择太大的 Q_f，则一方面不切实际，而另一方面则将导致逆变器不能作出正确的判断。

2. 负载品质因数 Q_f 的确定

将并联 RLC 谐振电路的品质因数 Q_f 与负载电路的位移功率因数（Displacement Power Factor，DPF）联系起来将更有利于反孤岛测试中对负载品质因数 Q_f 的确定，那么负载品质因数 Q_f 与位移功率因数（DPF）究竟有何关系呢？

为了便于定量分析，首先做下列假设[5]：

1）假设负载电路中不含补偿功率因数的电容，并且已知负载电路消耗的有功功率和负载电路的功率因数，由这两个数据和电网电压及频率，可以计算出负载电路中的电阻 R 和电感 L；

2）假设并上的无功补偿电容刚好使负载电路的功率因数为 1。这种假设是合理的，因为负载电路的功率因数等于 1 意味着负载电路的谐振频率等于电网频率，而这是反孤岛保护所面临的最严重情况（任何其他的谐振频率都将有助于而不是有碍于反孤岛保护），此时 L 和 C 将有一个固定的关系 $\omega L = 1/(\omega C)$。

通过以上假设获得了并联 RLC 谐振电路，并且由式（7-7）可知，一旦确定了上述中的假设2），计算 Q_f 时就不必明确给出 C 的大小，只需由上述假设1）中得到的 R 和 ωL 就可以了。因此，实际系统中尽管电路中可能连接有并联电容器来改善功率因数，但是品质因数 Q_f 的确定仍然可以像没有连接电容一样。若利用负载电路的位移功率因数（DPF）来计算品质因数 Q_f，则不难得到以下关系：

$$Q_f = \tan[\arccos(DPF)] \tag{7-10}$$

由于实际电网中负载的品质因数大于 2.5 的情况一般是不可能的，因此 UL1741[1] 和 IEEE Std. 929[2] 规定反孤岛测试电路中并联 RLC 负载的品质因数小于 2.5，实际上测试负载的 Q_f 可以在 2.5~1.0 之间，这样更能代表典型光伏发电系统的实际情况。表 7-1 表示了一组由式（7-10）计算得出的位移功率因数（DPF）与品质因数 Q_f 的对应数据。可以看出：随着位移功率因数（DPF）的上升，品质因数 Q_f 将下降。

表 7-1　DPF 与 Q_f 的对应关系

DPF	0.37	0.48	0.707	1
Q_f	10	1.8	1	0

由于稳态时负载电路的位移功率因数一般大于 0.75，这样 $Q_f = 1$（DPF = 0.707）就比光伏发电装置能够与之形成孤岛系统的负载品质因数 Q_f 大，所以不必选择更大数值的 Q_f，例如 IEEE Std. 1547.1 中规定，Q_f 为 1±0.05 作为比较，IEC 62116 的当前草案规定 $Q_f = 0.65$（DPF = 0.84）。显然，较低的 Q_f 值允许光伏发电装置的制造商采用给供电质量带来的不利影响较小的主动式反孤岛方案。

7.1.3.3　有功功率和无功功率的不匹配分析

1. 孤岛时系统的功率流图及相关分析

实际上，在电网断电的瞬时，有功和无功不匹配情况下孤岛时的逆变器输出电压和系统频率特性可以通过解析的方法计算出来。

根据前面讨论，可以将孤岛运行时的供电系统看作一个电流源，系统的负载用 RLC 并联电路来代替，则单相并网光伏发电系统等效电路如图 7-8 所示。

因为负载是采用最不利情况下的 RLC 并联电路代替的，系统孤岛运行时电阻 R 的端电压和 LC 并联的端电压相同，因此 RLC 并联的等效负载导纳为

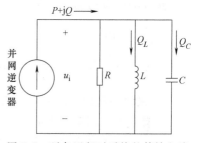

图 7-8　孤岛运行时系统的等效电路

$$Y(j\omega) = G + j\left(\omega C - \frac{1}{\omega L}\right) \tag{7-11}$$

而 LC 并联的阻抗是频率的函数，即

$$\mathrm{Im}\left[Z_{LC}\right]=\frac{\omega_i L}{1-\omega_i^2 LC} \tag{7-12}$$

再由 $U_i^2 = PR = Q\mathrm{Im}\left[Z_{LC}\right]$ 得出 LC 并联的阻抗亦是 PV 发电系统输出有功、无功功率的函数，即

$$\mathrm{Im}\left[Z_{LC}\right]=\frac{PR}{Q} \tag{7-13}$$

由式（7-12）、式（7-13）可以得出系统孤岛运行时系统频率的特性方程为

$$\omega_i^2 + \frac{Q}{RCP}\omega_i - \left(\frac{1}{\sqrt{LC}}\right)^2 = 0 \tag{7-14}$$

将并联电路的品质因数 $q = R\sqrt{\dfrac{C}{L}}$ 代入上式，系统频率的特性方程可表示为

$$\omega_i^2 + \frac{R}{q^2 L}\frac{Q}{P}\omega_i - \left(\frac{R}{qL}\right)^2 = 0 \tag{7-15}$$

计算可得系统孤岛运行时的系统频率为

$$\omega_i \approx \frac{1}{\sqrt{LC}}\cdot\left(\frac{1}{2}\frac{Q}{qP}+1\right) \tag{7-16}$$

而根据电网断开前后瞬时的有功功率关系，不难得出系统孤岛运行时的系统电压为

$$U_i = \sqrt{k}\,U \tag{7-17}$$

式中　$k = \dfrac{P}{P_{\mathrm{Load}}}$。

从上面的解析分析可以得出以下两点结论：

1）式（7-17）表明，逆变器输出端电压在电网断开的短暂时间里，是光伏发电系统实际输出有功功率与负载需求有功功率之比 $\left(k = \dfrac{P}{P_{\mathrm{Load}}}\right)$ 的函数。

2）式（7-16）表明，孤岛运行时系统的频率 ω_i 是光伏发电系统有功输出 P、无功输出 Q 以及系统的谐振频率 $\omega_0 = \dfrac{1}{\sqrt{LC}}$（即与负载的性质有关）的函数。

2. 孤岛时系统的功率匹配分析

为了有效地检测孤岛效应，下面对不同的负载情况加以说明，表述 3 种主要的负载情况，以便于后边的有功、无功孤岛检测的分析。

（1）有功功率不匹配，无功功率基本匹配

如果系统所需要的有功功率和光伏发电系统提供的有功不匹配时，即 ΔP（$\Delta P = P_{\mathrm{Load}} - P$）绝对值比较大时，在断网瞬时由式（7-17）可知，逆变器的端电

压 U_i 将会有较大幅度的变化。根据 IEEE Std. 929—2000，电压的允许波动范围为 $0.88U \leqslant U_i \leqslant 1.10U$，计算得出，当 $\Delta P > \pm 20\%$ 时，孤岛效应利用过/欠电压检测可很容易检测出来。

（2）无功功率不匹配，有功功率基本匹配

如果系统所需要的无功功率和光伏发电系统提供的无功功率不匹配时，即 ΔQ（$\Delta Q = Q_{Load} - Q$）绝对值比较大时，在断网瞬时逆变器的端电压频率 ω_i 将会有较大幅度的变化。根据 IEEE Std. 929—2000，频率的允许波动范围为 $59.3 \sim 60.5$Hz，当 $\Delta P = 0$、$q = 2.5$ 时，计算得出当 $\Delta Q > \pm 5\%$ 时，孤岛效应利用过/欠频率检测可很容易检测出来。

（3）有功、无功功率都基本匹配

即介于前两者之间的情况，$\Delta P < \pm 20\%$ 且 $\Delta Q < \pm 5\%$ 时，利用过/欠电压、过/欠频率检测都不足以检测出孤岛效应，也就是被动检测法中所出现的不可检测区域，因此就需要其他新的方法（如利用有功、无功功率扰动的相关理论进行孤岛效应检测）来加强孤岛效应检测能力，减小不可检测区域。

7.1.4　孤岛效应的检测标准与研究状况

由于一系列技术和经济障碍，使得近些年对孤岛效应的利用是不可能推广的，这主要是因为对于孤岛效应的利用需要对系统进行满足孤岛安全运行模式的重新设计，于是现阶段还是要求必须及时检测并禁止孤岛效应的发生。国际上先后制定的并网技术标准如 UL1741[6]、IEEE Std. 929[2] 和 IEEE Std. 1547. 1[7] 等都规定了并网发电装置必须具有反孤岛保护功能，并设计出具体的反孤岛测试电路和测试方法。

然而由于并网技术要求与配电网的结构和运作制度有关，不同的国家对并网技术要求的规定不同[1]，因此，国际上对反孤岛方案没有明确规定，一些国家如荷兰仅要求过/欠频率保护来反孤岛，其他国家如德国和奥地利则要求采用阻抗测量方案或 ENS 装置[8]；此外对孤岛效应检测时间的规定也有差别，例如美国的一些研究机构选择 1s 作为允许的检测时间，日本规定的检测时间为 $0.5 \sim 1$s，德国规定检测时间不超过 5s[9]，而 IEEE Std. 929[2] 和 IEEE Std. 1547[3] 根据孤岛效应发生时的具体情况推荐了不同的孤岛效应检测时间。本章考虑的孤岛效应检测时间主要参考 IEEE Std. 1547[3]，见表 7-2。

表 7-2　IEEE Std. 1547[3] 允许的孤岛效应检测时间

状态	电网跳闸后电压幅值	电网跳闸后电压频率	允许的检测时间/s[①]
A	$0.5U_n$[②]	f_n[③]	0.16
B	$0.5U_n \leqslant U < 0.88U_n$	f_n	2
C	$1.10U_n < U < 1.2U_n$	f_n	1

（续）

状态	电网跳闸后电压幅值	电网跳闸后电压频率	允许的检测时间/s[①]
D	$1.2U_n \leq U$	f_n	0.16
E	U_n	$f < f_n - 0.7\text{Hz}$	0.16
F	U_n	$f > f_n + 0.5\text{Hz}$	0.16

① 本表适用于额定功率≤30kW的发电装置，对额定功率>30kW的发电装置，电压和频率的范围以及孤岛效应检测时间都是现场可调的。

② U_n是指电网电压幅值的额定值。对于我国的单相市电，为交流220V（有效值）。

③ f_n是指电网电压频率的额定值。对于我国的单相市电，为50Hz。

近年来，关于孤岛效应的研究主要集中于以下几个方面：

1）孤岛效应的机理研究；

2）反孤岛策略的研究；

3）反孤岛策略的有效性评估；

4）并网光伏发电装置的反孤岛测试；

5）孤岛效应的利用。

对上述几个方面具体简述如下：

1. 孤岛效应的机理研究

IEA中专门研究并网光伏发电系统的Task V工作组对孤岛效应发生的可能性与危险性进行了广泛而深入的研究[1,3]，在分析了孤岛效应发生的检测区域、孤岛效应的稳定性以及功率匹配对孤岛效应发生影响的基础上，运用危险性评估标准IEC 61508对低压电网中孤岛效应带来的危险性进行评估，得出了光伏发电系统危险性分析故障树，接着基于IEC 61508的危险性图表分析法，将"故障树"分析法运用于光伏发电系统孤岛效应的危险性研究。

2. 反孤岛策略的研究

当前并网光伏发电系统中一个重要的安全问题就是，避免电网跳闸后系统中的发电装置发生孤岛效应，解决办法就是及时检测到孤岛效应并立即断开发电装置与电网的连接。在过去十几年里，反孤岛策略的研究引起了广泛关注，而至今还没有形成统一的理论。

反孤岛策略主要分为基于通信的反孤岛策略和局部反孤岛策略。基于通信的反孤岛策略主要有连锁跳闸方案[9]和电力线载波通信方案[10]。局部反孤岛策略主要分为被动式方案和主动式方案，被动式方案通过监控并网发电装置与电网接口处电压或频率的异常来检测孤岛效应，包括过/欠电压和过/欠频率保护、相位跳变、电压谐波检测等方案。一般来说，并网光伏发电装置都具有过/欠电压保护和过/欠频率保护的功能，但由于被动式方案准确检测的范围有限，为了满足并网光伏发电系统反孤岛效应的安全标准的要求，必须采用主动式方案。主动式方案通过有意地向系统中引入扰动信号来监控系统中电压、频率以及阻抗的相应变化，以确定电网的存在与否，主要包括输出功率变动、阻抗测量方案、滑模频移、主动式频移、阻抗插入法以及 Sandia 频移等方案。

3. 反孤岛策略的有效性评估

国内外广泛采用的反孤岛策略，包括过/欠电压保护、过/欠频率保护、相位跳变、滑模频移、主动式频移以及 Sandia 频移等方案，然而电网标准的制定机构以及并网光伏发电装置制造商的共同兴趣是确定哪个方案最有效[11]。经过理论分析和相关实验，发现几乎所有的反孤岛方案都存在检测失败的情况，即不可检测区域（NDZ）[12]，这些检测失败的情况包括有功功率和无功功率的不匹配以及一些特殊负载等。由于可以用不匹配功率的大小和具体负载对 NDZ 进行定量的描述，而反孤岛方案 NDZ 的大小反映了该方案检测孤岛效应的有效性，因此 NDZ 可以作为评估反孤岛方案有效性的一个性能指标。通常被动式反孤岛方案的有效性用功率不匹配 $\Delta P \times \Delta Q$ 坐标系描述的 NDZ 来评估[12]，但是由于不匹配功率的大小 ΔP、ΔQ 反映的只是电网跳闸前后系统中功率流的变化情况，因此 $\Delta P \times \Delta Q$ 坐标系不能对主动式反孤岛方案的 NDZ 进行定量的描述。为了准确地评估主动式方案，Michael E. ROPP 等提出了一种基于具体负载参数的 $L \times C_{norm}$ 坐标系[12]。然而对不同的电阻 R，$L \times C_{norm}$ 坐标系中同一种反孤岛方案的 NDZ 不同，因此 $L \times C_{norm}$ 坐标系不能很好地反映出负载电阻的变化对反孤岛方案 NDZ 的形状以及大小的影响。基于此，Huili Sun 等建议采用负载特征参数 $Q_f \times f_0$ 坐标系来评估反孤岛方案，可以针对最坏情况的负载进行分析，并且可清楚表现出负载电阻的变化对反孤岛方案 NDZ 的影响[14]。然而上述各种评估反孤岛方案的坐标系或者需要多张盲区分布图（与不同电阻对应）不利于分析讨论，或者由于坐标变量间相互耦合而不能直观反映出盲区与负载参数间的对应关系，因此给孤岛检测的实验验证和性能比较带来不便。对此，国内学者提出一种基于 $Q_{f0} \times C_{norm}$ 坐标系的盲区映射方法，该方法能在一张平面图上勾画出基于频率类孤岛检测方法的不可检测区，平面图的坐标变量间相互独立，且与 IEEE Std. 929—2000 测试规范中涉及的负载参数一一对应，便于将孤岛检测的理论研究与实验验证及产品性能认证相结合，应用于工程实践。

4. 并网光伏发电装置的反孤岛测试

为了确保并网光伏发电装置反孤岛保护的可靠性，必须在出厂前对其进行反孤岛测试。研究表明[14]：谐振频率等于电网频率的并联 RLC 负载可以形成最严重的孤岛状况，因此很多并网技术标准（如 UL1741[6]、IEEE Std. 929[2] 和 IEEE Std. 1547.1[7]）规定反孤岛测试电路采用并联 RLC 谐振负载来代表局部负载。但是由于不同国家电网的技术要求不同，以及对反孤岛方案和检测时间规定的不一致等，具体的反孤岛测试方法有所不同，例如北美先后制定并网标准如 UL1741[6]、IEEE Std. 929[2] 和 IEEE Std. 1547.1[7] 中，都明确规定了反孤岛测试电路和测试步骤，而欧洲一些国家如德国在其专门的并网标准中规定的反孤岛测试与北美的不同[15]。

5. 孤岛效应的利用

UL1741[6]和 IEEE Std. 929[2]规定，一旦电网断电，立即断开光伏发电装置与电网连接，但是随着并网光伏发电装置数量的日益增加以及竞争力的日益增强，用来检测并禁止孤岛效应的方案可能恶化局部扰动，当前禁止孤岛效应的规定有可能将不再适用于未来发展，并网光伏发电装置有计划地发生孤岛效应即孤岛效应利用将成为一个有意义的选择，这种利用并网光伏发电装置的孤岛效应以保证重要负载供电的方式，给发电装置的业主、电网以及用户都带来了很多好处，并且提高了供电的可靠性[16,17]。于是 IEEE Std. 1547[7]将光伏发电装置的孤岛效应利用作为未来要考虑的任务之一，然而首先要解决的是光伏发电装置必须能够将电压和频率维持在正常范围以内。

近几年研究工作已经向孤岛效应利用的可能性方面展开。S. Barsali 等提出一种仅使用局部测量参数来有计划发生孤岛效应的控制策略，并网运行模式与孤岛运行模式之间的转换不需要光伏发电装置与电网间的通信[18]；J. Liang 等也提出一种针对由多台并网逆变器组成的光伏发电单元运行于孤岛模式的混合控制策略，即采用由一台逆变器专门控制电压而其他逆变器控制电流的策略[19]；M. Marie 等又提出一种执行安全控制的孤岛效应的方法，一旦孤岛效应发生，检测算法立即发送信号控制光伏发电装置从并网运行模式转为孤岛运行模式[20]，在此基础上，工作于并网运行模式时的光伏发电装置还可以提供无功功率以改善功率因数[21]。

7.1.5　并网光伏系统的反孤岛测试

为了验证实际中反孤岛方案的有效性，必须对并网光伏发电装置进行反孤岛测试，以验证并网光伏发电装置是否能够在规定的时间内检测到孤岛效应，并停止运行。本节根据 IEC 62116 Edition 1.0 的标准，介绍了基于并网逆变器的反孤岛测试电路，并详述了孤岛测试的步骤及测试判据。

1. 反孤岛测试电路组成

反孤岛测试电路如图 7-9 所示。测试电路由直流输入电源、反孤岛测试平台（Equipment Under Test，EUT，对于并网光伏发电系统为并网逆变器）、交流电压源（模拟电网）、电网侧开关 Q_1、负载侧开关 Q_2 以及负载组成。

孤岛检测技术的目的是为了寻找到一种能够检测出任何负载下孤岛状态的技术，当负载为并联 RLC 负载时，孤岛效应最难检测到，因此在具体的反孤岛测试中，通常选择并联 RLC 负载作为本地负载，并且当并联 RLC 负载谐振频率等于电网频率时，可以形成最严重的孤岛状况，根据要求，选择负载 RLC 的谐振频率为50 或 60Hz，并且负载功率应和反孤岛测试平台输出功率相匹配，对于多相逆变器，负载的各相之间应保持平衡。

由 7.1.3 节的讨论可知，在具体的反孤岛测试中，负载品质因数 Q_f 的选择是很重要的。选择太小的 Q_f 将导致逆变器在实验室的试验平台中能顺利通过反孤岛

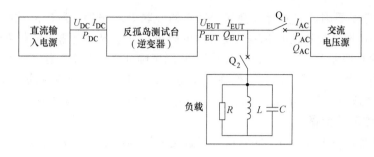

图 7-9　反孤岛测试电路

U_{DC}、I_{DC}、P_{DC}—直流侧输出的电压、电流、有功功率

U_{EUT}、I_{EUT}、P_{EUT}、Q_{EUT}—反孤岛测试平台输出的电压、电流、有功功率、无功功率

I_{AC}、P_{AC}、Q_{AC}—交流电源侧（即电网）的电流、有功功率和无功功率

测试，而现场运行时却检测不到孤岛效应；而当选择太大的 Q_f 时，一方面不切实际，而另一方面则将导致逆变器不能做出正确的判断。对于品质因数 Q_f 的选择，不同的国际标准有不同的规定，如 IEEE Std 929—2000 规定 $Q_f = 2.5$，IEC 62116 草案中规定 $Q_f = 0.65$，IEC 62116 Edition 1.0 正式规定 $Q_f = 1 \pm 0.05$。本节讨论基于 IEC 62116 Edition 1.0 的规定，认为 Q_f 应选为 1 ± 0.05。

测试可以在表 7-3 所示的不同状态下进行。

表 7-3　反孤岛测试的不同测试状态

测试状态	反孤岛测试平台输出功率 P_{EUT}
A	最大功率[1]
B	最大功率的 50%~66%
C	最大功率的 25%~33%[2]

[1] 直流输入电源应足够大，以保证逆变器可以输出最大功率，在实际中，这个最大功率大于逆变器的额定功率；

[2] 若逆变器输出的最小功率大于最大功率的 33%，测试时选择逆变器允许输出的最小功率。

2. 测试要求

1）当并网逆变器需要单独的直流输入电源来执行测试时，输入电源应该至少能提供逆变器额定输入功率的 150%，并且输入电源的输出电压应与逆变器输入电压的工作范围相匹配。对不能设置输出功率的逆变器，其输出功率由输入电源设置。

2）如果并网逆变器有规定的直流输入电源，但是该输入电源不能提供测试中规定的逆变器的输出功率，就在输入电源能够提供的范围内进行测试。测试结果仅适用于有指定输入电源的逆变器，测试报告要注明它的局限性。

3）RLC 负载应该被调节到使流过 Q_1 的基频电流小于稳态时逆变器每相额定电流的 2%。

4）应记录下每次孤岛效应的持续时间。

5）测试和测量设备应记录每相电流以及相电压或线电压，来确定测试期间基频时的有功功率和无功功率。最小测量准确度应不超过逆变器额定电压和电流的 1%。

6）由于品质因数 Q_f 的计算是基于理想的并联 RLC 电路，所以测试电路中用的是无电感的电阻，损耗低的电感以及有效电阻很小的电容。应测量负载 R、L、C 各条支路中的有功和无功功率，以便计算 Q_f 时能正确处理由自耦变压器产生的寄生效应。如果使用铁心电感线圈，工作在额定电压时，谐波电流不能超过电流 THD 的2%。要选择适当功率的电阻，以尽量减小测试中因发热导致电阻值偏移。

3．具体测试步骤

1）根据表 7-3 所示的不同测试状态选定逆变器的输出功率 P_{EUT}。其中 A、B、C 三种测试状态可按任意顺序进行。

2）调整直流侧输入，控制逆变器输出功率 P_{EUT} 为 1）中所选的功率，并测量测试平台输出的无功功率 Q_{EUT}。

具体步骤为：在不连接本地负载的情况下，将逆变器连接到电网上（即图 7-9 中的开关 Q_1 闭合，Q_2 断开），调节直流侧输入，使平台输出功率 P_{EUT} 等于步骤1）中选定的功率。测量基频（50Hz 或 60Hz）下的有功功率 P_{AC} 和无功功率 Q_{AC}（在后面的测试步骤中，测量的无功功率用 Q_{EUT} 表示）。

3）关闭反孤岛测试平台，断开开关 Q_1。

4）根据下式计算出反孤岛测试平台 RLC 负载的值使品质因数 $Q_f = 1.0 \pm 0.05$。

$$R = U_{EUT}^2 / P_{EUT}$$
$$L = U_{EUT}^2 / (2\pi f P_{EUT})$$
$$C = P_{EUT} / (2\pi f U_{EUT}^2) \qquad (7\text{-}18)$$

注意，当 $Q_f = 1.0$ 时，$P_{qL} = P_{qC} = 1.0 P_{EUT}$（$P_{qL}$ 是每相感性负载消耗的无功功率，P_{qC} 是每相容性负载消耗的无功功率）。

5）闭合 Q_2，将第 4）步确定的 RLC 负载接入测试平台。闭合 Q_1，给反孤岛测试平台通电，确保输出功率为额定功率。

6）断开开关 Q_1，开始测试。记录测试开始的时刻和测试开始到反孤岛测试平台输出电流减小并保持在其额定值1%以下所需的时间（即孤岛持续时间）。

4．测试判据

1）应记录下每次孤岛效应的持续时间。

2）如果 Q_1 断开后，逆变器在 IEEE Std.1547（见表 7-2）的规定时间内停止向测试负载供电，就证明逆变器通过了该项测试。

3）如果测试中有一次孤岛效应持续时间大于 IEEE Std.1547 的规定时间，就证明逆变器未能通过反孤岛测试。

4）在电网重新连接后，所测得逆变器自动并网恢复时间至少为 3min。

7.2　基于并网逆变器的被动式反孤岛策略

根据 7.1 的叙述，常用的反孤岛策略可分为基于通信的反孤岛策略和局部反孤岛策略。基于通信的反孤岛策略包括连锁跳闸方案和电力线载波通信方案等，这种反孤岛策略采用无线电通信的方式来检测孤岛效应，与并网光伏系统的控制方式无关，因此本书中不做过多分析。下面主要介绍局部反孤岛策略，即基于并网逆变器的反孤岛策略。

在并网光伏发电系统中，基于并网逆变器的反孤岛策略主要分为两类：第一类称为被动式反孤岛策略，如不正常的电压和频率、相位监视和谐波监视等；第二类称为主动式反孤岛策略，如频率偏移和输出功率扰动等。第一类方法只能在电源—负载不匹配程度较大时才能有效，在其他情况（例如逆变器输出负载并联电容）下可能会导致孤岛检测的失效。第二类方法如频率偏移法，则是通过在控制信号中人为注入扰动成分，从而使得频率或者相位偏移，这类主动式方法虽然使系统的反孤岛能力得到了加强，但仍然存在不可检测区，即当电压幅值和频率变化范围小于某一值时，系统无法检测到孤岛的存在。本节及下一节主要将介绍并网逆变器的被动与主动两种反孤岛策略。

7.2.1　过/欠电压、过/欠频率反孤岛策略

1. 过/欠电压反孤岛策略（OVP/UVP）

过/欠电压反孤岛策略是指当并网逆变器检测出逆变器输出的电网公共连接点 PCC 处的电压幅值超出正常范围（U_1，U_2）时，通过控制命令停止逆变器并网运行以实现反孤岛的一种被动式方法[1]，其中 U_1、U_2 为并网发电系统标准规定的电压最小值和最大值。对于如图 7-2 所示的并网光伏系统，当断路器闭合（电网正常）时，逆变电源输出功率为 $P+jQ$，负载功率为 $P_{load}+jQ_{load}$，电网输出功率为 $\Delta P+j\Delta Q$。此时，公共耦合点电压的幅值由电网决定，不会发现异常现象。断路器断开瞬间，如果 $\Delta P \neq 0$，则逆变器输出有功功率与负载有功功率不匹配，PCC 点电压幅值将发生变化，如果这个偏移量足够大，孤岛状态就能被检测出来，从而实现反孤岛保护。

由于并网逆变器大都采用电流控制策略，因此在孤岛形成前后的两个稳态状态下，逆变器输出电流和它与 PCC 点电压之间的相位差都是不变的，即

$$I = I_0 \tag{7-19}$$

$$\varphi = \varphi_0 \tag{7-20}$$

式中，I 和 φ 分别为孤岛形成后并达到稳态时逆变电源输出电流和它与 PCC 点电压之间的相位差，I_0、φ_0 分别为与 I、φ 对应的在孤岛形成前的稳态值。

一般并网逆变器常采用单位功率因数控制，从而使相位差 φ 趋近于 0。在电网正常条件下，由孤岛形成前的电路系统分析可知：

$$\begin{cases} I_0 = \dfrac{P_{load} - \Delta P}{U_0 \cos\varphi_0} \\[2ex] \varphi_0 \approx 0 \\[2ex] R = \dfrac{U_0^{\,2}}{P_{load}} \end{cases} \tag{7-21}$$

而当电网断开并达到稳态时

$$U = IR\cos\varphi \qquad (7\text{-}22)$$

式中 U_0——孤岛形成前 PCC 点的电压；

U——孤岛形成后并达到稳态时 PCC 点的电压。

联立式（7-21）、式（7-22）可得

$$U = U_0\left(1 - \frac{\Delta P}{P_{\text{load}}}\right) \qquad (7\text{-}23)$$

从上式可以看出，孤岛形成瞬间，只要 $\Delta P \neq 0$，PCC 点的电压幅值就会发生变化。如果 U 在正常范围内，即

$$U_1 < U < U_2 \qquad (7\text{-}24)$$

孤岛检测就会失败。联立式（7-23）、式（7-24）可得过/欠电压反孤岛策略（OVP/UVP）的非检测区 NDZ 为

$$1 - \frac{U_2}{U_0} < \frac{\Delta P}{P_{\text{load}}} < 1 - \frac{U_1}{U_0} \qquad (7\text{-}25)$$

2. 过/欠频率反孤岛策略（OFP/UFP）

过/欠频率反孤岛策略是指当并网逆变器检测出在 PCC 点的电压频率超出正常范围（f_1，f_2）时，通过控制命令停止逆变器并网运行以实现反孤岛的一种被动式方法，其中 f_2、f_1 分别为电网频率正常范围的上下限值，IEEE Std1547-2003 标准规定：当标准电网频率 $f_0 = 60\text{Hz}$ 时，$f_1 = 59.3\text{Hz}$、$f_2 = 60.5\text{Hz}$。由于我国标准电网频率采用的是 $f_0 = 50\text{Hz}$，因此根据比例计算出电网频率正常范围的上下限值分别为 $f_1 = 49.4\text{Hz}$、$f_2 = 50.4\text{Hz}$。对于如图 7-2 所示的并网光伏系统，电网正常时，公共耦合点电压的频率由电网决定，只要电网正常，就不会发生异常现象。电网断开瞬间，如果 $\Delta Q \neq 0$，则逆变器输出无功功率（近似等于 0）与负载无功功率不匹配，PCC 点的电压频率将发生变化，如果偏移出正常范围，孤岛状态就被检测出来。若并网逆变器运行于单位功率因数状态，在孤岛形成前后的两个稳态状态下，逆变器输出电流与 PCC 点电压之间的相位差都趋近于 0，即

$$\varphi = \varphi_0 \approx 0 \qquad (7\text{-}26)$$

在电网正常条件下，由孤岛形成前的电路系统分析可知

$$
\begin{cases}
\varphi_0 = \arctan\dfrac{Q_{\text{load}} - \Delta Q}{P_{\text{load}} - \Delta P} \\[2mm]
Q_{\text{load}} = U_0^2\left(\dfrac{1}{\omega_0 L} - \omega_0 C\right) \\[2mm]
Q_{\text{f}} = R\sqrt{\dfrac{C}{L}} \\[2mm]
R = \dfrac{U_0^2}{P_{\text{load}}}
\end{cases}
\qquad (7\text{-}27)
$$

式中　ω_0——孤岛形成前 PCC 点电压的角频率；

　　　Q_f——负载的品质因数。

而当电网断开并达到稳态时

$$\tan\varphi = R\left(\frac{1}{\omega L} - \omega C\right) \tag{7-28}$$

式中　ω——孤岛状态下并达到稳态时 PCC 点电压的角频率。

联立式（7-26）~式（7-28）可以解得

$$\omega = \frac{2Q_f P_{load}\omega_0}{-\Delta Q + \sqrt{(\Delta Q)^2 + 4Q_f^2 P_{load}^2}} \tag{7-29}$$

从式（7-29）可以看出：在孤岛形成瞬间，只要 $\Delta Q \neq 0$，PCC 电压的频率就会发生变化。如果 ω 在正常范围内，即

$$\omega_1 < \omega < \omega_2 \tag{7-30}$$

此时孤岛检测就会失败。

联立式（7-29）、式（7-30）可得过/欠频率反孤岛策略（OFP/UFP）的 NDZ 为

$$Q_f\left(\frac{\omega_1}{\omega_0} - \frac{\omega_0}{\omega_1}\right) < \frac{\Delta Q}{P_{load}} < Q_f\left(\frac{\omega_2}{\omega_0} - \frac{\omega_0}{\omega_2}\right) \tag{7-31}$$

3. 优缺点

过/欠电压、过/欠频率反孤岛策略的作用不只限于检测孤岛效应，还可以用来保护用户设备，并且其他产生异常电压或频率的反孤岛方案也依靠过/欠电压、过/欠频率保护方案来触发并网逆变器停止工作；它是孤岛效应检测的一个低成本选择，而成本对并网光伏逆变器的推广应用是很重要的；由于是被动式反孤岛策略，因此正常并网运行时，逆变器不会影响电网的电能质量；多台并网逆变器运行时，不会产生稀释效应。

从过/欠电压、过/欠频率保护检测孤岛效应的方面出发，此反孤岛策略的NDZ 相对较大，并且这种方案的反应时间是不可预测的。

7.2.2　基于相位跳变的反孤岛策略

1. 基本原理

相位跳变反孤岛策略是通过监控并网逆变器端电压与输出电流之间的相位差来检测孤岛效应的一种被动式反孤岛策略[22]。

为实现单位功率因数运行，正常情况下并网逆变器总是控制其输出电流与电网电压同相，而跳闸后逆变器的端电压将不再由电网控制，此时逆变器端电压的相位将发生跳变。因此可以认为，并网逆变器端电压与输出电流间相位差的突然改变意味着主电网的跳闸。

当与电网连接时，并网逆变器通过检测电网电压的上升或下降过零点，利用锁相环

使逆变器输出电流与电网电压同步。当电网跳闸时，由于逆变器的端电压 u_a 不再由电网控制，而并网逆变器输出电流 i_{inv} 跟随逆变器锁相环提供的波形固定不变，这必然导致逆变器端电压的相位发生跳变，此时 i_{inv} 和 u_a 的相位波形如图 7-10 所示。

由于 i_{inv} 和 u_a 的同步只发生在 u_a 的过零点处，而在过零点之间，并网逆变器相当于工作在开环模式。在电网跳闸瞬间，输出电流为固定的参考相位，由于频率还没有改变，负载的阻抗角与电网跳闸前一样，于是逆变器的端电压 u_a 将跳变到新的相位，显然端电压 u_a 跳变后，i_{inv} 和 u_a 的相位差等于负载的阻抗角，即

$$\varphi_{load} = \arctan\left[R\left(\frac{1}{\omega L} - \omega C \right) \right] = \arctan\left(\frac{Q_{load}}{P_{load}} \right) \tag{7-32}$$

从图 7-10 分析不难发现，在逆变器端电压 u_a 发生跳变的下一个过零点，i_{inv} 和 u_a 新的相位差便可以用来检测孤岛效应。如果相位差比相位跳变方案中规定的相位阈值 φ_{th} 大，并网逆变器将停止运行；但若 $|\varphi_{load}| < \varphi_{th}$，则孤岛不会被检测出来，即进入不可检测区。

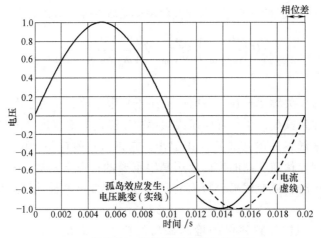

图 7-10　相位跳变方案的原理图

2. 优缺点

相位跳变方案的主要优点是容易实现，由于并网逆变器本身就需要锁相环用于同步，执行该方案只需增加在 i_{inv} 与 u_a 间的相位差超出阈值 φ_{th} 时使逆变器停止工作的功能就可以了；作为被动式反孤岛方案，相位跳变不会影响并网逆变器输出电能的质量，也不会干扰系统的暂态响应；和其他被动式方案一样，在系统连接有多台并网逆变器时，不会产生稀释效应。

但该方案很难选择不会导致误动作的阈值。一些特定负载的启动，尤其是电动机的起动过程经常产生相当大的暂态相位跳变，如果阈值设置的太低，将导致并网逆变器的误跳闸，并且相位跳变的阈值可能要根据安装地点而改变，这也给实际应用带来不便。

7.2.3 基于电压谐波检测的反孤岛策略

1. 工作原理[23,24]

电压谐波检测反孤岛策略是通过监控并网逆变器输出端电压谐波失真来检测孤岛效应的一种被动式反孤岛策略。

当电网连接时，电网可以看作一个很大的电压源，并网逆变器产生的谐波电流将流入低阻抗的电网，这些很小的谐波电流与低值的电网阻抗在并网逆变器输出端处的电压响应 u_a 仅含有非常小的谐波（THD$\approx$0）。

然而，当电网跳闸后，存在两个因素使得 u_a 中的谐波增加：其一是电网跳闸后，由于并网逆变器产生的谐波电流流入阻抗远高于电网阻抗的负载，从而使逆变器输出端电压 u_a 产生较大的失真，并网逆变器可以通过检测电压谐波的变化来判断是否发生孤岛效应；其二是系统中分布式变压器的电压响应也会导致电压谐波的增加。如果切离电网的开关位于变压器的原绕组侧，并网逆变器的输出电流将流过变压器的二次绕组，由于变压器的磁滞现象及其非线性特性，变压器的电压响应将高度失真，从而增加了逆变器输出端电压 u_a 中的谐波分量。当然与之类似的也可能是局部负载中的非线性因素，如整流器等亦使 u_a 产生失真。通常上述由于变压器磁滞现象及其非线性特性引起的电压谐波主要是三次谐波，因此采用电压谐波检测反孤岛策略主要是不断地监控三次谐波，当谐波幅值超过一定的阈值后，便能进行反孤岛保护。

实际应用研究表明：当并网光伏发电系统中包含有数十台并网逆变器时，这种电压谐波检测反孤岛策略能在孤岛发生后的 0.5s 内就能使所有光伏系统和电网断开连接。

可见，电压谐波检测反孤岛策略能够有效地阻止孤岛的发生，其可靠性较高，且尤其适用于小规模并网光伏发电系统。

2. 优缺点

理论上，电压谐波检测反孤岛策略能在很大范围内检测孤岛效应；在系统连接有多台逆变器的情况下不会产生稀释效应；即使在功率匹配的情况下，也能检测到孤岛效应；作为被动式反孤岛方案，不会影响并网逆变器输出电能的质量，也不会干扰系统的暂态响应。

然而和相位跳变反孤岛策略一样，电压谐波检测反孤岛策略也存在阈值的选择问题。并网专用标准如 IEEE Std.929 要求并网光伏逆变器输出电流的 THD 小于额定电流的 5%，通常为留有裕量，设计并网逆变器时允许的 THD 比标准要求的更低。但是如果局部非线性负载很大，并网光伏发电系统的电压谐波可能大于 5%，并且失真的大小随非线性负载的接入和切离而迅速改变，这样就很难选择阈值，既要考虑并网逆变器输出电流谐波相对低的要求，又要使得阈值大于并网光伏发电系统中可能允许出现的电压 THD；另一个实际的问题是：当前的并网标准规定反孤岛测试电路使用

线性 *RLC* 负载来代表局部负载，忽略了可能提高孤岛系统中电压 THD 的非线性负载的影响，因此电压谐波检测方案还不能广泛应用。

7.3　基于并网逆变器的主动式反孤岛策略

以上讨论了几类被动式反孤岛策略，主要包括：过/欠电压（OVP/UVP）和过/欠频率（OFP/UFP）反孤岛策略、相位突变反孤岛策略以及电压谐波检测反孤岛等方案。其中，相位突变反孤岛策略以及电压谐波检测反孤岛方案由于孤岛检测的阈值难以确定，因而较少应用，而过/欠电压（OVP/UVP）和过/欠频率（OFP/UFP）反孤岛策略则应用较多，但通过实验与仿真分析可知，这两种反孤岛策略具有较大的 NDZ，即在某些情况下无法检测孤岛的发生，为了减小甚至消除 NDZ，研究人员提出了多种主动式反孤岛策略方案。本节主要介绍的主动式反孤岛策略方案有频移法、功率扰动法和阻抗测量法，以下分类介绍。

7.3.1　频移法

频移法是主动式反孤岛策略方案中最为常用的方案，主要包括主动频移（AFD）、Sandia 频移以及滑模频移等主动式反孤岛策略。本节首先讨论的主动频移 AFD 反孤岛策略是针对过/欠频率（OFP/UFP）反孤岛策略存在较大 NDZ 而提出的一种主动式反孤岛策略，通过理论仿真与实验研究可以看出：AFD 方案中的 NDZ 比过/欠频率（OFP/UFP）方案的 NDZ 有明显地减少。鉴于 AFD 方案仍然具有比较大的 NDZ，因而提出了 AFD 方案的改进，即带正反馈的主动频移反孤岛策略，也即通常提到的 Sandia 频移反孤岛策略（注：Sandia 国家重点实验室是美国重要的风力发电研究机构）。通过理论仿真和实验研究可知，Sandia 频移方案比起 AFD 方案来说具有更小的 NDZ，因而其检测孤岛的效率更高。但是，无论是 AFD 方案还是 Sandia 频移方案均存在稀释效应，为克服这一不足，最后讨论了无稀释效应的滑模频移反孤岛策略。

7.3.1.1　主动频移反孤岛策略—AFD 方案

1. 工作原理

为了克服单独使用过/欠频率 OFP/UFP 反孤岛策略的不足之处，研究人员首先提出了主动频移反孤岛策略—AFD 方案。

AFD 方案为主动式反孤岛策略方案的一种，这种主动频移反孤岛策略的原理[25]是通过并网光伏系统向电网注入略微有点变形的电流，以形成一个连续改变频率的趋势。当连接有电网时，频率是不可能改变的。而与电网分离后，逆变器输出端电压 u_a 的频率被强迫向上或向下偏移，以此检测孤岛的发生。

常用执行向上频移的方案是向电网注入略微变形的电流，即在正弦波中插入死区，如图 7-11 所示，以一个给出的正弦波为对照，可见并网光伏系统的输出电流波形的频率被相应提高。

　　在前半个周期，并网光伏系统输出电流的频率略微高于电网频率，当输出电流达到零时，电流保持 t_z 直到后半周期的起始点；而在后半周期，当输出电流再次达到过零点，将保持一段时间。

　　对于阻性负载，电压响应将跟随失真的电流波形，比纯正弦激励的响应更短的时间到过零点，如图 7-11 所示，当孤岛发生时，u_a 的上升过零点比期望的提前到达，因此 u_a 和 i_{PV} 之间的相位误差增加了，这样并网光伏逆变器继续检测到频率误差并且再次增加 u_a 的频率，这种状况一直持续直到频率偏移足够大足以触发过/欠频率保护，从而实现主动频移反孤岛保护。

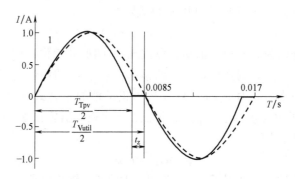

图 7-11　用于 AFD 反孤岛方案的电流波形

　　但是，对于并联 RLC 负载，AFD 可能存在不可检测区，分析如下：

　　不妨设负载阻抗角 $\varphi<0$，即负载呈阻容性，而负载的阻容性会导致电网跳闸时逆变器输出端的频率向下偏移，因此在孤岛发生后的第 k 个周期，若负载阻抗角 φ 的滞后作用和 Δf 的超前作用相抵消，且此时频率和电压未超出预设阈值，那么，系统将无法检测到孤岛的发生。同理，对于负频率偏移 AFD 方案且 $\varphi>0$ 的情况，也会存在与上述类似的问题。

2. 优缺点

　　对基于微处理器的并网逆变器来说，主动式频移方案很容易实现；在纯阻性负载的情况下可以阻止持续的孤岛运行；与被动式反孤岛策略相比具有更小的 NDZ。

　　但频率偏移降低了并网逆变器输出电能的质量，并且不连续的电流波形还可能导致射频干扰；为了在连接有多台并网逆变器的系统中维持反孤岛方案的有效性，必须统一不同并网逆变器的频率偏移方向，如果一些并网逆变器采用向上频移，而另一些采用向下频移，其综合效果可能相互抵消，从而产生稀释效应；并且负载的阻抗特性可能会阻止频率偏移，从而导致主动频移反孤岛策略的失效。

7.3.1.2　基于正反馈的主动频移——Sandia 频移方案[22]

　　综上所述，相对于被动式反孤岛策略而言，AFD 方案虽然可以减小孤岛检测的盲区，但是该方法引入的电流谐波会降低并网光伏系统输出电能的质量；而在多台光伏系统并网工作的情况下，若频率偏移方向不一致，其作用会相互抵消而产生稀释效应；此外，负载的阻抗特性也可能阻止频率的偏移。因此，AFD 方案仍然存在孤岛不可检测区的问题。

为了克服上述 AFD 方案的一些缺点，美国 Sandia 实验室首先提出了对该方法改进的方法——基于频率正反馈的主动频移反孤岛策略，即 Sandia 频移法，以下具体分析 Sandia 频移方案。

1. 工作原理

相对电网来说，由于并网逆变器呈现出电流源的特性，即

$$i_{inv} = I_{inv}\sin(\omega t + \varphi_{inv}) \tag{7-33}$$

相应地，并网逆变器输出端电压 u_a 可表示为

$$u_a = U_{am}\sin(\omega t + \varphi_a) \tag{7-34}$$

式中，I_{inv}、φ_{inv} 分别为并网逆变器输出电流 i_{inv} 的幅值和相位；U_{am}、φ_a 分别为电压 u_a 的幅值和相位；ω 为并网逆变器控制的频率；u_a 与 i_{inv} 的相位差可用 φ 表示。

Sandia 频移方案就是对 u_a 的频率 ω 运用正反馈的主动式频移方案。首先由图 7-11 定义斩波因子 cf（$cf = 2t_z/T_{Vutil}$），显然，cf 为逆变器输出端电压频率与电网电压频率偏差的函数，即

$$cf_k = cf_{k-1} + K\Delta\omega \tag{7-35}$$

其中，cf_k 为第 k 周期的斩波因子，cf_{k-1} 为第 k-1 周期的斩波因子，K 为不改变方向的加速增益，$\Delta\omega$ 为 u_a 频率 ω 与电网电压频率 ω_{line} 的偏差，即 $\Delta\omega = \omega - \omega_{line}$。

Sandia 频移方案其实质是强化了频率偏差。当电网连接时，Sandia 频移方案检测到微小的频率变化，并试图加快频率的变化，但是电网的稳定性禁止了频率的改变。在电网跳闸后，若频率向上偏移，则频率偏差将随 u_a 频率的增加而增加，斩波因子也增加，于是并网逆变器增加了输出电流的频率，这种状况持续到频率增大到触发过频保护。对于频率向下偏移的情况，u_a 频率下降的情况与此类似，最终斩波因子变为负，i_{inv} 的周期变得比 u_a 的长。

2. 优缺点

比起 AFD 来说，由于正反馈的作用，Sandia 频移方案将导致逆变器输出在电网跳闸后会出现更大的频率误差，这样就得到了比 AFD 更小的 NDZ；且它兼顾考虑了检测的有效性、输出电能质量以及对整个系统暂态响应的影响。

然而由于正反馈增加了电网中的扰动，采用 Sandia 频移方案的并网逆变器降低了输出电能的质量，当连接到弱电网时，并网逆变器输出功率的不稳定可能导致系统不理想的暂态响应；并且当电网中并网逆变器的数量增多、发电量升高时，问题将更严重，这两种现象可以通过减小增益 K 来缓解，但是这将增加不可检测区域。

7.3.1.3　滑模频率偏移法

1. 工作原理

主动频率偏移法是基于频率的偏移扰动，即在逆变器的输出电流中插入死区来

扰动电流频率以达到孤岛检测的目的。然而这种基于频率扰动的主动频移法在多个并网逆变器运行时，会产生稀释效应而导致孤岛检测的失败。为克服这一不足，可以考虑采用基于相位偏移扰动的滑模频率偏移反孤岛策略（Slip Mode Frequency Shift）。滑模频移反孤岛方案[15]是对并网逆变器输出电流-电压的相位运用正反馈使相位偏移进而使频率发生偏移的方案，而电网频率则不受反馈的影响。

在滑模频移反孤岛方案[15]中，并网逆变器输出电流的相位定义为前一周期逆变器输出端电压频率f与电网频率f_g偏差的函数即

$$\theta_{SMS} = \theta_m \sin\left(\frac{\pi}{2}\frac{f-f_g}{f_m-f_g}\right) \tag{7-36}$$

式中　f_m——最大相位偏移θ_m发生时的频率。

一般情况下控制并网逆变器工作于单位功率因数正弦波控制模式，所以并网逆变器输出电流与端电压之间相位差被控制为零。而在滑模频移方案中并网逆变器的电流-电压相位被设计成关于电压u_a的频率的函数，使得在电网频率ω_g的附近区域中并网逆变器的电流-电压相位响应曲线增加得比大多数单位功率因数负载的阻抗角的响应曲线快，如图7-12所示，这使得电网频率f_g成为一个不稳定的工作点。当电网连接时，电网提供固定的相位和频率参考使工作点稳定在电网频率f_g；而在电网跳闸后，负载与并网逆变器的相位—频率工作点成为负载阻抗角响应曲线与并网逆变器相位响应曲线的交点。

下面对图7-12中单位功率因数负载的阻抗角响应曲线进行详细分析[22]。当电网连接时，并网逆变器的相位-频率工作点位于B点（频率为50Hz，电流-电压相位为0）。现在假定电网分离，一旦u_a的频率受到任何扰动使之偏离50Hz，并网逆变器的相位响应就将导致相位差增加，而不是下降，例如孤岛系统中的频率向上偏移时，由于滑模频移方案对相位的正反馈，并网逆变器反而加快了输出电流的频率，这就是正反馈的机理，将导致典型的不稳定。而并网逆变器在电网频率处的不稳定加强了扰动，驱使系统到达一个新的

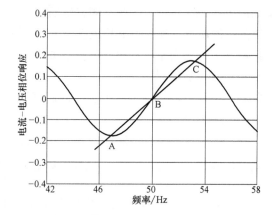

图7-12　滑模频移方案中并网逆变器输出
电流-电压相位与频率间的关系

工作点，是A点还是C点由扰动的方向决定。如果并网逆变器电流-电压相位响应曲线对RLC负载来说，设计得很合适，那么A点或C点的频率将超出频率的正常工作范围，并网逆变器将停止运行。

2. 优缺点

与其他主动式方案相比，滑模频移方案只需要在原有的逆变器锁相环基础上稍加改动，因而易于实现；不可检测区域相对较小。在给定条件下 Q_f 小于额定值时可以很好地保证检测孤岛，甚至可以消除 NDZ；在连接有多台并网逆变器的系统中，滑模频移方案不会产生稀释效应，效率不受多台逆变器并联影响；与 Sandia 频移方案一样，兼顾考虑了检测的可靠性、输出电能质量以及对整个系统暂态响应的影响。

然而由于滑模频移方案不停地对逆变器输出电流相位进行扰动，在一定程度上影响逆变电源输出电能的质量，并且在并网逆变器发电量高以及反馈环的增益大的情况下，该方案可能带来整体供电质量下降以及暂态响应等问题，这些现象在其他使用正反馈的反孤岛方案中普遍存在；在 Q_f 较大时滑模频移方案的孤岛检测效率降低，性能几乎接近被动式孤岛检测，并且当 RLC 负载的相位增加变化快于逆变器扰动的相位变化时，会导致孤岛检测失败。

7.3.2　基于功率扰动的反孤岛策略

众所周知，孤岛发生时最不容易检测到的情况就是负载完全匹配，即 $P=P_{Load}$，$Q=Q_{Load}$，这种情况下，当孤岛发生时，显然逆变器的端电压及其频率是不发生变化的，通常的方法很难检测到电网断电，逆变器继续工作从而形成孤岛。如果当功率近似匹配时，逆变器的端电压及其频率的变化将非常小，从而进入不可检测区，导致逆变器的孤岛运行。显然，可以采用一些其他的检测方法来加强孤岛的检测能力，如频移法，但各类频移法的共同不足就是会向电网注入谐波而影响并网系统的电能质量。为了可靠检测孤岛并且不向电网注入谐波，其中一种简单思路就是采用基于有功或无功扰动的反孤岛策略，这种基于功率扰动的反孤岛策略亦属于主动式反孤岛策略[31]。

7.3.2.1　基于有功功率扰动的反孤岛策略

1. 工作原理

前面关于孤岛时功率匹配的理论分析表明：系统与电网断开瞬间，系统孤岛运行的系统的电压可表示为 $U_i=\sqrt{k}\,U$（其中 $k=\dfrac{P}{P_{Load}}$），显然，当 PV 提供的功率 $P>P_{Load}$ 时，逆变器的端电压 U_i 不断线性增加；而当 $P<P_{Load}$ 时，逆变器的端电压 U_i 不断地线性减小。

根据以上原理，一种简单的加强孤岛检测的反孤岛策略就是周期性地改变 PV逆变器的输出有功功率[31,32]。并网逆变器通常工作在电流控制模式，因此可以采用逆变器输出电流扰动来实现有功的扰动，即主动电流干扰法。

采用主动电流干扰法检测孤岛时，逆变器控制器将周期性地改变逆变器输出电流的幅值，亦即改变了逆变器输出的有功功率 P，从而在电网断电时打破逆变器输出有功功率与负载消耗的有功功率平衡以影响公共节点的电压，使其超出过/欠电压保护阈值，从而检测出孤岛。

在不添加电流扰动的情况下，控制逆变器的输出电流使其跟随给定信号 i_g（i_g 一般为电网信号或者与电网同频同相的正弦信号），此时

$$i_L = i_g \tag{7-37}$$

而在添加干扰信号后，电流的参考信号为正弦信号 i_g 和干扰信号 i_{gi} 的差，则

$$i'_L = i_g - i_{gi} \tag{7-38}$$

电网断电时，PCC 点的电压取决于逆变器输出电流和本地负载。如果逆变器输出与负载消耗的功率相匹配，那么在不添加扰动情况下电网断电时，PCC 点的电压不发生变化，会导致孤岛的发生。而在添加电流扰动情况下的 PCC 点的电压 U_i 变为

$$U_i = i'_L Z = (i_g - i_{gi})Z \tag{7-39}$$

式中　Z——负载阻抗。

可以看出，U'_i 在原来 $i_g Z$ 的基础上添加了电压降 $i_{gi}Z$，当电压降 $i_{gi}Z$ 导致 U_i 超出欠电压保护阈值时，即使原先在功率相匹配的情况下，孤岛也可以被检测出来。

2. 优缺点

当采用有功功率扰动方案，单台并网逆变器运行时即使在负载完全匹配的情况下也不存在不可检测区；并网运行时，逆变器输出电压电流严格同相位，仅影响逆变器输出功率的大小，而不会像频率偏移等方法给电网引入谐波。

有功功率扰动法存在的最大缺陷就是多台并网逆变器运行时，所进行的有功功率扰动必须同步进行，否则各个扰动量可能会相互抵消而产生稀释效应，从而进入不可检测区；并且并网光伏系统实际上受到光照强度等影响，其光伏电池输出功率随时在波动，人为对逆变器加入有功功率扰动将对并网光伏系统的输出效率产生影响；另外，孤岛检测的动作阈值选取困难。如果动作阈值选取过大，显然会增加孤岛不可检测区；而动作阈值选取过小，可能引起孤岛检测与保护系统误动作，如当电网不稳定或大负载的突然投切时，电网电压会出现较大的波动，从而可能引起系统误动作，即出现虚假孤岛保护现象。

7.3.2.2　基于无功功率扰动的反孤岛策略

与传统的 AFD 等方法相比较，基于有功功率扰动的反孤岛策略，虽然其输出波形谐波含量较小，但该方案最大的问题在于并网运行时会因有功的扰动而降低发电量，这在追求发电量的并网光伏系统是不可行的，因此可以考虑基于无功功率扰动的反孤岛策略。

1. 工作原理

无功补偿方法基于瞬时无功功率理论，利用可调节的无功功率输出改变孤岛状态下的源—负载之间的无功匹配度，通过负载频率的持续变化达到孤岛检测的目的[31,32]。

系统并网运行时，负载端电压受电网电压钳制，而基本不受逆变器输出的无功功率多少的影响。当系统进入孤岛状态时，一旦逆变器输出的无功功率和负载需求不匹配，负载电压幅值或者频率将发生变化。根据前面的讨论，当光伏系统提供的无功功率和负载所需的无功功率不匹配时，将导致检测点处频率的变化，因此可以考虑对逆变器输出的无功进行扰动，破坏光伏系统和负载之间的无功功率平衡，使频率持续变化，达到孤岛检测的目的。

由于逆变器输出的无功电流可调节，而负载无功需求在一定的电压幅值和频率条件下是不变的，在实际应用中，可以将逆变器输出设定为对负载的部分无功补偿或波动补偿，避免系统在孤岛条件下的无功平衡，从而使得负载电压或者频率持续变化达到可检测阈值，最终确定孤岛的存在。

基于无功功率扰动的反孤岛策略又可分为基于单向无功扰动的反孤岛策略、基于双向无功扰动的反孤岛策略[33]和基于无功检测的无功扰动反孤岛策略，在此不再赘述。

2. 优缺点

与传统的 AFD 等方法相比较，基于无功功率扰动的反孤岛策略，其输出波形谐波含量小，而且并网时只有极小的无功变化；而与基于有功功率扰动的反孤岛策略相比，并网运行时又不会因扰动而降低发电量。

但无功功率扰动方法要求多台光伏系统同步扰动，需要光伏系统之间进行通信才能实现，这增加了成本，而且若无法保证同步扰动，则该方法很可能会失效。

7.3.3 阻抗测量方案

在并网系统中，当电网连接时，电网可以看做一个很大的电压源，此时公共耦合点处的阻抗很低；而当电网断开时，在公共耦合点处测得的即为负载阻抗，通常都远大于电网连接时的阻抗。显然，可以通过测量公共耦合点处电路阻抗的变化来检测孤岛效应。

德国的 ENS 标准在反孤岛这个领域中要求较高，即要求测量公共耦合点（逆变器输出端）处电路阻抗的变化来检测孤岛效应，并规定阻抗变化的阈值为 $\Delta Z = 0.5\Omega$，且须在 5s 内做出判断。另外，德国的 VDE0126 标准规定：在并网光伏系统中，若检测到公共耦合点处电路阻抗变化 1Ω 时，需在 5s 内将其切断。

根据以上孤岛检测要求，在并网系统中需要实时在线监测电网的阻抗，已有较多文献对在线阻抗测量做过研究，一般可分为两类方案：①采用单独的阻抗测量装置，由于需要外加硬件设备，从而增加了孤岛检测的成本；②利用并网逆变器本身来在线测量其输出端电路的阻抗，显然，这是一个降低了孤岛检测成本的方案。然而，基于逆变器在线阻抗测量的孤岛检测要求寻求一种快速、准确、简单的在线阻抗检测算法，以满足孤岛检测的要求。另外，电网阻抗的计算对于配线、线路保护、并网系统的稳态及动态性能也比较重要。

一般而言，阻抗测量技术可分成被动测量技术和主动测量技术两类。被动测量技术是利用电网中本身存在的次谐波来计算电网阻抗，但是在绝大多数情况下，电网中次谐波都很小，不足以被检测到，因此，不适用于并网系统的孤岛检测。主动测量技术是通过检测装置或并网逆变器给电网施加一个扰动，然后测量电网的电压和电流响应，并经过一系列的运算处理，即可测到电网的阻抗。

该方案有几种不同的实现形式，分为暂态测量法[35,36]和稳态测量法[37,38,40,18]两种，下面对暂态测量法做简单介绍。

暂态测量法的基本原理为：在电路中外加由功率管构成的电路单元，产生一个对称三角波冲击电流，通过周期性的给电网施加冲击电流扰动，然后测量电网的电流和电压响应来计算出电网阻抗。具体实现方法为：在冲击电流扰动之前，先检测公共耦合点（PCC）处的电压和电流，然后在施加扰动以后，再检测一次公共耦合点处的电压和电流，最后用第二次测得的值减去第一次测得的值就可以得到所需要的冲击电流所产生的电流和电压，通过对检测电流、电压值的计算可以算得各个频率处的阻抗，即

$$Z(f) = \frac{F(U(t))}{F(I(t))} \qquad (7-40)$$

其中，F 表示傅里叶变换。

暂态测量法的主要特点就是可以快速得到测量结果，这一点比较符合孤岛检测的要求。但是这一方案对采样环节和数字处理环节的要求比较高，这对于常规的并网逆变系统将很难实现。

其他阻抗测量方法限于篇幅，就不再详细介绍。

总体来说，阻抗测量法虽然可以很好防止孤岛的发生，但还存在以下缺点：持续地输入扰动会影响电网质量（但如果扰动谐波的频率选为电网频率，可以减小对电网质量的影响）；对于弱电网或者电网本身波动较大的情况，很难实现电网阻抗监测；当多个并网逆变器并联运行时，其检测信号会相互干扰，从而使得阻抗估算错误。

7.4　不可检测区域（NDZ）与反孤岛策略的有效性评估

反孤岛保护是并网发电装置必须具备的功能。然而几乎所有的反孤岛方案都存在检测失败的情况，即不可检测区域（Non-Detection Zone，NDZ），这些检测失败的情况包括功率匹配状况以及一些特殊负载等。为此，应通过理论分析寻找孤岛检测失败的原因，并进行适当的总结，以评估不同孤岛检测算法的适用范围和影响不可检测区域（NDZ）的相关因素，从而提高孤岛检测的有效性。

由于不匹配功率的大小和具体负载可以对 NDZ 进行定量的描述，而反孤岛方案 NDZ 的大小反映了该方案检测孤岛效应的有效性，因此 NDZ 可以作为性能指标

来评估反孤岛方案的有效性。由于不匹配功率的大小可用电网向负载提供的有功功率 ΔP 和无功功率 ΔQ 描述，负载可用负载谐振电感 L 和谐振电容 C 或负载品质因数 Q_f 和谐振频率 f_0 描述，因此本章分别定义了以有功功率不匹配 ΔP 为横坐标、以无功功率不匹配 ΔQ 为纵坐标的功率不匹配坐标系 $\Delta P \times \Delta Q$，以负载电感 L 为横坐标而以电容 C_{norm}（$C_{norm} = C/C_{res}$）为纵坐标的负载参数坐标系 $L \times C_{norm}$，以负载品质因数 Q_f 为横坐标而以负载谐振频率 f_0 为纵坐标的负载特征参数坐标系 $Q_f \times f_0$ 以及以类似于负载品质因数的参数 Q_{f0} 为横坐标而以电容 C_{norm} 为纵坐标的负载参数坐标系 $Q_{f0} \times C_{norm}$ [44]。在阐述了各坐标系基本概念基础上推导了几种主要的反孤岛策略的 NDZ 边界，从而在理论上对反孤岛方案的有效性进行了评估[42]。

为研究方便，以下在结合孤岛系统的原理电路以及具体的反孤岛方案进行理论分析时，作出如下假设：

1）并网逆变器运行于单位功率因数正弦波的控制模式；

2）并网逆变器近似为电流源；

3）局部负载为并联 *RLC* 负载；

4）电网维持稳定的电压和频率。

7.4.1　基于 $\Delta P \times \Delta Q$ 坐标系孤岛检测的有效性评估[15]

本节从研究孤岛效应的原理电路入手，定义了功率不匹配坐标系 $\Delta P \times \Delta Q$，并推导了 $\Delta P \times \Delta Q$ 坐标系中被动式反孤岛方案的 NDZ 边界，并且由于过/欠电压保护和过/欠频率保护方案的 NDZ 边界与并网逆变器的恒功率工作模式和恒电流工作模式有关，因此要分别进行讨论。需要注意的是，由于不匹配功率的大小 ΔP、ΔQ 反映的只是电网跳闸前后系统中功率流的变化情况，因此 $\Delta P \times \Delta Q$ 坐标系不能对主动式反孤岛方案的 NDZ 进行定量的描述。

7.4.1.1　$\Delta P \times \Delta Q$ 坐标系中孤岛检测的 NDZ

图 7-13 描述的孤岛系统的原理电路由并网逆变器、电网、并联 *RLC* 负载以及逆变器侧开关 K_1 和电网侧开关 K_2 组成。其中电网一方面提供负载所需的无功功

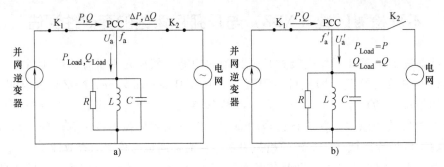

图 7-13　孤岛系统的原理电路及功率分布

a）开关 K_2 闭合时　b）开关 K_2 跳开时

率, 另一方面在并网逆变器输出的有功功率小于负载所需的有功功率时, 向负载提供相应的有功功率, 而在并网逆变器输出的有功功率大于负载所需的有功功率时, 吸收多余的有功功率。

如果并网逆变器工作于恒功率模式, 当开关 K_2 跳开时, 如果负载需求的功率与并网逆变器提供的功率不匹配, 即 ΔP 和 ΔQ 都不为 0, 公共耦合点 PCC 处电压的幅值和频率将发生变化, 即电路运行于新的稳态工作点, 如图 7-13b 所示, 新的稳态工作点处负载需求的有功功率和无功功率等于并网逆变器的输出功率。

如果功率不匹配较严重, 即 ΔP 和 ΔQ 足够大, 则 PCC 处新的稳态工作点将超出电压、频率的正常工作范围, 过/欠电压、过/欠频率保护将启动开关 K_1 跳开, 阻止了孤岛效应的持续发生。

如果功率不匹配较轻, 即 ΔP 和 ΔQ 足够小, 则孤岛时 PCC 处新的电压和频率变化较小, 不足以使反孤岛保护在规定的时间内检测到电网断电的情况, 孤岛效应将持续发生。

以上两种情况用功率不匹配 $\Delta P \times \Delta Q$ 坐标系来描述, 就是指在 $\Delta P \times \Delta Q$ 坐标系的原点即 $\Delta P = 0$ 和 $\Delta Q = 0$ 的附近区域中, 公共耦合点 PCC 处的电压或频率的变化不足以触发反孤岛保护, 这种区域就定义为 $\Delta P \times \Delta Q$ 坐标系中的 NDZ, 如图 7-14 所示, 其中有功功率不匹配 ΔP 可由电压工作范围的上下限反映, 无功功率不匹配 ΔQ 可由频率工作范围的上下限反映。

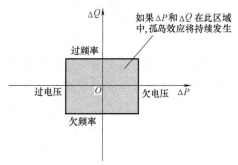

图 7-14 $\Delta P \times \Delta Q$ 坐标系中的 NDZ

7.4.1.2 $\Delta P \times \Delta Q$ 坐标系中电路的功率流及不匹配功率的影响[14]

1. 原理电路的功率流

图 7-13 所示的电路中, RLC 负载阻抗的幅值和相位可以用负载参数 R、L 和 C 或负载品质因数 Q_f 与谐振频率 f_0 来表示, 即

$$|Z_{\text{load}}| = \frac{1}{\sqrt{\dfrac{1}{R^2} + \left(\dfrac{1}{\omega L} - \omega C\right)^2}} = \frac{R}{\sqrt{1 + Q_f^2 \left(\dfrac{f_0}{f} - \dfrac{f}{f_0}\right)^2}} \qquad (7\text{-}41)$$

$$\varphi_{\text{load}} = \arctan\left[R\left(\dfrac{1}{\omega L} - \omega C\right)\right] = \arctan\left[Q_f\left(\dfrac{f_0}{f} - \dfrac{f}{f_0}\right)\right] \qquad (7\text{-}42)$$

其中, $f_0 = \dfrac{1}{2\pi\sqrt{LC}}$, $Q_f = R\sqrt{\dfrac{C}{L}}$, f 为任意频率。

当 RLC 负载连接到电压为 U_g、频率为 f_g 的电网时, 负载需求的有功功率 P_{load}

和无功功率 Q_{load} 分别为

$$
\begin{cases}
P_{load} = \dfrac{U_g^2}{R} \\[2mm]
Q_{load} = U_g^2\left(\dfrac{1}{\omega L} - \omega C\right) = P_{load} \cdot Q_f\left(\dfrac{f_0}{f_g} - \dfrac{f_g}{f_0}\right)
\end{cases}
\tag{7-43}
$$

由电网提供的有功功率 ΔP 和无功功率 ΔQ，即并网逆变器与负载之间的不匹配功率为

$$
\begin{cases}
\Delta P = P_{load} - P_{inv} \\[2mm]
\Delta Q = Q_{load} - Q_{inv} = Q_{load} \quad (Q_{inv} = 0)
\end{cases}
\tag{7-44}
$$

当电网跳闸时，公共耦合点 PCC 处的电压和频率取决于局部负载的特性，负载需求的有功功率 P_{load} 和无功功率 Q_{load} 为

$$
\begin{cases}
P_{load} = P_{inv}, \quad u_a = \begin{cases} \sqrt{P_{inv}R} & P_{inv} \ \text{恒定} \\ I_{inv}R & I_{inv} \ \text{恒定} \end{cases} \\[4mm]
Q_{load} = Q_{inv} = 0
\end{cases}
\tag{7-45}
$$

由于电网跳闸后负载消耗的有功功率和无功功率必须与并网逆变器的输出功率相匹配，所以负载电压 u_a 和频率 f_a（即 f_0）的稳态工作点值将由式（7-45）确定。如果 $U_{min} \leqslant U_a \leqslant U_{max}$ 且 $f_{min} \leqslant f_a \leqslant f_{max}$，过/欠电压和过/欠频率保护将检测失败。

2. 不匹配功率的大小对过/欠电压与过/欠频率孤岛检测方案的影响

由于孤岛系统的运行状况与电网分离开关跳开前瞬间不匹配功率的大小（即 ΔP 和 ΔQ 的大小）有关，下面将详细分析并网逆变器单位功率因数运行条件下（即 $Q_{inv} = 0$），ΔQ 对过/欠频率孤岛检测方案的影响以及 ΔP 对过/欠电压孤岛检测方案影响。

1）如果分离开关跳开前瞬间 $\Delta Q > 0$，这表明负载功率因数滞后，负载的阻抗是感性的。当分离开关跳开后，电网不再提供无功，即 $\Delta Q = 0$，于是 $Q_{load} = 0$。从式（7-43）中 Q_{load} 的函数表达式可知，由于原来负载的感性阻抗特性，要使 $Q_{load} = 0$ 成立，则必须满足 $1/\omega L = \omega C$，这样逆变器的输出端电压 u_a 的频率 ω 一定向上偏移，从而可能触发过频保护。

2）如果分离开关跳开前瞬间 $\Delta Q < 0$，这表明负载功率因数超前，负载的阻抗是容性的。当分离开关跳开后，电网不再提供无功，即 $\Delta Q = 0$，于是 $Q_{load} = 0$。同理，由于原来负载的容性阻抗特性，要使 $Q_{load} = 0$ 成立，则必须满足 $1/\omega L = \omega C$，这样逆变器的输出端电压 u_a 的频率 ω 一定向下偏移，从而可能触发欠频保护。

3）如果分离开关跳开前瞬间 $\Delta P > 0$，那么由式（7-44）可知，开关跳开前逆变器提供的有功功率小于负载所需求的有功功率，因此当分离开关跳开后，电压将向下偏移，从而可能触发欠电压保护。

4）如果分离开关跳开前瞬间 $\Delta P < 0$，那么由式（7-44）可知，开关跳开前逆

变器提供的功率大于负载需求功率，因此当分离开关跳开后，电压将向上偏移，从而可能触发过电压保护。

7.4.1.3 $\Delta P \times \Delta Q$ 坐标系中孤岛检测的 NDZ 边界

由于 $\Delta P \times \Delta Q$ 坐标系中的 NDZ 只能用来评估被动式反孤岛方案的有效性，因此下面从分析图 7-13 中原理电路的功率流入手，分别推导出 3 种常用的被动式反孤岛策略即过/欠电压、过/欠频保护和相位跳变方案的 NDZ 边界。由于并网逆变器工作于恒功率模式和恒电流模式时的过/欠频保护的 NDZ 不同，因此必须分别进行讨论。

1. 过/欠电压和过/欠频率孤岛检测方案的 NDZ 边界[14]

下面分别讨论在 $\Delta P \times \Delta Q$ 坐标系中并网逆变器在恒功率工作模式和恒电流工作模式下过/欠电压和过/欠频率孤岛检测的 NDZ。

（1）并网逆变器的并网工作模式为恒功率模式（P_{inv}）

当并网逆变器恒功率模式运行时，电网跳闸前后的逆变器输出有功功率恒定，那么，电网跳闸前的有功功率不匹配度为

$$\frac{\Delta P}{P_{inv}} = \frac{P_{load} - P_{inv}}{P_{inv}} = \frac{P_{load}}{P_{inv}} - 1 = \frac{U_g^2/R}{P_{inv}} - 1 \tag{7-46}$$

电网跳闸后，由于逆变器的恒功率模式运行，公共耦合点处电压的有效值为

$$U_a = \sqrt{P_{inv}R} \tag{7-47}$$

将式（7-47）代入式（7-46），并考虑 U_a 的工作范围为 $U_{min} \leqslant U_a \leqslant U_{max}$，则

$$\left(\frac{U_g}{U_{max}}\right)^2 - 1 \leqslant \frac{\Delta P}{P_{inv}} \leqslant \left(\frac{U_g}{U_{min}}\right)^2 - 1 \tag{7-48}$$

另外，由式（7-43）可知，电网跳闸前的无功功率不匹配度为

$$\frac{\Delta Q}{P_{inv}} = \frac{Q_{load}}{P_{inv}} = \frac{P_{load}Q_f\left(\dfrac{f_0}{f_g} - \dfrac{f_g}{f_0}\right)}{P_{inv}} \tag{7-49}$$

将式（7-47）代入（7-49），得到

$$\frac{\Delta Q}{P_{inv}} = \frac{U_g^2}{U_a^2}Q_f\left(\frac{f_0}{f_g} - \frac{f_g}{f_0}\right) \tag{7-50}$$

电网跳闸后，由于 f_a 由负载的谐振频率 f_0 决定，即 $f_a = f_0$，而 f_a 工作范围为：$f_{min} \leqslant f_a \leqslant f_{max}$，因此，式（7-50）可化为

$$\frac{U_g^2}{U_{max}^2}Q_f\left(\frac{f_{min}}{f_g} - \frac{f_g}{f_{min}}\right) \leqslant \frac{\Delta Q}{P_{inv}} \leqslant \frac{U_g^2}{U_{min}^2}Q_f\left(\frac{f_{max}}{f_g} - \frac{f_g}{f_{max}}\right) \tag{7-51}$$

由式（7-48）和式（7-51）就可以确定出并网逆变器工作于恒功率模式时的过/欠电压和过/欠频率孤岛检测方案的 NDZ 边界。

（2）并网逆变器的并网工作模式为恒电流模式（I_{inv}）

当并网逆变器恒电流模式运行时，电网跳闸前后的逆变器输出电流恒定，那么，电网跳闸前的有功功率不匹配度为

$$\frac{\Delta P}{P_{inv}} = \frac{P_{load} - P_{inv}}{P_{inv}} = \frac{P_{load}}{P_{inv}} - 1 = \frac{U_g^2 / R}{U_g I_{inv}} - 1 \tag{7-52}$$

电网跳闸后，由于逆变器的恒电流模式运行，公共耦合点处电压的有效值为

$$U_a = I_{inv} R \tag{7-53}$$

将式（7-53）代入式（7-52），并考虑 U_a 的工作范围为 $U_{min} \leqslant U_a \leqslant U_{max}$，则

$$\frac{U_g}{U_{max}} - 1 \leqslant \frac{\Delta P}{P_{inv}} \leqslant \frac{U_g}{U_{min}} - 1 \tag{7-54}$$

另外，电网跳闸前的无功功率不匹配度为

$$\frac{\Delta Q}{P_{inv}} = \frac{Q_{load}}{P_{inv}} = \frac{P_{load} Q_f \left(\dfrac{f_0}{f_g} - \dfrac{f_g}{f_0} \right)}{U_g I_{inv}} \tag{7-55}$$

将式（7-53）代入式（7-55），得到

$$\frac{\Delta Q}{P_{inv}} = \frac{U_g}{U_a} Q_f \left(\frac{f_0}{f_g} - \frac{f_g}{f_0} \right) \tag{7-56}$$

考虑 U_a、f_a 的工作范围分别为 $U_{min} \leqslant U_a \leqslant U_{max}$、$f_{min} \leqslant f_a \leqslant f_{max}$，因此式（7-56）可化为

$$\frac{U_g}{U_{max}} Q_f \left(\frac{f_{min}}{f_g} - \frac{f_g}{f_{min}} \right) \leqslant \frac{\Delta Q}{P_{inv}} \leqslant \frac{U_g}{U_{min}} Q_f \left(\frac{f_{max}}{f_g} - \frac{f_g}{f_{max}} \right) \tag{7-57}$$

显然，由式（7-54）和式（7-57）就可以确定出并网逆变器工作于恒电流模式时的过/欠电压和过/欠频率孤岛检测方案的 NDZ 边界。

从以上的分析可以看出，并网逆变器工作于恒功率模式和恒电流模式时，过/欠电压和过/欠频率孤岛检测方案的 NDZ 是不同的，因此必须分别进行讨论。此外如果功率不匹配 ΔP 和 ΔQ 的大小在允许范围内，电网跳闸后的电压和频率将不会偏离正常范围，这样孤岛效应将持续发生。尽管从式（7-48）、式（7-51）、式（7-54）和式（7-57）中可以看出，虽然可以通过减小电压和频率的上下限来减小孤岛检测的 NDZ，但这很容易导致误跳闸。

2. 相位跳变孤岛检测方案的 NDZ 边界

相位跳变孤岛检测的 NDZ 边界可用 $|\varphi_{load}| < \varphi_{th}$ 表示，φ_{th} 是相位跳变孤岛检测方案中规定的相位阈值。由式（7-42）和式（7-43）可知，φ_{load} 可表示为

$$\varphi_{load} = \arctan \left[R \left(\frac{1}{\omega L} - \omega C \right) \right] = \arctan \left(\frac{Q_{load}}{P_{load}} \right) \tag{7-58}$$

因此 $|\varphi_{load}| < \varphi_{th}$ 也可化为

$$\left| \arctan\left(\frac{Q_{\text{load}}}{P_{\text{load}}} \right) \right| \leq \varphi_{\text{th}} \tag{7-59}$$

为了在功率不匹配坐标系 $\Delta P \times \Delta Q$ 中描述相位跳变孤岛检测方案的 NDZ，将式（7-44）代入式（7-59），得到

$$\left| \arctan\left(\frac{\Delta Q}{P_{\text{inv}} + \Delta P} \right) \right| \leq \varphi_{\text{th}} \tag{7-60}$$

若采用功率不匹配度表示，则

$$\left| \arctan\left(\frac{\Delta Q / P_{\text{inv}}}{1 + \Delta P / P_{\text{inv}}} \right) \right| \leq \varphi_{\text{th}} \tag{7-61}$$

由式（7-61）就可以确定相位跳变孤岛检测方案的 NDZ 边界，可以看出，如果 φ_{th} 设置得较小，相位跳变方案的 NDZ 将减小，但是这同样容易导致误跳闸。

3. 小结

从以上过/欠电压、过/欠频率孤岛检测方案的 NDZ 边界以及相位跳变孤岛检测方案的 NDZ 边界的推导过程可以看出：$\Delta P \times \Delta Q$ 坐标系中 NDZ 的上下边界分别由频率工作范围的上下限决定，而 NDZ 的左右边界分别由电压工作范围的上下限决定。

7.4.2　基于 $L \times C_{\text{norm}}$ 坐标系孤岛检测的有效性评估[11]

在功率不匹配 ΔP 和 ΔQ 较小时，过/欠电压和过/欠频率孤岛检测方案将检测失败。虽然通过减小电压和频率的工作范围可以减小 NDZ，但是这样会导致误跳闸。许多主动式反孤岛方案通过向系统引入扰动以使系统的工作点偏离正常范围，从而可以减小孤岛检测的 NDZ 以提供更好的孤岛检测性能，然而，由于功率不匹配坐标系 $\Delta P \times \Delta Q$ 不能用来评估主动式反孤岛策略的有效性，因此需要一种基于具体负载参数的坐标系以准确评估主动式反孤岛策略的有效性。本节定义了以负载电感 L 为横坐标而以负载"标准化电容" C_{norm} 为纵坐标的负载参数坐标系 $L \times C_{\text{norm}}$，"标准化电容" C_{norm} 考虑了负载谐振频率等于电网频率时的最不利孤岛检测因素，因而可以针对最不利孤岛检测情况的负载进行分析。另外，在负载参数坐标系 $L \times C_{\text{norm}}$ 基础上，推导出以 R、L 和 C 为变量的几种基于频率的反孤岛策略的相位判据。

7.4.2.1　$L \times C_{\text{norm}}$ 坐标系及其孤岛检测的相位判据

相位判据是用来分析基于频率变化的反孤岛策略有效性的一项指标。由于触发过/欠电压保护需要较大的有功功率不匹配，且系统中电压变动比频率变动相对难实现，所以许多主动式反孤岛方案都采用偏移频率来触发过/欠频率保护的方法，因此对基于频率的反孤岛方案有效性的研究是有意义的。

由于负载参数坐标系 $L \times C_{\text{norm}}$ 中反孤岛策略的 NDZ 与其对应的相位判据密切相关，因此必须弄清相位判据的含义。考虑图 7-13 所示的原理电路，并参阅前面章

节中的孤岛效应发生机理可知：孤岛效应的发生必须满足相位平衡关系，即 $\varphi_{load} + \theta_{inv} = 0$，其中 θ_{inv} 是由所采用的反孤岛方案决定的并网逆变器输出电流超前于逆变器输出端电压的相位角，φ_{load} 是负载阻抗角。由于这种相位平衡关系是孤岛效应发生的必要条件之一，因此 $\varphi_{load} + \theta_{inv} = 0$ 可作为孤岛效应发生的一个判断标准，简称为相位判据。

在 RLC 负载的情况下，相位判据可用具体负载参数（即 R、L 和 C）和频率 ω 的表达式来描述，即

$$\arctan\left[R\left((\omega L)^{-1} - \omega C \right) \right] = -\theta_{inv} \tag{7-62}$$

式中，ω 是电压 u_a 的频率，R、L 和 C 分别为负载的电阻、电感和电容值。

如果满足式（7-62）的 ω 在频率正常工作范围内，孤岛效应将持续发生，因此可用式（7-62）来评估基于频率的反孤岛方案的有效性。

采用相位判据，可以在以负载电感 L 为横坐标而以负载"标准化电容" C_{norm} 为纵坐标的负载参数坐标系 $L \times C_{norm}$ 中描绘出基于频率的反孤岛方案的 NDZ。

为研究负载谐振频率等于电网频率时的孤岛检测最不利情况，"标准化电容" C_{norm} 定义为负载电容 C 与谐振电容 C_{res} 之比，定义谐振频率 C_{res} 使其与负载电感 L 的谐振频率等于电网频率 ω_g，即：$\omega_g = 1/\sqrt{L \cdot C_{res}}$，于是 C_{norm} 可以用负载电感 L 的函数式表示

$$C_{norm} = C/C_{res} = C\omega_g^2 L \tag{7-63}$$

将式（7-63）代入式（7-62），得到

$$\arctan\left[\frac{R}{\omega L}\left(1 - \frac{\omega^2}{\omega_g^2} C_{norm} \right) \right] = -\theta_{inv} \tag{7-64}$$

式（7-64）可称为 $L \times C_{norm}$ 坐标系中孤岛发生的相位判据。由式（7-64）可知：对负载参数坐标系 $L \times C_{norm}$ 中的每一点，孤岛系统的稳态频率都能用特定反孤岛方案的相位判据来计算。如果孤岛系统的稳态频率在过/欠频率阈值范围内，那么孤岛系统中的 RLC 负载的稳态工作点就位于所采用的反孤岛方案的 NDZ 以内，否则就位于 NDZ 之外。值得注意的是：相位判据只能预测基于频率的反孤岛方案 NDZ 的大小和位置，而不能预测孤岛效应持续发生的时间。

此外，与在 $\Delta P \times \Delta Q$ 坐标系中过/欠频率孤岛检测 NDZ 的分析不同，并网逆变器的恒功率工作模式和恒电流工作模式对负载参数坐标系 $L \times C_{norm}$ 中过/欠频保护的 NDZ 没有影响，所以无需就恒功率模式和恒电流模式分别进行讨论。

7.4.2.2　$L \times C_{norm}$ 坐标系中孤岛检测的 NDZ 边界

本小节讨论了以 R、L 和 C 为变量的几种基于频率的反孤岛策略的相位判据，包括过/欠频率保护、相位跳变、滑模频移、主动式频移以及 sandia 频移方案。利用相位判据，并考虑频率的工作范围，可以得出 $L \times C_{norm}$ 坐标系中各方案的 NDZ 边界，根据 NDZ 的大小就可以评估反孤岛方案的有效性。

1. 过/欠频率孤岛检测的 NDZ 边界

若考虑并网逆变器的单位功率因数运行，即 $\theta_{\text{inv}} = 0$，由式（7-64）易得 $L\times C_{\text{norm}}$ 坐标系中过/欠频率孤岛检测的相位判据为

$$\arctan\left[\frac{R}{\omega L}\left(1-\frac{\omega^2}{\omega_g^2}C_{\text{norm}}\right)\right] = 0 \qquad (7\text{-}65)$$

上式可以等效为

$$\frac{R}{\omega L}\left(1-\frac{\omega^2}{\omega_g^2}C_{\text{norm}}\right) = 0 \qquad (7\text{-}66)$$

以上推导表明：孤岛发生后，系统中的频率会持续变化直到式（7-66）成立，而满足式（7-66）的频率就是负载的谐振频率 ω_0（$\omega_0 = 1/\sqrt{LC}$）。在谐振频率 ω_0 处，系统频率到达稳态，如果此时 ω_0 超出了频率正常工作范围，反孤岛保护动作，孤岛效应将不会持续发生。

根据式（7-66），$L\times C_{\text{norm}}$ 坐标系中过/欠频率孤岛检测的 NDZ 边界可以通过分别计算 $\omega = 2\pi f_{\text{max}}$ 和 $\omega = 2\pi f_{\text{min}}$ 情况下的 L 和 C_{norm} 而得到，即

$$C_{\text{norm\_max}} = \frac{f_g^2}{f_{\text{min}}^2}$$

$$C_{\text{norm\_min}} = \frac{f_g^2}{f_{\text{max}}^2} \qquad (7\text{-}67)$$

式中　f_g——电网频率。

2. 相位跳变孤岛检测的 NDZ 边界

类似过/欠频率孤岛检测的 NDZ 分析，相位跳变孤岛检测的相位判据如下

$$\left|\arctan\left[\frac{R}{\omega L}\left(1-\frac{\omega^2}{\omega_g^2}C_{\text{norm}}\right)\right]\right| \leqslant \varphi_{\text{th}} \qquad (7\text{-}68)$$

式中　φ_{th}——相位跳变孤岛检测中规定的相位阈值。

可见，负载阻抗角 $\varphi_{\text{load}}(f)$ 是频率 f 的非线性函数，当逆变器单位功率因数运行时，由于 θ 足够小，因而可利用 $\arctan\theta \approx \theta$ 对式（7-68）进行微偏线性化，这样相位跳变孤岛检测的 NDZ 边界为

$$C_{\text{norm\_max}} = \frac{f_g^2}{f_{\text{min}}^2}\left(1+\frac{2\pi \cdot f_{\text{min}} \cdot L \cdot \varphi_{\text{th}}}{R}\right)$$

$$C_{\text{norm\_min}} = \frac{f_g^2}{f_{\text{max}}^2}\left(1-\frac{2\pi \cdot f_{\text{max}} \cdot L \cdot \varphi_{\text{th}}}{R}\right) \qquad (7\text{-}69)$$

3. 滑模频移孤岛检测的 NDZ 边界

滑模频移是对并网逆变器输出电流-电压的相位运用正反馈使得其相位偏移进

而使得频率发生偏移的孤岛检测方案。当电网连接时，电网提供固定的相位和频率参考使工作点稳定在电网频率处；而当电网跳闸后，负载和并网逆变器的相位-频率工作点为负载阻抗角与并网逆变器相位响应曲线的交点，即 $\varphi_{\text{load}}(f) = -\theta_{\text{SMS}}(f)$，其中 θ_{SMS} 是滑模频移方案中定义的并网逆变器输出电流超前于逆变器输出端电压的相位角，因此滑模频移孤岛检测的相位判据为

$$\arctan\left[\frac{R}{\omega L}\left(1-\frac{\omega^2}{\omega_g^2}C_{\text{norm}}\right)\right] = -\theta_{\text{SMS}}(f) \qquad (7\text{-}70)$$

同理可利用 $\arctan\theta \approx \theta$ 对式（7-70）进行微偏线性化，考虑频率工作范围为 $f_{\min} \leqslant f_a \leqslant f_{\max}$，于是滑模频移方案的 NDZ 边界由下式确定

$$C_{\text{norm\_max}} = \frac{f_g^2}{f_{\min}^2}\left(1+\frac{2\pi \cdot f_{\min} \cdot L \cdot \theta_{\text{SMS}}}{R}\right)$$

$$C_{\text{norm\_min}} = \frac{f_g^2}{f_{\max}^2}\left(1+\frac{2\pi \cdot f_{\max} \cdot L \cdot \theta_{\text{SMS}}}{R}\right) \qquad (7\text{-}71)$$

4. 主动式频移方案的 NDZ 边界

前面的分析已知，当孤岛系统中的负载是容性的情况下，孤岛系统的频率有下降趋势。如果系统采用向上频移的主动式频移反孤岛策略，那么孤岛发生后，容性负载所导致的频率下降趋势将抑制或抵消并网逆变器向上主动频移的趋势，从而使孤岛效应能够持续进行。换言之，对 RC 或 RLC 负载的并网系统，主动式频移方案必然存在 NDZ。

采用恒频率偏移（即 δf 不变）的并网逆变器的输出电流可由下式表示

$$i_k = \sqrt{2}I \cdot \sin\left[2\pi(f_{vk-1}+\delta f)\right]t \qquad (7\text{-}72)$$

因此，采用恒频率偏移的并网逆变器输出电流的基波分量超前于逆变器输出端电压的相位角 θ_{inv} 可近似表示为

$$\theta_{\text{inv}} = 0.5\omega t_z \qquad (7\text{-}73)$$

式中 t_z——主动式频移反孤岛策略中正弦波电流中插入的死区时间。

由于 $t_z = 1/f_v - 1/f_i \approx 1/f - 1/(f+\delta f)$，于是式（7-73）可化为

$$\theta_{\text{inv}} = \pi f t_z = \pi f\left[1/f - 1/(f+\delta f)\right] \qquad (7\text{-}74)$$

将式（7-74）代入式（7-64），得到主动式频移方案的相位判据为

$$\arctan\left[\frac{R}{\omega L}\left(1-\frac{\omega^2}{\omega_g^2}C_{\text{norm}}\right)\right] = -\pi f\left(\frac{1}{f}-\frac{1}{f+\delta f}\right) \qquad (7\text{-}75)$$

一方面，小的 δf 取值使 $\frac{f}{f+\delta f} \approx 1$，由此简化式（7-75），得到

$$\arctan\left[\frac{R}{\omega L}\left(1-\frac{\omega^2}{\omega_g^2}C_{\text{norm}}\right)\right] \approx -\frac{\pi \cdot \delta f}{f} \qquad (7\text{-}76)$$

另一方面，由于 $|\theta_{\text{inv}}| = |\varphi_{\text{load}}|$ 很小，即 $\arctan\theta \approx \theta$，代入式（7-75）可得到孤岛系统的稳态频率的近似表达式为

$$f \approx \sqrt{\left(\frac{1}{2\pi\sqrt{LC}}\right)^2 + \frac{\delta f}{2RC}} \tag{7-77}$$

一旦孤岛系统到达式（7-77）确定的且比负载谐振频率略高的稳态频率时，系统的频率将不再升高。如果这一稳态频率在逆变器过/欠频率阈值范围内，并且 RLC 负载的电压幅值也在逆变器过/欠电压阈值范围内时，孤岛效应将持续进行。

根据式（7-76），$L \times C_{\text{norm}}$ 坐标系中主动式频移孤岛检测的 NDZ 边界可以通过分别计算 $\omega = 2\pi f_{\text{max}}$ 和 $\omega = 2\pi f_{\text{min}}$ 情况下的 L 和 C_{norm} 得到，即

$$C_{\text{norm\_max}} = \frac{f_{\text{g}}^2}{f_{\text{min}}^2}\left(1 + \frac{2\pi^2 \cdot L \cdot \delta f}{R}\right)$$

$$C_{\text{norm\_min}} = \frac{f_{\text{g}}^2}{f_{\text{max}}^2}\left(1 + \frac{2\pi^2 \cdot L \cdot \delta f}{R}\right) \tag{7-78}$$

5. Sandia 频移方案的 NDZ 边界

Sandia 频移是带正反馈的主动式频移，其斩波因子 cf 在每个周期都会发生变化，即

$$cf_k = cf_{k-1} + K \cdot \Delta\omega_k \tag{7-79}$$

式中　cf_k——第 k 周期的斩波因子；

　　　cf_{k-1}——第 $k-1$ 周期的斩波因子；

　　　K——不改变方向的加速增益；

　　　$\Delta\omega_k$——第 k 周期电压 u_a 的采样频率 ω_k 与电网频率 ω_g 之间的偏差，即 $\Delta\omega_k = \omega_k - \omega_g$。

当采用向上频移的 Sandia 频移反孤岛策略时，并网逆变器输出电流超前于端电压的相位角 $\theta_{\text{inv}} = 0.5\omega t_z = 0.5\pi cf$，因此 Sandia 频移方案的相位判据为

$$\arctan\left[\frac{R}{\omega L}\left(1 - \frac{\omega^2}{\omega_g^2}C_{\text{norm}}\right)\right] = -0.5\pi(cf_{k-1} + K \cdot \Delta\omega_k) \tag{7-80}$$

这一相位关系表明：当频率偏差增加时，孤岛效应能够持续发生，所要求的负载阻抗角也应增加，因此要到达稳态，必须使频率偏离负载的谐振频率，这就使得采用 Sandia 频移反孤岛策略时系统所达到的稳态频率要比采用主动式频移反孤岛策略时系统所达到的稳态频率大，从而增加了触发过/欠频率保护的可能性。Sandia 频移反孤岛策略的 NDZ 边界可以通过分别计算 $\omega = 2\pi f_{\text{max}}$ 和 $\omega = 2\pi f_{\text{min}}$ 情况下的 L 和 C_{norm} 加以确定。

6. 小结

从以上几种基于频率的反孤岛方案的相位判据可以看出：孤岛效应发生后，系

统到达稳态时的频率与负载参数有关，然而有功功率及无功功率不匹配并不是由负载参数惟一决定，考虑负载需求的无功功率表达式，即

$$Q_{\text{load}} = u_a^2 \left[(\omega L)^{-1} - \omega C \right] = \Delta Q \tag{7-81}$$

式（7-81）表明：有很多 L 和 C 的组合可以得到同样的 ΔQ，于是对一个给定的 ΔP，这些组合都将绘制在功率不匹配坐标系中的同一点上，但是其中有些组合可能导致孤岛检测失败，而另外一些可能不会。因此在功率不匹配坐标系 $\Delta P \times \Delta Q$ 中评估反孤岛策略的有效性时，只针对特定负载而不是针对最严重情况下负载得出的 NDZ 可能会导致错误的结论。

总的来说，Sandia 频移方案是所讨论方案中孤岛检测性能最好的一种。谐振频率等于电网频率且 Q_f 较大的负载将使得孤岛检测变得更困难。对于需求功率较高的负载，孤岛效应持续时间可能减少。

7.4.3　基于负载特征参数 $Q_f \times f_0$ 坐标系的有效性评估

从以上的分析可以看出，当电阻 R 不同时，$L \times C_{\text{norm}}$ 坐标系中同一种反孤岛方案的 NDZ 不同，这样 $L \times C_{\text{norm}}$ 坐标系便不能很好地反映出负载电阻的变化对反孤岛方案 NDZ 的形状以及大小的影响。为克服这一不足，本节定义了以负载品质因数 Q_f 为横坐标而负载谐振频率 f_0 为纵坐标的负载特征参数坐标系 $Q_f \times f_0$，并推导出以 Q_f 和 f_0 为参数的几种基于频率的反孤岛方案的相位判据。

7.4.3.1　$Q_f \times f_0$ 坐标系及其孤岛检测的相位判据[14]

从式（7-41）和式（7-42）可以看出，由于负载的阻抗角 φ_{load} 受负载品质因数 Q_f 和谐振频率 f_0 的影响，并且电阻 R 的增加可以通过 Q_f 的增加来反映（对给定的一组 L 和 C），因此在以负载品质因数 Q_f 为横坐标而负载谐振频率 f_0 为纵坐标的 $Q_f \times f_0$ 坐标系中分析反孤岛方案的 NDZ 时，就无需像在 $L \times C_{\text{norm}}$ 坐标系中分析 NDZ 一样因电阻 R 的改变而绘制新的曲线。可见 $Q_f \times f_0$ 坐标系是反孤岛方案有效性评估的一个很好的选择。

在负载特征参数坐标系 $Q_f \times f_0$ 中对反孤岛方案的 NDZ 进行分析时，也要用到相应的相位判据来对 NDZ 进行定量的描述。与 $L \times C_{\text{norm}}$ 坐标系中孤岛检测的相位判据类似，$Q_f \times f_0$ 坐标系中孤岛检测的相位判据为

$$\arctan \left[Q_f \left(\frac{f_0}{f} - \frac{f}{f_0} \right) \right] = -\theta_{\text{inv}} \tag{7-82}$$

如果满足式（7-82）的频率 f 在频率正常工作范围内，孤岛效应将持续发生，因此可以用式（7-82）来评估 $Q_f \times f_0$ 中基于频率的反孤岛方案的有效性。

由式（7-82）可知，对负载特征参数坐标系 $Q_f \times f_0$ 中的每一点，孤岛系统的稳态频率都能用特定反孤岛方案的相位判据来计算。如果孤岛系统的稳态频率在过/欠频率阈值的范围内，那么孤岛系统中具有该品质因数和谐振频率的 RLC 负载的

稳态工作点就位于所采用的反孤岛方案的 NDZ 以内，否则就位于 NDZ 之外。

与 $L×C_{norm}$ 坐标系中孤岛检测的有效性分析相同，由于并网逆变器的恒功率工作模式和恒电流工作模式对负载特征参数坐标系 $Q_f×f_0$ 中过/欠频率保护方案的 NDZ 没有影响，因此无需就恒功率模式和恒电流模式分别进行讨论。

7.4.3.2　$Q_f×f_0$ 坐标系中孤岛检测的 NDZ 边界

本小节讨论了以 Q_f 和 f_0 为变量的几种基于频率的反孤岛方案，主要包括过/欠频率、滑模频移、主动式频移方案。利用相位判据并考虑频率的工作范围，可以得出 $Q_f×f_0$ 坐标系中各方案的 NDZ 边界，从而为评估反孤岛方案的有效性打下基础。

1. 过/欠频率保护方案的 NDZ 边界

参照图 7-14，并由式（7-45）可知，电网跳闸后，逆变器输出端电压到达稳态时的频率就是负载的谐振频率 f_0。如果 $f_{min} \leqslant f_0 \leqslant f_{max}$，过/欠频率反孤岛检测失败，从而无论并网逆变器工作于恒功率模式还是恒电流模式，孤岛效应都将持续发生。

2. 相位跳变方案的 NDZ 边界

相位跳变方案的 NDZ 边界可用 $|\varphi_{load}| < \varphi_{th}$ 表示，其中 φ_{th} 是相位跳变方案中规定的相位阈值，有：

$$\left| \arctan\left[Q_f\left(\frac{f_0}{f} - \frac{f}{f_0} \right) \right] \right| < \varphi_{th} \tag{7-83}$$

由上式可以解得负载的谐振频率 f_0 为

$$f_0 = \frac{-\tan|\varphi_{th}| \cdot f + \sqrt{(\tan|\varphi_{th}|)^2 + 4Q_f^2} \cdot f}{2Q_f} \tag{7-84}$$

根据式（7-83），$Q_f×f_0$ 坐标系中相位跳变方案中的 NDZ 可通过分别计算 $f=f_{max}$ 和 $f=f_{min}$ 情况下的 Q_f 和 f_0 得到。考虑到：对谐振频率 $f_0 < f_g$ 的负载，逆变器输出到达稳态时的频率 $f < f_g$，而对谐振频率 $f_0 > f_g$ 的负载，逆变器输出达到稳态时的频率 $f > f_g$，因此 $Q_f×f_0$ 坐标系中相位跳变方案的 NDZ 边界为

$$\begin{cases} f_{0-min} = \dfrac{-\tan\varphi_{th} \cdot f_{min} + \sqrt{(\tan\varphi_{th})^2 + 4Q_f^2} \cdot f_{min}}{2Q_f} \\ \\ f_{0-max} = \dfrac{-\tan(-\varphi_{th}) \cdot f_{max} + \sqrt{[\tan(-\varphi_{th})]^2 + 4Q_f^2} \cdot f_{max}}{2Q_f} \end{cases} \tag{7-85}$$

3. 滑模频移方案的 NDZ 边界

根据 7.4.2 节中的相位判据 $\varphi_{load}(f) = -\theta_{SMS}(f)$ 和式（7-82）可知，$Q_f×f_0$ 坐标系中滑模频移方案的 NDZ 可以通过分别计算 $f=f_{max}$ 和 $f=f_{min}$ 情况下的 Q_f 和 f_0 得到。由于采用滑模频移方案时的逆变器输出电流与端电压之间的相位角 $\theta_{SMS}(f)$ 与负载阻抗角 $\varphi_{load}(f)$ 都是 f 的非线性函数，因此可以利用 $\arctan\theta \approx \theta$ 来简化负载阻抗角。考

虑到滑模频移方案的 NDZ 仅存在于非常接近电网频率的频率范围内, 于是可以通过某个工作点附近的微偏线性化来简化非线性函数, 具体是对 φ_{load} 运用泰勒级数展开, 并且忽略 Δf 的二次以及更高次项, 得到

$$\Delta\varphi_{\text{load}} = \frac{\mathrm{d}\varphi_{\text{load}}}{\mathrm{d}f}\Delta f \tag{7-86}$$

式中

$$\left.\frac{\mathrm{d}\varphi_{\text{load}}}{\mathrm{d}f}\right|_{f=f_0} = -\frac{2Q_f}{f_0} \tag{7-87}$$

这样, 负载阻抗角的近似线性函数为

$$\varphi_{\text{load}} = -(f-f_0)\frac{2Q_f}{f_0} \tag{7-88}$$

将式 (7-88) 代入 $\varphi_{\text{load}}(f) = -\theta_{\text{SMS}}(f)$, 得到

$$f_0 = \frac{2Q_f \cdot f}{2Q_f + \theta_{\text{SMS}}(f)} \tag{7-89}$$

同理考虑到: 对谐振频率 $f_0 < f_g$ 的负载, 逆变器输出到达稳态时的频率 $f < f_g$, 而对谐振频率 $f_0 > f_g$ 的负载, 逆变器输出到达稳态时的频率 $f > f_g$, 因此滑模频移方案的 NDZ 边界由下式确定:

$$f_{0\_\max} = \frac{2Q_f \cdot f_{\max}}{2Q_f + \theta_{\text{SMS}}(f_{\max})} \qquad f_0 > f_g \text{时}$$

$$f_{0\_\min} = \frac{2Q_f \cdot f_{\min}}{2Q_f + \theta_{\text{SMS}}(f_{\min})} \qquad f_0 < f_g \text{时} \tag{7-90}$$

4. 主动式频移方案的 NDZ 边界

若以向上恒频率偏移方案进行讨论, 此时, 并网逆变器输出电流频率总是比前一周期的电压频率高 δf, 即 $f_{ik} = f_{vk-1} + \delta f$。

当孤岛效应发生且系统到达稳态时, 并网逆变器输出电流超前于端电压的相位角 θ_{inv} 可近似为

$$\theta_{\text{inv}} = \pi f t_z = \pi f [1/f - 1/(f+\delta f)] \tag{7-91}$$

将式 (7-91) 代入式 (7-82), 得到主动式频移方案的相位判据为

$$\arctan\left[Q_f\left(\frac{f_0}{f} - \frac{f}{f_0}\right)\right] = -\pi f\left(\frac{1}{f} - \frac{1}{f+\delta f}\right) \tag{7-92}$$

对于足够小的 δf, $|\theta_{\text{inv}}| = |\varphi_{\text{load}}|$ 趋向零, 因此可利用近似等式 $\arctan\theta \approx \theta$ 和 $\frac{f}{f+\delta f} \approx 1$ 来简化式 (7-92), 得到

$$Q_f\left(\frac{f_0}{f} - \frac{f}{f_0}\right) \approx -\frac{\pi \cdot \delta f}{f} \tag{7-93}$$

于是，孤岛系统的稳态频率可以近似表示为

$$f \approx \sqrt{f_0^2 + \frac{\pi \cdot \delta f \cdot f_0}{Q_f}} \tag{7-94}$$

由式（7-93）可以得到负载的谐振频率 f_0 为

$$f_0 \approx \frac{-\pi \cdot \delta f + \sqrt{(\pi \cdot \delta f)^2 + 4Q_f^2 \cdot f^2}}{2Q_f} \tag{7-95}$$

根据式（7-95），$Q_f \times f_0$ 坐标系中主动式频移方案的 NDZ 可通过分别计算 $f = f_{max}$ 和 $f = f_{min}$ 情况下的 Q_f 和 f_0 得到。同理考虑到：对谐振频率 $f_0 < f_g$ 的负载，系统到达稳态时的频率 $f < f_g$，而对谐振频率 $f_0 > f_g$ 的负载，系统到达稳态时的频率 $f > f_g$，因此主动式频移方案的 NDZ 边界为

$$f_{0\_max} = \frac{-\pi \cdot \delta f + \sqrt{(\pi \cdot \delta f)^2 + 4Q_f^2 \cdot f_{max}^2}}{2Q_f} \qquad f_0 > f_g \text{时}$$

$$\tag{7-96}$$

$$f_{0\_min} = \frac{-\pi \cdot \delta f + \sqrt{(\pi \cdot \delta f)^2 + 4Q_f^2 \cdot f_{min}^2}}{2Q_f} \qquad f_0 < f_g \text{时}$$

5. Sandia 频移方案的 NDZ 边界

若采用 Sandia 频移方案（即带正反馈的主动频移式反孤岛检测—AFDPF），其控制策略中的斩波因子为 $cf = cf_0 + k\Delta f$，其中 $\Delta f = f - f_g$，为电网跳闸后逆变器输出端电压频率与电网额定频率之差，由前面的分析可以得到 Sandia 频移的相位判据如下式：

$$\arctan\left[Q_f\left(\frac{f_0}{f} - \frac{f}{f_0}\right)\right] = -\theta_{inv} \tag{7-97}$$

$$\theta_{inv} = \frac{\omega t_z}{2} = \pi \frac{t_z}{T} = \frac{\pi}{2}cf = \frac{\pi}{2}(cf_0 + k\Delta f) = \frac{\pi}{2}[cf_0 + k(f-f_g)] \tag{7-98}$$

并且由式（7-97）可以解得负载的谐振频率 f_0 为

$$f_0 = \frac{-\tan\theta_{inv} \cdot f + \sqrt{(\tan\theta_{inv})^2 + 4Q_f^2 \cdot f}}{2Q_f} \tag{7-99}$$

$$f_0 = \frac{-\tan\left\{\frac{\pi}{2}[cf_0 + k(f-f_g)]\right\} \cdot f + \sqrt{\left\langle\tan\left\{\frac{\pi}{2}[cf_0 + k(f-f_g)]\right\}\right\rangle^2 + 4Q_f^2 \cdot f}}{2Q_f}$$

$$\tag{7-100}$$

根据式（7-100），$Q_f \times f_0$ 坐标系中 Sandia 频移方案的 NDZ 可通过分别计算 $f = f_{max}$ 和 $f = f_{min}$ 情况下的 Q_f 和 f_0 得到。同理考虑到：对谐振频率 $f_0 < f_g$ 的负载，系统到达稳态时的频率 $f < f_g$，而对谐振频率 $f_0 > f_g$ 的负载，系统到达稳态时的频率 $f > f_g$，因

此 Sandia 频移方案的 NDZ 边界为

$$f_{0\_max} = \cfrac{-\tan\left\{\dfrac{\pi}{2}\left[cf_0 + k(f_{max}-f_g)\right]\right\} \cdot f_{max} + \sqrt{\left\langle\tan\left\{\dfrac{\pi}{2}\left[cf_0 + k(f_{max}-f_g)\right]\right\}\right\rangle^2 + 4Q_f^2} \cdot f_{max}}{2Q_f}$$

$$f_0 > f_g \text{时} \qquad (7\text{-}101)$$

$$f_{0\_min} = \cfrac{-\tan\left\{\dfrac{\pi}{2}\left[cf_0 + k(f_{min}-f_g)\right]\right\} \cdot f_{min} + \sqrt{\left\langle\tan\left\{\dfrac{\pi}{2}\left[cf_0 + k(f_{min}-f_g)\right]\right\}\right\rangle^2 + 4Q_f^2} \cdot f_{min}}{2Q_f}$$

$$f_0 < f_g \text{时} \qquad (7\text{-}102)$$

7.4.4 基于负载特征参数 $Q_{f0} \times C_{norm}$ 坐标系的有效性评估

7.4.4.1 $Q_{f0} \times C_{norm}$ 坐标系及其孤岛检测的相位判据

虽然上述基于 $Q_f \times f_0$ 坐标系的有效性评估方案克服了基于 $L \times C_{norm}$ 坐标系的有效性评估方案针对不同电阻需要多张 NDZ 分布图之不足，但是 $Q_f \times f_0$ 坐标系中两坐标轴都与负载电感 L、电容 C 相关，彼此参数的耦合将给 NDZ 的有效性评估带来不便。为此，有学者提出了一种基于 $Q_{f0} \times C_{norm}$ 坐标系的有效性评估方案[43]，该方案能在一张平面图上描述出基于频率类孤岛检测方案的 NDZ 特点，并且坐标变量间相互独立。另外，基于 $Q_{f0} \times C_{norm}$ 坐标系的有效性评估方案还与 IEEE Std. 929-2000 测试规范中涉及的负载参数一一对应，便于将孤岛检测的理论研究与实验验证及产品性能认证相结合，有利于工程实践。

由于孤岛检测效果受负载特性的影响很大，若采用 RLC 并联谐振负载的特殊负载来分析孤岛检测的性能，也会涉及 R、L、C 三个参数，因此如果将孤岛检测失败的负载组合用图表示，则需要采用三维图形或采用多幅平面图，显然这给 NDZ 的分析带来方便。

由于采用移频类孤岛检测方法时，有功平衡条件下电网跳闸前后逆变器输出端电压的波动最小，孤岛漏检的可能性比有功不平衡时的可能性大。因此，在进行移频类孤岛检测方案的 NDZ 分析时，可以把 NDZ 定义为有功平衡条件下孤岛检测失败的所有 L/C 负载组合的集合，使负载参数减少到两个，从而提出 $Q_{f0} \times C_{norm}$ 坐标系以解决 $Q_f \times f_0$ 坐标系中坐标参数的耦合问题。

为反映孤岛检测性能受品质因数影响的情况，新坐标系的横轴采用类似于负载品质因数的参数 Q_{f0}；而为研究负载谐振频率等于电网频率时的孤岛检测最不利情况，新坐标系的纵轴采用了"标准化电容" C_{norm}。

首先定义 Q_{f0}、C_{norm} 参数如下：

$$Q_{f0} = \frac{R}{\omega_0 L} \qquad (7\text{-}103)$$

$$C_{norm} = \frac{C}{C_{res}} \qquad (7\text{-}104)$$

$$C_{\text{res}} = \frac{1}{L\omega_0^{\,2}} \tag{7-105}$$

式中 ω_0——电网角频率。

考虑原有的负载品质因数 Q_f 的定义，即 $Q_f = R\sqrt{C/L} = R/\omega_{\text{res}}L$，其中 ω_{res} 为负载电路的谐振角频率。显然，式（7-103）Q_{f0} 的定义与负载品质因数 Q_f 的定义在形式上类似。然而两者的定义有本质上的不同，主要表现在：

1）Q_f 是负载电路的固有特性，由负载 R、L、C 三个参数决定；而 Q_{f0} 则受电网频率 ω_0、负载电阻 R、负载电感 L 的影响，与负载电容 C 无关；

2）在电网频率和并网逆变器输出功率一定（若有功匹配）的条件下，ω_0 和 R 的值则为定值，则 Q_{f0} 成为负载电感 L 的单值函数，即坐标轴 Q_{f0} 一定条件下能等效反映负载电感 L 的大小。

显然，若组成 $Q_{f0} \times C_{\text{norm}}$ 坐标系，则正好可以描述整个负载平面。与 $Q_f \times f_0$ 坐标系相比，采用 $Q_{f0} \times C_{\text{norm}}$ 坐标系进行孤岛检测有效性评估的主要优势在于：

1）$Q_{f0} \times C_{\text{norm}}$ 坐标系直接与负载电感、电容相对应，并且两个坐标轴之间没有耦合，比采用 $Q_f \times f_0$ 坐标系更能直接描述 NDZ 与负载参数间的关系；

2）由于相应的国际标准（如 IEEE Std. 929-2000）中论及的 Q_f 值均指负载谐振频率等于电网频率（$\omega_0 = \omega_{\text{res}}$）时的负载品质因数值，而当 $\omega_0 = \omega_{\text{res}}$ 时，Q_{f0} 与 Q_f 的值正好相等，显然，基于 $Q_{f0} \times C_{\text{norm}}$ 坐标系的 NDZ 评估与相应的国际标准（如 IEEEStd. 929-2000）具有兼容性，而这种兼容性有利于将孤岛检测的理论分析与孤岛实验及产品性能认证相结合。

下面讨论在 $Q_{f0} \times C_{\text{norm}}$ 坐标系中的基于频率的反孤岛的 NDZ 边界的定量关系。

首先，与 $L \times C_{\text{norm}}$、$Q_f \times f_0$ 坐标系中的相位判据类似，$Q_{f0} \times C_{\text{norm}}$ 坐标系中的相位判据为

$$\arctan\left[R\left(\omega C - \frac{1}{\omega L} \right) \right] = \theta_{\text{inv}} \tag{7-106}$$

式中 θ_{inv}——由所采用的反孤岛方案决定的并网逆变器输出电流超前于端电压的相位角。

为不失一般性，设并网逆变器与电网相连的公共耦合点处的角频率为 $\omega = \omega_0 + \Delta\omega$，另外考虑式（7-104）有 $C = C_{\text{norm}} C_{\text{ress}} = (1+\Delta C) C_{\text{ress}}$，代入式（7-106）得

$$\arctan\left\{ R\left[(\omega_0 + \Delta\omega)(1+\Delta C) C_{\text{ress}} - \frac{1}{(\omega_0 + \Delta\omega) L} \right] \right\} = \theta_{\text{inv}} \tag{7-107}$$

联立式（7-103）、式（7-105）、式（7-107）并整理得

$$\arctan\left[Q_{f0}\omega_0 \frac{\left(\frac{\Delta\omega}{\omega_0} \right)^2 + \frac{2\Delta\omega}{\omega_0} + \Delta C\left(1+\frac{\Delta\omega}{\omega_0} \right)^2}{\omega_0 + \Delta\omega} \right] = \theta_{\text{inv}} \tag{7-108}$$

式中 $\Delta\omega$、ΔC——角频率、电容的微偏量。

由于 $\Delta\omega$ 与 ω_0 相比很小（按 IEEE 929-2000 标准，额定电网频率 $f_0 = 60\text{Hz}$，允许的频率正常波动范围 Δf 为 $-0.7 \sim 0.5\text{Hz}$），因此 $(\Delta\omega / \omega_0)^2 \approx 0$，$\Delta\omega / \omega_0 + 1 \approx 1$，从而式（7-108）简化为

$$\arctan\left[Q_{f0}\left(\frac{2\Delta\omega}{\omega_0}+\Delta C\right) \right] = \theta_{\text{inv}} \tag{7-109}$$

如果满足式（7-109）的频率 f 在频率正常工作范围内，孤岛效应将持续发生，因此可以用式（7-109）来评估 $Q_{f0} \times C_{\text{norm}}$ 中基于频率的反孤岛方案的有效性。

由式（7-109）可知，对负载特征参数坐标系 $Q_{f0} \times C_{\text{norm}}$ 中的每一点，孤岛系统的稳态频率都能用特定反孤岛方案的相位判据来计算。如果孤岛系统的稳态频率在过/欠频率阈值的范围内，那么孤岛检测进入 NDZ 以内，使孤岛检测方案失效。

与 $L \times C_{\text{norm}}$、$Q_f \times f_0$ 坐标系中分析相同，并网逆变器的恒功率工作模式和恒电流工作模式对负载特征参数坐标系 $Q_{f0} \times C_{\text{norm}}$ 中孤岛检测方案的 NDZ 没有影响，从而无需就恒功率模式和恒电流模式分别进行讨论。

7.4.4.2　$Q_{f0} \times C_{\text{norm}}$ 坐标系中孤岛检测的 NDZ 分析

1. 过/欠频率方案的 NDZ 分析

当并网逆变器单位功率因数运行时，由于 $\theta_{\text{inv}} = 0$，则由式（7-109）易得

$$\arctan\left[Q_{f0}\left(\frac{2\Delta\omega}{\omega_0}+\Delta C\right) \right] = 0 \tag{7-110}$$

显然

$$\Delta C = -\frac{2\Delta\omega}{\omega_0} \tag{7-111}$$

将频率允许的波动范围 Δf 为 $-0.7 \sim 0.5$ 代入上式有

$$-\frac{2 \times 0.5 \times 2\pi}{60 \times 2\pi} < \Delta C < \frac{2 \times 0.7 \times 2\pi}{60 \times 2\pi} \tag{7-112}$$

$$0.9833 < C_{\text{norm}} < 1.0233 \tag{7-113}$$

显然，在 $Q_{f0} \times C_{\text{norm}}$ 坐标系中反孤岛方案的频率波动范围实际上可由"标准值电容" C_{norm} 坐标轴上 $C_{\text{norm}} = 1$ 附近的水平线表示，如图7-15所示。

2. 相位跳变方案的 NDZ 分析

相位跳变方案的 NDZ 边界可用 $|\varphi_{\text{load}}| < \varphi_{\text{th}}$ 表示，其中 φ_{th} 是相位跳变方案中规定的相位阈值，有

$$\left| \arctan\left[Q_{f0}\left(\frac{2\Delta\omega}{\omega_0}+\Delta C\right) \right] \right| < \varphi_{\text{th}} \tag{7-114}$$

$$-\frac{\tan\varphi_{\text{th}}}{Q_{f0}} - \frac{2 \times 0.5 \times 2\pi}{\omega_0} < \Delta C < \frac{\tan\varphi_{\text{th}}}{Q_{f0}} + \frac{2 \times 0.7 \times 2\pi}{\omega_0} \tag{7-115}$$

$$1 - \frac{\tan\varphi_{\text{th}}}{Q_{f0}} - \frac{2\pi}{\omega_0} < C_{\text{norm}} < 1 + \frac{\tan\varphi_{\text{th}}}{Q_{f0}} + \frac{1.4 \times 2\pi}{\omega_0} \tag{7-116}$$

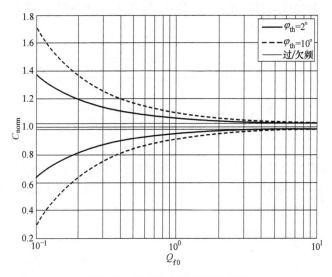

图 7-15　相位跳变的不可检测区

上图给出了 $\varphi_{th}=2°$ 和 $10°$ 时的相位跳变方案的 NDZ 分布图，图中：水平线区域为过/欠频率方案的 NDZ 分布图，实线、虚线区域分别为 $\varphi_{th}=2°$ 和 $10°$ 时的相位跳变方案的 NDZ 分布图。从图中可以看出：①φ_{th} 越小，NDZ 越小，并且当 Q_{f0} 足够大时，相位跳变方案的 NDZ 趋近于过/欠频率方案的 NDZ；②在 Q_{f0} 减小即 L 增大时，相位跳变方案的 NDZ 呈增大趋势，这与 $L×C_{norm}$ 坐标系下的结论相同。

3. 主动式频移（AFD）方案的 NDZ 分析[43]

采用主动移频孤岛检测方案的相位判据有

$$\arctan\left[R\left(\omega C-\frac{1}{\omega L}\right)\right]=\angle AFD\,(\,\mathrm{j}\omega)\tag{7-117}$$

$$\angle AFD(\mathrm{j}\omega)=\frac{\omega t_z}{2}\tag{7-118}$$

考虑斩波因子的定义，因而稳态时有如下关系

$$\arctan\left[R\left(\omega C-\frac{1}{\omega L}\right)\right]=\frac{\omega t_z}{2}=\frac{1}{2}\cdot\frac{2\pi}{T}t_z=\frac{1}{2}(2\pi)\frac{cf}{2}=\frac{\pi}{2}cf\tag{7-119}$$

显然，当上述条件满足，控制电路将不再调整 i_{pv} 的频率，系统到达稳态。若在调整中频率超出过/欠频率阈值，则孤岛被检出。
结合式（7-109），可以得到

$$\arctan\left[Q_{f0}\left(\frac{2\Delta\omega}{\omega_0}+\Delta C\right)\right]=\frac{\pi}{2}cf\tag{7-120}$$

$$\Delta C=\frac{\tan\left(\frac{\pi}{2}cf\right)}{Q_{f0}}-\frac{2\Delta\omega}{\omega_0}\tag{7-121}$$

同上，将频率允许的波动范围 Δf 为 $-0.7\sim0.5$（$f_0=60\mathrm{Hz}$）代入得到盲区的电容值范围为

$$\frac{\tan\left(\frac{\pi}{2}cf\right)}{Q_{\mathrm{f0}}}-\frac{2\times0.5\times2\pi}{\omega_0}<\Delta C<\frac{\tan\left(\frac{\pi}{2}cf\right)}{Q_{\mathrm{f0}}}+\frac{2\times0.7\times2\pi}{\omega_0} \qquad(7\text{-}122)$$

$$\frac{\tan\left(\frac{\pi}{2}cf\right)}{Q_{\mathrm{f0}}}-\frac{2\pi}{\omega_0}+1<C_{\mathrm{nom}}<\frac{\tan\left(\frac{\pi}{2}cf\right)}{Q_{\mathrm{f0}}}+\frac{1.4\times2\pi}{\omega_0}+1 \qquad(7\text{-}123)$$

若负载电容值在上式范围内，则电网跳闸后公共耦合点的频率变化不会超过频率阈值，从而使孤岛检测失败。图 7-16 给出了 $cf=0.02$ 和 0.05 时 AFD 的 NDZ，图中，曲线包围范围内为 NDZ。

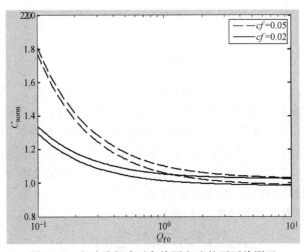

图 7-16　主动移频式孤岛检测方法的不可检测区

由图分析不难看出：

1）对于一定的斩波因子 cf，不同品质因数 Q_{f0} 的各类负载 ADF 方案的 NDZ 的电容上下限宽度基本不变；

2）增加斩波因子 cf 的值，基本上不能改变 ADF 方案 NDZ 的宽度，也不能消除 NDZ；

3）增加 cf 值，能改变 ADF 方案 NDZ 在负载平面上的位置，使 NDZ 的负载特性呈容性（特别是在负载品质因数较小时，能使 NDZ 明显上移），由于实际电网负载大部分呈感性，因此增加 cf 值可将 NDZ 推离实际电网负载的分布区间以提高 ADF 孤岛检测的有效性。

4. Sandia 频移（AFDPF）方案的 NDZ 分析[43]

若采用 Sandia 频移即带正反馈的主动移频式孤岛检测方法（AFDPF）时，由于 $cf=cf_0+k\Delta f$（其中 $\Delta f=f-f_0$），则式（7-123）变为

$$\frac{\tan\left(\dfrac{\pi}{2}cf_0+\dfrac{\pi}{2}k\times0.5\right)}{Q_{f0}}-\frac{2\pi}{\omega_0}+1<C_{\text{nom}}<\frac{\tan\left(\dfrac{\pi}{2}cf_0-\dfrac{\pi}{2}k\times0.7\right)}{Q_{f0}}+\frac{1.4\times2\pi}{\omega_0}+1 \quad (7\text{-}124)$$

图 7-17 所示为由式（7-124）得到的 AFDPF 在 $cf_0=0.02$ 和 $k=0.02$、0.05、0.1 时的 NDZ。图中，曲线包围范围内为不可检测区。

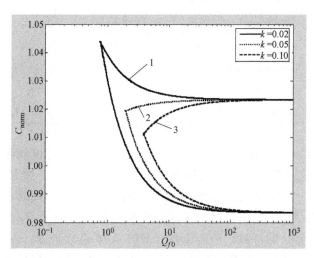

图 7-17　带正反馈的主动移频式（AFDPF）孤岛检测方案的 NDZ

1—$cf=0.02+0.02\Delta f$　2—$cf=0.02+0.05\Delta f$　3—$cf=0.02+0.1\Delta f$

由图 7-17 可以看出，①采用 AFDPF 方案时，其 NDZ 位于标准电容值 $C_{\text{norm}}=1$ 附近，而当负载谐振频率与电网频率相近时（在 $C_{\text{norm}}=1$ 附近），检测失败的可能性最大；②AFDPF 方案 NDZ 宽度的上、下限值分别为标准电容值的 2%（$C_{\text{norm}}=0.98$）、3%（$C_{\text{norm}}=1.03$）。由于这一特征，当采用谐振频率为电网频率的 *RLC* 并联谐振负载进行孤岛测试时，应在足够的范围改变电容（或电感）值，例如 IEEE-929 标准中要求按每次 1% 改变电容（或电感）值，直至±5%，显然图 7-17 的 NDZ 分布证实了标准流程的合理性；③增加正反馈增益 k，可以明显减少 AFDPF 方案的 NDZ 范围，即将 NDZ 推向品质因数较高的负载群，从而提高了 AFDPF 方案的有效性；④反馈增益越大，NDZ 就越小，但过大的增益会增大电流畸变，甚至可能引起系统不稳定；⑤对品质因数在一定范围内（如 $Q_{f0}<2.5$）的 *RLC* 负载，采用 AFDPF 方案，通过合理设置反馈增益，完全可以消除 NDZ，实现并网系统的"无孤岛"运行。

5. 滑模频移（SMS）方案的 NDZ 分析

SMS 孤岛检测的相位判据如下式：

$$\arctan\left[Q_{f0}\left(\frac{2\Delta\omega}{\omega_0}+\Delta C\right)\right]=\theta_{\text{SMS}}(f) \quad (7\text{-}125)$$

$$\theta_{SMS} = \theta_m \cdot \sin\left(\frac{\pi}{2} \cdot \frac{f-f_0}{f_m-f_0}\right) \tag{7-126}$$

式中，θ_{SMS} 是 SMS 中定义的并网逆变器输出电流超前于结点电压的相位角，f_m 是最大相位偏移 θ_m 发生时的频率。实际应用中，一般取 $f_m-f_0 = 3Hz$，则 $\theta_{SMS}(f_{min}) = -\theta_m \times 0.34202$，$\theta_{SMS}(f_{max}) = \theta_m \times 0.24192$，有

$$\frac{\tan\theta_{SMS}(f_{max})}{Q_{f0}} - \frac{2\Delta\omega}{\omega_0} < \Delta C < \frac{\tan\theta_{SMS}(f_{min})}{Q_{f0}} + \frac{2\Delta\omega}{\omega_0} \tag{7-127}$$

$$1 + \frac{\tan\theta_{SMS}(f_{max})}{Q_{f0}} - \frac{2\pi}{\omega_0} < C_{norm} < 1 + \frac{\tan\theta_{SMS}(f_{min})}{Q_{f0}} + \frac{1.4 \times 2\pi}{\omega_0} \tag{7-128}$$

$$0.9833 + \frac{\tan(\theta_m \times 0.24192)}{Q_{f0}} < C_{norm} < 1.0233 + \frac{\tan(-\theta_m \times 0.34202)}{Q_{f0}} \tag{7-129}$$

根据式（7-129）分别画出 $\theta_m = 0°$、$5°$、$10°$、$15°$ 时的滑模频移的 NDZ，如图 7-18 所示。图中 $\theta_m = 0°$ 时的滑模频移方案相当于过/欠频率保护方案，可以看出：①随着 θ_m 的增大，NDZ 呈减小趋势，而约在 $Q_{f0} < 2.5$、$\theta_m = 10°$ 时，滑模频移方案的 NDZ 几乎为 0；②当 θ_m 下降时，孤岛效应发生时所对应的 Q_{f0} 也下降；③对于 Q_{f0} 较大（数十以上）的负载，滑模频移方案的 NDZ 趋近于过/欠频率方案（$\theta_m = 0°$ 时）的 NDZ。由于实际中 Q_{f0} 较大的负载几乎不存在，因此滑模频移方案的 NDZ 远小于过/欠频率方案的 NDZ。

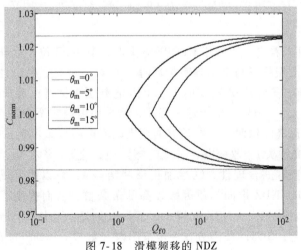

图 7-18　滑模频移的 NDZ

7.5　多逆变器并联运行时的孤岛检测分析

目前光伏并网逆变器的反孤岛研究主要集中于针对单台逆变器的检测算法与参数优化，随着光伏逆变器被越来越多地接入电网，常常出现系统中多台逆变器并联

运行的情形，研究多逆变器并网运行时的孤岛检测有效性是非常必要的。对于被动式孤岛检测方案，前述过/欠电压（OVP/UVP）和过/欠频率（OFP/UFP）等被动式孤岛检测方案，因具有较大的不可检测区域（NDZ），在多逆变器并网运行时的孤岛检测中，不能单独使用，而应与主动式反孤岛方案结合使用；对于主动式孤岛检测方案，主动频移（AFD）反孤岛方案、基于功率扰动的反孤岛方案以及阻抗测量法等反孤岛方案在单台逆变器运行条件下的确比被动式反孤岛方案具有更小的不可检测区域，但当多台并网逆变器并联运行时，上述主动式反孤岛方案会因为稀释效应而使其反孤岛性能降低。然而，在主动式反孤岛方案中，基于正反馈的主动频移（AFDPF）法和滑模频率偏移（SMS）法在多台并网逆变器并联运行的条件下仍然可以保持较小的不可检测区域。

一般认为：在并网逆变系统中，引入基于正反馈的主动频移法反孤岛方案可以产生良好的孤岛检测效果[44]，这是因为当电网断开时，基于正反馈的主动频移法反孤岛方案可以使逆变电源与负载之间有功功率发生持续的不平衡，从而使负载电压持续变化，并最终超出设定限值而检出孤岛。实际上，这种结论只是在对单台并网逆变器运行时的孤岛分析中是正确的，而当多台并网逆变器并联接入电网，尤其是分布式发电系统容量在电网中具有一定的影响时，上述基于正反馈的反孤岛方案中的正反馈增益的取值将直接影响到分布式发电系统中的最大输出功率与反孤岛性能[45]。

图 7-19 为典型的多台并网逆变器并联运行系统的示意图。下面以两台逆变器并联运行为例，通过对几种反孤岛方案在 Qf_0 坐标系下的 NDZ 的比较分析，对多台并网逆变器并联运行时的孤岛检测问题进行介绍[46,47]。

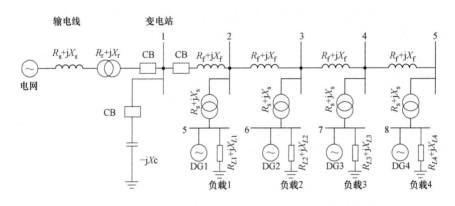

图 7-19 典型的逆变器并联系统示意图

7.5.1 部分逆变器使用被动式反孤岛方案

并网光伏逆变器通常采用了基于单位功率因数的正弦波电流直接控制模式，因此可将只采用被动式孤岛检测的并网逆变器等效为一个负电阻，即向电网输送有功而不是消耗有功。因此，当系统中有多台并网逆变器并联运行时，可将采用被动式孤岛检测方式的并网逆变器与本地负载等效为统一的电阻 R_{eq}，即

$$R_{eq} = \frac{R}{1-K_{UPFpu}} \qquad (7\text{-}130)$$

式中　R——本地负载自身电阻；

K_{UPFpu}——采用被动式孤岛检测的逆变器输出有功功率占本地负载消耗有功功率的比例。

而等效后的品质因数 Q_{feq} 可表示为

$$Q_{feq} = \omega_0 R_{eq} C = \frac{Q_f}{1-K_{UPFpu}} \qquad (7\text{-}131)$$

由式（7-131）可知，对于新的等效负载，相同的负载谐振频率 f_0 条件下，负载品质因数 Q_f 是增大的。相对于使用主动式反孤岛检测方案的单台并网逆变器的 NDZ，该策略下的 NDZ 是向左平移的。举例说明，当单台并网逆变器使用了主动式反孤岛检测方案时，若 $Q_f \leqslant 2.5$ 是可以有效检测出孤岛的。而在多并网逆变器并联的系统中，若使用被动式孤岛检测方案的逆变器为本地负载提供 50% 的有功功率，即 $K_{UPFpu} = 0.5$，则由式（7-131）可知，等效后的品质因数 Q_{feq} 将变为原来的两倍，这种情形下，只有当 $Q_f \leqslant 1.25$ 时才可以有效检测出孤岛，显然，这种情况增加了孤岛发生的概率。

7.5.2　系统中同时使用主动频移法和滑模频移法

设使用主动频移（AFD）法的并网逆变器的频率偏移为 Δf，为本地负载提供了比例为 K_{UPFpu} 的有功功率；而设使用滑模频移（SMS）法的并网逆变器的频率偏移为 θ_m 或 $f_m - f_g$（其中 f_m 是最大相位偏移 θ_m 发生时的频率，f_g 为电网频率），为本地负载提供了比例为 $1-K_{UPFpu}$ 的有功功率。因此，使用上述孤岛检测方法的并网逆变器相应的电流分别为

$$i_{AFD} = \sqrt{2}\,K_{AFDpu} I \sin\left[2\pi f t + \theta_{AFD}\right] \qquad (7\text{-}132)$$

$$i_{SMS} = \sqrt{2}\,(1-K_{AFDpu}) I \sin\left(2\pi f t + \theta_{SMS}\right) \qquad (7\text{-}133)$$

其中，θ_{AFD} 为使用 AFD 法的并网逆变器输出电流的相位，如下所示：

$$\theta_{AFD} = \pi f t_z = \frac{\pi \Delta f}{f + \Delta f} \qquad (7\text{-}134)$$

式中　t_z——主动频移反孤岛策略中正弦波电流中插入的死区时间；

f——前一周期逆变器输出端电压频率。

θ_{SMS} 为使用 SMS 法的并网逆变器输出电流的相位，如下所示：

$$\theta_{SMS} = \theta_m \cdot \sin\left(\frac{\pi}{2} \cdot \frac{f - f_g}{f_m - f_g}\right) \qquad (7\text{-}135)$$

从而等效的并网逆变器输出总电流的相角为

$$\theta_{INV} = \arctan\left(\frac{\tan^2\beta \times \sin\theta_{AFD} + \sin\theta_{SMS}}{\tan^2\beta \times \cos\theta_{AFD} + \cos\theta_{SMS}}\right) \qquad (7\text{-}136)$$

其中，$\beta = \arcsin\left(\sqrt{K_{AFDpu}}\right)$。

则在此种情形下，基于 Q_f、f_0 坐标系的 NDZ 可由以下判据决定[48]：

$$f^2 + \frac{f_0\tan\left[\theta_{INV}(f)\right]}{Q_f}f - f_0^2 = 0 \qquad (7\text{-}137)$$

图 7-20 给出了系统同时使用 AFD 和 SMS 方案时的不可检测区域的示意图，由图中可以看出，随着使用 AFD 法进行孤岛检测的逆变器为本地负载提供的有功功率的比例（K_{AFDpu}）增大，不可检测区域也随之增大。

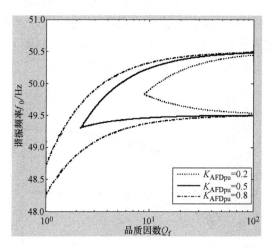

图 7-20 系统同时使用 AFD 和 SMS 方案时的不可检测区域

注：SMS：$\theta_m = 10°$，$f_m - f_g = 3Hz$　AFD：$\Delta f = 1Hz$。

7.5.3 系统中同时使用主动频移法和基于正反馈的主动频移法

AFD 法施加单方向的扰动，使系统向频率增加的方向移动而不考虑本地负载的容感特性，而基于正反馈的主动频移（AFDPF）法使断网后的系统频率既可向增加也可向减小的方向移动，主要取决于本地负载的特性，因此，多机系统中同时存在这两种方法时会相互影响。

设使用 AFD 法的并网逆变器的频率偏移为 Δf，为本地负载提供了比例为 K_{AFDpu} 的有功功率；而设使用 AFDPF 法的并网逆变器表征频率偏移的斩波因子为 $cf = cf_0 + k\Delta f$，为本地负载提供了比例为 $1 - K_{AFDpu}$ 的有功功率。因此，使用上述孤岛检测方法的并网逆变器相应的电流分别为

$$i_{AFD} = \sqrt{2}K_{AFDpu}I\sin\left(2\pi ft + \theta_{AFD}\right) \qquad (7\text{-}138)$$

$$i_{AFDPF} = \sqrt{2}\left(1 - K_{AFDpu}\right)I\sin\left(2\pi ft + \theta_{AFDPF}\right) \qquad (7\text{-}139)$$

式中 θ_{AFD}——使用 AFD 法的并网逆变器输出电流的相位；

θ_{AFDPF}——使用 AFDPF 法的并网逆变器输出电流的相位。

由式（7-140）可知：

$$\theta_{\mathrm{AFDPF}} = \pi f t_z = \frac{\pi}{2}(cf_0 + k\Delta f) \tag{7-140}$$

其中，cf_0 为逆变器输出端电压频率与电网电压频率偏差的函数，具体参见 7.3.1.2 节。

从而等效的并网逆变器输出总电流的相角为

$$\theta_{\mathrm{INV}} = \arctan \frac{K_{\mathrm{AFDpu}} \times \sin\theta_{\mathrm{AFD}} + (1 - K_{\mathrm{AFDpu}}) \times \sin\theta_{\mathrm{AFDPF}}}{K_{\mathrm{AFDpu}} \times \cos\theta_{\mathrm{AFD}} + (1 - K_{\mathrm{AFDpu}}) \times \cos\theta_{\mathrm{AFDPF}}} \tag{7-141}$$

图 7-21 给出了系统同时使用 AFD 和 AFDPF 方案时的不可检测区域的示意图，由图中可以看出，随着使用 AFD 方法进行孤岛检测的逆变器为本地负载提供的有功功率的比例（K_{AFDpu}）增大，不可检测区域也随之增大。

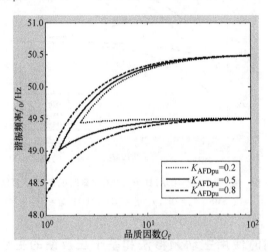

图 7-21 系统同时使用 AFD 和 AFDPF 方案时的不可检测区域

注：$\Delta f = 1\,\mathrm{Hz}$，$cf_0 = 0.03$，$k = 0.07$。

7.5.4 系统中两台并网逆变器均使用基于正反馈的主动频移法

为分析起见，首先假设这两台并网逆变器之间具有产生稀释效应的可能。假设对这两台并网逆变器进行频率测量的传感器存在误差（Δf_e），且误差幅值相同而极性相反，于是可测得的频率分别为 $f_1 = f + \Delta f_e$，$f_2 = f - \Delta f_e$。使用 AFDPF 作为孤岛检测方案时，如果频率 f 大于参照频率 f_0，由于反孤岛方案的作用，频率 f 会进一步上升，反之则会下降。于是这两台并网逆变器之间有发生稀释效应的趋势，显然，这会增大孤岛发生的概率。下面就分析当 Δf_e 取值不同时，相应 NDZ 的变化情形。

首先，两台使用 AFDPF 反孤岛方案的并网逆变器的输出总电流为

$$i_{\text{invs}}=\sqrt{2}\,\frac{I}{2}\big[\sin(2\pi f_1 t+\theta_{\text{AFDPF1}})+\sin(2\pi f_2 t+\theta_{\text{AFDPF2}})\big] \qquad (7\text{-}142)$$

当 Δf_e 取值足够小时，可进行以下近似：

$$i_{\text{invs}}\approx\sqrt{2}\,I\cos\!\left(\frac{\theta_{\text{AFDPF1}}-\theta_{\text{AFDPF2}}}{2}\right)\sin\!\left(2\pi ft+\frac{\theta_{\text{AFDPF1}}+\theta_{\text{AFDPF2}}}{2}\right) \qquad (7\text{-}143)$$

$$\theta_{\text{inv}}=\frac{\theta_{\text{AFDPF1}}+\theta_{\text{AFDPF2}}}{2}=\frac{\pi}{2}(cf_0+k\Delta f) \qquad (7\text{-}144)$$

由式（7-144）可以看出，虽然两逆变器因频率检测误差而产生的扰动相互抵消，但初始斩波因子 cf_0 仍然存在，依然可以触发频率正反馈，孤岛检测效果不受影响。不可检测区域与不考虑逆变器并联情形类似，图 7-22 给出了不考虑并联情形时使用 AFDPF 方法进行孤岛检测时的不可检测区域示意。

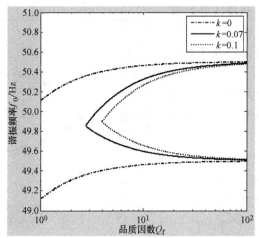

图 7-22　系统仅使用 AFDPF 方法时的不可检测区域

7.5.5　系统中两台并网逆变器均使用滑模频移法

首先，两台使用 SMS 反孤岛方案的并网逆变器的输出总电流为

$$i_{\text{invs}}=\sqrt{2}\,\frac{I}{2}\big[\sin(2\pi f_1 t+\theta_{\text{SMS1}})+\sin(2\pi f_2 t+\theta_{\text{SMS2}})\big] \qquad (7\text{-}145)$$

当 Δf_e 取值足够小时，可进行以下近似：

$$i_{\text{invs}}\approx\sqrt{2}\,I\cos\!\left(\frac{\theta_{\text{SMS1}}-\theta_{\text{SMS2}}}{2}\right)\sin\!\left(2\pi ft+\frac{\theta_{\text{SMS1}}+\theta_{\text{SMS2}}}{2}\right) \qquad (7\text{-}146)$$

则等效的逆变器的输出电流相角为

$$\theta_{\text{INV}}=\theta_{\text{m\_eq}}\sin\!\left(\frac{\pi}{2}\,\frac{f-f_{\text{g}}}{f_{\text{m}}-f_{\text{g}}}\right) \qquad (7\text{-}147)$$

其中，

$$\theta_{m\_eq} = \theta_m \cos\left(\frac{\pi}{2} \frac{\Delta f_e}{f_m - f_g}\right) \tag{7-148}$$

当不考虑多逆变器并联的情形时，在 SMS 反孤岛方案中，并网逆变器输出电流的相位定义为前一周期逆变器输出端电压频率 f 与电网频率 f_g 偏差的函数如式（7-135）所示。

比较式（7-147）和式（7-135）可知，频率测量误差会减少最大偏移相角的幅值。最大偏移相角越小，不可检测区域越大，导致系统对孤岛的检测能力下降。

然而，即使测量误差取相对较大的值（0.5Hz），使用 SMS 作为孤岛检测方案时（$f_m - f_0 = 3\text{Hz}$），最大偏移相角（θ_{m_eq}）仅下降了 3.4%。图 7-23 中给出了频率测量误差取值不同情形时的 NDZ 示意。

由图 7-23 可知，虽然两并网逆变器因频率检测误差而产生的扰动可能相互抵消，但孤岛检测效果几乎不受影响。

综上分析，针对多并网逆变器系统的孤岛检测问题分析，可以得出以下结论：

1）当系统中同时使用主动式和被动式孤岛检测方法时，被动式孤岛检测方法的使用增大了不可检测区域，增大了孤岛发生的概率；

2）当系统中同时使用两种主动式孤岛检测方法时，检测效果介于这两种孤岛检测方法之间，并且随

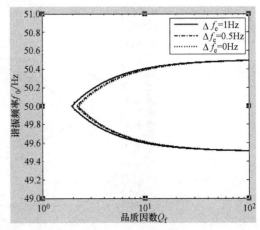

图 7-23　系统仅使用 SMS 方案时的不可检测区域

注：$\theta_m = 10°$、$f_m - f_g = 3\text{Hz}$

着使用检测性能较差的方法进行孤岛检测的逆变器为本地负载提供的有功功率的比例的增大，不可检测区域也随之增大，导致孤岛发生概率的增加；

3）当系统中仅使用 AFDPF 方法或 SMS 方法进行孤岛检测时，考虑进行频率测量的传感器误差最严重的情形（Δf_e 幅值相同而极性相反时），对孤岛检测性能影响较小。

参 考 文 献

[1]　Verhoeven B. Probability of Islanding in Utility Networks due to Grid Connected Photovoltaic Power Systems［R］. Report IEA PVPS T5-07：2002，2002//http：//www. iea-pvps. org.

[2] IEEE Std. 929-2000. IEEE Recommended Practice for Utility Interface of Photovoltaic (PV) Systems [C]. IEEE Standards Coordinating Committee 21 on Photovoltaics. New York: IEEE, 2000.

[3] IEEE Std. 1547-2003. IEEE Standard for Interconnecting Distributed Resources With Electric Power Systems.

[4] 奚淡基，徐德鸿，沈国桥，等. 基于过/欠电压和高/低频率保护的孤岛状态检测 [C]. 中国电工技术学会电力电子学会第十届学术年会论文集，2006.

[5] Stevens J, Bonn R, Ginn J, et al. Development and Testing of an Approach to Anti-Islanding in Utility-Interconnected Photovoltaic Systems [R]. Sandia National Laboratory, Albuquerque, NM, Report SAND2000-1939, Aug. 2000//http://www.sandia.gov/pv/lib/syspub.htm.

[6] UL 1741. Static Inverter and Charge Controllers for Use in Photovoltaic Systems [M]. Underwriters Laboratories Inc., 1999.

[7] IEEE Std. 1547.1-2005. Standard For Conformance Test Procedures for Equipment Interconnecting Distributed Resources with Electric Power Systems [S].

[8] Hudson RM, Thorne T, Mekanik F, et al. Implementation and testing of anti-islanding algorithms for IEEE 929-2000 compliance of single phase photovoltaic inverters [C]. 29th IEEE Photovoltaic Specialists Conference, New Orleans, 2002: 1414-1419.

[9] Ropp M, Begovic M, Rohatgi A. Prevention of islanding in grid connected photovoltaic systems [M]. Progress in Photovoltaics, 1999.

[10] Ropp M, Aaker K, Haigh J, et al. Using Power Line Carrier Communications to Prevent Islanding [C]. 28th IEEE Photovoltaic Specialists Conference, 2000: 1675-1678.

[11] S Horgan, J Iannucci, C Whitaker, et al. Assessment of the Nevada Test Site as a Site for Distributed Resource Testing and Project Plan. NREL/SR-560-31931, 2002.

[12] Ropp M E, Begovic M, Rohatgi A. Determining the Relative Effectiveness of Islanding Prevention Techniques Using Phase Criteria and Non-detection Zones [J]. IEEE Transactions on Energy Conversion 2000, 15 (3): 290-296.

[13] Woyte A, Belmans R, Nijs J. Testing the Islanding Protection Function of photovoltaic inverters [J]. IEEE Transaction on Energy Conversion, 2003 (5).

[14] Sun H, Lopes LAC, Luo Z-X. Analysis and comparison of Islanding detection methods using a new load parameter space [C]. Proc. 30th Annu. Conf. IEEE Ind. Electron. Soc. (IECON-04), Seoul, Korea, 2004.

[15] Stevens J, Bonn R, Ginn J, et al. Development and Testing of an Approach to Anti-Islanding in Utility-Interconnected Photovoltaic Systems [R]. Sandia National Laboratory, Albuquerque, NM, Report SAND2000-1939, Aug. 2000//http://www.sandia.gov/pv/lib/syspub.htm.

[16] Haberlin H, Graf J. Islanding of Grid-Connected PV Inverters: Test Circuits and some Test Results [C]. 2nd World Conference and Exhibition on Photovoltaic Solar Energy Conversion, Vienna, Austria, 1998: 2020-2023.

[17] G Celli, S Mocci, F Pilo. Improvement of reliability in active networks with intentional islanding [C]. Proc. of 2nd DRPT conference, Hong Kong, 2004: 5-8.

［18］ Mihai Ciobotaru, Remus Teodorescu, Pedro Rodriguez. Online grid impedance estimation for single-phase grid-connected systems using PQ variations ［J］, IEEE 2007.

［19］ Barsali S, Ceraolo M, P elacchi P, et al. Control techniques of dispersed generators to improve the continuity of electricity supply ［C］. IEEE Power Engineering Society General Meeting, pp. 789-794, Jan. 2002.

［20］ Liang J, Green T C, Weiss G, et al. Hybrid control of multiple inverters in an islanded mode distribution system ［C］. IEEE 34th Annual Conference on Power Electronics Specialist, 2003: 61-66.

［21］ Marie M, El-Saadany E F, Salama M. A novel control algorithm for the DG interface to mitigate power quality problems ［J］. IEEE Transactions on Power delivery, 2004, 19 (3).

［22］ 姚丹. 分布式发电系统孤岛效应的研究 ［D］. 合肥：合肥工业大学，2006.

［23］ Raymond M Hudson. implementation and testing of anti-islanding algorithms for ieee 929-2000 compliance of single phase photovoltaic inverters ［C］. IEEE, 2002.

［24］ H Kobayashi. Problems and countermeasures on safety of utility grid with a number of small-scale pv systems. IEEE, 1990.

［25］ M E Ropp, M Begovic, A Rohatgi. Analysis and performance assessment of the active frequency drift method of islanding prevention ［C］. IEEE Transactions on Energy Conversion, 1999.

［26］ 姚丹，张兴，倪华. 基于Sandia频移方案的并网光伏主动式反孤岛效应的研究 ［J］. 中国科学技术大学学报，2005，35.

［27］ Youngseok Jung, Jaeho Choi, Byunggyu Yu, Gwonjong Yu. Optimal Design of Active Anti-islanding Method Using Digital PLL for Grid-connected Inverters ［C］. Power Electronics Specialists Conference, 2006. PESC'06. 37th IEEE 18-22 June 2006: 1-6.

［28］ Lopes L A C, Sun H. Preformance assessment of active frequency drifting islanding detection methods ［J］. IEEE Trans. On Energy Conversion, 2006, 21 (1): 171-180.

［29］ 张超，何湘宁，赵德安. 一种新颖的并网光伏系统孤岛检测方法 ［J］. 电力电子技术，2007，41 (11).

［30］ Kobayashi H, Takigawa K, Hashimoto E. Method for preventing phenomenon of utility grid with a number of small scale PV systems ［C］. Proc. 22nd IEEE Photovoltaic Specialists Conf. , 1991: 695-700.

［31］ V Task. Evaluation of islanding detection methods for photovoltaic utility-interactive power systems ［R］. Tech. Rep. IEA-PVPS T5-09: 2002, 2002.

［32］ 张纯江，郭忠南，孟慧英，等. 主动电流扰动法在并网发电系统孤岛检测中的应用 ［J］. 电工技术学报. 2007, 22 (7).

［33］ J B Jeong, H J Kim. Active anti-islanding method for PV system using reactive power control ［J］. ELECTRONICS LETTERS 17th August 2006, 42 (17) .

［34］ Agematsu S, Imai S. Islanding detection system with active and reactive power-balancing control for the Tokyo metropolitan power system and actual operational experiences ［C］. Proc. IEE Conf. on Developments in Power Protection, IEE Conf. Publ. , 2001, 479: 351-354.

［35］ B Palethorpe, M Sumner, D W P Thomas. Power system impedance measurement using a power electronic converter [J]. Proc. on Harmonics and Quality of Power, 2000, 1: 208-213.

[36] S M Kay, SL Marple Jr. Spectrum analysis a modern perspective [J]. Proceedingsofthe IEEE, 1981, 69: 1380-1419.

[37] Asiminoaei L, Teodorescu R, Blaaberg F, et al. A New Method of On-line Grid Impedance Estimation for PV Inverter [C]. Proceedings of the 19th Annual IEEE Applied Power Electronics Conference, 2004: 1527-1533.

[38] A V Timbus, R Teodorescu, F. Blaabjerg, et al. ENS detection algorithm and its implementation for PV inverters [J]. IEE Proc. -Electr. Power Appl. , 2006, 153 (2).

[39] Adrian V, Timbus, Remus Teodorescu. Online Grid Impedance Measurement Suitable forMultiple PV Inverters Running in Parallel [J]. IEEE, 2006 .

[40] F Bertling, S Soter. A novel converter integrable impedance measuring method for islanding detection in grids with widespread use of decentral generation [J]. IEEE, 2006.

[41] Yang H T, Peng P C, Chang J C, et al. A New Method for Islanding Detection of Utility-connected Wind Power Generation Systems.

[42] Ward Bower. Photovoltaic Systems Research and Development Sandia National Laboratories. Evaluation of Islanding Detection Methods for Utility-Interactive Inverters in Photovoltaic Systems.

[43] 刘芙蓉, 康勇, 段善旭. 一种有效的孤岛检测盲区描述方法 [J]. 电工技术学报. 2007 (10).

[44] 殷桂梁, 孙美玲. 基于逆变器的正反馈孤岛检测方法 [J]. 电子测量技术.2007 (8).

[45] Xiaoyu Wang, Walmir Freitas, Venkata Dinavahi, et al. Investigation of Positive Feedback Anti-Islanding Control for Multiple Inverter-Based Distributed Generators [J]. IEEE, 2009.

[46] Yongzheng Zhang, Luiz A C Lopes. Islanding Detection Assessment of Systems With Multiple Inverters [C], Canadian Solar Buildings Conference Montreal, 2004 (8): 20-24.

[47] 刘方锐, 余蜜, 张宇, 等. 主动移频法在光伏并网逆变器并联运行下的孤岛检测机理研究 [J]. 中国电机工程学报, 2009.

[48] Lopes L A C, Sun H. Performance Assessment of Active Frequency Drifting Islanding Detection Methods [J]. IEEE Transactions on Energy Conversion, 2006, 21 (1): 171-180.

第8章

阳光的跟踪与聚集

8.1 阳光跟踪与聚集的意义

光伏发电系统具有性能稳定、设备寿命长、可靠性高、维护量小等一系列优点。但是由于太阳能能量密度低随机性大的特点，光伏发电系统一般投资大，发电成本高，资金回收周期长。基于单晶硅电池的光伏发电系统其发电成本相对于其他可再生能源系统并无明显优势，单晶硅电池制造过程中的高耗能和材料损耗也使得其价值受到影响。如果没有政策性支持，其发展绝不会如现在这样迅速。

但是，人们在太阳能应用的技术进步中总是要采用各种技术手段来应对上述缺点，例如采用低成本的材料生产和电池制作工艺，开发低成本的电池品种如染料敏化光伏电池等。本章讨论的阳光跟踪和聚集也是光伏发电系统提高效率，降低成本的有效技术措施。相对于固定式光伏发电系统，采用阳光跟踪和聚集技术的同等容量的光伏发电系统可望大幅度地降低造价。

8.1.1 阳光跟踪的意义

辐照度（irradiance）是度量阳光功率密度的物理量，其单位为 W/m^2。太阳在大气层外的照度恒为 $1368W/m^2$，称之为太阳常数。在考虑大气对阳光的影响时，通常将阳光穿过大气到达地面的路径长度以大气质量（Air Mass，AM）这样一个单位来表示，因此，在大气层外的大气质量称为 AM0，而将太阳垂直照射到海平面的大气质量称为 AM1.0。阳光穿过大气层达到地面时其辐照度因大气的吸收而降低，其光谱能量分布也发生了改变（例如紫外线部分大多已被臭氧层过滤）。高海拔地区太阳垂直照射时的大气质量可能小于1，而低海拔地区太阳斜射时的大气质量则一定大于1，并在日出日落时因斜射导致路径长度增加使大气质量达到最大，从而导致辐照度的降低，这就是早晚光线较暗温度较低的原因之一。

另外，受光面上的辐照度还受到一个重要因素的影响，那就是受光面相对于入射光线的角度。如图 8-1 所示，γ 为受光面法线与入射光线的夹角，受光面上的辐照度为入射阳光辐照度乘以 cosγ，这是一个在斜照时小于 1 的数，即受光面上的辐照度因其不与入射光垂直而降低。

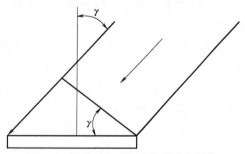

图 8-1 斜射对电池板表面照度的影响

光伏发电系统中电池板的朝向是设计中的关键问题之一。现有系统中的电池板大多固定放置，其朝向的设置以某一时期（如一年）内获取最多电能为原则，因此需要事先综合考虑当地的地理位置、海拔高度、运行时间（冬季用、夏季用还是全年用）等因素精心选择，这是一个较为复杂的问题。

电池板的朝向以其表面法线的方位角和高度角表示。固定式光伏发电系统的根本弱点是不能保证阳光的垂直入射，甚至在有的日子里根本不存在阳光的垂直入射。因此，不能充分利用昂贵的光伏电池受光面积是现有固定式光伏发电系统发电成本高的原因之一。

跟踪式光伏发电系统的设计目标就是控制光伏电池板的朝向，使电池板跟随太阳，在日照时间内尽可能保持与入射阳光的垂直，从而降低乃至消除 cosγ 对辐照度的影响。在电池板与入射光线垂直时，光伏电池表面辐照度将只受到大气质量的影响。

电池板的朝向可采用单轴式或双轴跟踪系统来控制，单轴跟踪系统只能单独控制其中的一个参数来实现不完全的跟踪，双轴跟踪系统可以同时对两个参数进行控制，能实现完全的跟踪。双轴跟踪系统可以维持电池板在日照时间内总是与入射阳光垂直，而单轴跟踪系统则只能在固定式系统的基础上有所改善。据有关文献报道，相对于同容量配置的固定式光伏发电系统，双轴跟踪式光伏发电系统的年发电量可提高 37%~50%。

8.1.2 阳光聚集的意义

光伏电池的测试标准是在出厂时要经受 $1000W/m^2$ 的辐照度测试，从而得到在此辐照度下的一系列参数，如最大功率和转换效率等。这一标准测试条件是为了产品能在地球上任何地区都能应用而制定的。因为在阳光垂直照射地面（AM1.0）时，地面 $1m^2$ 面积上接收到的太阳能平均有 1000W 左右，这是地面上可能获得的最大阳光辐照度。但是在任何地方，阳光的垂直照射毕竟只是瞬时，其他时刻太阳斜射导致辐照度要受到大气质量（AM）和入射角度（γ）的双重影响。即使在广州这样的地方，太阳辐照度若按全年日夜平均则只有 200W 左右。而在冬季大致只有一半，阴天一般只有 1/5 左右，这样的能量密度是很低的。因此为满足一定的电能需求，普通固定式非聚光光伏发电系统需要增加额外的配置，导致昂贵的造价。例如在平均辐照度 $200W/m^2$（峰值 $700W/m^2$）的日照条件下，电池板只能发出标称功率 1/5 的平均功率，那么建立一个保证平均输出 1kW 的光伏电站，需要购置 5kW 电池板。

如果光伏电池能够承受高辐照度，并且能大大提高其输出功率，那么采用阳光聚集（Solar Concentration）技术增加同样一块电池板接受的阳光辐照度从而提高其输出功率就是很自然的一个选择。但是能否采用聚光技术或聚光到何种程度，这取决于光伏电池的物理特性。

清华大学采用普通单晶硅光伏电池进行了聚光系统实验[3]，并得到了如图 8-2 的测试曲线[3]。由该曲线可看到在无冷却条件下，通过聚光使辐照度达到 3.3kW/m² 以前，电池的最大输出功率与辐照度仍然保持正比关系。在有冷却条件下，光强可用到 6kW/m²，同时保持最大功率与光强关系的基本线性。这一测试说明光伏电池可以在高于其标定辐照度的强光下运行。

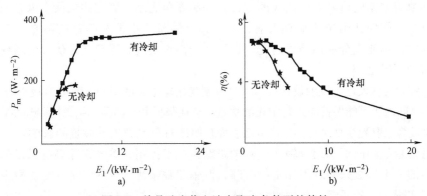

图 8-2　单晶硅光伏电池在聚光条件下的特性

a）输出功率与辐照度关系　b）转换效率与辐照度关系

上述的聚光光伏发电系统属于低倍聚光系统，而高倍聚光系统已成为当前光伏发电系统中的热点之一。高倍聚光光伏发电系统中的首要问题是可承受强辐照度的光伏电池的开发，据报道目前已开发出 1000 倍聚光、转换效率高达 40% 的 4.5mm 见方的 InGaPAs 系叠层式多重 P-N 结太阳能电池。与高聚光电池密切相关的是电池冷却技术和聚光手段的研究。

在聚光光伏发电系统中，为了使会聚的阳光落在比受光面积小得多的光伏电池表面上，一般必须采用跟踪系统。

8.2　阳光跟踪系统的设计

8.2.1　阳光跟踪伺服机构

根据太阳与地球之间的相对运动规律对阳光进行跟踪和聚集，就需要采用伺服机构。如前所述，跟踪装置可采用单轴跟踪和双轴跟踪两种方式。

1. 单轴跟踪机构

单轴跟踪按转轴的布置不同可分为南北水平轴跟踪、东西水平轴跟踪和南北地轴跟踪等方式。其中南北水平轴方式的转轴南北方向水平布置，受光面朝向由东向西转动跟踪阳光。这种方式在夏天可捕捉较多的太阳能，但是冬天就较差。

东西水平轴方式的转轴东西方向水平布置，靠受光面朝向的南北俯仰运动跟踪阳光。这种方式在正午时可实现受光面与阳光垂直，但早晚却不能。与南北水平轴方式比较，这种方式捕捉阳光在夏季不如前者，而在冬季则优于前者。

南北地轴跟踪式系统的转轴南北方向倾斜布置，自东向西转动跟踪太阳。一般令转轴的倾斜度即转轴与地轴的夹角等于 Φ，电池板的高度角为 $90°-\Phi$。参考图 8-3 可知受光面实际上就是与所在的纬度平面垂直。但是这种单轴跟踪方式和其他两种方式一样，不能维持受光面与入射阳光垂直。

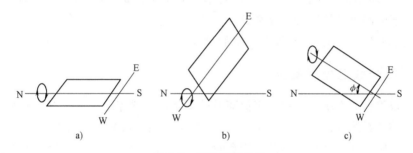

图 8-3　单轴跟踪系统
a) 南北水平式　b) 东西水平式　c) 南北地轴式

2. 双轴跟踪机构

一种典型的双轴跟踪系统是如图 8-4a 所示的高度—方位式跟踪系统。该系统具有方位轴和俯仰轴两根转轴。方位轴垂直于地平面，其旋转控制电池板（法线）的方位角，而俯仰轴为一水平轴，其旋转控制电池板的俯仰角（高度角）。两轴的协调转动可使电池板表面维持与太阳光线的垂直。

另一种典型的双轴跟踪系统是如图 8-4b 所示的极轴式跟踪系统。其中一根轴与地球自转轴平行，与地平面夹角等于当地纬度。如果只有这根轴就相当于上述单轴南北地轴式系统，在该系统中增加一根与极轴垂直的旋转轴，称为赤纬轴。这两根轴的协调旋转同样可以维持受光面与阳光垂直，而且赤纬角可以最多一天调节一次。这种结构的缺点是受光面的重心不能落在极轴上从而使其承受扭矩，使结构设计相对复杂。

在实用的阳光跟踪系统设计中要解决如下关键问题：

1）机械传动系统的优化设计。要面向低成本、低传动损耗和恶劣运行环境下的高可靠性进行研究和设计；

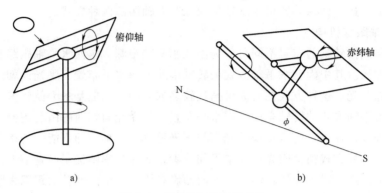

图 8-4 典型的双轴跟踪机构

a）高度—方位式 b）极轴式

2）电力驱动系统设计。要面向低功率、低功耗、高转矩、高定位精度和恶劣运行环境下的高可靠性进行研究和设计；

3）控制器、控制网络与控制策略的设计。

8.2.2 阳光跟踪控制系统

阳光跟踪控制系统是位置给定值随时间变化的位置控制系统，一般称为伺服控制系统或随动系统（Servo Mechanism）。阳光跟踪系统可采用两种跟踪方法。一种是所谓时钟跟踪法，即根据当前日期和时间得到此刻太阳的高度角和方位角，然后驱动伺服机构据此数据对准太阳。这种系统如果采用步进电动机或以具有脉冲输入的伺服电动机驱动，则可以看作开环系统。另一种跟踪方法则不采用上述计算数据，而是采用传感器对太阳进行观测以获取太阳的实时位置，这种系统是典型的闭环控制位置伺服系统。

1. 时钟跟踪法

这一方法是根据光伏发电系统所在地理位置的时间，计算出太阳的高度角 α 和方位角 ψ，从而确定驱动系统由当前位置开始应该动作的方向和距离。这一方法对采光装置的安装有较高的要求，海拔高度和地面安装的水平度等都可能对定位的准确性产生影响，而驱动系统的开环控制有可能产生累积误差。

2. 传感器跟踪法

传感器跟踪法的基本原理是把不同位置的光敏元件（如光电池）上在阳光照射下产生的模拟信号经过调理后送入控制器转换成数字量，通过比较、分析和决策，控制驱动机构动作使光伏电池的受光面维持与入射阳光垂直。

图 8-5 是两种典型的四光敏元件跟踪传感器的设计，这两种传感器的底面与受光面方向一致，其纵边对准南北方向。在通过放大和调理使四个传感器的输出特性一致的前提下，当传感器对准太阳时四路输出是相等的，控制器就可以判定受光面

已对准太阳。当传感器没有对准太阳时，由于隔板和立柱的存在，四个传感器的输出就会产生差异，控制器将根据差异的性质来驱动受光面朝正确的方向旋转，最终对准太阳。

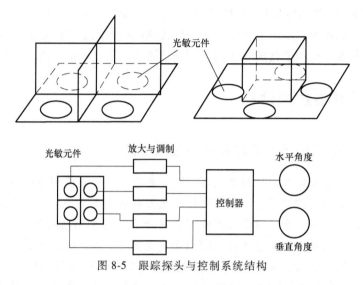

图 8-5　跟踪探头与控制系统结构

这种传感器也可以制作成独立的太阳位置检测装置，这就需要传感器自带二轴伺服机构，并且每个轴上配备如编码器之类的位置传感器。这种独立的太阳位置传感器可为同一地理位置的多个系统提供实时太阳位置数据，例如可为阳光跟踪系统群所共用，也可为后面将介绍的多平面镜聚光系统提供太阳位置基准数据。

另一种值得探讨的传感器跟踪方法为图像跟踪方法。对于北半球北回归线以北地区来说，地面上观测的太阳运动轨迹基本为自正东到正西方向移动的一条0~180°曲线。固定安装的全景数码照相机可摄取天空图像，对图形的处理在原理上可获取包括太阳位置在内的信息。

光敏元件法电路比较简单，但存在光敏元件的个性差异及长时间运行的老化所导致的缺点。图像跟踪方法需要通过复杂的图形处理以克服超广角镜头导致的图像变形等一类问题，同时对处理器要求较高。时钟跟踪法不用增加硬件电路，可以通过软件计算出每天每个时刻的太阳位置，处理简单，但是存在累积误差。

图像传感器方法也存在一些需要解决的问题，例如阴天天空的光线以散射为主，云朵遮挡太阳都可能使传感器位置检测产生误判。但这些问题都是可以通过技术手段来加以解决的。

阳光跟踪系统除了需要使光伏电池板在白天任何时刻都对准太阳之外，还需具有一些其他的如夜间自动返回原始位置，遇到大风时自动放平等控制和保护功能。

最后需要提及的是阳光跟踪系统的功耗问题。任何伺服系统无论其功率如何小，如果始终连续运行的话，对于低能量密度的光伏发电系统来说都是不合算的。

幸运的是阳光的跟踪并不要求很高的精度，从 $\cos 5° = 0.996$ 可知阳光跟踪的关键是要避免入射角度的大幅度偏离，而小角度偏离则是可以容忍的。跟踪系统的方位角每 4min 变化 1°，而高度角的变化则更为缓慢。因此跟踪系统可以以较长的时间间隔（例如 10min）执行断续的耗时很短的位置调节操作，而在其他大部分时间内关闭驱动机构电源和控制器的主电源，只需要提供维持控制器定时唤醒机制的最小功耗，其结果是跟踪机构消耗的电能远远小于通过跟踪而增加的电能。

8.3　阳光聚集系统设计

8.3.1　聚光光伏电池及其应用中的技术要求

目前，我国的光伏电池材料如高纯度硅主要靠进口，其价格也在持续上涨。怎样减少光伏电池材料的使用量，从而降低光伏发电的成本是光伏发电能否得到普及的关键问题之一。降低光伏发电成本的有效途径之一是采用聚光型光伏发电系统。这种系统以小面积的光伏电池转换大面积受光面接收的太阳能，从而大幅度降低相同发电容量系统的造价，同时节约了昂贵的光伏电池原材料如高纯硅的消耗。在8.1.1 节中已提及光伏电池输出功率大致与接受的光照强度成正比。据报道对于建设容量为 100MW 的光伏发电系统，常规固定非聚光系统需要 1100t 的单晶硅，而10 倍聚光的光伏系统则只需要 120t 单晶硅，效益非常显著。

2002 年 5 月，首次太阳能聚光发电国际会议的召开表明光伏聚光系统作为很有潜力的一项技术，已经引起更多人的关注。从 2000 年 6 月~2003 年 5 月，由欧洲委员会（EC）资助的 C-rating 项目主要目标是制定光伏聚光元件和组件的标准，促进光伏聚光系统的市场化。

低倍聚光系统指的是 2~10 倍聚光的系统。在这种系统中出于经济性的考虑，一般采用普通的硅电池。单晶硅光伏电池可承受超出出厂测试条件数倍的辐照度，因此可用于低聚光倍率的系统。在更高的辐照度下，硅电池的光电转换能力因有效载流子浓度的限制而趋于饱和。由于硅材料 1.1eV 的带隙并非理想，导致光电转换效率不高。太阳光谱中高能光子的相当一部分光能转换为热，而电池的温升将导致电池效率的下降。因此硅电池在高聚光应用中还需要较强的散热措施。

10 倍以上的聚光系统需要跟踪系统和主动冷却系统。高聚光系统采用碟式反射镜或菲涅尔透镜可聚光 200 倍以上，光伏电池需要高性能冷却系统以防烧毁和性能损失。在中高倍聚光系统中一般采用原用于非聚光空间项目的多结（叠层）电池，在聚光系统中必须改善其散热设计以应对所需要的大电流密度（在 500 倍光照下电流密度可达 $8A/cm^2$）。

因为在聚光系统中光伏电池费用占系统总费用的比例下降，所以可以采用价格虽然较贵，但性能更好的光伏电池来提高整个系统的性能。尽管高性能电池可能比硅电池贵 100 倍，电池成本仍将只是全系统成本的一小部分，总体上是经济的。这些高性能电池主要属于Ⅲ—Ⅴ材料光伏电池，如砷化镓、砷化镓/锑化镓和磷铟镓/砷化镓/锗等光伏电池，它们一般采用叠层式（多结）结构以提高电池的转换效率。

砷化镓材料的带隙和载流子浓度均适合在强光下工作。美国的 Spectrolab 宣布已获得效率达 40.7% 的三结砷化镓电池，这种电池的高温性能也很好，工作温度每升高 1℃ 其性能仅下降 0.2%，可在 200℃ 情况下正常工作，聚光倍数可达 500 倍以上。IBM 在 2008 年展示了采用计算机芯片冷却技术的可聚光 2300 倍的聚光电池。

8.3.2 阳光聚集装置

8.3.2.1 抛物面反射镜聚光装置

凹面镜和凸透镜是人们熟悉的两种光学器件，它们分别利用反射和折射来实现对平行光线的聚集。典型的聚光凹面镜采用抛物面，另有一种槽型抛物面聚光系统采用的是其截面为抛物线的柱面。前者将阳光聚集到焦点附近的光伏电池上，而后者则将阳光聚集到条状的光伏电池上。

一个标准的抛物面聚光器，其效果是将平行光汇聚成一个与抛物面焦点重合的点。但是，太阳虽然遥远但毕竟体积庞大，因此从地球上任何一点观察，太阳并非是点光源，而是要占据一定的视野。由图 8-6 可计算出太阳占据的角度为 $32'$，这个角度称为太阳的张角[4]。对于阳光聚集系统来说，无论是点聚焦还是线聚焦，在焦点平面上聚集的阳光并非为一点或一条直线，而是太阳的实像光斑或光带。实际应用中，一般将受光器放置于焦点（焦线）偏下的某个位置，只要求将太阳光均匀汇聚在 $W \times L$ 区域面积即可，其中：W 为受光面宽度，L 为受光面长度。科学合理地确定聚光反射镜和光伏电池的尺寸及安装方式是设计的关键。图 8-7 所示为抛物面聚焦原理。

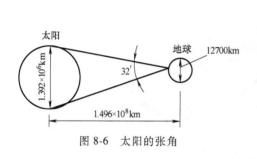

图 8-6 太阳的张角

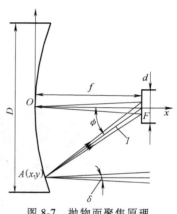

图 8-7 抛物面聚焦原理

槽型抛物面聚光系统的制作相对容易，而大面积的抛物面反射镜的制作则较为困难，因此可以采用将抛物面离散化的方法，以多平面镜阵列来模拟抛物面，形成大面积聚光装置。

8.3.2.2　多平面镜聚光装置

利用多个平面镜反射聚光是一种很好的对光伏电池板进行聚光的办法，一个多平面镜聚光系统的方案如图 8-8 所示[3]。在这种聚光系统中光伏电池位置固定，采用了多个平面镜将各自接受的阳光反射到光伏电池表面，其优点在于以廉价的平面镜的面积替代了昂贵的光伏电池面积，具有效果明显、成本低廉、易于更换维护等优点。但是在这种系统中每个平面镜都需要配置自己的二轴伺服机构，并需要在一个总控单元的

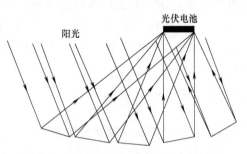

图 8-8　多平面镜聚光系统的一个方案

控制下随太阳位置的变化而改变各自的方位角和高度角，才能保证反射的阳光总是落在光伏电池板上。

在这种系统的开发中，光伏电池板接受多块平面镜反射的阳光时如何保证光伏电池表面入射光的均匀性，电池板与多平面镜系统相对位置如何进行空间布局以获得最佳发电效果都是需要研究的问题。

这种采用有限数量平面镜的聚光系统属于低倍聚光发电系统，可用于采用普通硅电池的光伏发电系统以充分利用硅电池的发电潜力。

另外有一种高倍聚光系统采用了二维的多平面镜阵列布局，其阳光收集装置位于高塔之上（见图 8-9）。美国为其建立的一个 100MW 的光热电站使用了 12500 面

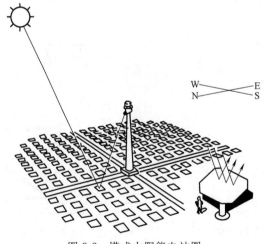

图 8-9　塔式太阳能电站图

各为 $50m^2$ 的平面镜[4]。

多平面镜聚光系统中的每面镜子都需要独立控制的二轴伺服机构，这成为影响系统经济性的关键因素。而图 8-9 的系统适用于光热发电系统，若用于光伏发电系统其控制将可能更为复杂。

另一种采用多平面镜聚光的方案如图 8-10 所示（Teton Engineering），该方案中采用了大量二维布局的平面镜将阳光反射到阳光收集器。这种方案可以得到很大的采光面积和很高的聚光倍数，而且只需要一组二轴阳光跟踪伺服机构。在框架上的众多平面镜是固定安装在框架上的，本质上是后面介绍的反射聚光抛物镜的离散化，克服了连续抛物面制作上的困难。

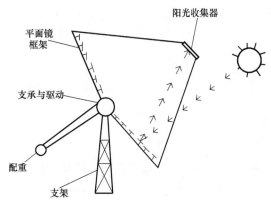

图 8-10　仿抛物面多平面镜聚光系统

8.3.2.3　菲涅尔透镜聚光装置

阳光聚集的方法之一是采用菲涅尔透镜，这种透镜由法国物理学家菲涅尔（Augustin-Jean Fresnel）发明，目的是改进灯塔上的探照灯。点聚焦的菲涅尔透镜大致可以被理解为具有点聚焦作用的凸透镜通过差分离散化方法实现的一种变形，其变形过程如图 8-11a 所示：首先将普通透镜分成以光轴为中心的若干同轴环形柱体，然后保留柱体的曲率部分，去掉对光轴平行光线不起折射作用的柱体部分，结果是形成了以光轴为中心的若干同心棱镜环。菲涅尔透镜中这些棱镜环的合成效果也是达到与通常由光学玻璃制作的球面透镜相同的效果，例如，与光轴平行的入射光线经过菲涅尔透镜后会聚于焦点，而处于焦点的点光源发出的光线经过菲涅尔透镜折射成为平行光。

相对于通常由光学玻璃制作的球面透镜，菲涅尔透镜体积、重量和厚度均大为减小，透光性因厚度减小而得到增强。由于其轻薄的特点，大面积菲涅尔透镜的制作较为容易，并且可以采用光学树脂通过模压工艺成批生产，为聚光光伏系统对大面积低能量密度阳光的聚集提供了可行性。

另外一种线聚焦的菲涅尔透镜可视为上述点聚焦的圆形菲涅尔透镜的再次变形，即将环形棱镜拉直如图 8-12b 所示，平行的入射光线将会聚在一条直线上。线

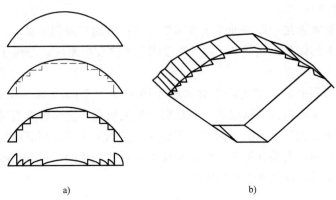

a) b)

图 8-11　菲涅尔透镜的形成原理与线聚焦菲涅尔透镜

a）从凸透镜到菲涅尔透镜　b）线聚焦菲涅尔透镜

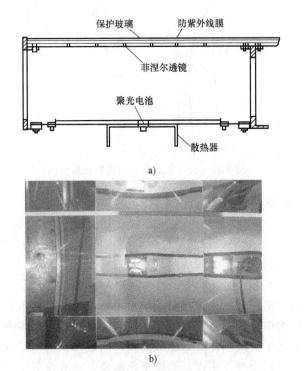

图 8-12　菲涅尔透镜聚光组件及聚光阵列

聚焦菲涅尔透镜聚光系统的优点是可以采用单轴的阳光跟踪系统[5]。

如前所述，聚光系统对阳光的聚集都是非成像聚光，在聚光光伏系统中的光伏电池一般并不放置在焦点或焦线上，而是要根据欲达到的聚光倍数将电池放在一个与焦点或焦线有一定距离的位置上。菲涅尔透镜对连续镜面离散化会导致聚焦成像质量的降低，并导致光伏电池表面照度的不均匀。因此在光伏电池前可增加一个用光学玻璃制成的二次透镜，使经过菲涅尔透镜高倍聚焦的太阳光均匀地分布于太阳电池表面上。

8.3.2.4　光漏斗聚光装置

光漏斗聚光法是由中国科技大学陈应天教授于 2004 年提出的一种聚光方法——光漏斗法。所谓的光漏斗是由一个普通的单晶硅光伏电池和一个八面体反射镜围成的光漏斗组成。八面体光漏斗的作用是将太阳光通过八个平面反射的方法折叠并聚集起来，形成 4 倍的太阳光强并均匀地照在光漏斗底部的硅光伏电池上，如图8-13所示。

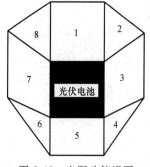

图 8-13　光漏斗俯视图

与传统的平板固定式光伏发电系统相比，新的光漏斗聚光光伏发电系统可以在同样的发电功率等级条件下，节省 3/4 的硅电池；或者说在使用同样数量的硅光伏电池的条件下，可以将实际输出功率增加到原来的 4 倍。

该方法应用推广的关键在于八面体光漏斗聚光发电组件的制作、成本和寿命。为了加大采光面积而提高输出功率，在应用系统中将多个组件组合成阵列，并使用共用的阳光跟踪装置。

参 考 文 献

[1] Roger A, Messenger, Jerry Ventre. Photovoltaic Systems Engineering ［M］. 2nd ed. CRC Press LLC, 2004.

[2] 刘福才，郑得忠，刘立伟. 3kW 全自动跟踪光伏电站计算机监控系统的设计 ［J］. 自动化仪表，2000, 21（4）: 33-35.

[3] 吴玉庭，朱宏晔，等. 聚光与冷却条件下常规太阳电池的特性 ［J］. 清华大学学报（自然科学版），2003, 43（8）.

[4] 中国电工技术学会. 电工高新技术丛书第 2 分册：太阳能热发电. 太阳能光伏发电. 风力发电 ［M］. 北京：机械工业出版社，2001.

[5] 汪韬，等. 新型菲涅尔线聚光太阳电池组件特性分析 ［J］. 光子学报，2003, 32（9）.

[6] 孙迎光. 自动跟踪聚焦式太阳能光伏发电技术 ［J］. 能源工程，2002,（3）.

第9章

光伏并网系统的低电压穿越

　　随着光伏发电系统与风力发电系统的不断开发与应用，新能源并网发电系统在电力系统中所占比重（渗透率）的增加，其特性对电力系统的影响越来越大。其影响与新能源并网发电系统的静态和动态特性息息相关。电力系统正常运行、无故障或大负荷投切时，系统内发电功率和负载功率实时平衡，各电气量（母线电压和频率等）的波动范围较小。当电网内风电和太阳能等时变性新能源并网发电系统的容量较大时，其有功功率输出的不确定性波动将导致电网内各电气量的大幅波动，严重时会引起电力系统失稳。

　　新能源发电系统的并网方式与各国的电网结构、资源分布和地理位置有关。在欧洲，由于岛屿众多，风力和太阳能资源分布较分散，且多与负荷中心相距不远，各国多采用就地消纳的方式，将风电或光伏发电系统分布式地接入低压配电网，直接给当地负荷供电；在我国，风光资源相对集中，其位置往往远离负荷中心，因而我国主要采取集中式布置、大规模发电、长距离传输的方式，将风电或光伏发电系统集中并入输电系统。这两种方式下，输电线路的阻抗均较大，随着新能源发电系统容量的增加，其输出有功功率的波动会对并网点母线电压的频率和幅值均产生影响，当所接入电网较弱时，并网点电压的频率和幅值波动范围有可能会超出电力系统运行的要求，严重时还会影响电力系统的频率和电压稳定性。

　　光伏发电系统由于变流器削弱或隔离了发电设备与电力系统的电气连接，输出功率可灵活控制且响应较快，通过改变控制策略和运行方式，可人为使其输出功率与电网频率相关，以模拟传统发电系统的惯量响应，从而保障电力系统的稳定运行，相对风力发电系统，尤其是双馈型风力发电系统有较大的动态特性优势，其输出有功功率和无功功率灵活可控，电网故障时可通过控制变流器使其输出一定的无功功率以支撑电网，有助于改善电力系统的稳定性。然而，由于功率器件过电压和过电流的能力非常有限，故障下间接并网型系统的不脱网运行能力较弱，若没有保护措施或合适的控制方案，系统将不得不从电网切出，从而导致大量的有功功率或无功功率缺失，进而引起电力系统频率和电压的大幅下降，甚至引发整个电力系统的崩溃。

新能源发电系统的故障特性所引起的相关问题，需要通过规范和改善新能源发电系统的并网特性而解决。为避免上述现象对电力系统稳定经济运行的影响，各国电网运营商相继颁布了相关并网导则，对新能源并网发电系统的输出特性提出了明确要求，以确保电力系统的安全稳定运行。"低电压穿越（Low Voltage Ride Through，LVRT）"是各国并网导则的核心要求之一，也是当前新能源并网发电技术的难点之一。光伏发电系统作为最主要的新能源发电形式，同样也不例外。因此需要研究对应技术特性和解决方案。

本章主要在介绍 LVRT 相关背景知识的前提下，讨论光伏发电系统 LVRT 技术的要求、难点和方法，以期从理论分析和工程应用角度为解决此技术难题提供思路。

9.1　电网故障的特征

LVRT 需求的根本来源是电网故障的频繁发生，电网故障特征与电网结构息息相关。

光伏发电系统与风力发电系统接入电网的典型结构如图 9-1 所示。该结构中，发电场内的多台发电设备，如单机风电或单级光伏发电设备，通过一级或两级升压变压器并联到汇流站内。变压器 T_1 的高电压侧为中压配电网（一般为 10kV/35kV），又称为公共连接点（Point of Common Coupling，PCC）；PCC 经配电输电线与另一级升压变压器 T_2 相连，T_2 的高电压侧接入高电压输电网（一般为 110kV/220kV），T_2 高电压侧通常称为并网点（Grid Connection Point，GCP）。一般，变压器 T_1 的低电压侧为 Y 联结，其中性点直接接地，其高电压侧为 d 联结；变压器 T_2 通常为 d/Y 联结，为实现短路保护，其低电压侧（中压侧）往往采用接地变压器提供一个虚拟中性点，高电压侧采用中性点直接接地或经低阻接地。图中，断路器（QF）用来在故障时隔离故障线路。值得注意的是，针对图 9-1 所示结构的并网设备，并网导则低电压故障穿越所规定的故障点往往定义在图 9-1 中变压器 T_2 的高电压侧或 GCP 点，由于线路和变压器阻抗的存在，故障后发电机机端感受到的低电压跌落较故障点处轻。以三相对地短路故障为例，若故障点发生在 GCP，则 GCP 处电压为零，对应 LVRT 导则的零电压穿越要求。此时，变压器 T_1 的低电压侧或

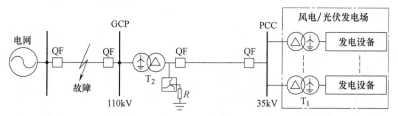

图 9-1　并网型风电或光伏发电系统的典型结构

发电设备端的电压标幺值约为 0.15 左右。

典型的电网故障类型包括：对称故障即三相短路故障；不对称故障，包括单相对地故障、相间短路故障和两相接地故障。实际发生的故障中，绝大部分故障都是不对称故障。

9.1.1　对称跌落故障

针对图 9-1 所示辐射型电网结构，图 9-2 所示的分压模型可被用来模拟电网故障。图中，u_g 为故障前电网电压，Z_s 为电网与 GCP 之间的线路阻抗，Z_f 为 GCP 点和故障点之间的短路阻抗。由图 9-2 模型可知，故障后 GCP 点的电压为

$$u_{\mathrm{GCP,x}} = u_{\mathrm{g,x}} \cdot \frac{Z_f}{Z_s + Z_f} = u_{\mathrm{g,x}} \cdot \frac{\lambda e^{j\alpha}}{1 + \lambda e^{j\alpha}} \tag{9-1}$$

式中，x 表示 a、b、c 三相；$Z_f / Z_s = \lambda e^{j\alpha}$，$\lambda$ 的取值取决于故障点和 GCP 点之间的距离；α 又称为阻抗角，其值由电网和故障阻抗的组合决定，一般与电网结构有关，典型的 α 值为 0°（输电系统的典型值），−20°（配电系统的典型值）和 −60°（主要存在于海上风电场，光伏发电系统中很少）。

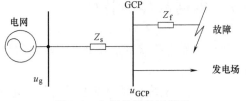

图 9-2　电网故障分压模型

三相短路故障时，GCP 点电网电压只含正序分量，其幅值 U_{GCP} 和相位角跳变 θ 取决于故障点位置和阻抗角大小，其关系如图 9-3 所示。可见，若 Z_s 和 Z_f 的阻抗比（X/R）相同（$\alpha = 0°$），电网故障将会引起 GCP 点的电压幅值的跌落，但不会引起其相位角突变；故障点越远，电压幅值跌落越小。

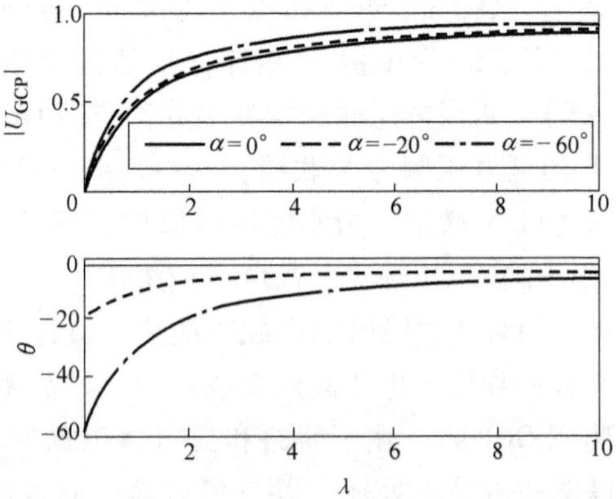

图 9-3　三相短路故障下 GCP 点
电压幅值和相位跳变

9.1.2　不对称跌落故障

不对称故障下，电网电压中会出现正序、负序和零序分量。由于图 9-1 中变压器 T_1、T_2 均采用 Y/d 联结，故障后零序电压被变压器隔离，不会传递到新能源发电系统的机端，因而以下分析中可不考虑零序分量。正序和负序电压分量对光伏发电系统或者风力发电系统的影响不同，因而下面采用对称分量法分别分析故障下电网电压的正序和负序电压分量的典型特征。为分析简单起见，令 $Z_s^+ \approx Z_s^- \approx Z_s^0 = Z_s$，$Z_f^+ \approx Z_f^- \approx Z_f^0 = Z_f$。式中，上标"+""−"和"0"分别表征正序、负序和零序分量。

根据对称分量法，三相变量可由三组正负零序对称分量叠加而成。值得注意的是，传统的对称分量法是基于系统稳态的分析方法，分析时，三相电压、电流变量可用三相稳态相量表示。各序分量与三相变量的关系可由如下变换得到。

$$\begin{bmatrix} \dot{X}_a^+ \\ \dot{X}_b^+ \\ \dot{X}_c^+ \end{bmatrix} = T_{3s/3s+} \cdot \begin{bmatrix} \dot{X}_a \\ \dot{X}_b \\ \dot{X}_c \end{bmatrix} = \frac{1}{3} \begin{bmatrix} 1 & a & a^2 \\ a^2 & 1 & a \\ a & a^2 & 1 \end{bmatrix} \begin{bmatrix} \dot{X}_a \\ \dot{X}_b \\ \dot{X}_c \end{bmatrix}$$

$$\begin{bmatrix} \dot{X}_a^- \\ \dot{X}_b^- \\ \dot{X}_c^- \end{bmatrix} = T_{3s/3s-} \cdot \begin{bmatrix} \dot{X}_a \\ \dot{X}_b \\ \dot{X}_c \end{bmatrix} = \frac{1}{3} \begin{bmatrix} 1 & a^2 & a \\ a & 1 & a^2 \\ a^2 & a & 1 \end{bmatrix} \begin{bmatrix} \dot{X}_a \\ \dot{X}_b \\ \dot{X}_c \end{bmatrix} \qquad (9\text{-}2)$$

$$\begin{bmatrix} \dot{X}_a^0 \\ \dot{X}_b^0 \\ \dot{X}_c^0 \end{bmatrix} = T_{3s/3s0} \cdot \begin{bmatrix} \dot{X}_a \\ \dot{X}_b \\ \dot{X}_c \end{bmatrix} = \frac{1}{3} \begin{bmatrix} 1 & 1 & 1 \\ 1 & 1 & 1 \\ 1 & 1 & 1 \end{bmatrix} \begin{bmatrix} \dot{X}_a \\ \dot{X}_b \\ \dot{X}_c \end{bmatrix}$$

式中，a 是 120° 相移算子，$a = e^{j\frac{2\pi}{3}}$，$a^2 = e^{-j\frac{2\pi}{3}}$；$\dot{X}_a$、$\dot{X}_b$、$\dot{X}_c$ 分别为三相电压或电流相量。

对于三相线性系统，可根据对称分量法，将三相不对称系统分为三组三相对称系统（正序、负序和零序）进行分析，再由叠加原理得到整个系统的特性。由对称分量法，图 9-2 所示分压模型可进一步表示为图 9-4 所示。图中电网电压 $u_{gx(x=a,b,c)}$ 只含有正序分量，故障点电压 $u_{fx(x=a,b,c)}$ 含正、负和零序分量，$Z_{sa} = Z_{sb} = Z_{sc} = Z_s$，$Z_{fa} = Z_{fb} = Z_{fc} = Z_f$。由对称分量法，图 9-4 所示系统各电压电流变量可由图 9-5 中三组对称系统的相应变量叠加而得。针对图 9-5 所示的三组三相对称系统，其特性可用图 9-6 所示单相稳态序网络来分析。

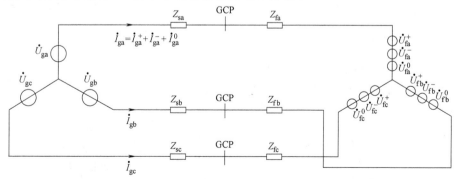

图 9-4　电网故障的三相分压模型

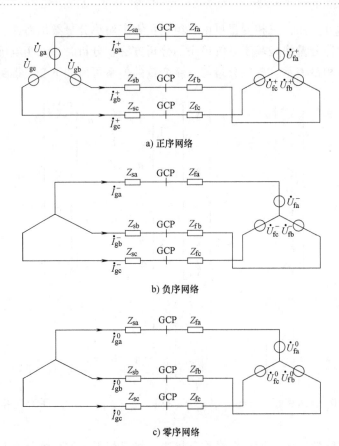

a) 正序网络

b) 负序网络

c) 零序网络

图 9-5　分压模型的三相序网络

1. 单相对地故障

假设故障发生在 A 相，忽略风场注入 GCP 的电流，此时 b，c 相开路（见图 9-2），由图 9-4 可知：

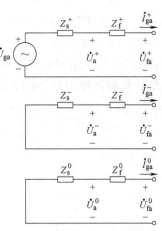

$$\dot{U}_{fa} = \dot{U}_{fa}^{+} + \dot{U}_{fa}^{-} + \dot{U}_{fa}^{0} = 0$$

$$\dot{U}_{fb} \neq 0, \dot{U}_{fc} \neq 0$$

$$\dot{I}_{gb} = \dot{I}_{gb}^{+} + \dot{I}_{gb}^{-} + \dot{I}_{gb}^{0} = 0 \tag{9-3}$$

$$\dot{I}_{gc} = \dot{I}_{gc}^{+} + \dot{I}_{gc}^{-} + \dot{I}_{gc}^{0} = 0$$

进一步，由式（9-2）可知，上式可整理为边界条件

$$\dot{U}_{fa} = \dot{U}_{fa}^{+} + \dot{U}_{fa}^{-} + \dot{U}_{fa}^{0} = 0 \tag{9-4}$$

$$\dot{I}_{ga}^{+} = \dot{I}_{ga}^{-} = \dot{I}_{ga}^{0}$$

图 9-6　三相对称系统的
单相序网络

由边界条件式（9-4），单相对地故障可由图9-7所连接的复合序网络进行分析。

可知，GCP 点的序电压分量分别为

$$\dot{U}_a^+ = \frac{1}{3}\dot{U}_{ga} \cdot \left(3 - \frac{1}{1+\lambda\,e^{j\alpha}}\right)$$

$$\dot{U}_a^- = -\frac{1}{3}\dot{U}_{ga} \cdot \frac{1}{1+\lambda\,e^{j\alpha}}$$

（9-5）

式中，$\dot{U}_{ga}$ 表示电网故障前的 a 相电压相量。由于存在 Y/d 联结变压器，零序分量无法传递到并网发电系统的机端，因而未在上述分析中列出。

故障后三相电压分量的瞬时值可由式（9-5）所示序电压分量和式（9-2）的逆变换求得。

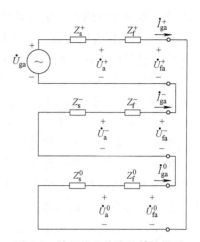

图 9-7　单相接地故障的等效模型

2. 相间短路故障

假设故障发生在 B、C 相，与单相对地故障的分析类似，可得序网络的连接如图 9-8 所示，同样可知 GCP 点的正负序电压分量分别如下：

$$\dot{U}_a^+ = \dot{U}_{ga} \cdot \left(1 - \frac{1}{2} \cdot \frac{1}{1+\lambda\,e^{j\alpha}}\right)$$

$$\dot{U}_a^- = \dot{U}_{ga} \cdot \frac{1}{2} \cdot \frac{1}{1+\lambda\,e^{j\alpha}}$$

（9-6）

3. 两相接地故障

假设故障发生在 B、C 相和地之间，序网络的连接如图 9-9 所示，同样 GCP 的正负序电压分量分别如下：

$$\dot{U}_a^+ = \dot{U}_{ga} \cdot \left(1 - \frac{2}{3} \cdot \frac{1}{1+\lambda\,e^{j\alpha}}\right)$$

$$\dot{U}_a^- = \frac{1}{3}\dot{U}_{ga} \cdot \frac{1}{1+\lambda\,e^{j\alpha}}$$

（9-7）

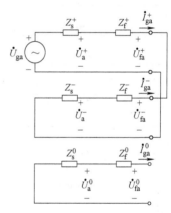

图 9-8　相间短路故障的等效模型

根据式（9-5）~式（9-7），不同故障类型、不同阻抗角 α 下的序电压分量（"+，−"分别表示正序分量与负序分量）与 λ 的关系如图 9-10 所示，图中，φ 为相位角跳变。可见，正序电压分量的跌落幅值随 λ（故障距离）的增加而减小。相同故障距离下，三相对称故障引起的正序电压跌落最严重，而单相对地故障的影响最小，两相接地故障的

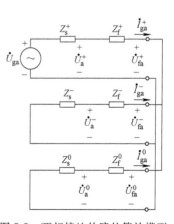

图 9-9　两相接地故障的等效模型

情况比三相对称故障轻但比相间短路故障严重。若 Z_s、Z_f 的阻抗比（X/R）相同，则 GCP 电压故障前后不会出现相位角突变，若阻抗比不同，则故障后会出现相位角突变，且相位角差随着故障距离的增加而减小，最大相位角差取决于阻抗角 α 或电网结构。不对称故障下，GCP 电压含有负序分量，然而其最大值不会超过 0.5pu。若进一步考虑输电线和变压器阻抗的影响，发电系统的负序电压分量将会更小。随着故障距离的增加，负序电压分量的幅值不断减小。相同故障距离条件下，单相接地故障和两相接地故障产生相同的负序电压分量。与单相接地和两相接地故障相比，相间故障引起的负序分量最大，对某些结构的新能源并网发电系统，如半耦合型风电系统，其危害较大，将成为 LVRT 最难的一种故障类型。若 $\alpha=0°$，两相接地或相位角短路故障后，负序电压分量无相位角突变，单相接地故障则会引

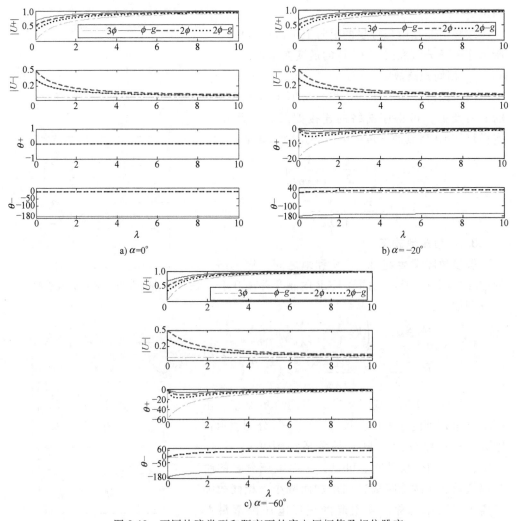

图 9-10　不同故障类型和距离下的序电压幅值及相位跳变

起-180°的相移。若 $\alpha \neq 0°$，负序电压的相位角突变随着故障距离的增加而增大，同样，其最大值取决于 α。

9.2　光伏发电系统并网导则

并网导则是由各国电网运营商制定的大型电气或发电设备接入电网所必须遵守的最低技术要求。并网导则将公认的技术规范转换为并网发电设备可具体执行的规则，这些规则成为所有发电设备并网运行的前提和技术基础。某种意义上说，并网导则是各电气设备并网合同的技术补充。

并网导则的制定旨在建立电网稳定运行的客观条件，其内容与电网的客观情况息息相关，因而，不同国家并网导则的条款不尽相同，甚至同一国家、不同电网运营商的并网导则也有所不同。此外，随着新能源发电技术的快速发展，传统电力系统的结构和运行模式也在不断变化，为适应此变化，各国的并网导则也在不断发展和变化的过程中。

9.2.1　并网导则概述

在所有的新能源并网发电系统中，风电系统的装机容量逐年显著增加，其特性已对电网的安全运行产生了明显影响。经过若干年的发展，国内外专门针对风电系统的并网导则目前已比较完善。与其相比，光伏并网发电系统的容量较小，对电网的影响也较小，国外并未颁布专门针对光伏发电系统的并网导则，仅德国和西班牙等少数光伏发电发展较为超前的国家提出了针对中低压并网发电设备（包括光伏发电系统）的并网导则，其中以德国的 BDEW（Bundesverband der Energie- und Wasserwirtschaft，德国联邦能源和水利协会）导则规定的最为详尽和规范，该导则重点关注了发电设备的输出电能质量及故障特性。我国近年来光伏发电发展迅速，相关的技术规范也已走在世界前列，目前已颁布专门针对光伏并网发电系统的并网导则，以规范其输出特性。

2003 年以后，以德国为代表的一批欧洲国家颁布了若干法案，确立优先发展新能源的能源发展规划，新能源发电系统（尤其是风力发电系统）的规模迅速扩大，风电占电力系统总发电容量的比例超过 10%，风电机组开始接入输电网，直接影响到电网电压和潮流分布。因此早期的并网规范已完全不能保证新能源发电系统接入电网后电力系统的稳定经济运行。此背景下，2003 年，德国输电系统运营商（E. ON Net，简称 E. ON）率先提出针对接入高压输电系统（380kV，220kV，110kV 电网）的风力发电设备的并网导则。该导则规定了电力系统正常和故障时并网风电设备所应遵循的技术标准，明确了并网导则的适用范围和技术框架，其内容主要包括以下几个方面：

1）风电并网设备有功功率和频率控制要求：规定电网电压频率变化时风电设

备的有功功率调节要求。

2）风电并网设备无功功率和电压控制要求：规定电网电压变化时风电设备的无功功率调节要求。

3）风电并网设备的电网电压和频率运行范围：规定并网风电设备维持正常运行的电网电压范围和频率范围。

4）LVRT要求：规定电网故障时并网风电设备保持并网的边界条件、电网电压变化时并网设备的保护值、LVRT时并网设备保护的动作方式以及在电网电压跌落过程中提供无功功率支撑。该要求的详细规定如图9-11所示：电网电压跌落不超过额定电压（U_n）的15%时，风电机组不允许切出电网；电网电压在电压-时间坐标图中的实线以上区域，风电场必须保持并网运行；在实线和最下方点画线之间时，风电场可以和E. ON协商其运行方式。

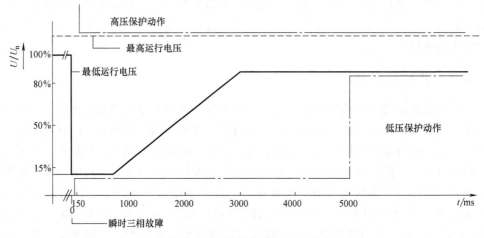

图9-11　LVRT曲线（E. ON 2003）

E. ON 在2003年颁布的并网导则，为其后续导则的修改和各国并网导则的制定定下了规范的框架，对于新能源发电系统高速发展下的并网导则发展有重要的指导意义。

随着风力发电系统规模的进一步扩大和渗透率的进一步增加，原有并网导则的规范已不足以保证电力系统的经济稳定运行，电网运营商也适时修订和细化相应的并网导则。2006年，E. ON 发布新版本的并网导则，在2003年并网导则的基础上，2006版导则作了以下两点重要修正。

1）LVRT要求：针对两类不同特性的发电系统（直接并网型发电系统和间接并网型发电系统）提出不同的LVRT曲线；LVRT曲线规定的最低穿越电压从15% U_n 降为零。

2）功率控制要求：细化电网电压的频率和幅值发生变化时，并网设备输出有功功率和无功功率控制的要求。

基于 E.ON 2006 版导则，德国于 2007 年颁布其国家标准 TransmissionCode 2007，其具体规定与 E.ON 相似。

随着风电系统规模的扩张和相关技术的进步，欧洲国家将发展风电的目光从陆上转移到海上，一方面，海上风力资源远优于陆上；另一方面，海上风电不会占用较为珍贵的土地资源。为顺应此趋势，2008 年，E.ON 发布了专门针对离岸风场的并网导则，这也是目前唯一专门针对离岸风场的并网标准。与适用于陆上风场的导则相比，上述导则的主要区别包括：

1）并网（输电系统）电压等级：额定电压由 110kV 增加为 155kV（允许变化范围：140~170kV）。

2）电网频率波动范围：由 47.5~51.5Hz 扩大到 46.5~53.5Hz；有功功率随电网频率的响应范围也相应变化。

3）风电系统功率控制的电压死区范围：由 10%额定电网电压减小为 5%。

4）风电场高压/中压（HV/MV）并网变压器：建议采用 YN/D5 型多抽头变压器（具有±6 档、每档±13%额定电压的输出抽头），一方面，避免高压侧故障时零序电压分量对风电系统的影响；另一方面，可通过选择变压器抽头调节电网连接点处电压。

2009 年，E.ON 对 2006 年版本并网导则再次进行小范围修订，此次修订只针对 380kV 和 110kV 电网电压等级，扩大了针对频率变化的动作保护区域。

在风电系统大规模发展的同时，德国光伏发电系统的规模也在不断扩大。与风电系统不同，德国的光伏发电系统多接入中压或低压配电网，为适应电网内光伏发电渗透率的日益增长，德国 BDEW 于 2008 年颁布适用于光伏发电系统在内的接入中压配电网（35kV，10kV）的发电装置的技术规范要求，该并网导则的框架与 E.ON 并网导则基本一致，仅在具体保护动作参数上有所不同。为保护人身安全和配电保护系统的正常运行，接入低压配电网（400V）的发电装置往往需要具有防孤岛运行的能力，此类低压发电装置容量较小，因而 LVRT 能力并不重要，针对低压发电系统，德国于 2011 年颁布《分布式电源接入低压配电网运行管理规定》（VDE-AR-N 4105），与适用高压和中压电网的并网导则不同，该导则不含 LVRT 运行要求，而增加了孤岛保护要求。值得注意的是，LVRT 规定要求发电系统在故障（甚至断电或零电压）时不断网运行，而孤岛保护规则要求发电系统在电网断电时迅速退出运行，某种程度上，上述条款是矛盾的，因而同一类型的导则中，上述两种要求一般不会同时出现。至此，德国电网并网导则完整地涵盖了从陆上到海上，从配电系统到输电系统，从光伏到风力发电的新能源并网发电需求，为新能源并网发电的发展奠定了坚实的基础。

9.2.2 光伏发电系统并网导则

光伏并网发电系统的并网导则随着接入电网的电压等级而有所不同：接入低压

电网的光伏发电系统通常功率等级较低且规模较小，为保护用电设备和人身安全，要求具有孤岛保护功能；而接入中、高压电网的光伏发电系统功率等级较高，为保障电网的安全稳定运行，要求具有 LVRT 能力。德国的 BDEW 中压电网发电设备并网标准规定得最为详尽和规范。我国光伏发电系统并网导则借鉴了其他国家中低压电网并网导则和我国风电并网导则的框架，相关国家标准已于 2012 年底正式颁布，并于 2013 年 6 月正式实施。

1. 静态特性要求

德国 BDEW 中压电网并网导则与德国 E.ON 并网导则架构完全一致，都从静态特性和动态特性两个角度规定了并网导则，其中静态特性包括有功功率与频率控制要求，无功功率与电压控制要求，电压和频率运行范围以及电能质量。在静态特性具体规定上，BDEW 并网导则和 E.ON 并网导则相同。

我国光伏并网导则的架构也与风电系统并网导则一致，内容上的主要区别在于，不同功率等级的光伏电站在功率控制和 LVRT 要求方面有明显区别。

按照接入电网的电压等级，光伏电站可分为：

小型光伏电站：通过 380V 电压等级接入电网的光伏电站；

中型光伏电站：通过 10~35kV 电压等级接入电网的光伏电站；

大型光伏电站：通过 66kV 及以上电压等级接入电网的光伏电站。

不同等级光伏电站的基本并网准则为：大中型光伏电站应具备电压源特性，能够在一定程度上参与电网的电压和频率调节。电压调节方式包括调节光伏电站的无功功率、无功补偿设备投入量及变抽头变压器的电压比等。对于专线接入公用电网的大中型光伏电站，其配置的容性无功功率容量应能够补偿光伏电站满发时站内汇集系统和主变压器的无功消耗及二分之一的光伏电站送出线路所消耗感性无功功率；其配置的感性无功功率应能补偿二分之一的光伏电站送出线路的充电无功功率。当电网频率出现波动时，光伏电站运行要求为：

1）低于 48Hz：根据光伏电站逆变器允许运行的最低频率或电网要求而定；

2）48~49.5Hz：每次低于 49.5Hz 时，要求至少连续运行 10min；

3）49.5~50.2Hz：连续运行；

4）50.2~50.5Hz：每次频率高于 50.2Hz 时，光伏电站应具备能够连续运行 2min 的能力，实际运行时间由电网调度机构决定；此时，不允许处于停运状态的光伏电站并网；

5）高于 50.5Hz：在 0.2s 内停止向电网线路送电，且不允许停运状态的光伏电站并网。

对于通过汇集系统升压至 500kV（或 750kV）电压等级接入公用电网的大中型光伏电站，其配置的容性无功容量应能够补偿光伏电站满发时站内汇集系统、主变压器的感性无功及光伏电站送出线路所消耗的全部感性无功，其配置的感性无功容量应能补偿光伏电站送出线路的充电无功功率。

小型光伏电站可作为负荷看待，应尽量不与电网产生无功交互，在电网频率和电压发生异常时应尽快切出；并网点频率在 49.5 ~ 50.2Hz 范围以外时，应在 0.2s 内停止向电网送电；并网点电压异常时，小型光伏电站的响应要求见表 9-1。

表 9-1　小型光伏电站在电网电压异常时的响应要求

并网点电压	最大分闸时间
$U < 0.5U_N$	0.1s
$50\% U_N \leqslant U < 85\% U_N$	2.0s
$85\% U_N \leqslant U < 110\% U_N$	连续运行
$110\% U_N \leqslant U < 135\% U_N$	2.0s
$135\% U_N \leqslant U$	0.05s

2. 动态特性要求

动态特性方面，德国 BDEW 并网导则与 E. ON 并网导则一致，对两种类型的发电设备作出区分：同步发电机直接并网型发电系统（类型 1）和除此以外的其他发电系统（类型 2）。

对类型 2，BDEW 要求的 LVRT 曲线与 E. ON 有些许区别，如图 9-12 所示。

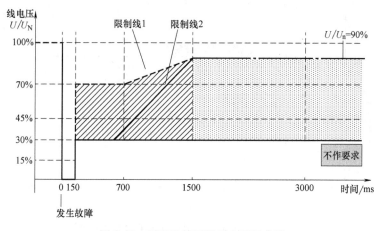

图 9-12　BDEW 并网导则 LVRT 曲线

与 E. ON 相比，图 9-12 所示曲线在 30% 额定电压以下部分增加了一片空白区域，电网电压处于该区域时，类型 2 发电系统的运行状态可由系统运营商自行决定，不要求保持并网。

对于接入中低压电压等级配电网的分布式发电系统（包括光伏并网发电系统），有并网导则还明确提出了频率穿越的具体要求，如 IEEE 1547 导则要求：并网点电压频率在一定范围内变化时，要求分布式发电系统保持一段时间内不脱网运行。

我国光伏并网导则对其动态特性规定较详细，根据光伏电站的规模和接入电网的电压等级，具体规定有所不同：对于接入低压电网的小型光伏电站，导则不要求其具有 LVRT 能力，取而代之，其应具备孤岛保护能力，即在电网失电时，光伏系统应能快速识别孤岛状态且立即断开与电网的连接；对于接入中高压电网的大中型光伏电站，光伏电站可不设置防孤岛保护，但应具备 LVRT 能力，故障超出一定时间后，公用电网的继电保护装置可切除光伏电站；为保障人身安全，接入用户内部电网的中型光伏电站，其防孤岛保护能力由电力调度部门确定。

我国光伏发电系统的 LVRT 导则与风电系统相似，LVRT 区域如图 9-13 所示：并网点电压跌至 20% 额定电压时，光伏电站应能够保证连续并网运行 1s；若并网点电压在跌落后 3s 内能恢复到 90% 额定电压，光伏电站应能保证不间断并网运行；LVRT 过程中，电网对光伏电站的无功补偿要求与风电并网导则中的相关要求一致。

光伏电站脱网后，在电网故障恢复阶段，电网电压和频率恢复到正常范围前，光伏电站不允许并网运行；恢复到正常范围后，小型光伏电站应经过一定的延时方可重新并网，延时时间一般为 20s 到 5min，可根据光伏电站的容量大小和接入方式、结合分批并网的原则，由电力调度部门确定；大中型光伏电站则应按电力调度部门的指令确定并网时刻。

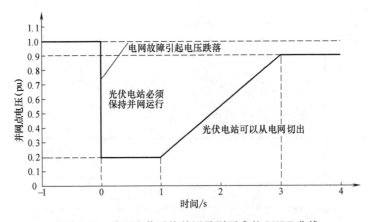

图 9-13 我国光伏系统并网导则要求的 LVRT 曲线

9.3 光伏并网系统 LVRT 控制策略

本书在第 3 章中已经介绍了光伏并网发电系统有多重形式和功率等级，但已颁布的光伏发电系统并网导则中，LVRT 要求一般仅针对接入中高压电力系统的光伏发电站。此电压等级下，光伏发电系统通常采用单级式结构或组串式结构，其单个或整体的并网单元典型拓扑如图 9-14 所示，多块光伏电池采用串并联方式组合组成光伏阵列，由光伏阵列直接输出直流侧电压作为三相并网逆变器的直流母线电压，经三相逆变后并网运行。与非耦合型风力发电系统相似，电网电压跌落时，由于并网逆变器的隔离作用，发电单元（光伏组件）感受不到电压跌落，其运行特性受电网故障影响较小。

9.3.1 光伏并网系统电网故障时动态特性

光伏发电系统的瞬时功率平衡方程如式（9-8）所示。光伏电池板输出的电磁功率 P_{pv} 和网侧变流器交流侧输出瞬时有功 P_c 电网电压跌落较深时，由于网侧变流器输出电流的限制，并网逆变器输出有功功率减小，若故障瞬间光伏电池板输出有功功率不变，输入输出的不平衡有功功率 ΔP 将会导致直流母线电压 U_{dc} 上升。若电网故障为不对称故障，除了直流母线电压上升以外，电网电压的负序分量还会导致变流器直流母线电压和光伏发电系统输出功率的脉动。

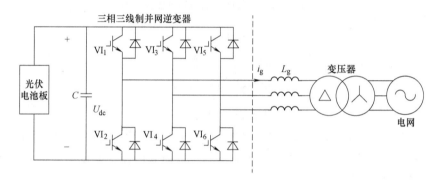

图 9-14   光伏电站拓扑结构图

$$P_{pv}-P_c=\frac{\mathrm{d}\left(\frac{1}{2}CU_{dc}^2\right)}{\mathrm{d}t} \tag{9-8}$$

对于并网型风电系统，在电网电压跌落期间必须采取卸荷措施，以释放风电机组输出的多余能量，以避免直流母线电压过高而导致的变流器损坏或机组切机。与风电机组不同，光伏发电系统不存在机械旋转部件，光伏电池端电压的变化会导致其输出功率迅速变化，该特性使得光伏发电系统能够较好地适应电网电压跌落；此外，由于不存在机械旋转部件，光伏发电系统对不对称电网故障的适应性也要优于非耦合型风电系统。

在不对称电网故障条件下，网侧变流器的动态可基于电网电压正负序模型分析，不平衡条件下正负序电压矢量和电流矢量关系图如图 9-15 所示，采用正负序双同步旋转坐标系。正序同步坐系相角为 $\theta^P=\omega t=\theta$，负序同步坐标系相角为 $\theta^N=-\theta^P=-\theta$。则根据图 9-15 可得正负序电压和电流矢量相角如式（9-9）所示。

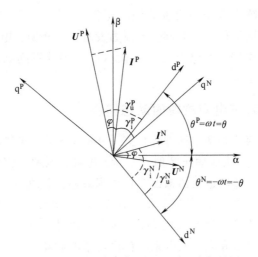

图 9-15 不平衡条件下电压和电流矢量图

$$\begin{cases} \theta_u^P = \gamma_u^P + \theta = \gamma_u^P + \omega t \\ \theta_u^N = \gamma_u^N - \theta = \gamma_u^N - \omega t \\ \theta_i^P = \gamma_i^P + \theta = \gamma_i^P + \omega t \\ \theta_i^N = \gamma_i^N - \theta = \gamma_i^N - \omega t \end{cases} \tag{9-9}$$

令电压电流正负序矢量模分别为 U^P、U^N、I^P、I^N(即正负序相电压和电流的幅值),根据瞬时有功功率定义,不平衡条件下电压和电流矢量瞬时有功功率表达式如式(9-10)所示:

$$p = \frac{3}{2} UI = \frac{3}{2} (U^P + U^N)(I^P + I^N) = \frac{3}{2}(U^P I^P + U^P I^N + U^N I^P + U^N I^N)$$

$$= \frac{3}{2}[U^P I^P \cos(\theta_u^P - \theta_i^P) + U^P I^N \cos(\theta_u^P - \theta_i^N) + U^N I^P \cos(\theta_u^N - \theta_i^P) + U^N I^N \cos(\theta_u^N - \theta_i^N)]$$

$$\tag{9-10}$$

将式(9-9)带入式(9-10)得式(9-11),并以正序电网电压矢量定向建立坐标系,不平衡条件下光伏电站并网系统交流侧瞬时有功和无功功率表达推导如下:

$$\begin{cases} \frac{3}{2} p = e_d^P i_d^P + e_d^N i_d^N + e_q^N i_q^N + \cos 2\theta(e_d^P i_d^N + e_d^N i_d^P + e_q^N i_q^P) + \sin 2\theta(e_d^P i_d^N + e_q^N i_d^P - e_d^N i_q^P) \\ \frac{3}{2} q = -e_d^P i_q^P + e_q^N i_d^N - e_d^N i_q^N + \cos 2\theta(-e_d^P i_q^N + e_q^N i_d^P - e_d^N i_q^P) + \sin 2\theta(e_d^P i_d^N - e_d^N i_d^P - e_q^N i_q^P) \end{cases}$$

$$\tag{9-11}$$

在不平衡电网电压条件下,网侧瞬时有功功率中除含有基波分量外,还含有两次脉动量。根据输入瞬时有功功率和输出瞬时有功功率的平衡可推得

$$u_{dc} = \sqrt{R(p_0 + p_{c2} \cos 2\theta + p_{s2} \sin 2\theta)} = \bar{u}_{dc} + \Delta u_{dc} \cos(2\theta + \alpha) \tag{9-12}$$

由此可见，不对称故障时，除了功率不平衡现象外，电网电压的负序分量还会导致变流器直流母线电压和输出功率的脉动。若对上述波动功率均不加控制，当发电机输出功率 P_e 恒定时，该功率波动可能会导致变流器直流母线电压中出现二次纹波。一方面，变流器存在直流母线过电压/欠电压保护，通常，当直流母线电压瞬时值大于110%或小于90%额定电压时，为保护变流器，并网系统将会切机。另一方面，若网侧变流器采用传统的电压、电流双闭环控制方法时，由于并网电流的有功分量指令为直流母线电压外环的输出，电压环为抑制直流母线电压脉动会将二次纹波分量作为指令传递给电流环，最终使得并网电流出现三次谐波，由于功率守恒，并网电流中的三次谐波会导致直流母线电压中的四次纹波，此四次脉动进一步会引起并网电流中的五次谐波分量。以此类推，不对称故障下，变流器直流母线电压会出现偶次谐波，并网电流包含奇次谐波，严重影响光伏并网系统输出电能质量。

根据本书第 2.3.1 节的介绍，光伏电池本质上是一个 pn 结，其基本特性与二极管相似，等效数学模型可由式（2-6）~式（2-11）表示。光伏电池输出功率与其端电压、输出电流的关系可由第 2 章图 2-9、图 2-10 表示。

由图 2-9 所示的 P-U 曲线可知，光伏电池端电压从零开始上升时，其输出功率亦从零开始增加；当端电压达到最优值时，其输出功率达到最大；若端电压继续增加，其输出功率将逐步减少，当端电压达到光伏电池的开路电压时，其输出功率减小到零。电网故障时，由以上分析可知，光伏电池的输出功率将随直流母线电压的升高而自动减小，这有利于光伏并网发电系统的 LVRT。因此，LVRT 过程中，光伏并网发电系统一般不需要增加额外的能量泄放支路或通过改进其控制算法主动减小发电单元的有功功率输出。

图 9-16 为某光伏逆变器的 LVRT 实际测试波形，$t=10s$ 时，电网发生相间短路故障，故障后两相电压跌落深度为 80%，1s 后电网电压恢复正常；光伏电池运行于最大功率点处的端电压为 640V，开路电压为 775V。由图 9-16 可知，电网故障时，直流侧电压迅速上升，由于光伏电池的 P-U 特性，其输出有功功率迅速减少，直至直流侧电压达到开路电压；为支撑电网运行，网侧变流器输出一定的无功功率。电网电压恢复后，光伏发电系统的有功功率输出也逐渐恢复至故障前数值。跌落过程中，电网的不对称故障引起直流侧电压纹波。

9.3.2　光伏并网系统 LVRT 控制策略

由上节分析可知，光伏并网系统在 LVRT 过程中，由于功率平衡被打破，光伏并网系统的直流母线电压将迅速升高。由于光伏电池的自身特性，随着直流母线电压升高，其输出有功功率将迅速降低，因此，此阶段光伏并网系统不需要增加额外的卸荷措施，其控制可继续采用第 5 章中介绍的正常工况下的控制算法，仅需作如下改变：网侧变流器需根据并网导则的要求重新设置正序无功电流指令，限制正序

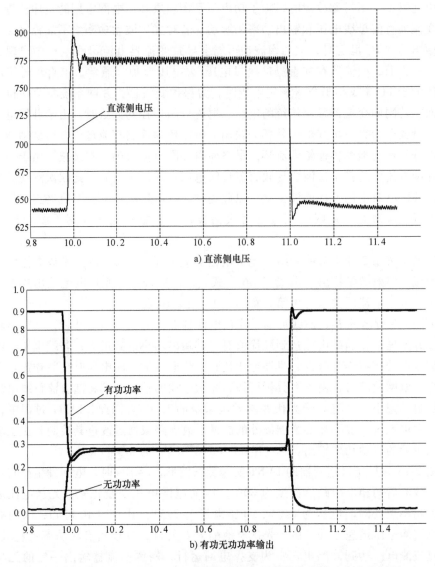

图 9-16 光伏发电系统 LVRT 过程中直流电压及输出有功功率变化过程

有功电流输出，因无需抑制直流母线电压脉动，负序有功与无功电流分量指令可设置为零。综上，故障持续阶段光伏发电系统并网逆变器的控制结构如图 9-17 所示。基于本书 5.2 节的基于电流闭环的矢量控制策略可知，网侧变流器的有功功率指令由光伏电池的 MPPT 控制环给出，电流内环采用基于双 dq 坐标系模型的解耦控制方法，但为了应对不对称电网故障，需要加入正负序解耦模块。定义负序坐标系旋转相角为：$\theta^N = -\theta^P = -\omega t$，从而可得任意矢量 V 在正负序坐标系下的表达式如式 (9-13) 所示：

$$\begin{cases} v_{d\_c}^{P} = v_{d}^{P} + v_{d}^{N}\cos2\omega t + v_{q}^{N}\sin2\omega t \\ v_{q\_c}^{P} = v_{q}^{P} - v_{d}^{N}\sin2\omega t + v_{q}^{N}\cos2\omega t \\ v_{d\_c}^{N} = v_{d}^{N} + v_{d}^{P}\cos2\omega t - v_{q}^{P}\sin2\omega t \\ v_{q\_c}^{N} = v_{q}^{N} + v_{d}^{P}\sin2\omega t + v_{q}^{P}\cos2\omega t \end{cases} \tag{9-13}$$

典型的通过解耦对消的正负序分离方法，其结构框图如图 9-17 所示。由式 (9-13) 可见，三相输入量的正序坐标系下变换结果里除了正序的直流量信息外还含有幅值为负序坐标系下 dq 信息的二次谐波，因而只要从 $e_{d\_c}^{P}$ 里减去耦合项就可以将正序信息分离出来。

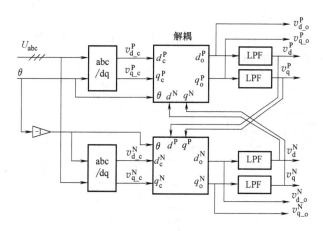

图 9-17　基于解耦的正负序分离法实现框图

其中解耦部分计算如式（9-14）所示：

$$\begin{cases} d_{o}^{P} = d_{c}^{P} - d^{N}\cos2\omega t - q^{N}\sin2\omega t \\ q_{o}^{P} = q_{c}^{P} + d^{N}\sin2\omega t - q^{N}\cos2\omega t \\ d_{o}^{N} = d_{c}^{N} - d^{P}\cos2\omega t + q^{P}\sin2\omega t \\ q_{o}^{N} = q_{c}^{N} - d^{P}\sin2\omega t - q^{P}\cos2\omega t \end{cases} \tag{9-14}$$

为了完整的分离出正负序信息，将解耦计算输出结果经过一个一阶的低通滤波器 LPF，这样既能够令解耦环节稳定，同时又可以在输入量包含低次谐波时抑制低次谐波干扰，准确分离出正负序信息，并且即使解耦不准确没能完全消除 2 次谐波，只要低通滤波器的角频率设定的小于工频角频率 100π，解耦偏差也会收敛到 0 的，即解耦环节计算结果会收敛到一个稳态点。经过正负序解耦之后，在电网故障下，网侧变流器正序有功和无功指令将切换为根据并网导则的要求设定。

对称故障下，根据并网导则的规定，故障持续阶段光伏并网系统输出的正序无功电流指令值应为

$$I_{gq}^{*} = K \cdot \Delta U \tag{9-15}$$

式中　I_{gq}^*——无功电流指令值，用标幺值表示，上限值为 1pu；

　　　K——无功电流补偿系数，该系数根据光伏系统对电网的渗透率来决定，通常取 2；

　　　ΔU——电网电压跌落深度比例。

有功电流指令由系统容量和无功电流指令决定，系统总电流输出上限为 1pu。实际工况中，光伏发电系统很少运行在额定功率输出的工况下，当光照不足时，即便故障后网侧变流器需输出一定的无功电流，其有功电流输出能力也足以实现光伏并网系统的 MPPT，此时其有功电流输出不受故障的影响；若光照较强，故障后网侧变流器无法实现对应 MPPT 的有功电流输出，此时其优先保证无功电流输出，剩余容量用于输出有功电流。

不对称故障条件下，式（9-15）中 I_{gq}^* 表示正序无功电流分量，其计算公式保持不变，但上限值设为 0.4pu。

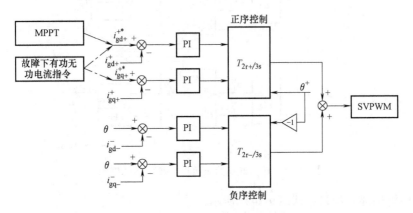

图 9-18　故障持续阶段光伏发电系统控制结构图

当系统处于电网故障恢复阶段，系统容易出现不稳定与过电压，为了尽快稳定系统，在 LVRT 结束一段时间内，仍需要保持无功功率补偿。在系统出现过电压时，应要求进行感性无功补偿，能够对本地负载起到一定的同步调节作用。

9.3.3　光伏并网系统 LVRT 动态仿真

基于上节的光伏并网系统 LVRT 控制策略，本节通过仿真验证光伏并网发电系统的 LVRT 动态特性，系统参数来源于阳光电源股份有限公司 500kVA 的光伏系统并网逆变器，网侧采用 LC 型滤波器经变压器升压后并入配电网，$L=0.17\mathrm{mH}$，$C=600\mu\mathrm{F}$；变流器开关频率 $f_s=2\mathrm{kHz}$，直流母线额定电压为 500V，电网电压有效值为 380V。对称故障下仿真结果如图 9-19 所示。仿真中，电网电压跌落深度为 15%，故障持续时间为 350ms。由上节分析可知，故障持续阶段的变流器输出无功电流指令为 0.3pu，由于系统额定容量的限制，此时有功电流指令限制为 0.7pu。故障期间，直流母线电压升高，由于电网电压跌落幅度较小，系统调节速度较快。

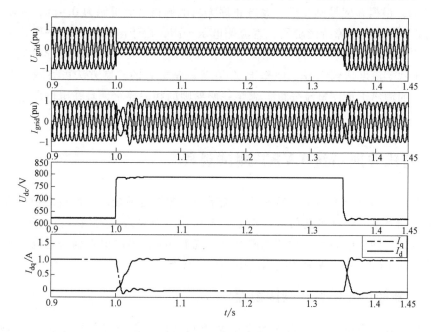

图 9-19　对称故障下 LVRT 过程

不对称故障下系统仿真结果如图 9-20 所示。仿真中，A、B 两相电压跌落深度

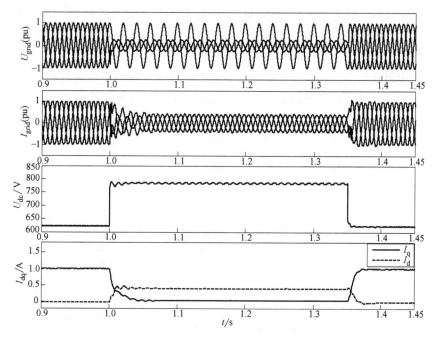

图 9-20　两相不平衡电网跌落 LVRT 过程

均为75%，故障持续时间为350ms。经锁相环计算，电网电压正序分量由1pu跌落至0.45pu，根据并网导则要求，系统正序无功电流指令应限制为0.4pu，有功电流指令为0。可见，故障持续阶段，直流侧电压升高，由于电网电压不平衡，系统输出有功功率存在两倍频波动，直流侧电压存在两倍频纹波。由仿真波形可见，尽管电网电压跌落深度达到75%，但基于双dq解耦坐标系的控制方法可有效控制光伏发电系统的输出正负序电流分量，满足并网导则的相关要求，且在电网跌落和恢复过程中，并网电流始终在额定范围内、动态特性较好。

9.4　光伏并网系统LVRT测试规程

目前，大部分国家的电网运营商在授予新能源发电系统入网许可之前，都要求接入电网的发电系统在电能质量、功率、电压调节及系统稳定性等方面进行严格、规范的测试。随着电力系统对新能源发电系统LVRT能力的要求越来越高，新能源发电系统的LVRT测试成为系统测试中的重要环节。

9.4.1　新能源并网系统测试规程

以风力发电系统为例，新能源发电系统测试认证的具体流程如图9-21所示。机组认证和发电场认证是认证测试的核心内容。机组认证是针对单个发电单元具体性能的测试认证。测试过程包括实验测试和性能评估，如有要求，还需提供仿真和实验的对比验证。具体的测试内容包括系统输出特性、电能质量、LVRT能力等多项指标；发电场认证是系统级的测试认证，评估认证机构通过对系统供应商提供的相关说明文档、系统数学模型和仿真模型进行系统级的仿真与数据计算，结合单个发电单元的测试报告，对整个发电场的可靠性、稳定性和合理性进行认证，出具评估报告与认证证书。在认证过程中，电力系统运营商需要提供发电场电网接入点的具体参数。

测试标准与规范的制定对于规范新能源发电系统的测试程序、确立其测试标准具有重要意义。以目前新能源发展最好的国家之一的德国为例，德国FGW e.V.（促进风能等可再生能源学会）是一个非营利组织，成立于1985年，伴随德国风力发电产业的迅速发展，其一直致力于制定先进发电装置与系统的测试和评估方法，其制定的测试指南是目前针对新能源发电系统最为规范和完整的指南之一，不仅严格规范对新能源发电系统本身的性能测

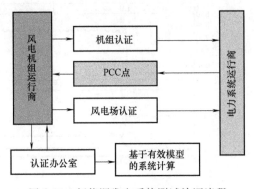

图9-21　新能源发电系统测试认证流程

试，还对发电装置及系统提出仿真要求，目前该技术指南已全面应用于德国境内新能源发电系统的测试认证，其具体内容见表 9-2 所示。

表 9-2　德国 FGW 发电机组测试技术指南

1	噪声测定
2	功率曲线和容量测定
3	中高压及特高压电网中发电机组电气特性测定
4	建模和验证方面对于发电装置及系统电气仿真模型的要求
5	参考收益率测定
6	风能潜力与可利用规模测定
7	风电场维护规定
8	中高压及特高压电网中发电机组及系统的电气特性认证

在该技术指南中，第 3、4、8 部分为新能源发电系统电气特性测试规范和标准，制定依据基于德国相关并网导则。第 3 部分（FGW TR3）主要规定发电单元单机测试规程，第 4 部分（FGW TR4）主要规定单机及系统仿真在建模与验证方面的具体要求，第 8 部分（FGW TR8）规定了新能源发电系统的认证流程。如图 9-22 所示，认证测试工作分为实验测试和模型验证两部分：在实验测试中，FGW TR3 对不同类型的发电单元设定了具体的实验测试规程；在模型验证中，FGW TR4 要求在对单个发电装置进行模型验证的基础上，建立整个发电场的仿真模型。最终，认证机构综合两部分测试结果依据 FGW TR8 整理出完整的认证报告，并提交电力系统运营商。上述测试内容构成了新能源发电系统电气测试的主要框架。该

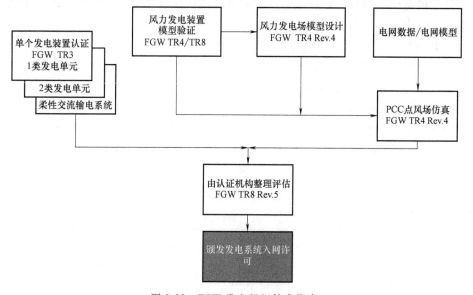

图 9-22　FGW 发电机组技术指南

技术指南也同样适用于光伏发电系统的测试与认证。目前，新能源技术发达国家都基于各自并网导则建立了相关的测试规程，基本框架与德国 FGW 测试规程类似。

我国近几年也逐步建立起较为完整、规范的测试认证体系，发布了相应的测试规程。目前，国家能源局在中国电力科学研究院已经建立了国家能源大型风电并网系统研发（实验）中心和国家能源太阳能发电研发（实验）中心；建设了较为完善的新能源系统仿真研究平台、风电与光伏试验数据库及风电预测调度控制研究平台。国家电网公司在河北建立了张北风电试验基地和风机并网检测平台，该基地具备风电机组全部特性的检测能力，具有国际最先进的风电电气测试手段，可以进行新生产风电机组的型式认证和入网检测，为我国新能源发电系统测试规程的实施提供了有效的技术保障。

9.4.2　光伏并网系统 LVRT 测试规程

光伏并网系统由于结构相对简单，不存在机械部分，LVRT 测试的流程与内容都大为减少，与风力发电系统相比，不需要进行机械部分的 LVRT 测试，只需要进行发电单元的 LVRT 测试（光伏发电系统中的发电机为光伏电池组件），该部分测试内容包括实验测试与模型仿真验证。

实验测试应达到以下目的：

1）验证光伏并网系统发电单元的 LVRT 能力，当电网电压出现三相或两相跌落时，系统穿越特性应符合相关并网导则中 LVRT 曲线要求。

2）验证"光伏并网系统发电单元在 LVRT 过程中的功率控制能力和保护能力，系统应符合相关并网导则对 LVRT 过程中有功和无功功率的输出与保护要求。

其中模型仿真验证目的在于，校验同系列机组仿真模型的一致性，进一步确认所提供测试文本文件的真实性。

LVRT 测试平台一般采用阻抗分压形式的电网模拟器。故障模拟装置的实际参数，包括短路阻抗值、变压器参数等必须在测试报告中指明，电网电压和阻抗等测试参数要求与被测对象实际接入的电网系统参数基本一致。该参数在每一项测试前都需要通过空载跌落测试进行确认。

LVRT 测试具体内容由各电网运营商的测试规程所决定，围绕不同的电网故障类型展开，即在不同故障条件下记录被测对象的动态响应波形。评判认证的标准为相应的并网导则。以 FGW 测试指南为例，表 9-3 为新能源发电单元的 LVRT 测试内容：

表 9-3　FGW 新能源发电单元 LVRT 测试内容

测试序号	故障电压与起始电压的比率(U/U_o)	故障持续时间/ms
1	≤0.05	≥150
2	0.20~0.25	≥550
3	0.45~0.55	≥950
4	0.70~0.80	≥1400

上述测试内容要求分别在电网电压三相平衡故障和两相不平衡故障条件下进行，以测试不同故障条件下的系统 LVRT 能力。

上述测试内容也要求分别在不同的有功功率输出等级上完成：

1）额定功率输出状态：$P>0.9P_n$；

2）部分功率输出状态：$0.1P_n \leqslant P \leqslant 0.3P_n$。

对于三相电压跌落，上述测试要求发电设备商提前确定 LVRT 的不动作电压波动范围和 LVRT 过程中的无功电流补偿系数，具体体现为

1）并网导则规定在 LVRT 过程中需要发电单元向电网注入无功电流，无功电流值为电网跌落幅度与补偿系数的乘积（标幺值），补偿系数由电网运营商规定，通常为小于等于 3 的整数。

2）LVRT 控制的不动作电压波动范围为常数，最大值为额定电压的 10%。

测试期间，要求以较高的采样频率（大约 10kHz）记录所有的电压和电流波形。如果网侧有升压变压器，上述测量必须在高压侧进行，且至少包含故障发生 10s 前到故障清除后 6s 的这段时间。

9.4.3 光伏并网系统仿真模型的 LVRT 测试

随着新能源发电规模与并网导则的快速发展，单纯的单机测试已无法满足大规模发电系统 LVRT 的测试需求。目前，越来越多的电网运营商要求设备商提供完整有效的系统仿真模型，能够直接嵌入电力系统级的仿真环境，通过仿真与实验测试结果的对比验证 LVRT 能力的有效性和可扩展性。电力系统级的稳态和暂态仿真验证还需要包括发电系统与电网的潮流交互、对电网电压和频率的影响等，以确保整个系统运行的可靠性。

LVRT 测试中的仿真模型主要面向电力系统级的仿真，因此推荐采用有效值（RMS）模型，仿真步长通常为 1~10ms。光伏发电系统模型应包含正常运行和故障运行中对其并网性能有明显影响的模块，包括光伏组件模块、电气模块、控制、安全及故障保护模块等。模型应能够准确反应机组的过/欠电压、过/欠频和过电流保护特性。模型仿真平台应从电力系统仿真软件 PSD-BPA、电力系统分析综合程序 PSASP、DIgSILENT/Power factory 中选取，MATLAB/SIMULINK 在系统级模型仿真中不推荐使用。

各子模块的详细数学模型可参见本书第 2 章的建模部分，测试过程中可根据实际需求采用精确或简化模型。变流器的控制系统应根据实际控制策略准确建模，其中变流器的过电流和过电压能力应在建模过程中予以考虑。变压器模型可采用仿真平台提供的标准模型，但应考虑分布参数的影响。控制系统模型直接关系到 LVRT 过程中系统动稳态特性的准确性，也是电网运营商关注的重点，应根据实际控制策略进行精确建模，确保控制系统的逻辑、计算和实际系统完全一致。控制策略应包括最大功率跟踪、恒功率运行控制、有功和无功功率调节策略、桨距角控制及与

LVRT 相关的控制模块等，此外对于电网故障的检测，过/欠电压保护、过/欠频保护，与 LVRT 过程相关的超速保护也是控制系统的一部分，需要在模型中准确体现。

仿真模型的准确度需要通过在相同电网故障条件下，对仿真结果和实验测试结果的比对进行验证，最终结果的偏差必须在一定范围之内。

为确保实验测试结果和仿真结果的可比性，两者需要具有相同的测试时序。以电网电压为基准，可将 LVRT 测试和仿真时序分为三个时段：A——故障前；B——故障期间；C——故障后。进一步，根据电压跌落过程中发电系统输出的有功无功功率和无功电流的特性，又可将上述各时段内部分为暂态和稳态区间，如图 9-23 所示，暂态区间为图中阴影部分，剩余部分为稳态区间。

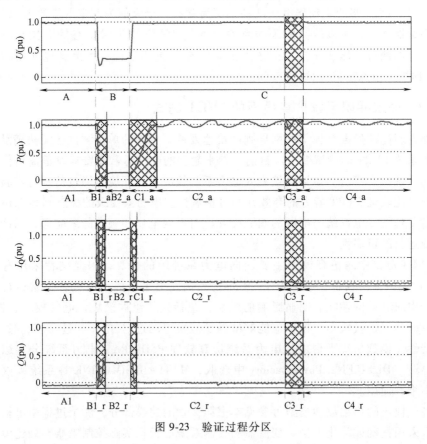

图 9-23　验证过程分区

跌落前 1s 为 A 时段开始时刻；电压跌落至 $0.9U_n$ 时为 A 时段结束和 B 时段开始时刻；故障清除的开始时刻为 B 时段结束和 C 时段开始时刻；故障清除后，风电机组有功功率开始稳定输出后的 1s 为 C 时段结束时刻。

通过计算测试数据与仿真数据之间的偏差，考察仿真模型的准确程度。测试与仿真偏差计算的电气量通常包括有功功率 P、无功功率 Q 和无功电流 I_Q。仿真数据与测试数据的偏差应包括平均偏差、平均绝对偏差、最大偏差和加权平均绝对偏差。在各时段暂态区间，应计算平均偏差和平均绝对偏差；稳态区间则计算平均偏差、平均绝对偏差和最大偏差。

所有工况的稳态和暂态区间的平均偏差、平均绝对偏差，稳态区间的最大偏差以及加权平均绝对偏差应不大于表 9-4 中的偏差最大允许值。

表 9-4 偏差最大允许值

电气参数	F_{1max}	F_{2max}	F_{3max}	F_{4max}	F_{5max}	F_{Gmax}
有功功率, $\Delta P/P_n$	0.07	0.20	0.10	0.25	0.15	0.15
无功功率, $\Delta Q/P_n$	0.05	0.20	0.07	0.25	0.10	0.15
无功电流, $\Delta I/I_n$	0.07	0.20	0.10	0.30	0.15	0.15

注：表中各参数意义如下，
F_{1max}——稳态区间平均偏差最大允许值；
F_{2max}——暂态区间平均偏差最大允许值；
F_{3max}——稳态区间平均绝对偏差最大允许值；
F_{4max}——暂态区间平均绝对偏差最大允许值；
F_{5max}——稳态区间最大偏差最大允许值；
F_{Gmax}——加权平均绝对偏差最大允许值。

9.5 小结

本章介绍了光伏并网发电系统在电网故障条件下的动态特性与 LVRT 控制策略。首先建立了电网故障模型，在此基础上结合本书第 2 章所分析光伏电池特性，对对称和不对称电网故障条件下的光伏并网系统动态特性与 LVRT 控制策略进行了分析。最后介绍了光伏并网系统的测试规程，从而全面地介绍了光伏并网系统的低电压穿越相关技术与方案。

参 考 文 献

[1] 耿华，刘淳，等. 新能源并网发电系统的低电压穿越 [M]. 北京：机械工业出版社，2014.

[2] Slootweg J G, Kling W L. Impacts of distributed generation on power system transient stability [C]. Power Engineering Society Summer Meeting, 2002 IEEE. 2002.

[3] Ming D, Binbin L, Pingping H. Impacts of doubly-fed wind turbine generator operation mode on system voltage stability [C]. Power Electronics for Distributed Generation Systems (PEDG), 2010 2nd IEEE International Symposium, 2010.

[4] Devaraj D, Jeevajyothi R. Impact of wind turbine systems on power system voltage stability [C]. Computer, Communication and Electrical Technology (ICCCET), 2011 International Conference, 2011.

[5] 袁旭峰，程时杰，文劲宇. 改进瞬时对称分量法及其在正负序电量检测中的应用 [J]. 中

国电机工程学报，2008，28（1）：52-58.

［6］ Geng H，Liu C，Yang G. LVRT Capability of DFIG based WECS under Asymmetrical Grid Fault Condition［J］. IEEE Transactions on Industrial Electronics，2013，60（6）：2495-2509.

［7］ 鞠平. 电力工程［M］. 北京：机械工业出版社. 2009.

［8］ E. ON-Netz. "Grid code—high and extra high voltage," E. ON Netz GmbH，Tech. Rep.，2003［EB/OL］. http：//www. eon-netz. com/EONNETZ eng. jsp.

［9］ Networks and system rules of the German transmission system operators（TransmissionCode 2007），［EB/OL］.［2007-08］http：//www. vdnberlin. de.

［10］ E. ON-Netz. Requirements for offshore grid connections in the E. ON netz network," E. ON Netz GmbH，Tech. Rep. 2008.［EB/OL］. http：//www. eon-netz. com/EONNETZ eng. jsp.

［11］ E. ON-Netz. Grid code—high and extra high voltage. E. ON Netz GmbH，Tech. Rep.，2009.［EB/OL］. http：//www. eon-netz. com/EONNETZ eng. jsp.

［12］ IEEE Std 1547. 6-2011. IEEE Recommended Practice for Interconnecting Distributed Resources with Electric Power Systems Distribution Secondary Networks［S］. 2011.

［13］ 李红波，张凯，赵晖. 高功率密度单相变换器的直流有源滤波器研究［J］. 中国电机工程学报 2012，32（15）：40-47.

［14］ Limongi L R，Roiu D，Bojoi R，et al. Analysis of Active Power Filters operating with unbalanced loads［C］//Energy Conversion Congress and Exposition，2009. ECCE 2009. IEEE. IEEE，2009：584-591.

［15］ Energieagentur D. English summary of the dena Grid Study［J］.//http：//www. deutsche-energie-agentur. de，2005.

［16］ Dr. KarlHeinz Weck. Low-Voltage Ride Through（LVRT）Requirements and Testing.［OL］. LVRT Workshop Beijing 06/07. January 2009.

［17］ Dr. KarlHeinz Weck. LVRT Testing Procedures of single WECs via field tests［OL］. LVRT Workshop Beijing 06/07. January 2009.

［18］ FGW：Technical Guidelines for Power Generating Units. Part 3 Determination of electrical characteristics of power generating units connected to MV，HV and EHV grids［S］. Revision 21，March 22nd，2010.

［19］ FGW：Technical Guidelines for Power Generating Units. Part 4 Demands on Modeling and Validating Simulation Models of the Electrical Characteristics of Power generation Units and Systems［S］. Revision 5，March 22nd，2010.

［20］ FGW：Technical Guidelines for Power Generating Units. Part 8 Zertifizierung der Elektrischen Eigenschaften von Erzeugungseinheiten und-anlagen am Mittel- Hoch- und Höchstspannungsnetz［S］，Revision 1，15. September 2009.

［21］ 国家电网公司. Q/GDW 618—2011 光伏电站接入电网测试规程［S］. 2011.

［22］ 国家能源局.《风电机组低电压穿越能力测试规程》征求意见稿［S］. 2011.

［23］ 国家风电技术与检测研究中心.《风电机组低电压穿越能力一致性评估方法（暂行）》［S］. 2011.

附录

光伏并网发电标准简介

近年来，世界各国对可再生能源日益关注，德国、日本等国制定的激励政策，极大地促进了光伏市场的发展，世界范围内光伏发电技术及其产业发展很快，光伏产业已成为世界发展最快的高新技术产业之一。光伏市场的发展令业界对光伏标准的需求变得越来越强烈。

在我国，随着《中华人民共和国可再生能源法》的实施，随着并网发电技术的进步和系统成本的降低，特别是我国光伏产品目前绝大多数是出口，国际上对产品认证的要求越来越高，光伏标准在我国光伏技术发展、光伏工程、光伏商业活动中变得举足轻重。因此，规范整个产业的相应标准亦备受关注。如何加强光伏行业标准的严谨性、先进性，是我国应尽快解决的问题。

以下介绍光伏并网发电技术的重要国内外标准。

A.1 国内标准简介

A.1.1 GB/T 19964—2012 光伏发电站接入电力系统技术规定

该推荐性标准替代了原 GB/Z 19964—2005，于 2012 年 12 月 31 日发布，2013年 6 月 1 日实施，由中国电力企业联合会提出并归口。

该推荐性标准规定了光伏发电站接入电力系统的技术要求，适用于通过 35kV及以上电压等级并网，以及通过 10kV 电压等级与公共电网连接的新建、改建和扩建光伏发电站。

该推荐性标准规定了有功功率、功率预测、电压控制、低电压穿越、运行适应性、电能质量、仿真模型和参数、二次系统以及并网检测等技术要求。主要内容包括：光伏发电站应配置有功功率控制系统，具备有功功率连续平滑调节的能力，能够接收并自动执行电网调度机构下达的有功功率及有功功率变化的控制指令，能够参与系统有功功率控制。在正常运行情况下，光伏发电站有功功率变化速率应满足电力系统安全稳定运行的要求，除了太阳能辐照度降低的情况，光伏发电站有功功率变化速率应不超过 10%装机容量/min；在电力系统事故或紧急情况或电力系统频率高于 50.2Hz 时，按照电网调度机构指令降低光伏发电站有功功率。对于装机容量 10MW 及以上的光伏发电站应配置光伏发电功率预测系统，具有 72h 内短期光伏发电功率预测以及 15min~4h 超短期光伏发电功率预测功能。

该推荐性标准里涉及电能质量如电压偏差、电压波动和闪变、谐波、电压不平衡度、监测与治理等相关规定与电能质量相关的系列国家标准 GB/T 12325、GB/T 12326、GB/T 14549、GB/T 24337、GB/T 15543、GB/T 19862 保持一致。

A.1.2　GB/T 29319—2012 光伏发电系统接入配电网技术规定

该推荐性标准于 2012 年 12 月 31 日发布，2013 年 6 月 1 日实施，由中国电力企业联合会提出并归口。

该推荐性标准规定了光伏发电系统接入电网运行应遵循的一般原则和技术要求，适用于通过 380V 电压等级接入电网，以及通过 10（6）kV 电压等级接入用户侧的新建、改建和扩建光伏发电系统。

该推荐性标准提供了无功容量和电压调节、启动、运行适应性（涉及电压范围、频率范围、电能质量范围）、电能质量（电压偏差、电压波动和闪变、谐波、电压不平衡度、直流分量）、安全与保护（高低压保护、频率保护、防孤岛保护、逆功率保护、恢复并网）、仿通用技术要求（接地、电磁兼容、耐压要求、安全标识）、电能计量、通信与信号以及并网检测等技术要求。

该推荐性标准里涉及电能质量如电压偏差、电压波动和闪变、谐波、电压不平衡度、监测与治理等相关规定与电能质量相关的系列国家标准 GB/T 12325、GB/T 12326、GB/T 14549、GB/T 24337、GB/T 15543、GB/T 19862 保持一致。

A.1.3　GB/T 30427—2013 并网光伏发电逆变器技术要求和试验方法

该推荐性标准于 2013 年 12 月 31 日发布，2014 年 8 月 15 日实施，由全国能源基础与提出并管理标准化委员会提出，全国太阳光伏能源系统标准化技术委员会归口。

该推荐性标准由阳光电源股份有限公司牵头起草，规定了并网光伏发电专用逆变器的术语和定义（包括光伏并网逆变器、光伏并网逆变器交流输出端、最大功率点跟踪、孤岛效应、品质因数）、产品分类、技术要求、试验方法、检验规则及标志、包装、运输和贮存等。适用于交流输出端电压不超过 0.4kV 的并网光伏发电专用逆变器。

该推荐性标准的制定，改变了光伏并网逆变器没有国家统一标准的现状，对规范、引导并网光伏发电具有极大的推动作用。

A.1.4　CNCA/CTS 0002—2014 光伏并网逆变器中国效率技术条件

该认证技术规范于 2014 年 10 月 8 日发布，2014 年 10 月 8 日实施，由北京鉴衡认证中心提出并归口。

　　该认证技术规范提供了与中国太阳能资源特征相适应的逆变器效率评估方法，可以用于测试与评估逆变器的发电性能，更准确反映用于我国地区的逆变器性能。

　　该认证技术规范规定了光伏并网逆变器的静态 MPPT 效率、动态 MPPT 效率、转换效率以及中国效率的测试与评估方法。其中静态 MPPT 效率是一段时间内逆变器直流侧的输入能量与稳定的直流源理论输出能量的比值，用于表征逆变器在恒定辐照条件下，逆变器保持在最大功率点的能力。转换效率是一段时间内逆变器交流侧输出能量与直流侧输入能量的比值，用于表征逆变器将直流电转化成交流电的参数。

　　该认证技术规范提供了逆变器中国效率的计算方法，即：将不同负载点下逆变器效率的实测值与权重系数乘积之和作为给定电压下的加权总效率，并将不同给定电压下测得的加权总效率的平均值作为逆变器的中国效率，不同负载点的权重系数体现了太阳能资源的分布情况，设定给定电压时，考虑了组件串联数量及气温的变化对直流侧输入电压的影响。因此，逆变器中国效率考虑了太阳能资源分布、气温等影响因素，较之仅以某一负载点下测得的最大效率，加权计算得到的中国效率更能反映逆变器实际使用效率。

A.2　国外标准简介

A.2.1　IEEE 1547 系列标准

　　美国电气和电子工程师协会（Institute of Electrical and Electronics Engineers，IEEE）于 1999 年开始 IEEE 1547 系列标准的编写，主要内容是关于将燃料电池、光伏发电装置、微型涡轮发电机及其他本地发电设备连入国家电网中的技术要求与安全要求。IEEE 1547 系列标准分为七个部分，即 IEEE 1547 以及 IEEE 1547.1~IEEE 1547.6。目前正式发布的标准为 IEEE 1547、IEEE 1547.1、IEEE 1547.2 和 IEEE 1547.3。

　　A.2.1.1　IEEE 1547：2003《IEEE Standard for interconnecting distributed resources with electric power systems》用于分布式发电资源与电力系统进行互连的标准

　　该标准是 IEEE 1547 系列标准的概要部分，是关于并网技术的工程建议，由超过 350 名"来自电力行业各方面"的专家参与了该标准的起草工作，其中包括电气部件/设备及替代电源设备制造商、公用事业及能源服务企业、大学、政府实验室及州和联邦政府机构等。历时 4 年的讨论，于 2003 年 7 月正式出版，2003 年 10 月被批准为美国国家标准。IEEE 1547 实际上是在分布式资源（Distributed Resources，DR）方面的一系列互联标准的第一项标准。

　　它规定了分布式发电装置并网运行的性能要求、工作要求、试验要求、安全要求和维护要求。适用于容量不超过 10MVA 的并网发电装置（包括同步发电机、感应发电机和逆变器）。

A.2.1.2 IEEE 1547.1：2005《IEEE Standard conformance test procedures for equipment interconnecting distributed resources with electric power systems》分布式电源与电力系统的接口设备的测试程序。

该标准是 IEEE 1547 系列标准的第一部分，于 2005 年 7 月正式出版，为证明/验证并网发电装置是否符合 IEEE 1547 的功能及测试要求提供具体测试步骤。

A.2.1.3 IEEE 1547.2：2008《IEEE Application Guide for IEEE Std 1547TM, IEEE Standard for Interconnecting Distributed Resources with Electric Power Systems》IEEE 1547 标准的应用导则和编制说明

该标准是 IEEE 1547 系列标准的第二部分，已正式出版，提供了 IEEE Std 1547—2003 的技术背景、应用细节、技术原理、应用导则以及并网实施例，以便于对 IEEE Std 1547—2003 标准的理解。

A.2.1.4 IEEE 1547.3：2007《IEEE Guide for Monitoring, Information Exchange, and Control of Distributed Resources Interconnected with Electric Power Systems》用于 DR 并网的检测、信息交换、控制的 IEEE 导则

该导则于 2007 年 5 月 17 日被 IEEE-SA Standards Board 批准，于 2007 年 10 月 30 日被美国国家标准协会批准。该导则旨在促进分布式资源（DR）之间的互操作性，帮助 DR 项目运营商执行检测、信息交换和控制以支持 DR 的技术和商业运作。该导则包含信息模型、使用情况处理、形式信息交换模板，介绍了信息交换界面的概念，但是不提供某特定类型 DR 的经济和技术可行性。

A.2.2 UL 1741：2010《Inverters, Converters, Controllers and Interconnection System Equipment for Use With Distributed Energy Resources》用于分布式发电系统的逆变器、变流器、控制器以及互联装置的规定

由美国保险商实验室（Underwriters Laboratories, UL）制定的 UL 1741 在 2005 年 11 月 7 日之前，名称为用于独立发电系统中逆变器、变流器及控制器的标准。在 2010 年 1 月 28 日，发布第 2 版 UL 1741，名称改为用于分布式发电系统中逆变器、变流器、控制器以及互联设备的标准。

规定了用于分布式发电系统（独立或并网）中逆变器、变流器、充电控制器以及互联设备的技术要求和测试方法，也适用于与单板光伏模组连接的交流模块（AC Modules）。对并网装置来说，UL 1741 是 IEEE 1547 和 IEEE 1547.1 的补充，将产品安全要求与 IEEE 1547 的电网互连要求合并在一起，为分布式发电产品的评估和认证提供测试标准。

A. 2. 3 IEC 62109-1：2010（Final Draft）safety of power converters for use in the photovoltaic power systems—Part1：General requirements 光伏发电系统中功率变流器的安全 第一部分：通用要求

该标准规定了光伏发电系统中所有类型功率变流器的安全性通用要求。该标准定义了设计和生产功率变流器的最低要求，以防止电击、能量、着火、机械和其他危险。该标准涉及的功率变流器的最大直流电压不超过 1500V，交流电压不超过 1000V。除非存在更合适的标准，该标准还可适用于功率变流器的附件。

制定该标准的目的是确保功率变流器的使用对于操作者和周围环境不会带来以下危险，包括电击和能量危险、机械危险、过温危险、火灾蔓延、化学危险、声压危险、液气等爆炸危险。

A. 2. 4 IEC 62109-2：2011（Committee Draft）Safety of power converters for use in photovoltaic power systems—Part 2：Particular requirements for inverters 光伏发电系统中能量转换装置的安全 第二部分：逆变器的特殊要求

IEC 62109-2 的规定与 IEC 62109-1 的规定配合使用，是 IEC 62109-1 中条款的增补或修订。当 IEC 62109-1 的某个特殊条款在 IEC 62109-2 中没有提及时，IEC 62109-1 的条款相应适用。当 IEC 62109-2 的某些条款是对 IEC 62109-1 条款的增补、修订或替代时，就适用 IEC 62109-2 的这些条款。

IEC 62109-2 规定了光伏发电系统中并网逆变器和独立运行逆变器包括 DC-AC 逆变器产品以及执行逆变器功能的产品的特殊安全要求。其中，IEC 62109-2 中的逆变器可以是并网型、独立性或者多种运行模式的逆变器；逆变器可以由单个或多个光伏组件供电。IEC 62109-2 也适用于光伏组件与其他电源如蓄电池等电源联合供电的逆变器。逆变器的输入源、输出电路、中间元件、功能等可能存在危险，因此，需要不同于 IEC 62109-1 的安全要求。

电力电子新技术系列图书
目　　录

风力发电系统及控制原理　马宏伟、李永东、许烈等编著
电力电子装置建模分析与示例设计　李维波编著
碳化硅功率器件：特性、测试和应用技术　高远、陈桥梁编著
光伏发电系统智能化故障诊断技术　马铭遥、徐君、张志祥编著
单相电力电子变换器的二次谐波电流抑制技术　阮新波、张力、黄新泽、刘飞等著
交直流双向变换器　肖岚、严仰光编著